教育部职业教育与成人教育司推荐教材
职业教育电力技术类专业培训用书

电力系统分析

（第二版）

主　编　李梅兰　卢文鹏
编　写　武文平　陈金星　方钦艺
主　审　崔宝华　黄丽华

中国电力出版社
CHINA ELECTRIC POWER PRESS

内 容 提 要

本书为教育部职业教育与成人教育司推荐教材。本书主要体现职业教育特色，内容全面，适应电类各专业的使用。

本书共分十章，主要内容包括电力系统的基本知识，电力系统的等值电路及潮流计算，电力系统有功功率平衡及频率调整，电力系统无功功率平衡及电压调整，电能损耗计算及降低的措施，电力系统运行的稳定性分析，远距离输电，电网结构和典型事故分析，架空线路机械计算，电力网络设计等。

本教材主要作为高等职业院校电力技术类专业的教材，也可用于职工培训，还可作为发、供电企业和技术人员的参考书。

图书在版编目(CIP)数据

电力系统分析/李梅兰，卢文鹏主编. —2版. —北京：中国电力出版社，2010.2(2019.7重印)

教育部职业教育与成人教育司推荐教材

ISBN 978-7-5083-9886-0

Ⅰ.①电… Ⅱ.①李… ②卢… Ⅲ.①电力系统-系统分析-成人教育：高等教育-教材 Ⅳ.①TM711

中国版本图书馆CIP数据核字(2009)第232938号

出版发行：中国电力出版社
地　　址：北京市东城区北京站西街19号（邮政编码100005）
网　　址：http://www.cepp.sgcc.com.cn
责任编辑：陈　硕
责任校对：黄　蓓
装帧设计：王红柳
责任印制：钱兴根

印　　刷：北京雁林吉兆印刷有限公司
版　　次：2005年8月第一版
印　　次：2010年2月第二版　2019年7月北京第十二次印刷
开　　本：787毫米×1092毫米　16开本
印　　张：19.75
字　　数：483千字
定　　价：**48.00**元

前言

本书自2005年出版第一版以来，得到广大读者的喜欢和大力支持，截至目前已重印六次。

本书第一版2006年获得中国电力企业联合会和中国电力教育协会“电力职业技术教育教学成果二等奖”；2007年被评为中国电力教育协会“电力行业精品教材”。本书编者总结了“电力系统分析”教学经验，将自己几十年的教学研究融入了本教材的建设，使读者更容易学习。本书编者在“电力系统分析”精品课程建设中采用了本教材，2009年6月该课程获得“2009年度福建省精品课程”。

随着电力系统的发展，中国电力行业的有关规程也发生变化，本书第二版对涉及的相关规程规范、术语也作了相应的改动（如系统稳定的概念等）。本书第二版采用最新的规程，以适应电力系统的发展。同时，针对高职学生的学习特点以及电力系统潮流计算采用计算机计算的现实情况，对开式网潮流计算的例题也做了简化，以利读者的学习。

本书再版前得到了许多老师的意见和建议，在此一并致谢！

由于编者水平有限，书中存在问题和错误难免，敬请读者提出批评指正。

编　者

2010.01

第一版前言

本书为教育部职业教育与成人教育司推荐教材，是根据教育部审定的电力技术类专业主要课程的教学大纲编写而成的，并列入教育部《2004～2007年职业教育教材开发编写计划》。本书经中国电力教育协会和中国电力出版社组织专家评审，又列入全国电力职业教育规划教材，作为职业教育电力技术类教学用书。

本书体现了职业教育的性质、任务和培养目标；符合职业教育的课程教学基本要求和有关岗位和技术等级要求；具有科学性、先进性和教学适用性；符合职业教育的特点和规律，具有明显的职业教育特色；符合国家有关部门颁发的技术质量标准。本书既可作为学历教育教学用书，也可作为职业资格和岗位培训教材。

本书内容编写循序渐进，理论联系实际，重点突出，层次分明。具有易于讲授、便于自学的特点。

本书适应于发电厂及电力系统、电力系统及自动化、电力系统继电保护、输配电、供用电技术等专业。本书内容较全，各院校可根据实际专业情况删减某些章节。本书也适应于电气工程专业人员学习用书。

本书由李梅兰、卢文鹏老师主编。福建电力职业技术学院李梅兰老师编写第五、六章，陈金星老师编写第二、七章，方钦艺老师编写第九章。保定电力职业技术学院卢文鹏老师编写第一、八、十章，武文平老师编写第三、四章。各章编写后由卢文鹏老师进行第一次统稿，全书由李梅兰老师进行第二次统稿。本书由崔宝华、河北农业大学机电工程系黄丽华老师主审。

由于编者水平有限，存在的问题和错误难免，诚请读者提出批评指正。

编　者

2005年8月

目录

第一章

电力系统的基本知识

电力是一种能源，它不仅为工业、农业、现代科学技术和现代国防提供了必不可少的动力，而且与现代社会生活有着日益密切的联系。电能广泛应用到社会的各个领域，电力工业是国民经济的重要部门。从世界各国经济发展的进程看，国民经济每增长1%，就要求电力工业增长1.3%～1.5%，一些发达国家几乎是每7～10年（个别的是5～6年）装机容量增加一倍。所以，没有电力工业的先行作为基础，国民经济的现代化是不可能实现的。

第一节　电力系统的概念

一、电力网及电力系统

电能是经过人们加工而取得的能源。将自然能转变为电能的过程称为发电。所以，自然能称为一次能源，电能称为二次能源。

目前用于发电的一次能源有煤炭、石油、天然气、水力、原子能、风力、太阳能等，利用这些能源发电的电厂分别称为火力发电厂、水力发电厂、核电厂、风力发电场、太阳能发电场等。另外，太阳、地热、潮汐的能源也在被人们逐渐开发利用，以替代日益减少的煤炭、石油等能源。此外，电气体、磁流体发电，也在一些国家进入了工业试验阶段。

为了节约燃料运输费用，大型火电厂往往建设在煤炭、石油等能源产地或交通运输比较方便的港口附近；水电厂和风力发电场需要有一定的自然条件，核电厂需远离大城市。使用电能的用户，一般集中在大城市、工业中心等。为了架起发电厂和用户之间的桥梁，就必须建立一个用于传送电能的系统。在线路输送功率不变的情况下，通过提高线路电压输送电可以减少电流在导线中的功率损耗、电压损耗。电能输送至负荷中心后必须降压，用户才能使用。用于电能的联络、汇聚、分配以及改变电压的场所，称为变电所（站），发电厂、变电所和电力用户之间是通过电力线路来联系的。电力线路又分为输电线路（一般电压较高、距离较远）和配电线路（电压较低、距离较近）。

这个把发电、变电、输电、配电和用电等的各种电气设备连接在一起的整体，称为电力系统。它包括发电厂的电气部分、升压变压器、降压变压器、输配电线路及各类用电设备。

电力系统加上各种类型发电厂的动力部分（如火力发电厂的热力部分、水力发电厂的水力部分、原子能反应堆部分等）以及热力用户，称为动力系统。

现代电力系统中，由不同电压等级的变电所和输配电线路构成的网络结构称为电力网络，简称电力网或电网。

图1-1是用单线图表示的动力系统、电力系统及电力网的示意图。

为了分析计算，电力网可分为地方电力网、区域电力网和远距离输电网。地方电力网电压较低（110kV以下），输送功率较小，线路较短，计算时可作较多简化。区域网则一般电压较高（110kV以上），输送功率较大，线路较长，计算时只能作一定简化。远距离输电

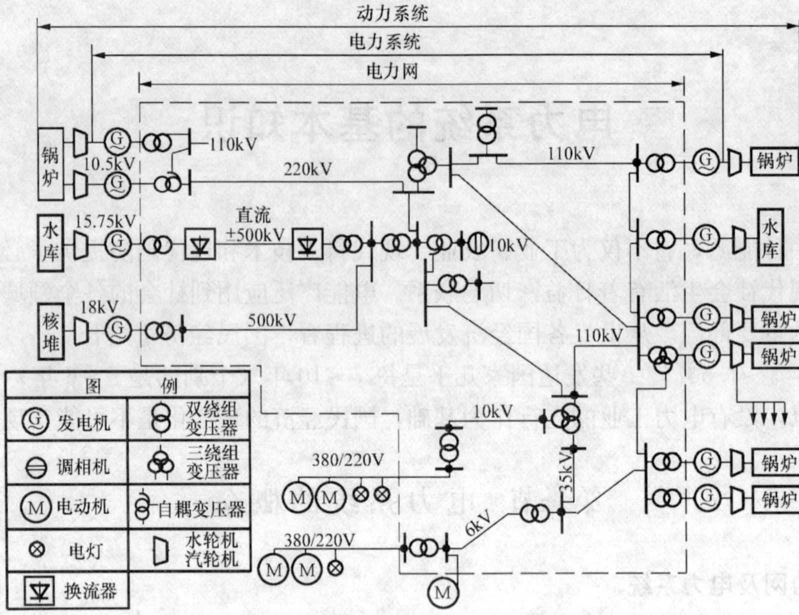

图 1-1 动力系统、电力系统、电力网示意图

网电压在 330kV 及以上，输电线路长度超过 300km，计算时一般不能简化（详见第七章）。

按电压的高低，电力网又可分为低压网（1kV 以下）、中压网（1～10kV）、高压网（35～220kV）、超高压网（330～750kV）、特高压网（1000kV 及以上）。

按接线方式，电力网还可分为一端电源供电网（又称为开式网）、两端电源供电网（包括环网）、多端电源供电网（又称复杂网），如图 1-2 所示。一端电源供电网是指用户只能从一个方向得到电能的电力网。它的特点是接线简单、经济、运行方便，但供电可靠性较差。两端电源供电网是指用户可以从两个方向得到电能的电力网。它的特点是接线较简单、运行灵活、供电可靠性较高。多端电源供电网是指电网中有从三个或三个以上方向得到电能的用户。它有接线复杂、投资大、继电保护复杂，但具有供电可靠性高、运行灵活的特点。

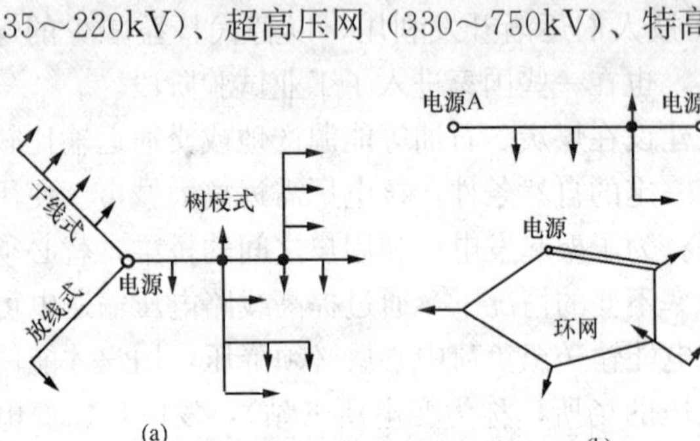

图 1-2 电力网的接线图

(a) 开式网；(b) 两端电源供电网及环网；(c) 复杂网

二、电力系统发展概述

1831 年法拉第的电磁感应定律，从本质上解释了电与磁之间的关系，为电力系统的形成奠定了理论基础。1882 年法国人德普勒将慕尼黑郊外 57km 水电厂的电力输送到慕尼黑，形成了世界上最早、最简单的电力系统。它是一种直流输电系统，其发展受到了许多限制。直至 1891 年生产出了三相异步电动机、

三相变压器，建立了三相交流输电系统才奠定了近代输电技术的基础。

三相交流电的出现，以及人们对电力需求的日益增加，使电力系统的容量越来越大、输电电压越来越高、输送功率也越来越大。目前，世界上最高线路电压已达 1150kV（前苏联在 20 世纪 80 年代建成世界上第一条 1150kV 特高压乌拉尔—西伯利亚的输电线路）；电力系统容量已超过 100GW。随着输电距离及容量的不断增大，电力系统运行的稳定性问题也日益突出。20 世纪 50 年代开始直流输电又重新被人们所认识和利用。现在，世界上出现了许多超高压交、直流输电的大型电力系统。

在我国，1882 年在上海有了第一座发电厂（容量为 150kW），主要供附近地区的照明负荷用电需要。1949 年到 1979 年全国总装机容量由 185 万 kW 上升到 5270 万 kW。改革开放 30 年来电力系统迅速发展，我国早已形成了多个跨省的电力系统（如华东、华北、华中、东北、华南、西北、西南）。2009 年底全国发电装机容量已达到 8.74 亿 kW，500kV 电压等级线路也已成为这些大系统的骨架。西北电网中跨青海、甘肃两省的全长 130km 的 750kV 输电工程 2004 年开工，2005 年 9 月已正式投运。2009 年 8 月 26 日 1000kV 晋东南—南阳—荆门特高压交流试验示范工程通过达标投产。该工程起于山西晋东南（长治）变电所，经河南南阳开关站，止于湖北荆门变电所；全线单回路架设，全长 640km，跨越黄河和汉江；变电容量 600 万 kVA；系统标称电压 1000kV，最高运行电压 1100kV。正在运行的超高压直流±500kV 的有葛洲坝—上海、三峡—上海、三峡—广州输电线路，在建的特高压±800kV 的向家坝—上海输电线路。

随着三峡水电站的建成，西南大容量水电的开发，以及山西、陕西、内蒙古西部“三西”煤炭基地大容量矿口电厂的建设，全国联网的格局逐步形成。华东、华中、南方电网已先后互联形成一个容量超过 4 亿 kW 的巨型电网。

由中小型电力系统逐渐联络，形成电压高、输电容量大、输送距离远的联合电力系统在技术和经济上有许多明显的优越性。联合电力系统可以更合理地利用能源提高经济效益；可以采用大机组以降低造价和燃料消耗，加快建设速度；可以互相调剂、互相支援，减少系统总备用容量；可以利用地区时差及水火电之间的调节，取得错峰和调峰效益等。

三、对电力系统的基本要求

1. 电力系统运行的特点

电能作为一种特殊的商品，电能的生产具有其特殊性。

（1）电能的生产、输送、分配和使用同时进行。目前尚不能大量地、廉价地储存电能。发电厂发出的电能还不能做到恰好等于用户所需要的电能和输送分配过程中的电能损耗。所以电能的生产、输送、分配和使用必须同时进行，要求统一调度、协调生产，保证整个系统的连续性。

（2）电能的生产与国民经济及人民生活关系密切。当今社会电能的使用越来越广泛，各类用户无处不在。如果电能供应不足或中断将直接影响工农业生产，给人民生活带来诸多不便。

（3）电力系统运行的过渡过程非常短暂。电力系统中各元件的投、切和电能输送过程几乎都在一瞬间进行，即电力系统从一种运行方式过渡到另一种运行方式的过渡过程非常短暂。因此电力系统的运行，要求具有较高的自动化程度，需要继电保护、自动装置的投入，实施实时监控。

2. 对电力系统的基本要求

电力系统的根本任务是：最大限度地为用户提供安全、可靠、优质、价廉的电能。根据电能生产的特点和电力系统的任务，对电力系统有以下基本要求。

（1）最大限度地满足用户的需求。电力生产要满足现在各个行业及人民生活不断增长的用电需求，并且电力的发展制约国民经济的发展。所以，保障供电是电力部门的首要任务，并要求电力的发展超前其他行业的发展，最大限度地满足人们对电的需求。

（2）安全可靠地供电。电力生产必须执行“安全第一、预防为主”的方针，没有安全，就没有生产。可靠的供电就是满足电能生产的连续性，因为中断供电将使生产停顿、生活混乱，甚至危及人身和设备的安全，造成十分严重的后果。

（3）提供优质的电能。电能的优劣可用电能质量（详见本章第四节）来衡量。对一般用户主要考虑交流电的频率和电压。系统正常运行时的频率和电压必须在一定的允许变化范围内，如果超过范围，无论对用户，还是对电力系统本身都会产生不良后果。随着计算机技术、高新技术设备在电力系统中的广泛应用，电能的波形、电压波动和闪变、三相电压不平衡度等也应予以考虑，否则将影响这些设备的正常工作。

（4）系统运行的经济性。任何产品的生产都讲究其经济性，都要最大限度地降低生产成本。电力系统的经济性应考虑合理分配各发电厂间的负荷、降低发电厂燃料消耗率和厂用电率、降低电力网的电能损耗和管理成本等。

电力系统既要同时满足以上要求，又要兼顾他们之间的矛盾。比如，最大限度满足用电，就可能影响电力系统的安全和供电的可靠；要满足供电的可靠，提高优质电能，就要投入更多的电力设备，必然影响经济性等。

第二节　电力系统的额定电压

额定电压，是国家有关部门根据国情、技术条件综合比较确定的标准电压，用 U_N 表示。电力系统中的发电机、变压器、线路、用电设备等都规定有额定电压，它们在额定电压下运行时，其技术性与经济性能为最佳。为了标准化、系列化制造电力设备，且便于设备的运行、维护、管理，额定电压等级不宜过多，电压级差不宜过小。一般认为，在一个电力系统中，相邻两级电压之比取 1.7～3.0 是比较合适的。GB 156《额定电压》中规定的电力系统电压有 220V、380V、3kV、6kV、10kV、35kV、60kV、110kV、220kV、330kV、500kV 等，其中 220V 为单相交流电，其余均为三相交流电。60kV 电压等级只在东北电力系统采用，并不再使用 110kV 和 35kV 电压等级；330kV 和 750kV 电压等级只在西北电力系统采用。750kV 电压等级输电线路于 2004 年开始投建，2005 年 9 月投运。2009 年 8 月特高压 1000kV 输电线路已投入运行。

一、额定电压的分类

目前，国家根据电压的高低，把多种电力设备的额定电压分为三类。

（1）第一类额定电压是指 100V 以下的额定电压，见表 1-1。主要用于安全、照明、蓄电池及开关设备的直流操作电源等。其中，交流 36V 只作为潮湿环境的局部照明及其他特殊电力负荷使用。

表 1-1　　第一类额定电压（V）

直流	交流	
	三相	单相
6		6
12		12
24		24
	36	36
48		

(2) 第二类额定电压是 100～1000V 之间的额定电压，见表 1-2。这类电压应用最广、数量最多，如低压电动机、工业、民用、照明、普通电器、动力及控制设备等都采用此类电压，表 1-2 中括号内的电压，只用于矿井下或其他安全条件要求较高的地方。

表 1-2　　第二类额定电压（V）

受电设备			发电机		变压器			
直流	三相交流		直流	三相交流	单相		三相	
	线电压	相电压			一次绕组	二次绕组	一次绕组	二次绕组
110			115					
	(127)			(133)	(127)	(133)	(127)	(133)
220	220	127	230	230	220	230	220	230
	380	220	400	400	380		380	400
440								

(3) 第三类额定电压是 1000V 及以上的电压等级，见表 1-3。电力系统的发、供、输、配、用电都采用该电压等级。

表 1-3　　第三类额定电压（kV）

受电设备	线路平均额定电压	交流发电机	变压器	
			一次绕组	二次绕组
3	3.15	3.15	3 及 3.15	3.15 及 3.3
6	6.3	6.3	6 及 6.3	6.3 及 6.6
10	10.5	10.5	10 及 10.5	10.5 及 11
		13.8	13.8	
		15.75	15.75	
		18	18	
35	37		35	38.5
(60)	(63)		(60)	(66)
110	115		110	121
220	230		220	242
(330)	(345)		(330)	(363)
500	525		500	550
750	787		750	825

注 1. 表中所列均为线电压。
2. 括号内的电压仅用于特殊地区。
3. 水轮发电机允许用非标准额定电压。

二、主要设备的额定电压

由表 1-3 可见，同一电压等级的受电设备中发电机、变压器的额定电压并不完全相等。这是因为功率传输过程中线路中要产生电压损耗，沿线路各点的电压是不同的，一般是首端电压高于末端电压。线路的额定电压规定与受电设备的额定电压相同，这样所有接在线路上的用电设备都可以在额定电压附近运行。

1. 线路的额定电压

由于一般线路首端电压高于末端电压，所以线路运行时各处的电压不同。一般情况下，受电设备的允许电压偏移为±5%，沿线路的电压损耗为 10%。如果线路首端电压为额定电压的 1.05 倍，末端电压就不会低于额定电压的 0.95 倍，各受电设备就能在允许电压范围内运行。所以线路的额定电压，一般就是受电设备的额定电压。

在一些计算中一般采用表1-3中的线路的平均额定电压。这是为了使线路末端受电设备得到额定电压，可将线路首端电压提高10%，这样线路的平均额定电压就是受电设备电压的1.05倍。

2. 发电机的额定电压

发电机是接在线路的首端，额定电压要比线路的高。发电机出口一般接母线，线路较短，因此，发电机的额定电压比线路额定电压高5%，即

$$U_{GN}=1.05U_N$$

式中　U_{GN}——发电机的额定电压；

U_N——线路的额定电压。

对于没有直配负荷的大容量发电机，其额定电压按技术经济条件来确定，不受线路额定电压的限制，例如国产125MW、200MW、300MW、600MW的汽轮发电机，其额定电压分别为13.8kV、15.75kV、18kV、20kV。

3. 变压器的额定电压

变压器每个绕组都有其额定电压。一次绕组相当于受电设备，其额定电压等于所连线路的额定电压（直接和发电机相连时，等于发电机额定电压）。

二次绕组输出电能，相当于发电机。因变压器二次侧额定电压规定为：空载变压器一次侧加额定电压时的二次侧电压，而带负荷时变压器内部有一定的电压降，为使正常运行时变压器二次绕组的实际输出电压比线路额定电压高5%左右，变压器二次侧额定电压应比线路额定电压高5%～10%。一般变压器二次侧额定电压比线路额定电压高10%；只有漏抗较小的变压器（高压侧电压不大于35kV且短路电压百分值不大于7.5%）或二次绕组所连线路较短时，二次侧额定电压才比线路额定电压高5%。现在新建的工程有时不论漏抗大小，二次侧额定电压都比线路额定电压高5%。

【例1-1】　如图1-3所示电力系统，线路额定电压已知，试求发电机、变压器的额定电压。

解：（1）发电机的额定电压为10.5kV。

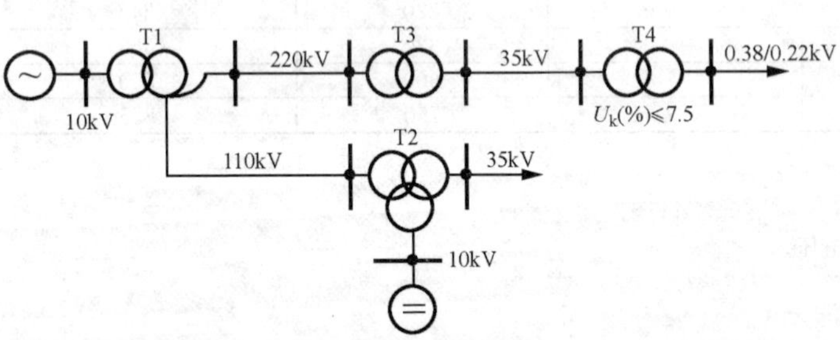

图1-3　［例1-1］图

（2）升压变压器一次侧与发电机直接相连，二次侧分别与110kV、220kV线路相连，则T1的各侧额定电压为242/121/10.5kV。

（3）降压变压器T2一次侧与110kV线路相连，二次侧分别与35kV线路和10kV调相机相连，则T2的各侧额定电压为110/38.5/10.5kV。

（4）降压变压器T3一次侧与220kV线路相连，二次侧与35kV线路相连，则T3的各侧额定电压为220/38.5kV。

（5）降压变压器T4一次侧与35kV线路相连，二次侧与0.38kV线路相连，又因T4的$U_k(\%)\leqslant 7.5$，则它的各侧额定电压为35/0.4kV。

三、各级电压电力网的适应范围

电力系统中，因三相功率S和线电压U、线电流I之间的关系为$S=\sqrt{3}UI$，所以输送功

率一定时，输电电压愈高，电流愈小，可采用较小截面的导线。但电压愈高对绝缘的要求愈高，电气设备的绝缘投资就愈大。因此对应一定的输电距离和输送功率，必然有一个在技术上、经济上均较合理的电压。

各级电压电力网的经济输送容量、输送距离与适用地区可参照表 1-4。

表 1-4　电力网的经济输送容量、输送距离与适用地区

额定电压（kV）	输送容量（MW）	输送距离（km）	适用地区
0.38	0.1 以下	0.6 以下	低压动力与三相照明
3	0.1～1.0	1～3	高压电动机
6	0.1～1.2	4～15	发电机电压、高压电动机
10	0.2～2.0	6～20	配电线路、高压电动机
35	2.0～10	20～50	县级输电网、用户配电网
110	10～50	30～150	地区级输电网、用户配电网
220	100～200	100～300	省、区级输电网
330	200～500	200～600	省、区级输电网，联合系统输电网
500	400～1000	150～850	省、区级输电网，联合系统输电网

第三节 电 力 线 路

电力线路是用来传送电能的，按结构不同可分为架空线路和电缆线路两大类。架空线路是由导线、避雷线、杆塔、绝缘子和金具等元件组成。电缆线路则主要由电缆本体、电缆接头、电缆终端等组成。

架空线路有投资省，施工、维护和检修方便等优点，所以电力网中绝大多数的线路都采用架空线路。但架空线路同时有易受有害气体腐蚀，不能跨越大江海域，影响城市美化等缺点，所以在一些特殊地区采用电缆线路。

一、架空线路

在架空线路的各元件中，导线用来传导电流，输送电能；避雷线用来将雷电流引入大地，使电力线路免遭雷电波的侵袭；杆塔用来支持导线和避雷线；绝缘子用来使导线与杆塔之间保持绝缘；金具是用来固定、悬挂、连接和保护架空线路的主要元件。

1. 导线和避雷线

架空线路的导线和避雷线都架设在空气中，要受到自重、风压、覆冰和温度变化等的作用，以及空气中有害物质的侵蚀。所以，导线和避雷线应具有较高的机械强度和抗化学腐蚀的能力，同时导线要有良好的导电性能。

导线主要由铜、铝、钢、铝合金等材料制成，避雷线则一般可用钢绞线。近几年 OPGW 光纤复合架空地线广泛应用于避雷线。铜、铝、钢、铝合金材料的物理特性见表 1-5。

表 1-5　导线材料的物理性能

材料	20℃时的电阻率 [(Ω·mm²)/m]	密度 (g/cm³)	抗拉强度 (kg/mm²)	其他特性
铜	0.018 2	8.9	39	抗腐蚀能力强，价格高
铝	0.029	2.7	16	抗一般化学腐蚀，易受酸、碱、盐的腐蚀，价格低
钢	0.103	7.85	120	易生锈、镀锌后不易生锈
铝合金	0.339	2.7	30	抗腐蚀性能好，受振动易损坏

从表1-5可知，铜虽然导电性能好、抗腐蚀能力也强，但因价格贵，除特殊需要外架空线一般不采用铜导线。钢线的导电率低，集肤效应显著，不宜用作导线。但钢线的机械强度高，可用作避雷线。铝的导电性能虽比铜差一些，但因质轻、价廉，广泛应用于10kV及以下的线路上。由于铝线的机械强度较低，所以35kV及以上的线路则广泛应用钢芯铝绞线。钢芯铝绞线是充分利用了铝线的导电性能和钢线的机械强度制成的导线。它是将铝线绕在单股或多股钢线外层作为主要载流部分，机械荷载则由钢线和铝线共同承担。

钢芯铝绞线按不同的需要，铝、钢截面的比可不同。在GB 1174《铸造轴承合金》中，分普通型（LGJ）、轻型（LGJQ）和加强型（LGJJ）三种，而GB 1179中统称LGJ钢芯铝绞线。架空线路的导线和避雷线型号用汉语拼音字母表示：

LJ—70表示标称截面积为70mm²的铝绞线；

TJ—35表示标称截面积为35mm²的铜绞线；

LGJ—240/30表示标称截面积铝线为240mm²，钢芯为30mm²的钢芯铝绞线；

LGJJ—300/70表示标称截面积铝线为300mm²，钢芯为70mm²的加强型钢芯铝绞线。

另外，在一些特殊场合还有用防腐型钢芯铝绞线（LGJF）、钢芯稀土铝绞线（LGJX）、铝合金绞线（HLJ）、钢芯铝合金绞线（HLGJ）等。

铝绞线、钢芯铝绞线截面图如图1-4（a）、（b）所示。钢芯铝绞线立体图如图1-5所示。

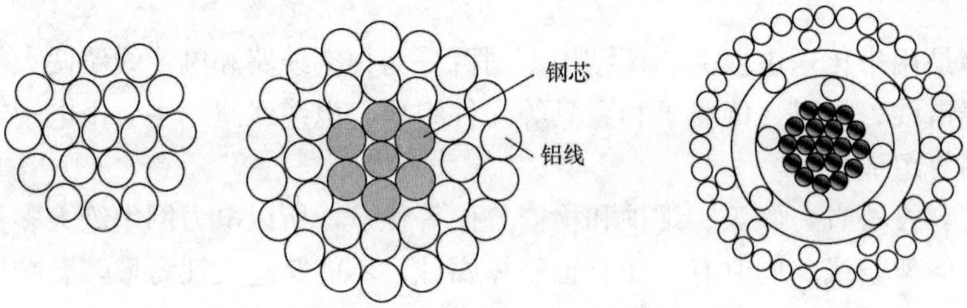

(a) (b) (c)

图1-4 铝绞线、钢芯铝绞线和扩径导线截面图

（a）铝绞线；（b）钢芯铝绞线；（c）扩径导线

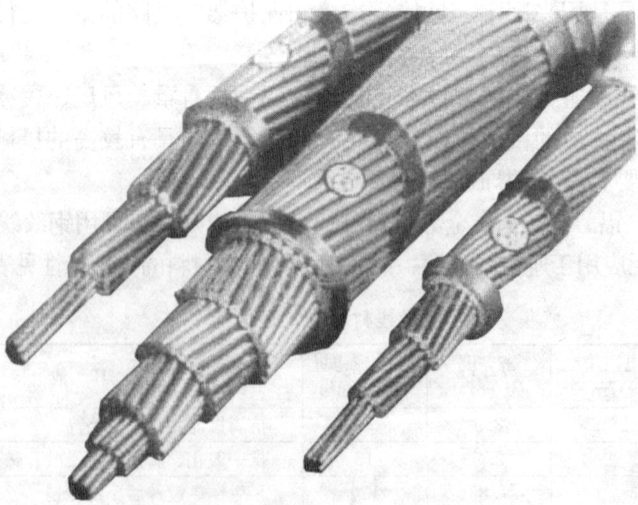

图1-5 钢芯铝绞线立体图

为了防止电晕及减小线路的感抗，超高压线路的导线可采用分裂导线、空芯导线、扩径导线等。扩径导线截面图如图 1-4（c）所示。扩径导线是人为地扩大导线直径，但又不增大截流部分截面积的导线。分裂导线是将每相导线分成若干根，相互之间保持一定距离，如图 1-6 所示。

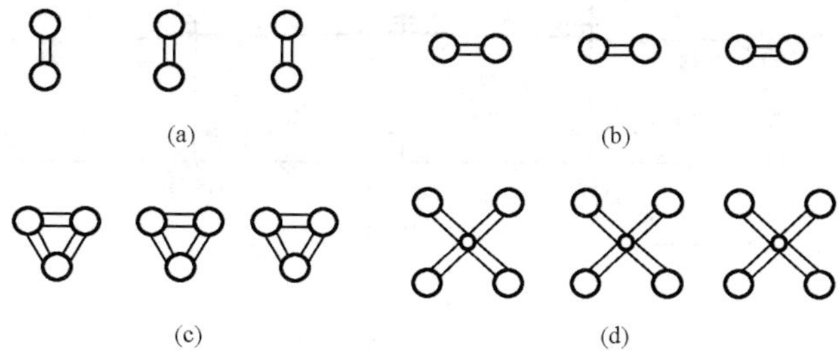

图 1-6 分裂导线排列

（a）垂直双分裂；（b）水平双分裂；（c）三分裂；（d）四分裂

送电线路的避雷线以前均用钢绞线，现在也有用良导体避雷线的趋势。它可用作载波通信的通道和减小潜供电流等。

各种型号的导线、避雷线的特性参数见附表 A-1、附表 A-2。

2. 杆塔

架空线路的杆塔型式很多，也有不同的方法分类。

如按使用的材料不同可分为木杆、钢筋混凝土杆和铁塔，木杆强度低、易腐朽，已逐渐被钢筋混凝土杆替代。为了防止钢筋混凝土杆产生裂缝，可采用预应力混凝土杆。铁塔主要用于超高压线路及高压线路的耐张、跨越等杆塔中。

杆塔也可按导线在杆塔上的排列方式不同进行分类，如一般单回线路采用上字形、三角形和水平排列方式。双回线同杆架设时一般按伞形、倒伞形、鼓形等排列，如图 1-7 所示。

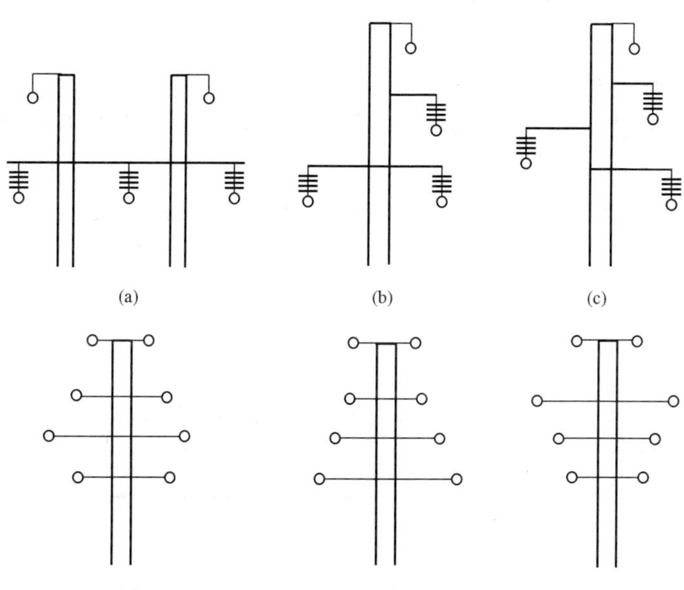

图 1-7 导线排列方式

（a）水平排列；（b）上字形排列；（c）三角形排列

（d）鼓形排列；（e）伞形排列；（f）倒伞形排列

按用途将杆塔进行分类介绍。

（1）直线杆塔。直线杆塔设计要求能承受导线的自重、导线上覆冰的重量及导线所承受的风压，不能承受沿线路方向的水平张力。由于其强度要求低，造价也较便宜。直线杆塔用于线路的直线走向处，约占杆塔总数的 80%。直线杆塔上，绝缘子串和导线相互垂直。

（2）耐张杆塔。耐张杆塔设计要求能承受两侧导线较大的拉力差作用，耐张杆塔又称承力杆塔。由于其强度要求高，结构也较复杂，造价也较贵。一般若干千米内需立一耐张杆塔，相邻两基耐张杆塔之间的距离称为耐张段。耐张段内有若干基直线杆塔，相邻两基直线

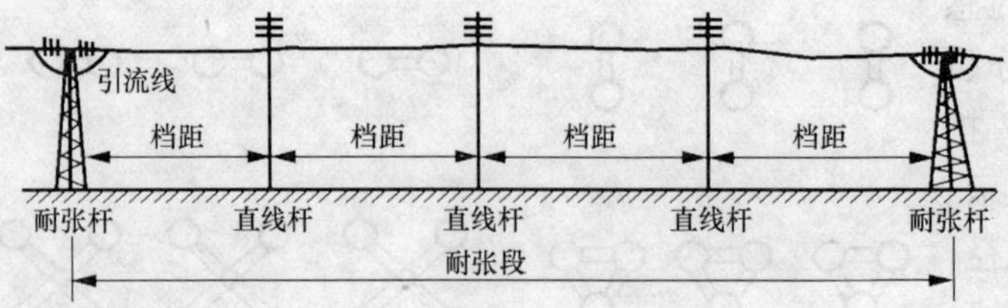

图 1-8 一个耐张段示意图

杆塔之间的水平距离称为档距，如图 1-8 所示。有了耐张杆塔便可把断线故障的影响范围限制在耐张段内。耐张杆塔上的绝缘子串和导线在同一曲线上，两侧导线用跳线相连接。

（3）转角杆塔。转角杆塔设置在线路转角处，由于两侧导线的张力不在一条直线上，所以就产生了不平衡拉力，如图 1-9 所示。根据转角的大小不同可用耐张型转角杆塔或直线型转角杆塔。

（4）终端杆塔。终端杆塔设置在线路的首、末端，承受单侧张力的作用。

（5）跨越杆塔。跨越杆塔设置在线路跨越河流、山谷、铁路、公路等地方，跨越杆塔的高度一般比普通杆塔高。根据跨越档距的大小也可用耐张型跨越杆塔或直线型跨越杆塔。

（6）换位杆塔。由导线在杆塔上的排列方式可知除等边三角形外，均不能保证三相导线间的线间距离相等。为了减少三相参数的不平衡，架空线路的三相导线应进行换位。根据相关规程规定：“在中性点直接接地的电力网中，长度超过 100km 的线路均应换位，换位循环长度不宜大于 200km”。

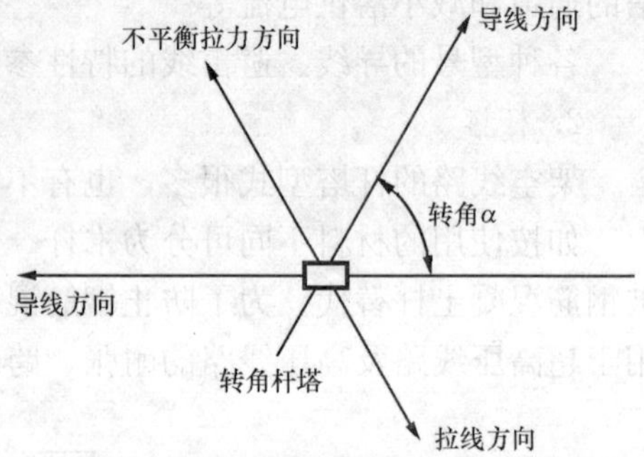

图 1-9 转角杆塔受力分布图

经过换位的线路，三相导线在空间每一位置的长度和相等时称为完全换位。进行一次完全换位则称为一个换位循环，如图 1-10 所示。根据需要可用直线换位杆塔和耐张换位杆塔，如图 1-11 所示。

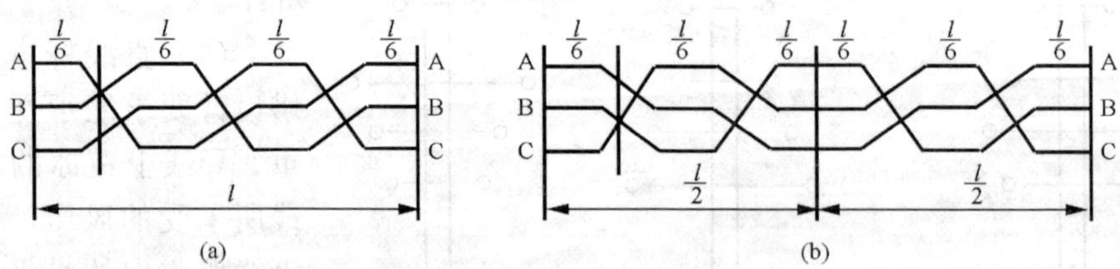

图 1-10 换位循环示意图

（a）单换位循环；（b）双换位循环

3. 绝缘子

绝缘子按形状不同可分为针式绝缘子、悬式绝缘子、瓷横担绝缘子及棒型绝缘子，如图 1-12 所示。按材料不同可分为瓷质绝缘子、钢化玻璃绝缘子和硅橡胶合成绝缘子等。

针式绝缘子有价廉、但耐雷水平不高、容易闪络等特点，主要用于 35kV 以下、张力不大、档距不大的直线杆塔或小转角杆塔上。悬式绝缘子广泛应用于 35kV 及以上的线路中，通常把它们组合成绝缘子串使用。绝缘子串绝缘子的个数与电压有关，见表 1-6。耐张杆塔

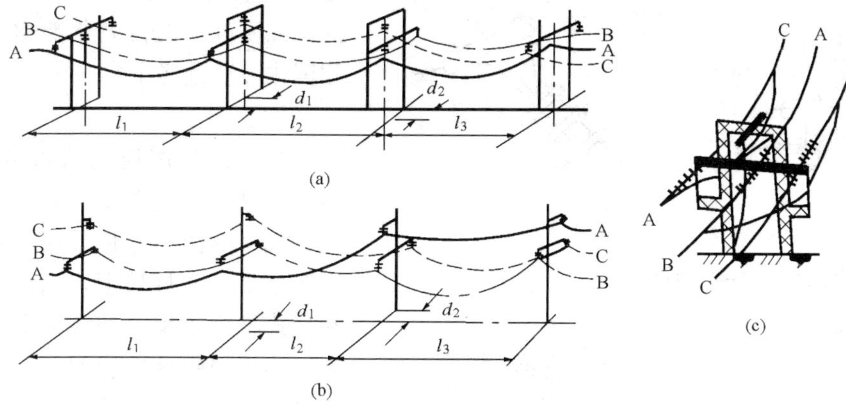

图 1-11　换位杆塔

(a) 门型直线换位杆；(b) 单杆直线换位杆；(c) 耐张换位杆

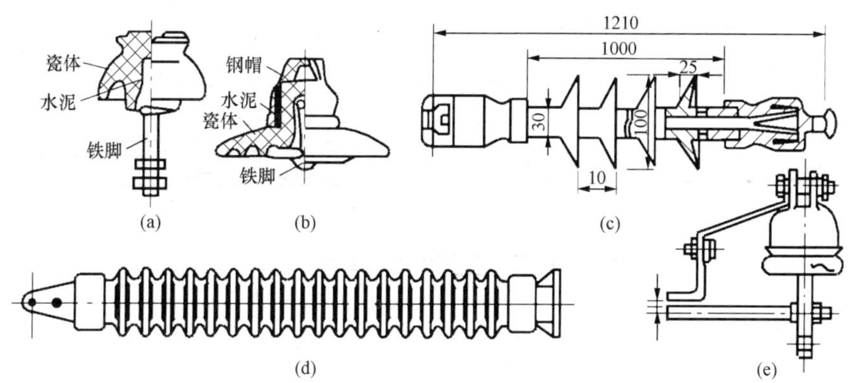

图 1-12　架空线路的绝缘子

(a) 针式绝缘子；(b) 悬式绝缘子；(c) 棒型绝缘子；(d) 瓷横担绝缘子；(e) 避雷线绝缘子

上绝缘子串的个数比同电压等级直线杆塔上绝缘子串个数多 1～2 个。

表 1-6　　直线杆塔上悬垂绝缘子串中绝缘子的个数

额定电压（kV）	35	60	110	220	330	500
每串绝缘子数量（个）	3	5	7	13	19	24

瓷横担绝缘子起到了绝缘子和横担的双重作用。它具有运行安全、维护简单、节约材料等优点，但同时也有机械抗弯强度低的缺点。目前在 6～35kV 线路上被广泛采用。

棒型绝缘子是用硬质材料做成的整体型绝缘子，它可代替悬式绝缘子串。

瓷质绝缘子的绝缘件由电工陶瓷制成的，使用最普遍。

钢化玻璃绝缘子的绝缘件由经过钢化处理的玻璃制成，如发生裂纹或电击穿，玻璃绝缘子将自行破裂成小碎块。

硅橡胶合成绝缘子的绝缘件由氧化玻璃钢的芯棒与有机材料的护套和伞群组成，其特点是重量很轻，抗污秽闪络性能优良，抗拉强度高，但抗老化能力不如瓷质和钢化玻璃绝缘子。

4. 金具

金具按其用途大致可分为线夹、连接金具、接续金具、保护金具等。

线夹的作用是将导线和避雷线固定在绝缘子和杆塔上，用于直线杆塔和悬式绝缘子串上的线夹称为悬垂线夹；用于耐张杆塔和耐张绝缘子串上的线夹称为耐张线夹，如图 1-13 所示。

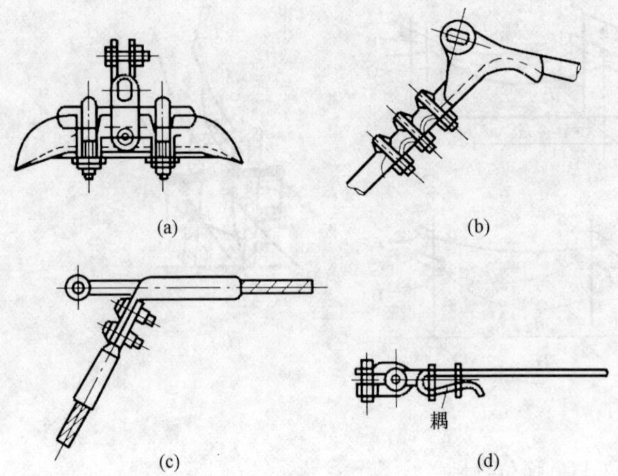

图 1-13　线夹

(a) 悬垂线夹；(b) 倒装螺丝型耐张线夹；(c) 压接型耐张线夹；(d) 楔型耐张线夹（避雷线用）

连接金具的作用是将绝缘子连接成串，或将线夹、绝缘子串、杆塔横担之间相互连接。

接续金具的作用是将两段导线或避雷线连接起来，如图 1-14 所示。

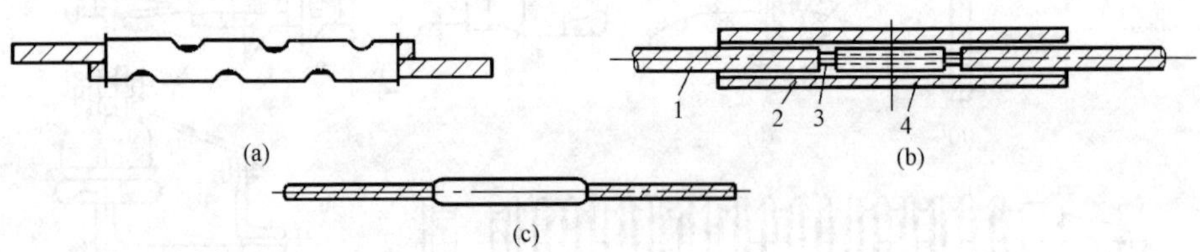

图 1-14　接续金具

(a) 钳接管连接铝线；(b) 压接管连接钢芯铝线；(c) 爆炸压接的导线接头

1—钢芯铝线；2—铝压接管；3—钢芯；4—钢压接管

保护金具有防振保护金具和绝缘保护金具两类。防振保护金具是用来保护导线或避雷线因风引起的周期性振动而造成的损坏，如护线条、防振锤、阻尼线等。绝缘保护金具悬重锤可减小悬垂绝缘子串的偏移，防止其过分靠近杆塔，以保持导线和杆塔之间的绝缘，如图 1-15所示。

二、电缆线路

电缆线路虽然造价较高，且检修线路不方便，但它不需架设杆塔，基本不受外力破坏及气象条件的影响。在一些大城市、发电厂和变电所内部或附近，以及穿越大海、江河等情况下，往往采用电缆线路。

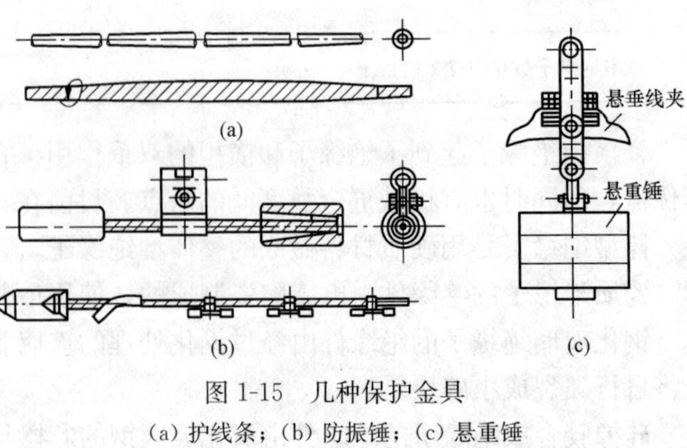

图 1-15　几种保护金具

(a) 护线条；(b) 防振锤；(c) 悬重锤

1. 电缆的构造

电力电缆的构造主要包括导

体、绝缘层和包护层三大部分。电缆的导体是用来传导电流的，通常用多股铜绞线或铝绞线，以增加电缆的柔性。根据电缆中导体数量的不同，可分为单芯电缆、三芯电缆和四芯电缆。

电缆的绝缘层是用来使各导体之间及导体与包皮之间绝缘的，使用的材料有橡胶、沥青、聚乙烯、聚丁烯、棉、麻、绸缎、纸、浸渍纸、矿物油、植物油等，一般多采用油浸纸绝缘。

电缆的包护层是用来保护绝缘层的，使其不受外力损伤，防止水分侵入或浸渍剂外流。包护层分为内护层和外护层，内护层由铝或铅制成，外护层由内衬层、铠装层和外被层组成，如图 1-16 所示。

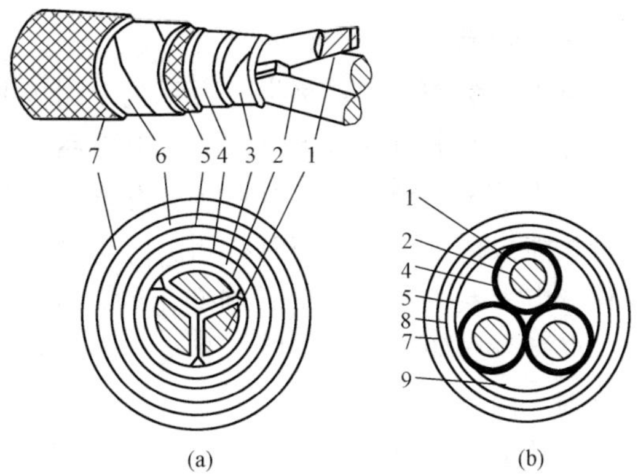

图 1-16　电缆结构示意图

（a）三相统包型；（b）分相铅包型

1—导体；2—相绝缘；3—纸绝缘；4—铅包皮；5—麻衬；6—钢带铠甲；7—麻被；8—钢丝铠甲；9—填充物

2. 电缆的附件

电缆附件主要有连接头（盒）和终端头（盒），对充油电缆还有一套供油系统。

电缆连接头是用来连接两段电缆的部件，电缆终端头则是电缆线路末端用以保护缆芯绝缘并将缆芯导体与其他电气设备相连的部件。

第四节　电能质量标准

既然电能是一种产品，就要有描述电能优劣的标准，这个标准就是电能质量标准。随着科学技术和国民经济的发展，高新设备和精密仪器等对电能质量的要求越来越高。良好的电能质量可以使电气设备正常工作并取得最佳技术经济效果。衡量电能质量的指标主要有频率、电压、波形、电压波动和闪变、三相电压不平衡度五项。

从理论上来讲，理想的电能是：频率和电压为额定值，波形为正弦波，无电压波动现象，不存在有闪变和三相电压不平衡的情况。然而，电能从生产到消耗的整个过程中，电力系统的发、输、供、用始终处于动态平衡之中，其中任何一个环节都会对电能质量产生影响。而且电能质量指标的控制需要相当的投入（包括电网结构的改进，有功功率和无功功率的平衡，各种调频、调压、滤波和无功补偿装置的使用以及调度和运行技术管理等），所以电能质量指标和额定值的偏差是不可避免的。

制定电能质量标准就是确定适当的电能质量指标允许偏差值。国家技术监督局已颁布了 GB/T 12325—2008《电能质量供电电压允许偏差》；GB 12326—2008《电能质量电压波动和闪变》；GB/T 14549—1993《电能质量公用电网谐波》；GB/T 15543—2008《电能质量三相电压允许不平衡度》；GB/T 15945—2008《电能质量电力系统频率允许偏差》五个有关标准。

电能质量不完全取决于电力生产部门，有的质量指标如谐波、电压波动和闪变、三相电压不平衡度等往往是由于用户干扰所决定的。所以本节介绍与电力生产部门有关的主要电能质量指标频率和电压。

一、频率

电力系统的频率，是指电力系统中同步发电机产生的交流正弦波基波电压的频率。在稳态条件下各发电机同步运行，整个电力系统的频率是相同的。

电力系统的频率，只有在所有发电机的总有功出力与总有功负荷（包括电网损耗）相等时，才能保持不变。而当总有功出力与总有功负荷发生不平衡时，电力系统的频率就会发生变化。电力系统的负荷是时刻变化的，任何一处负荷的变化，都会引起全系统功率的不平衡，导致频率的变化。所以，要及时调节各发电机的出力，才能保持系统频率的偏差在允许的范围之内。

1. 频率的质量

我国电力系统交流电压、电流的额定频率为 50Hz，频率允许偏差值为±0.2Hz。当系统容量较小时，偏差值可以放宽到±0.5Hz。

频率除了对其偏移的绝对值有一定要求外，还要对其出现偏差时系统运行时间有限制，即频率的积累误差。积累误差须用具有统计功能的数字式自动记录仪表，其绝对误差不大于 0.01Hz，统计的时间单位为秒。

频率的质量是以频率合格率为统计及考核指标。频率合格率是指实际运行频率在允许偏差范围内累计运行时间与对应总运行统计时间之比的百分比，即

$$F\text{（系统频率合格率）}=\left[1-\frac{\text{频率超上限与超下限时间总和（s）}}{\text{频率监测总时间（s）}}\right]\times 100\%$$

2. 频率偏差过大运行的危害

电力系统中的发电和用电设备，都是按照额定频率设计和制造的，只有在额定频率附近运行时，才能发挥最佳的技术性能和取得最好的经济效益。频率偏差过大，对发电和用电设备的运行都将产生不利的影响。

（1）频率变化对用电设备的运行有下列影响：

1）频率变化将引起异步电动机转速的变化，由这些电动机驱动的纺织、造纸等机械生产的产品质量将受到影响，甚至出现次品及废品。

2）频率降低将使异步电动机的转速和功率降低，导致传动机械的出力降低。

3）系统频率的波动将影响测量、控制等电子设备的准确性和工作性能，频率过低时甚至无法工作。

（2）电力系统频率降低时，将对发电厂和系统的安全运行带来下列不利的影响：

1）频率降低时，由异步电动机驱动的火电厂厂用机械（如风机、水泵及磨煤机等）的出力降低，导致发电机出力降低，使系统的频率进一步下降。特别是频率下降到 47～48Hz 以下时，厂用机械的出力将显著降低，可能在几分钟内使火电厂的正常运行受到破坏，系统功率缺额更为严重，使频率更快下降，从而发生频率崩溃现象。

2）低频运行使汽轮机叶片产生低频共振，影响使用寿命，甚至产生裂纹而断裂。

3）核电厂反应堆的冷却介质泵对频率有严格要求，当频率降低到一定数值时就会跳闸，使反应堆停止运行。

4）频率降低时，异步电动机和变压器的励磁电流增加，所消耗的无功功率增大，将引起系统电压下降。

二、电压

电压是衡量电能质量的重要指标。电压质量对电力系统的安全与经济运行，对保证用户安全生产和产品质量以及电气设备的安全与寿命都有重要影响。电力系统的无功补偿与无功平衡，是保证电压质量的基本条件。

电力系统中的有功功率电源只有发电机，它们集中在各发电厂。无功功率电源除发电机外，还有调相机、电容器和静止补偿器等，它们分散在各变电所。

正常稳态运行时，全系统频率相同，频率调整集中在发电厂，通过调整原动机的出力进行调整。而电力系统中各节点的电压一般是不同的，电压调整可以分散进行，调节手段也多种多样。所以电压调整要比频率调整复杂得多。

1. 电压的质量

中华人民共和国标准 GB/T 12325—2008《电能质量供电电压允许偏差》（试行）中规定了电压允许偏差值。

（1）用户受电端的电压允许偏差值。

1）35kV 及以上用户的电压正负偏差绝对值之和不超过额定电压的 10%。

2）10kV 及以下供电用户的电压允许偏差值，为系统额定电压的±7%。

3）220V 用户的电压允许偏差值，为系统额定电压的+7%～−10%。

4）特殊用户的电压允许偏差值，按供用电双方协议合同商定的数值确定。

（2）发电厂和变电所的母线电压允许偏差值。

1）500（330）kV 母线：正常运行方式时，最高运行电压不得超过系统额定电压的+110%；最低运行电压，不应影响电力系统同步稳定、电压稳定、厂用电的正常使用及下一级电压的调节。

向空载线路充电，在暂态过程衰减后线路末端电压不应超过系统额定电压的 1.15 倍，持续时间不应大于 20min。

2）发电厂和 500kV 变电所的 220kV 母线：正常运行方式时，电压允许偏差为系统额定电压的 0%～+10%；事故运行方式时为系统额定电压的−5%～+10%。

3）发电厂和 220（330）kV 变电所的 110kV 母线：正常运行方式时，为相应系统额定电压的−3%～+7%；事故后为系统额定电压的±10%。

4）发电厂和变电所的 10（6）kV 母线：应使所带线路的全部高压用户和经配电变压器供电的低压用户的电压，均符合前述用户受电端的电压允许偏差值。

2. 电压偏移对用电设备的影响

各种用电设备都规定有额定工作电压，且在额定电压下运行时能在经济技术综合指标上取得最佳的效果。若电压偏移过大，则会对用电设备的经济和安全运行造成不利。

（1）照明设备。电压变动对照明设备的亮度和寿命都有很大影响。白炽灯和日光灯的电压特性如图 1-17 所示，从图中可以看出，电压降低 10%时，白炽灯的亮度将减少 30%，日光灯的亮度将减少 10%，白炽灯的寿命将增加一倍以上。若电压过低，日光灯就不能起辉，且启辉器的不断闪烁将大大降低日光灯的寿命。如果电压过高，白炽灯和日光灯的亮度虽然都增加，但寿命都将显著减短。电压升高 10%，白炽灯寿命将减少 2/3。

（2）异步电动机。对于占负荷比重最大的异步电动机，当端电压变化时，电动机的转矩、电流和效率要变化。电动机的转矩与端电压的平方成正比，若端电压下降 10%，则转

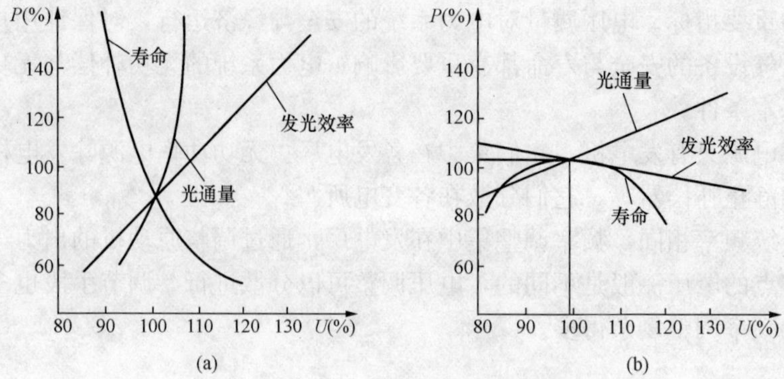

图 1-17 白炽灯和日光灯的电压特性
(a) 白炽灯；(b) 日光灯

矩就要降低 19%；若电压过低，则电动机的转速将降低，电流增大，引起绕组温度升高，加速绝缘老化，严重时可能烧毁电动机。另一方面，对带机械负载的异步电动机，电压过低，则转矩太小而造成停转或不能启动。如果加在异步电动机上的电压过高，则对绕组绝缘不利。

(3) 电子设备。电子设备对电压要求更高。电压过高，会严重降低设备的寿命，且影响安全。电压过低时，电子设备的工作不稳定，失真严重，甚至无法正常工作。

3. 电压偏移对电力系统的影响

电压偏移过大不但对用电设备的运行和安全不利，而且对电力系统本身的安全和经济运行也有不利。电压降低时，发电厂中由异步电动机拖动的厂用机械（如风机、泵等）出力将减少，影响到锅炉、汽轮机和发电机的出力，并使效率降低。当电压过低时，将使发电机、变压器、线路过负荷，严重时引起跳闸，导致供电中断或系统并列运行解列，还会降低系统并列运行的稳定性。

第五节 电 力 负 荷

系统中所有电力用户的用电设备所消耗的电功率总和就是电力系统的负荷，也称为电力系统的综合用电负荷，它是把不同地区、不同性质的所有用户的总负荷加起来而得到。

系统中主要的用电设备有异步电动机、同步电动机、电热设备、整流设备和照明设备等。根据用户的性质，用户用电负荷可分为工业负荷、农业负荷、交通运输负荷和人们生活用电负荷等。在不同性质的用户中，上述各类用电设备的比重也不同。某电力系统曾对若干工业部门各类设备用电功率的比重做过统计，其结果见表 1-7。

表 1-7 几个工业部门设备用电功率比重的统计（%）

用电设备	综合性中小工业	纺织工业	化学工业（化肥厂、焦化厂）	化学工业（电化厂）	大型机械加工厂	钢铁工业
异步电动机	79.1	99.8	56.6	13.0	82.5	20.0
同步电动机	3.2		43.4		1.3	10.0
电热设备	17.7	0.2			15.0	70.0
整流设备				87.0	1.2	
合 计	100.0	100.0	100.0	100.0	100.0	100.0

电力系统的供电负荷包括综合用电负荷和电力网功率损耗，电力系统的发电负荷包括电力系统的供电负荷和发电厂厂用电。

一、电力负荷的分类

电力系统要为广大用户提供电能，而成千上万电力用户中的用电设备的类型不同，对供电的连续性、可靠性要求也不同。根据用户对供电可靠性的不同要求，目前我国将电力负荷分为以下三级。

1. 一级负荷

一级负荷是非常重要的负荷。对这类负荷的供电中断将发生下列一种或几种严重后果：

(1) 造成人身伤亡；

(2) 造成环境严重污染；

(3) 造成重要设备损坏，连续生产过程长期不能恢复或大量产品的报废；

(4) 在政治上或军事上造成重大影响；

(5) 造成重要公共场所秩序混乱。

对于一级负荷，必须由两个或两个以上的独立电源供电。所谓独立电源，就是不因其他电源停电而影响本身供电的电源。

2. 二级负荷

二级负荷是比较重要的负荷。对此类负荷中断供电，将造成工厂大量减产、工人窝工、城市中大量居民的正常生活受到影响等后果。

对于二级负荷，可由两个电源供电或专用线路供电。

3. 三级负荷

不属于一级、二级负荷，受停电影响不大的其他负荷都属于三级负荷。例如工厂的附属车间、次城镇和农村的公共负荷等。

对这类负荷中断供电不会造成什么损失，所以对供电不作特殊的要求。

二、负荷曲线

用户用电是随时间变化的，而且有很大的随机性。所以电力系统的供电负荷是时刻在变化着的，相对应的电力系统的功率（或电流）分布、母线电压、系统频率、功率损耗以及电能损耗等也在变化。因此，在分析和计算电力系统的上述运行参数时，首先必须了解负荷随时间的变化规律，用户、变电所、发电厂及电力系统的负荷随时间变化的规律，通常以负荷曲线来表示。一般用直角坐标系的横坐标表示时间，以小时、日、月等为单位，纵坐标表示有功功率、无功功率、视在功率或电流。负荷曲线可以分为有功功率日负荷曲线、无功功率日负荷曲线、年最大负荷曲线、年持续负荷曲线等类型。一般常用的负荷曲线有日负荷曲线和年负荷曲线。

1. 日负荷曲线

图 1-18 表示某用户或地区的日负荷曲线，它可以由自动记录式仪表或运行人员运行记录日志的有关数据画出。日负荷曲线描述了电力负荷 24h 的变化情况。

日负荷曲线，包括有功日负荷曲线与无功日负荷曲线。由于用户取用有功功率的同时也取用无功功率，无功日负荷曲线与有功日负荷曲线形状基本相似。不过，当有功负荷降低时，由于变压器、电动机取用的励磁无功功率只与电力网电压有关而与负荷无关，所以，无功负荷并不成比例地下降。因此，在最小负荷时，无功负荷减少的程度比有功负荷要小些。

同时，由于照明负荷取用的无功功率甚少，有功负荷因照明而出现峰值时，无功负荷比有功负荷增加的程度要低些。因此，无功负荷曲线比有功负荷曲线平坦。

为了方便计算，实际上常把连续变化的负荷看成在测量的那一小段时间内不变，将连续变化的曲线绘制成阶梯形的负荷曲线，如图 1-19 所示。

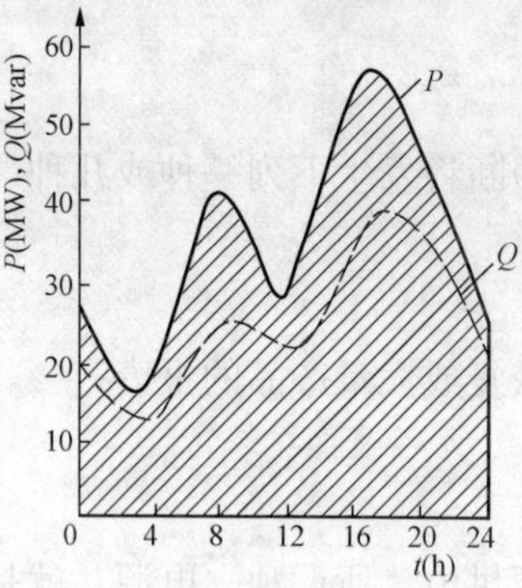

图 1-18　有功及无功日负荷曲线图

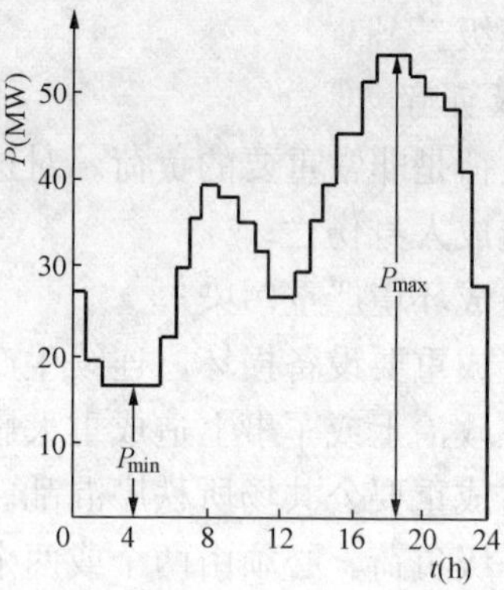

图 1-19　阶梯形有功日负荷曲线

日负荷曲线中最大值为日最大负荷 P_{max}，又称峰荷；最小值为日最小负荷 P_{min}，又称为谷荷。日负荷曲线除了描述了电力负荷 24h 的变化情况，还可以根据有功日负荷曲线计算一日的总耗电量，即

$$A = \int_0^{24} P\mathrm{d}t \tag{1-1}$$

很明显，这就是日负荷曲线下面所包围的面积。如果有功功率 P 的单位为 kW，时间的单位为 h，则电能 A 的单位为 kWh。知道了整个电力系统的日负荷曲线，电力系统的调度管理部门就可以据此制定日发电量计划。

日平均负荷 P_{av} 是把一日内各小时的负荷加起来取平均值，其值等于图 1-18 曲线下的面积除以 24h

$$P_{av} = \frac{A}{24} = \frac{1}{24}\int_0^{24} P\mathrm{d}t \tag{1-2}$$

表示负荷曲线特性的系数有

负荷系数（负荷率）
$$k_m = \frac{P_{av}}{P_{max}} \tag{1-3}$$

基本负荷系数
$$\alpha = \frac{P_{min}}{P_{av}} \tag{1-4}$$

最小负荷系数
$$\beta = \frac{P_{min}}{P_{max}} \tag{1-5}$$

这三个负荷系数不仅用于日负荷曲线，也用于其他时间段的负荷曲线。对于不同性质的用户，负荷曲线是不相同的。图 1-20 给出了不同行业的有功功率日负荷曲线。

一般来说，负荷曲线的变化规律取决于负荷的性质、厂矿企业生产的发展情况及作息制度，用电地区的地理位置、当地气候变化情况和群众生活习惯等。例如，照明的最大负荷出现在天黑以后，白天却比较小；而单班制生产的工厂则负荷主要在白天。不同班制工厂的日负荷曲线有很大的差别，单班制的日负荷曲线在一天中变化比较剧烈，而三班制的则比较平稳。另外，就是同一用户的负荷曲线每天也是不完全相同的。例如，一般工作日与休假日负荷差别很大。三班制企业最小负荷率可达到0.85，单班制企业最小负荷率只有0.13。各用户最大负荷不是同时出现，所以系统最大负荷总是小于各用户最大负荷之和。而系统最小负荷总是大于各用户最小负荷之和。

2. 年最大负荷曲线

在电力系统的运行和设计中，不仅要知道一天之内负荷的变化规律，而且还要知道一年之中负荷的变化规律。最常用的是系统年最大负荷曲线，如图1-21所示。年最大负荷曲线是描述一年内从年初元月一日起至年终系统每月（或每日）最大有功功率负荷变化的情况。它主要用来安排发电设备的检修计划，同时也可制定发电机组或发电厂的扩建或新建计划提供依据。从图1-21中可以看到，夏季的最大负荷比较小些，这是由于夏季日长夜短，气候炎热，照明负荷及其他热负荷普遍减小的缘故。不过，如果季节性负荷如农业加工，防暑降温措施，露天煤矿开掘等负荷比重较大时，则可能使夏季负荷值反而增大。至于年末负荷比年初大，是由于厂矿企业技术革新和电气化程度不断提高以及新建、扩建厂矿投入生产而用电增加的结果。

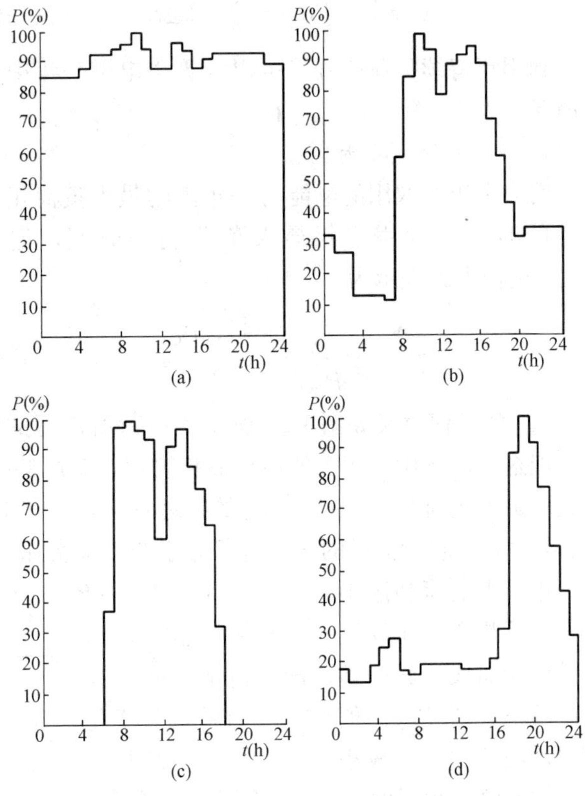

图1-20 不同行业的有功功率日负荷曲线

(a) 钢铁工业负荷（三班制负荷）；(b) 食品加工负荷（两班制）；(c) 一般加工负荷（单班制）；(d) 人们生活负荷

图1-21中带斜线小方块的面积A代表系统计划检修机组容量和检修时间乘积之和，B代表系统新装的机组容量。显然这些退出运行而检修的设备，应安排在年最大负荷曲线低谷的地方，并且不能超过系统装机容量。

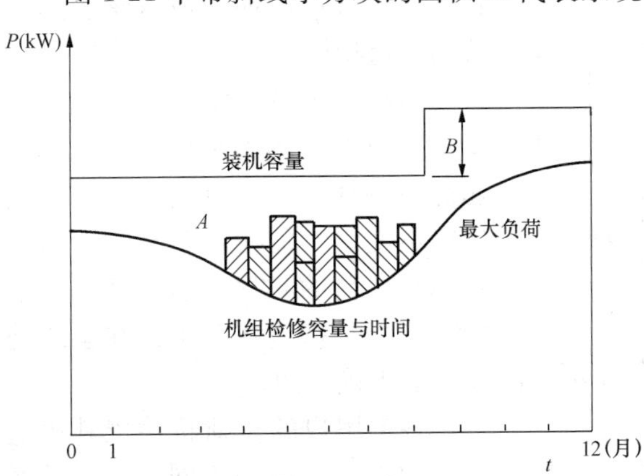

图1-21 年最大负荷曲线

3. 年持续负荷曲线

在电力系统的分析计算中，还常常用到年持续负荷曲线，如图1-22所示。它是根据全年的负荷变化，按照一年（8760h）中系统负荷的数值大小及其累计时间数的顺序排列而绘制成的。

年持续负荷曲线下的面积，表示用户一年中消耗电能的大小，用计算式表示为

$$A=\int_0^{8760} P\mathrm{d}t=\sum_{t=1}^{n} P_t \Delta t_t \qquad (1\text{-}6)$$

利用年持续负荷曲线，可以计算出电网一年中电能消耗的大小。

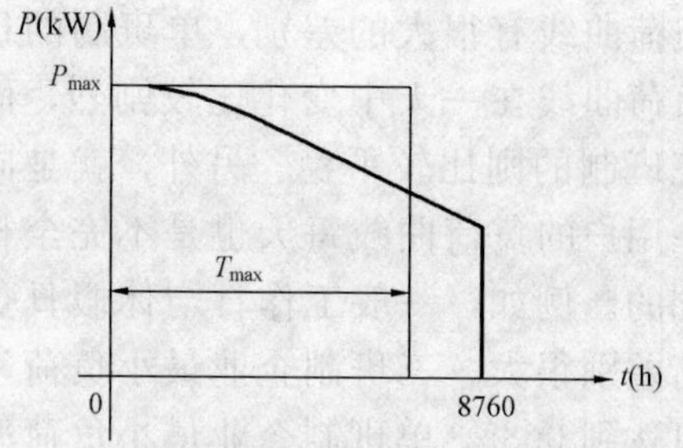

图 1-22　年持续负荷曲线（连续性）

4. 最大负荷利用时间 T_{max}

用户全年所取用的电能与一年内的最大负荷相比所得的时间称为用户年最大负荷利用时间，记作 T_{max}，用数学式表示为

$$T_{max}=\frac{A}{P_{max}}=\frac{\int_0^{8760} P\mathrm{d}t}{P_{max}} \qquad (1\text{-}7)$$

T_{max}的几何意义如图 1-22 所示。负荷所消耗的电能为曲线从 0～8760h 所围成的面积。如果把这一面积用一相等的矩形面积表示，矩形的高代表最大负荷 P_{max}，则矩形的底 T_{max} 就是表示最大负荷利用小时。T_{max}的物理意义是：如果用户始终以最大负荷 P_{max}运行，则经过 T_{max}小时后，它所消耗的电能恰好等于全年按实际负荷曲线运行所消耗的电能。

年最大负荷利用小时数的大小，在一定程度上反映了实际负荷在一年内变化的程度。如果负荷曲线比较平坦，即负荷随时间的变化比较小，则 T_{max}的值较大；如果负荷变化剧烈，则 T_{max}的值较小。根据电力系统长期运行和实测所积累的经验，不同类型的负荷，其年最大负荷利用小时数大体上在一定的范围之内，见表 1-8。

表 1-8　各类负荷的最大负荷利用小时（T_{max}）

负荷类型	年最大负荷利用小时（h）
户内照明及生活用电	2000～3000
单班制企业用电	1500～2200
两班制企业用电	2000～4500
三班制企业用电	6000～7000
农业用电	2500～3000

在电力网设计与运行中，用户的负荷曲线往往是未知的。但如果知道负荷的性质，掌握了各类用户的年最大负荷利用小时后，就可以选择适当的 T_{max}值，从而可以利用式（1-7）近似地估算出用户的全年耗电量，即 $A=P_{max}T_{max}$。

三、负荷特性

负荷取用的功率一般是要随系统的运行参数（主要是电压和频率）的变化而变化，反映这种变化规律的曲线或数学表达式称为负荷特性。

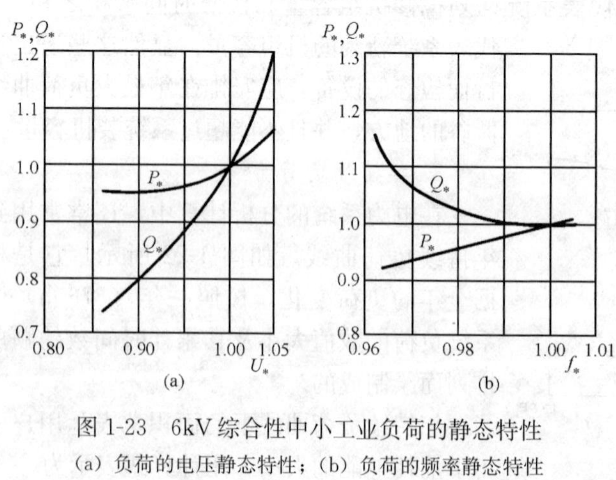

图 1-23　6kV 综合性中小工业负荷的静态特性

（a）负荷的电压静态特性；（b）负荷的频率静态特性

当频率维持额定值不变时，负荷功率与电压的关系称为负荷的电压静态特性；当负荷端电压维持额定值不变时，负荷功率与频率的关系称为负荷的频率静态特性。所谓"静态"，是指这些关系是在系统处于静态下确定的。

各类用户的负荷特性依其用电设备的组成情况而不同，一般是通过实测而定。图 1-23 表示由 6kV 电压供电的中小工业负荷的静态特性，其中负荷的组成为异步电动机 79.1%，同步电动机 3.2%，电热电炉 17.7%。

小　　结

电力作为一种特殊的能源，在各行业起着不可替代的作用，直接影响国民经济的发展。

电力工业经过一百多年的发展，世界各国都已经形成了各自特点的电力系统，组成了不同的电力网络。电力系统是由发电厂电气部分、各电压等级的变电所、输配电线路以及电力用户组成。

为了标准化、系列化生产以及运行的技术性与经济性，电力系统中的各电气设备均规定了额定电压。我国根据电压的高低，把多种电力设备的额定电压分为三类。

联系发电厂、变电所和电力用户是通过电力线路来实现的，电力线路分为架空线路和电力电缆。架空线路是由导线、避雷线、杆塔、绝缘子和金具等元件组成；电缆线路则主要由电缆本体、电缆接头、电缆终端等组成。

电能作为一种特殊的产品，要有衡量它的质量标准。其质量标准的指标主要有频率、电压、波形、电压波动和闪变、三相电压不平衡度等。

电力用户不同，对供电可靠性的要求不同，目前我国将电力负荷分为一级、二级和三级负荷，并按不同等级的负荷采用适当的接线方式。为了解用户、变电所、发电厂及电力系统的负荷随时间变化的规律，制定了负荷曲线。负荷曲线可以分为有功功率日负荷曲线、无功功率日负荷曲线、年最大负荷曲线、年持续负荷曲线等类型。一般常用的负荷曲线有日负荷曲线和年负荷曲线。

习　　题

1-1　什么是电力系统？电力系统包括哪些设备？

1-2　电力网按照作用分哪几类？其作用各是什么？什么是网架？

1-3　联合电力系统有哪些优越性？电力系统如何保证供电的可靠性？

1-4　电力系统运行的主要特点是什么？电力系统的基本要求是什么？

1-5　为什么要采用高压输电、低压配电？

1-6　试确定图 1-24 所示电力系统接线图中发电机、变压器、线路的额定电压。

1-7　电能质量的主要指标是什么？额定电压有何意义？

1-8　架空线主要由哪个部分组成？各部分的作用是什么？

1-9　采用分裂导线的作用是什么？

1-10　电力负荷按供电可靠性的要求分哪几级？各采用何种供电方式？

1-11　简述用户日负荷曲线、系统年最大负荷曲线、年持续负荷曲线及最大负荷利用时间各代表的意义。

1-12　某系统典型日负荷曲线如图 1-25 所示，试计算日平均负荷、负荷率 k_m、最小负荷系数 α 及峰谷差 ΔP_m。

1-13　若图 1-26 所示为系统全年平均日负荷曲线，并求出年平均负荷及最大负荷利用时间 T_{max}。

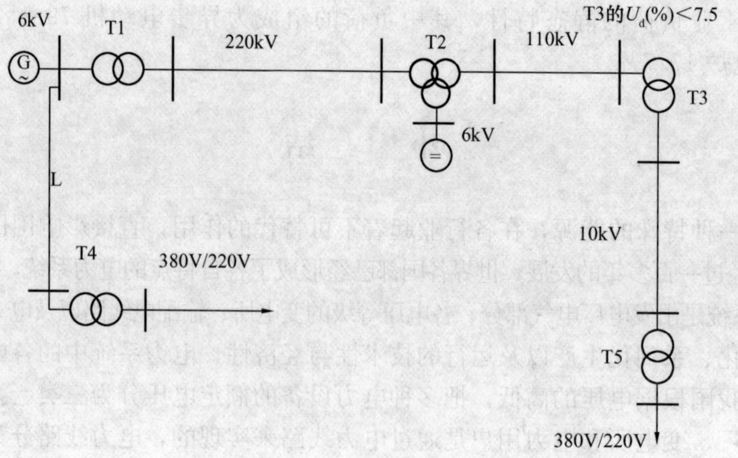

图 1-24　题 1-6 图

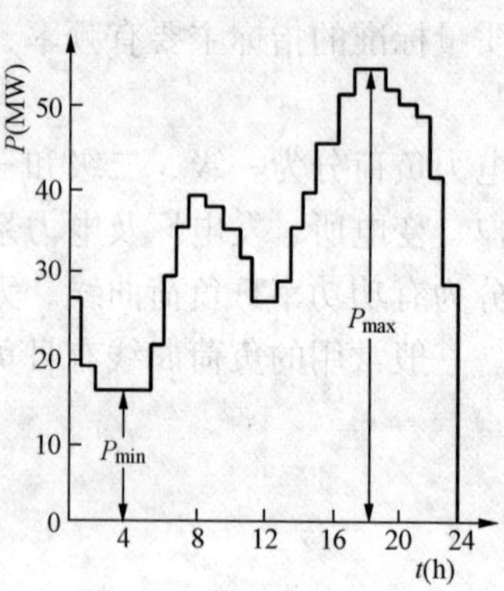

图 1-25　题 1-11 图

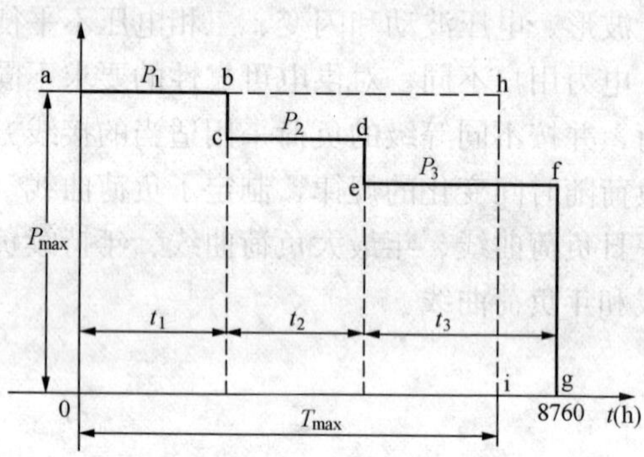

图 1-26　题 1-12 图

第二章

电力系统的等值电路及潮流计算

为了安全、可靠、优质、经济地发供电，电力网和电力系统在设计与运行中，需要进行潮流计算、短路电流计算与稳定分析等工作，这就要先把电力系统接线用等值电路表示，求出等值电路中各元件的参数，再进行各项计算与分析工作。

第一节 电力线路的参数

线路参数是描述线路电磁状态的物理量。电力线路的参数有四个：反映线路通过电流时产生有功功率损失效应的电阻；反映载流导线产生磁场效应的感抗；反映线路带电绝缘介质中产生泄漏电流及导线附近空气游离而产生有功功率损失的电导；反映带电线路周围电场效应的容抗。由于我们所研究的线路是三相对称的电气元件，因此，只需研究其中一相的参数就可以了。线路的参数，如阻抗、导纳等都是沿线路长度均匀分布的，对于频率为50Hz、长度不超过300km的架空电力线路和长度不超过50～100km的电缆线路，用集中参数代替均匀分布参数，所引起的误差很小，可以满足工程计算中所要求的精确度。本章将讨论集中参数线路。对于长度超过300km的架空电力线路及长度超过50～100km的电缆线路，其等值电路中参数仍用集中参数表示时，则需要乘以修正系数修正。修正系数修正的意义及均匀分布参数线路的运行特性，在第七章中讨论，本章讨论用有色金属作导线的线路集中参数的计算问题。

一、电阻

有色金属导线单位长度的电阻可按式（2-1）计算

$$r=\frac{\rho}{S} \tag{2-1}$$

式中 r——导线单位长度的电阻，Ω/km；

ρ——导线的单位长度的电阻率，$(\Omega\cdot mm^2)/km$；

S——导线导电部分截面积，mm^2。

在电力系统计算中，考虑到一些工程因素的影响，导线电阻率作适当修正。主要考虑的因素有以下三点。

（1）三相工频交流电流通过导线时，由于集肤效应和邻近效应，使得导线中电流密度分布不均匀。因而同截面导线，交流电阻比直流电阻略大。

（2）由于多股绞线的扭绞，使得导线实际长度增加2%～3%。

（3）导线的实际截面积常比标称截面积略小。

因此，在应用式(2-1)时，不用导线材料的标准电阻率而用略为增大了的计算值。铜用18.8$(\Omega\cdot mm^2)/km$，铝用31.5$(\Omega\cdot mm^2)/km$。

工程计算中，也可以直接从有关手册中查出各种导线的电阻值。按式（2-1）计算所得或从手册查得的电阻值，都是指温度为20℃时的值，在要求较高精度时，t℃时的电阻值 r_t

可按式（2-2）计算

$$r_t = r_{20}[1+\alpha(t-20)] \tag{2-2}$$

式中 α——电阻温度系数，1/℃。

对于铜 $\alpha=0.003\ 82(1/℃)$，对于铝 $\alpha=0.003\ 6(1/℃)$。

若导线长度为 l（km），每相导线的电阻 R（Ω）为

$$R = rl \tag{2-3}$$

二、感抗

由“电路”课得知，交流电流通过导线时，在导线材料中及周围空间产生交变电磁场，磁通量与导线匝数的乘积称为磁链，单位电流产生的磁链称为电感，电感与交流电的角频率的乘积称为感抗。以下分两种情况叙述导线感抗的计算式。

1. 普通线路导线的感抗

三相交流普通架空线路，经过整循环换位，每相每千米导线的感抗 x 可按式（2-4）计算

$$x = 2\pi f\left(4.6\lg\frac{D_{eq}}{r}+0.5\mu\right)\times 10^{-4} \tag{2-4}$$

其中
$$D_{eq} = \sqrt[3]{D_{AB}D_{AC}D_{BC}}$$

式中 x——导线单位长度的感抗，Ω/km；

f——交流电的频率，Hz；

r——导线的计算半径，mm；

μ——导线材料的相对导磁系数，对于有色金属导线，$\mu=1$；

D_{eq}——三相导线线间距离几何平均值，其单位应与 r 的单位相同；

D_{AB}、D_{AC}、D_{BC}——分别为两相导线间的距离。

若取 $f=50$Hz，$\mu=1$，则

$$x = 0.144\ 5\lg\frac{D_{eq}}{r}+0.015\ 7 \tag{2-5}$$

若导线长度为 l（km），每相导线的感抗 X（Ω）为

$$X = xl \tag{2-6}$$

2. 分裂导线线路的感抗

超高压架空线路，为了减小导线表面附近的电场强度，防止空气介质游离，避免电晕发生（电晕现象将在下面叙述），架空线路每相导线，可用同规格的、相互间隔一定距离的数根导线架设，组成分裂导线架空线路。分裂导线一般 220kV 采用 2 分裂，330kV 采用 3 分裂，500kV 采用 4 分裂，750kV 采用 6 分裂导线。目前我国 1000kV 采用 8 分裂导线，330～1000kV分别用正三角形、正方形、正六角形和正八角形布置，而且布置在顶点上，如图 2-1 所示。

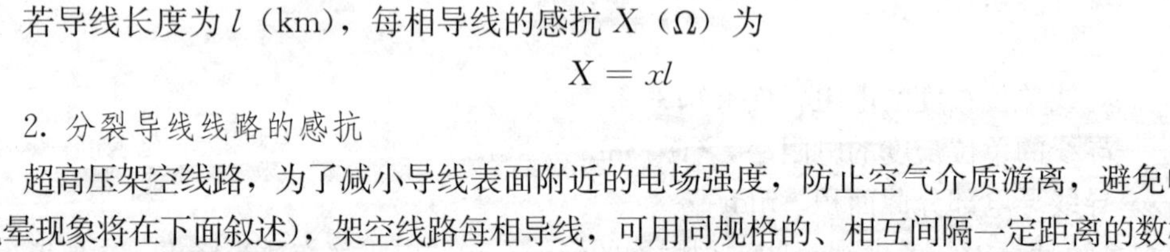

图 2-1 导线的布置

（a）水平布置的普通架空线路；（b）一相分裂导线的布置；（c）三相三分裂导线的布置

三相分裂导线架空线路，经整循环换位，每相每千米的感抗，可按式(2-7)计算

$$x = 2\pi f\left(4.6\lg\frac{D_{eq}}{r_{eq}} + \frac{0.5\mu}{n}\right)\times 10^{-4} \tag{2-7}$$

$$r_{eq} = \sqrt[n]{rd_{12}d_{13}\cdots d_{1n}} = \sqrt[n]{r\prod_{m=2}^{n}d_{1m}} \tag{2-8}$$

上两式中　n——每相分裂导线的根数；

r_{eq}——每相导线的等值半径；

r——每根导线的半径；

d_{1m}——第 1 根导线与第 m 根导线之间的几何均距。

若取 f=50Hz，μ=1，则式（2-7）变为

$$x = 0.1445\lg\frac{D_{eq}}{r_{eq}} + \frac{0.0157}{n} \tag{2-9}$$

三、电导

架空输电线路的电导是用来反映线路带电绝缘介质中产生泄漏电流及导线附近空气游离而产生有功功率损耗的一种参数。一般架空线路绝缘良好，由绝缘子泄漏电流所产生的有功损耗很小，可以忽略不计。因此，架空线路相间绝缘介质损耗主要由电晕所决定。所谓电晕现象就是当架空线路导线表面附近的电场强度超过空气分子的游离强度时，空气分子被游离而产生的局部放电现象。这时会发出“刺刺”的响声，并产生臭氧，夜间还可以看到蓝紫色的荧光。导线产生电晕的最低电压称为电晕临界电压 U_{cr}，电晕临界电压可按式（2-10）计算

$$U_{cr} = 49.3m_1m_2\delta r\lg\frac{D_{eq}}{r} \tag{2-10}$$

其中

$$\delta = \frac{3.92P}{273+t}$$

式中　U_{cr}——电晕临界相电压，kV；

D_{eq}——三相导线的几何均距，mm；

r——导线计算半径，cm；

m_1——考虑导线表面状况的系数，称粗糙系数，对表面光滑的单股线，m=1，对绞线，推荐采用 m_1=0.95；

m_2——考虑气象状况的系数，称气象系数，在干燥或晴朗天气，m_2=1，在有雾、雨、霜、暴风雨时，m_2<1，在最恶劣情况下，m_2=0.8；

δ——空气的相对密度，当 t=20℃、P=1.104×10^5Pa 时，δ=1；

P——大气压力，Pa；

t——大气温度，℃。

当架空线路运行电压小于电晕临界电压时，全线路不会发生电晕。因此，在设计架空输电线路时，应使电晕的临界电压大于最高运行电压。式（2-10）仅适用于三相三角排列的导线。三相水平排列时，边相的电晕临界电压较式（2-10）求出的高 6%，中间相的电晕临界电压则低 4%。

为了限制和避免架空输电线路运行中产生电晕现象，与临界电压对应的导线半径（导线

型号）也有一个确定值。表 2-1 列出可不必验算电晕的相应最小导线型号。

表 2-1　可不必验算电晕的相应最小导线型号

额定电压（kV）	110	220	330		500
			单导线	双分裂	（四分裂）
相应型号	LGJ-50	LGJ-240	LGJQ-600	2×LGJ-240	4×LGJQ-300

提高临界电压，避免导线发生全面电晕的措施有以下几项：

（1）施工时要避免磨损导线，要保持导线及金属元件表面光滑，以防电场不均匀。

（2）增大导线半径，是减小导线表面附近电场强度，避免发生全面电晕的重要措施。为此，可以采用钢芯铝绞线、分裂导线、扩径导线、空心导线等。

（3）增加线间距离也可以提高临界电压，但线间距离增大对临界电压影响不大，而且增加线间距离使得杆塔造价迅速增大。因此，用增加线间距离来提高临界电压是不经济的。

由实验和运行经验得知，一般 110kV 以下的架空线路及 35kV 以下的电缆线路，由于电压低，不会发生全面电晕。因此，可不必验算电晕损耗和绝缘介质损耗。

若已知架空线路的电晕损耗或电缆线路的绝缘介质损耗功率 ΔP_g，可用式（2-11）求出导线每相每千米的电导 g

$$g = \frac{\Delta P_g}{U^2} \tag{2-11}$$

式中　g——导线每相每千米的电导，S/km；

ΔP_g——三相线路每千米的电晕或绝缘介质损耗功率，MW/km；

U——线电压，kV。

四、容纳

电容是反映带电线路周围的电场效应。电力线路的导线间，在电压作用下形成电场，导线上电荷与电压的比值称为线路电容。

1. 普通线路导线的容纳

三相交流普通架空线路，经过整循环换位，每相每千米导线对理想中性线的电容 c（F/km），可按式（2-12）计算

$$c = \frac{0.0241}{\lg\dfrac{D_{eq}}{r}} \times 10^{-6} \tag{2-12}$$

对于工频交流电，$f=50$Hz，每相每千米容纳 b（S/km）为

$$b = 2\pi fc = \frac{7.58}{\lg\dfrac{D_{eq}}{r}} \times 10^{-6} \tag{2-13}$$

式（2-13）中各符号的意义与式（2-4）中相同。

若导线长度为 l（km），则每相导线的容纳 B（S）为

$$B = bl \tag{2-14}$$

2. 分裂导线线路的容纳

分裂导线的采用也改变了导线周围的电场分布，等效地增大了导线半径，从而增大了每

相导线的容纳。采用分裂导线的线路仍可用式（2-13）计算其容纳，只是这时导线的半径应以等值导线半径替代。

【例 2-1】 有一条额定电压为 110kV，长度为 100km 的架空输电线路，导线水平排列，相间距离 4m，采用 LGJ-185 分裂导线，相间距离为 4m，试求线路参数。

解：（1）每相每千米参数。每千米线路电阻

$$r=\frac{\rho}{S}=\frac{31.5}{185}=0.17\ (\Omega/\mathrm{km})$$

每千米线路感抗

$$D_{eq}=\sqrt[3]{D_{AB}D_{AC}D_{BC}}=\sqrt[3]{4000\times4000\times2\times4000}=5040(\mathrm{mm})$$

查手册 LGJ-185 导线的计算直径为 19mm，每相导线的等值半径

$$\begin{aligned}x&=0.1445\lg\frac{D_{eq}}{r}+0.0157\\&=0.1445\lg\frac{5040}{\frac{19}{2}}+0.0157\\&=0.409(\Omega/\mathrm{km})\end{aligned}$$

每千米线路容纳

$$b=2\pi fc=\frac{7.58}{\lg\frac{D_{eq}}{r}}\times10^{-6}=\frac{7.58}{\lg\frac{2050}{\frac{19}{2}}}\times10^{-6}=2.78\times10^{-6}(\mathrm{S/km})$$

由表 2-1 得知，LGJ-185 大于 LGJ-50，线路不会发生电晕，所以每千米线路电导

$$g=0(\mathrm{S/km})$$

（2）每相参数如下

$$R=rl=0.17\times100=17(\Omega)$$
$$X=xl=0.409\times100=40.9(\Omega)$$
$$B=bl=2.78\times10^{-6}\times100=2.78\times10^{-4}(\mathrm{S})$$
$$G=0(\mathrm{S})$$

【例 2-2】 有一条长度为 100km，额定电压为 330kV 架空输电线路，导线水平排列，相间距离 8m，每相采用 2×LGJ-300 分裂导线，分裂间距 d_{12} 为 400mm，试求线路参数。

解：（1）每相每千米参数。每千米线路电阻

$$r=\frac{\rho}{S}=\frac{31.5}{2\times300}=0.0525(\Omega/\mathrm{km})$$

三相导线几何均距

$$D_{eq}=\sqrt[3]{D_{AB}D_{AC}D_{BC}}=\sqrt[3]{8000\times8000\times2\times8000}=10\,080(\mathrm{mm})$$

查手册 LGJ-300 导线的计算直径为 25.2mm，每相导线的等值半径

$$r_{eq}=\sqrt{rd_{12}}=\sqrt{\frac{25.2}{2}\times400}=70.99(\mathrm{mm})$$

每千米线路感抗

$$x = 0.1445\lg\frac{D_{eq}}{r_{eq}} + \frac{0.0157}{n}$$
$$= 0.1445\lg\frac{10080}{70.99} + \frac{0.0157}{2}$$
$$= 0.3188(\Omega/\text{km})$$

每千米线路容纳

$$b = 2\pi fc = \frac{7.58}{\lg\frac{D_{eq}}{r_{eq}}} \times 10^{-6} = \frac{7.58}{\lg\frac{10080}{70.99}} \times 10^{-6} = 3.52 \times 10^{-6}(\text{S/km})$$

由表 2-1 得知，2×LGJ-300 大于 2×LGJ-240，线路不会发生电晕，所以每千米线路电导

$$g = 0(\text{S/km})$$

（2）每相参数如下

$$R = rl = 0.0525 \times 100 = 5.25\ (\Omega)$$
$$X = xl = 0.3188 \times 100 = 31.88\ (\Omega)$$
$$B = bl = 3.52 \times 10^{-6} \times 100 = 3.52 \times 10^{-4}\ (\text{S})$$
$$G = 0\ (\text{S})$$

第二节　电力线路的等值电路

等值电路的意义是用一个简单的电路系统代替一个复杂的电路系统，不影响系统之外的工作状态，这两个电路系统互为等值。三相线路是对称的电路，一般只需研究其中任一相的参数即可。线路相线均匀分布着电阻、感抗；相线与理想中线之间均匀分布着容纳、电导，其等值电路近似地可用链形电路表示，如图 2-2 所示。

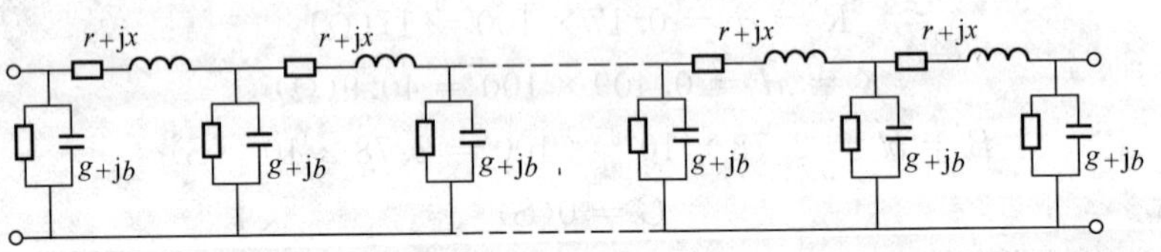

图 2-2　电力线路的链形等值电路

一般对于长度小于 300km 的架空电力线路，往往只需要分析的是线路两端的电压、电流及功率，通常可以不计线路的这种分布参数的特性，即可以用集中参数来表示。只有对线路长度超过 300km 的长距离线路，才需要考虑分布参数的影响。一般电力线路按长度又可分为短线路（长度小于 100km）和中等长度线路（长度为 100～300km）。下面就对它们的等值电路进行讨论。

一、短线路

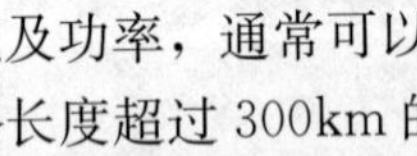

图 2-3　短线路的等值电路

对于电压在 35kV 以下、长度不超过 100km 的架空电力线路，由于线路电压较低，容纳和电导的影响一般不大，因此这种线路的等值电路最为简单，只有一个串联的阻抗 $Z=R+jX$，如图 2-3 所示。

显然，该等值电路也可适用于长度较短、导纳影响一般不大的电

缆线路。

二、中等长度线路

对于电压为 110～330kV、长度为 100～300km 的架空电力线路和长度不超过 100km 的电缆线路均可视为中等长度线路。

这种电力线路，由于电压很高，线路容纳的影响是不容忽略的。另一方面在设计这种线路时，要求在一般正常天气情况下是不允许出现电晕现象的。同时，由于线路本身的绝缘水平很高，它的泄漏现象也可以不计，因此这种线路的电导可以视作为零。据此，中等长度线路的等值电路可用图 2-4（a）来表示。

图 2-4 中 R、X 为线路的总电抗。Y 为线路的总导纳，由于不计电导，故仅有容纳，即 $Y=\mathrm{j}B$。

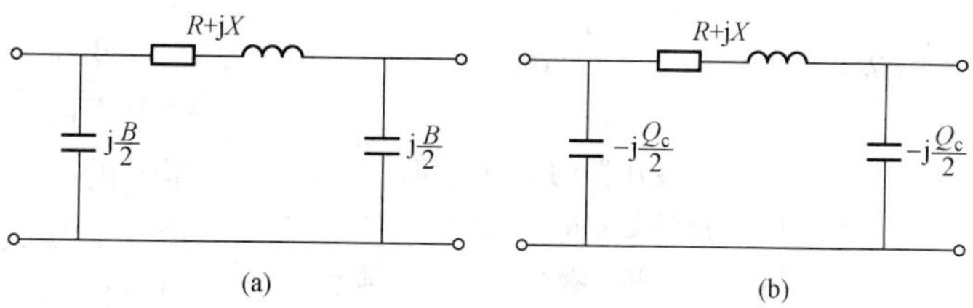

图 2-4　中等长度线路的 Π 型等值电路

（a）用容纳表示；（b）用无功功率表示

在电力网计算中，对于中等长度线路 Π 型等值电路的导纳参数，往往用与之对应的功率来表示。它们之间的关系，可用式（2-15）计算

$$\left.\begin{aligned} I_c &= \frac{U}{\sqrt{3}}B \\ Q_c &= \sqrt{3}UI_c = U^2B \end{aligned}\right\} \tag{2-15}$$

式中　I_c——每相线路的电容电流，A；

Q_c——三相线路的电容功率，Mvar；

U——线路线电压，kV。

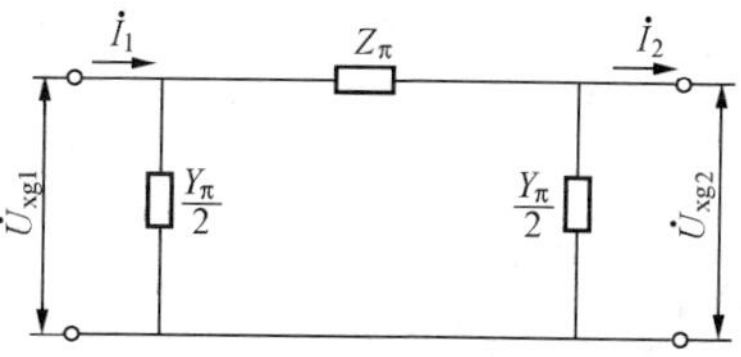

图 2-5　长距离线路的简化等值电路

根据上述，中等长度线路的等值电路还可以用图 2-4（b）来表示。

三、长距离线路

对于电压为 330kV 及以上、长度不超过 300km 的架空线路和长度超过 100km 的电缆线路，一般称之为长距离线路。这种线路必须考虑分布参数的影响。

为了计算简便，工程计算中一般采用集中参数分别乘以适当的修正系数的方法。因此，长距离线路的简化等值电路也可以采用 Π 型等值电路，如图 2-5 所示。长距离线路的分析详细见第七章。

第三节　变压器的等值电路及参数

电力系统中使用的变压器大多数是做成三相的，容量特大的也有做成单相的，但使用时总是接成三相变压器组。由于变压器是三相对称元件，等值电路可选其中任意一相表示。

在电力系统计算中，双绕组变压器的近似等值电路常将励磁支路前移到电源侧。在这个等值电路中，一般将变压器二次绕组的电阻和漏抗折算到一次绕组侧并和一次绕组的电阻和

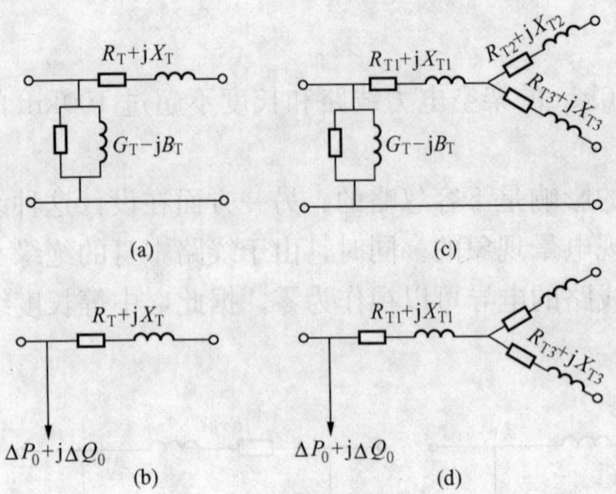

图 2-6 变压器的等值电路

(a) 双绕组变压器（励磁支路用导纳表示）；(b) 双绕组变压器（励磁支路用三相功率表示）；(c) 三绕组变压器（励磁支路用导纳表示）；(d) 三绕组变压器（励磁支路用三相功率表示）

漏抗合并，用等值电路 R_T+jX_T 来表示，如图 2-6 (a)、(b) 所示。对于三绕组变压器，采用励磁支路前移的星形等值电路，如图 2-6 (c) 所示，图中的所有参数值都是折算到高压侧的值。在实际计算中，一般用导纳中通过的三相功率表示励磁支路的导纳，如图 2-6 (d) 所示。

一、双绕组变压器的等值电路和参数计算

变压器的参数一般是指其等值电路中的电阻 R_T、电抗 X_T、电导 G_T 和电纳 B_T。变压器的参数可以从表征变压器特性的短路试验、空载试验的四个特性数据计算得到。这四个数据是：短路损耗 ΔP_k、短路电压百分数 $U_k(\%)$、空载损耗 ΔP_0、空载电流百分数 $I_0(\%)$。这四个数据可在本书附录或产品铭牌上直接查到。以下介绍用变压器的特性数据求变压器参数的计算方法。

1. 电阻

由于变压器短路损耗 ΔP_k 近似等于额定电流流过变压器时高低绕组中的总损耗

$$\Delta P_k \approx \Delta P_{Cu}$$

而铜耗与电阻之间有如下的关系

$$\Delta P_{Cu} = 3I_N^2 R_T \times 10^{-3} = 3\left(\frac{S_N}{\sqrt{3}U_N}\right)^2 R_T \times 10^{-3} = \frac{S_N^2}{U_N^2} R_T \times 10^{-3}$$

可得
$$\Delta P_k \approx \frac{S_N^2}{U_N^2} R_T \times 10^{-3} \tag{2-16}$$

式中 ΔP_k——短路损耗，kW；

I_N——额定电流，A；

U_N——与 I_N 对应的变压器某侧绕组的额定电压，kV；

R_T——归算至 U_N 电压侧的两侧绕组等值电阻，Ω；

S_N——三相额定容量，kVA。

由式 (2-16) 可得，双绕组变压器的电阻计算式为

$$R_T = \frac{\Delta P_k U_N^2}{S_N^2} \times 10^3 \tag{2-17}$$

2. 感抗

根据短路电压的定义，可得

$$U_k(\%) = \frac{\sqrt{3} I_N Z_T \times 10^{-3}}{U_N} \times 100 = \frac{S_N Z_T}{U_N^2} \times 10^{-1}$$

式中 $U_k(\%)$——短路电压百分数；

I_N——额定电流，A；

U_N——与 I_N 对应的变压器某侧绕组的额定电压，kV；

Z_T——归算至 U_N 电压侧的两侧绕组等值阻抗，Ω；

S_N——三相额定容量，kVA。

由式（2-17）可得，双绕组变压器的阻抗计算式为

$$Z_T=\frac{U_k(\%)U_N^2}{S_N}\times 10$$

对于高压侧电压在 35kV 及以上的大容量变压器，感抗远大于电阻，因此，可以近似地取 $Z_T\approx X_T$，所以，变压器的感抗计算式为

$$X_T=\frac{U_k(\%)U_N^2}{S_N}\times 10 \tag{2-18}$$

若变压器电压低、容量小，则感抗可按式（2-19）计算

$$\left.\begin{aligned}Z_T&=\frac{U_k(\%)U_N^2}{S_N}\times 10\\X_T&=\sqrt{Z_T^2-R_T^2}\end{aligned}\right\} \tag{2-19}$$

3. 电导

变压器的电导是用来表示铁心损耗的。由于空载损耗包括铁心损耗和空载电流引起的绕组中的铜耗，因为空载电流相对额定电流来说很小，与此对应的绕组中的铜耗也很小，所以变压器的铁心损耗可以近似认为等于空载损耗。空载损耗可以由相关资料查出。变压器的电导计算式为

$$G_T=\frac{\Delta P_0}{1000U_N^2} \tag{2-20}$$

式中 G_T——变压器的电导，S；

ΔP_0——变压器的空载损耗，kW；

U_N——变压器的额定电压，kV。

4. 电纳

变压器的电纳决定于它的励磁功率 ΔQ_0。变压器的空载电流包括有功电流分量和无功电流分量，其中无功电流分量与励磁功率对应。由于有功电流分量很小，则无功电流分量和空载电流在数值上几乎相等。于是励磁功率 ΔQ_0 可根据特性数据 I_0（%）算出

$$I_0(\%)=\frac{I_0}{I_N}\times 100=\frac{\sqrt{3}U_NI_0}{\sqrt{3}U_NI_N}\times 100\approx\frac{\Delta Q_0}{S_N}\times 100$$

由此可得

$$\Delta Q_0=\frac{I_0(\%)}{100}S_N \tag{2-21}$$

与 ΔQ_0 对应的变压器的电纳 B_T 计算式为

$$B_T=\frac{\Delta Q_0}{1000U_N^2} \tag{2-22}$$

式中 B_T——变压器的电纳，S；

ΔQ_0——变压器的励磁功率，kvar；

U_N——变压器的额定电压，kV。

【例 2-3】 某降压变电所，装有一台 SFL1-20000/110 双绕组变压器，变比为 110/11kV。铭牌给出的试验数据为：$\Delta P_k=135$kW，$U_k(\%)=10.5$，$\Delta P_0=22$kW，$I_0(\%)=0.8$。试计算归算到高压侧的参数，并画出它的等值电路。

解：

$$R_T=\frac{\Delta P_k U_N^2}{S_N^2}\times 10^3=\frac{135\times 110^2}{20\ 000^2}\times 10^3=4.08\ (\Omega)$$

$$X_T=\frac{U_k(\%)U_N^2}{S_N}\times 10=\frac{10.5\times 110^2}{20\ 000}\times 10=63.53\ (\Omega)$$

变压器的空载损耗已知为 $\Delta P_0=22\text{kW}=0.022\text{MW}$，与之对应的电导 G_T 为

$$G_T=\frac{\Delta P_0}{1000U_N^2}=\frac{22}{1000\times 110^2}=1.82\times 10^{-6}\ (\text{S})$$

变压器的励磁功率 ΔQ_0 可根据 $I_0(\%)$求得

$$\Delta Q_0=\frac{I_0(\%)}{100}S_N=\frac{0.8}{100}\times 20\ 000=160(\text{kvar})=0.16\ (\text{Mvar})$$

与之对应的 B_T 为

$$B_T=\frac{\Delta Q_0}{1000U_N^2}=\frac{160}{1000\times 110^2}=13.22\times 10^{-6}\ (\text{S})$$

等值电路如图 2-7 所示。

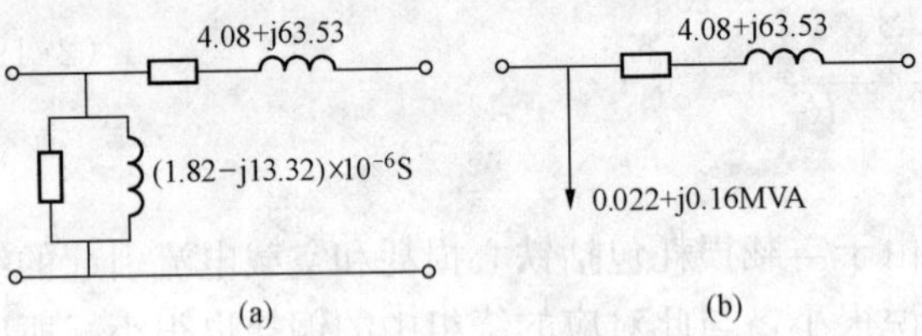

图 2-7 ［例 2-3］的等值电路

(a) 用导纳表示；(b) 用功率表示

二、三绕组变压器的等值电路和参数

三绕组变压器的基本参数有三个绕组的阻抗以及励磁支路的导纳，其中励磁支路的导纳计算方法与双绕组变压器是完全相同的，这里不再重复。以下介绍电阻和电抗的计算方法。

1. 电阻

三绕组变压器各绕组的电阻与绕组设计制造容量的大小有关。我国新型三绕组变压器按三个绕组的容量比的不同有三种不同类型。第一种为 100/100/100，即三个绕组的容量都等于变压器的额定容量。第二种为 100/100/50，即第三绕组的容量仅为变压器额定容量的 50%。第三种为 100/50/100，即第二绕组的容量仅为变压器额定容量的 50%。

对于容量比为 100/100/100 的三绕组变压器，由已知的三个绕组两两短路的短路损耗 ΔP_{k12}、ΔP_{k13}、ΔP_{k23}，按式（2-23）直接求取各个绕组的短路损耗。

$$\left.\begin{aligned}\Delta P_{k1}&=\frac{1}{2}(\Delta P_{k12}+\Delta P_{k13}-\Delta P_{k23})\\ \Delta P_{k2}&=\frac{1}{2}(\Delta P_{k12}+\Delta P_{k23}-\Delta P_{k13})\\ \Delta P_{k3}&=\frac{1}{2}(\Delta P_{k13}+\Delta P_{k23}-\Delta P_{k12})\end{aligned}\right\}\tag{2-23}$$

然后按与双绕组变压器相似的公式计算各绕组电阻

$$\left.\begin{aligned}R_{T1}&=\frac{\Delta P_{k1}U_N^2}{S_N^2}\times 10^3\\ R_{T2}&=\frac{\Delta P_{k2}U_N^2}{S_N^2}\times 10^3\\ R_{T3}&=\frac{\Delta P_{k3}U_N^2}{S_N^2}\times 10^3\end{aligned}\right\}\tag{2-24}$$

对于容量比为 100/100/50 及 100/50/100 的三绕组变压器，由于做短路试验时受 50%

容量绕组的限制，故有两组数值是按 50％容量的绕组达到额定容量时测量的值。而式(2-24)中的 S_N 是指 100％绕组的额定容量，因此有关的短路损耗需要统一归算到 100％绕组的额定容量。以 100/100/50 容量比为例，与 50％容量绕组有关的短路损耗为 $\Delta P'_{k13}$、$\Delta P'_{k23}$，它们的归算公式为

$$\left.\begin{aligned}\Delta P_{k13} &= \Delta P'_{k13}\left(\frac{S_N}{S_{N3}}\right)^2 \\ \Delta P_{k23} &= \Delta P'_{k23}\left(\frac{S_N}{S_{N3}}\right)^2\end{aligned}\right\} \tag{2-25}$$

式中　$\Delta P'_{k13}$、$\Delta P'_{k23}$——未经归算的绕组间的短路损耗；

ΔP_{k13}、ΔP_{k23}——归算至 100％绕组额定容量下的短路损耗。

2. 感抗

三绕组变压器的容量一般都比较大，和双绕组变压器一样可以近似认为 $Z_T \approx X_T$。因此根据已知的 U_{k12}（％）、U_{k13}（％）、U_{k23}（％）求出各绕组的 U_{k1}（％）、U_{k2}（％）、U_{k3}（％）。

$$\left.\begin{aligned}U_{k1}(\%) &= \frac{1}{2}[U_{k12}(\%)+U_{k13}(\%)-U_{k23}(\%)] \\ U_{k2}(\%) &= \frac{1}{2}[U_{k12}(\%)+U_{k23}(\%)-U_{k13}(\%)] \\ U_{k3}(\%) &= \frac{1}{2}[U_{k13}(\%)+U_{k23}(\%)-U_{k12}(\%)]\end{aligned}\right\} \tag{2-26}$$

再按与双绕组变压器相似的计算公式求各绕组的电抗

$$\left.\begin{aligned}X_{T1} &= \frac{U_{k1}(\%)U_N^2}{S_N}\times 10 \\ X_{T2} &= \frac{U_{k2}(\%)U_N^2}{S_N}\times 10 \\ X_{T3} &= \frac{U_{k3}(\%)U_N^2}{S_N}\times 10\end{aligned}\right\} \tag{2-27}$$

应该指出，通常手册查出的绕组间的短路电压百分数都已归算到第一绕组额定容量下。因此，计算电抗时，对第二、三类变压器，其绕组间的短路电压百分数不需再归算。

三绕组变压器按其三个绕组排列方式的不同有两种不同结构——升压结构和降压结构。升压结构变压器的中压绕组最靠近铁心、低压绕组居中、高压绕组在最外层。降压变压器的低压绕组最靠近铁心、中压绕组居中、高压绕组在最外层。

绕组排列方式的不同，绕组间的漏抗以及由此引起的短路电压百分数也不相同。升压结构变压器的高、中压绕组相隔最远，从而 U_{k12}（％）最大。降压结构变压器的高、低压绕组相隔最远，从而 U_{k13}（％）最大。

【例 2-4】　某降压变电所有一台 SFSL1-15000/110 三绕组变压器，容量比为 100/100/100。试验数据如下：短路损耗 ΔP_{k12}＝120kW，ΔP_{k13}＝120kW，ΔP_{k23}＝95kW；短路电压百分数 U_{k12}（％）＝10.5，U_{k13}（％）＝17，U_{k23}（％）＝6；空载损耗 ΔP_0＝22.7kW 空载电流百分数 I_0（％）＝1.3。求变压器的参数及等值电路。

解：(1) 求出各绕组的等值短路损耗

$$\Delta P_{k1}=\frac{1}{2}(\Delta P_{k12}+\Delta P_{k13}-\Delta P_{k23})=\frac{1}{2}(120+120-95)=72.5(\text{kW})$$

$$\Delta P_{k2}=\frac{1}{2}(\Delta P_{k12}+\Delta P_{k23}-\Delta P_{k12})=\frac{1}{2}(120+95-120)=47.5(\text{kW})$$

$$\Delta P_{k3}=\frac{1}{2}(\Delta P_{k13}+\Delta P_{k23}-\Delta P_{k12})=\frac{1}{2}(120+95-120)=47.5(\text{kW})$$

计算各绕组归算到 110kV 侧的电阻

$$R_{T1}=\frac{\Delta P_{k1}U_N^2}{S_N^2}\times 10^3=\frac{72.5\times 110^2}{15\ 000^2}\times 10^3=3.9(\Omega)$$

$$R_{T2}=R_{T3}=\frac{\Delta P_{k3}U_N^2}{S_N^2}\times 10^3=\frac{47.5\times 110^2}{15\ 000^2}\times 10^3=2.55(\Omega)$$

(2) 求出各绕组的短路电压

$$U_{k1}(\%)=\frac{1}{2}[U_{k12}(\%)+U_{k13}(\%)-U_{k23}(\%)]=\frac{1}{2}(10.5+17-6)=10.75$$

$$U_{k2}(\%)=\frac{1}{2}[U_{k12}(\%)+U_{k23}(\%)-U_{k13}(\%)]=\frac{1}{2}(10.5+6-17)=-0.25$$

$$U_{k3}(\%)=\frac{1}{2}[U_{k13}(\%)+U_{k23}(\%)-U_{k12}(\%)]=\frac{1}{2}(17+6-10.5)=6.25$$

求得每个绕组的等值电抗

$$X_{T1}=\frac{U_{k1}(\%)U_N^2}{S_N}\times 10=\frac{10.75\times 110^2}{15\ 000}\times 10=86.72(\Omega)$$

$$X_{T2}=\frac{U_{k2}(\%)U_N^2}{S_N}\times 10=\frac{-0.25\times 110^2}{15\ 000}\times 10=-2.02\Omega\approx 0(\Omega)$$

$$X_{T3}=\frac{U_{k3}(\%)U_N^2}{S_N}\times 10=\frac{6.25\times 110^2}{15\ 000}\times 10=50.42(\Omega)$$

(3) 变压器的空载损耗

$$\Delta P_0=22.7\text{kW}=0.022\ 7\text{MW}$$

$$\Delta Q_0=\frac{I_0(\%)}{100}S_N=\frac{13}{100}\times 15\ 000$$

$$=195(\text{kvar})=0.195(\text{Mvar})$$

变压器的等值电路如图 2-8 所示。

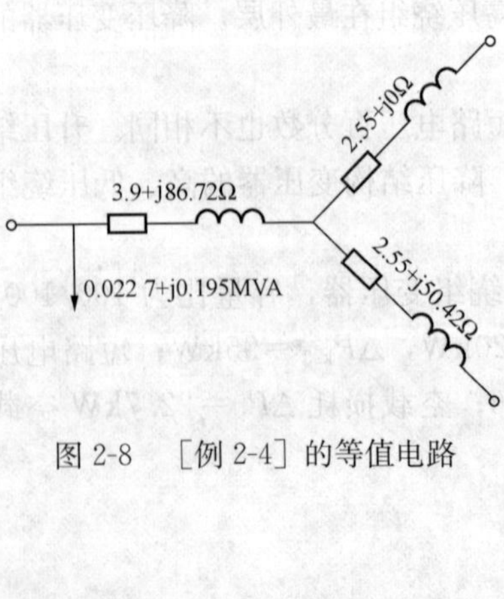

图 2-8　[例 2-4] 的等值电路

在 [例 2-4] 中，变压器漏磁感抗 X_{T2} 为负值，这是因为中压绕组在低压绕组与高压绕组之间，高、低压绕组的漏磁互感抗是互相抵消的，它们的合成漏磁感抗数值很小，甚至为一个很小的负值，在工程计算中一律以零值代替。

三、自耦变压器的等值电路和参数

自耦变压器的等值电路和参数计算的原理和普通变压器相同。需要说明的只是三绕组自耦变压器的容量归算问题，因第三绕组容量总小于变压器的额定容量 S_N。制造厂提供的短路试验数据中，如果短路电压百分数有时也是未经归算的数值。那么，在计算等值电抗时，也要对短路电压百分数进行折算，其公式如下

$$U_{k13}(\%) = U'_{k13}(\%)\left(\frac{S_N}{S_{N3}}\right)$$

$$U_{k23}(\%) = U'_{k23}(\%)\left(\frac{S_N}{S_{N3}}\right)$$

通常，三绕组变压器的第三绕组（低压绕组）总是接成三角形，以消除由于铁心饱和引起的三次谐波。

第四节　电力系统的等值电路

一、多电压等级网络中参数和变量的归算

求得各电力线路和变压器的等值电路后，就可根据网络的电气接线图绘制整个网络的等值电路。对于多电压级网络，还要注意一个不同电压等级之间的归算问题。

在多电压等级网络计算中，常需将阻抗、导纳以及相应的电压、电流归算至同一电压等级——基本级，通常取网络中最高电压级为基本级。

归算时按式（2-28）计算

$$\left.\begin{aligned} R &= R'(k_1k_2k_3\cdots)^2 \\ X &= X'(k_1k_2k_3\cdots)^2 \\ G &= G'\left(\frac{1}{k_1k_2k_3\cdots}\right)^2 \\ B &= B'\left(\frac{1}{k_1k_2k_3\cdots}\right)^2 \end{aligned}\right\} \tag{2-28}$$

相应地

$$U = U'(k_1k_2k_3\cdots)$$

$$I = I'\left(\frac{1}{k_1k_2k_3\cdots}\right)$$

式中　R、X、G、B、U、I——分别为归算后的值，式中的变比应取从基本级到待归算级；

R'、X'、G'、B'、U'、I'——分别为归算前电阻、电抗、电导、电纳相应的电压、电流的值；

k_1、k_2、k_3——分别为变压器的变比。

二、标幺制

1. 标幺值

在电力系统计算中，阻抗、导纳、电压、电流和功率的单位分别用 Ω、S、kV、A、kW 表示，这种用实际有名单位表示物理量的方法称为有名单位制。另外还广泛采用没有单位的阻抗、导纳、电压、电流和功率的相对值进行计算，这种用没有单位表示物理量的相对值方法称为标幺制。由于标幺制具有计算结果清晰、便于迅速判断计算结果的正确性、可大量简化计算等优点，所以能在广泛的范围内取代有名值。

标幺制中，上述各量以相对值出现，必然要有所相对的基准，即所谓基准值。标幺值、有名值、基准值之间的关系如下

标幺值=实际有名值/基准值（与实际有名值同量纲）

例如，发电机电压 $U_G=13.8$kV，选取基准电压 $U_b=10.5$kV，发电机电压的标幺值为

$$U_{G*}=\frac{13.8}{10.5}=1.31$$

式中符号“*”表示该量为标幺值，以便与有名值区别。

2. 基准值的选择

在三相系统的电路计算中，常用的电气量有线电压 U、相电流 I、一相电抗 X、三相功率 S。这四个电气量之间，应满足下列两个基本关系式。

欧姆定律 $$U=\sqrt{3}IX$$

功率方程式 $$S=\sqrt{3}UI$$

用标幺值计算时，必须首先选取四个电气量的基准值 U_b、I_b、X_b 和 S_b。选取 U_b、I_b、X_b 和 S_b 时，也应满足欧姆定律和功率方程式，即

$$\left.\begin{aligned}U_b&=\sqrt{3}I_bX_b\\S_b&=\sqrt{3}U_bI_b\end{aligned}\right\}\tag{2-29}$$

这样选取四个电气量的基准值，则标幺值为

$$\left.\begin{aligned}U_*&=I_*X_*\\S_*&=U_*I_*\end{aligned}\right\}\tag{2-30}$$

由上两式可见，当选取四个电气量的基准值满足欧姆定律和功率方程式时，在标幺值中，三相电路线电压和三相功率的计算公式，与单相电路电压和功率的计算公式完全一样。如果基准值不按上述原则选取，各电气量标幺值的关系式会变得复杂。

按上述原则选取基准值时，式（2-29）中的四个基准值，只可以任意选取其中的两个，另外两个必须由式（2-29）确定。通常系统的电压和功率已知，所以一般是选取基准功率 S_b 和基准电压 U_b。一般选取基准功率 $S_b=100$MVA 或等于电源总容量；选取基准电压 $U_b=U_T$。基准电流 I_b 和基准电抗 X_b 由式（2-29）求得，则

$$I_b=\frac{S_b}{\sqrt{3}U_b}$$

$$X_b=\frac{U_b}{\sqrt{3}I_b}=\frac{U_b^2}{S_b}$$

3. 不同基准值的标幺值间的换算

由标幺值的定义可知，基准值不同时，同一有名值的标幺值大小也不相等。在电力系统计算中，发电机、变压器等元件的电抗，生产厂给出的都是以额定值为基准值的标幺值。但在计算中整个电路必须选取统一的基准值。因此，必须把以额定参数为基准值的标幺值，换算成为统一选取基准值的标幺值。

不同基准值的标幺值间的换算原则是：不论基准值如何改变，标幺值如何不同，但电气量的有名值总是一定的。

进行换算时，先把额定标幺值还原为有名值。例如，对于电抗 X 为

$$X = X_{N*}\frac{U_N^2}{S_N}$$

若统一选取基准电压和基准功率分别为 U_b 和 S_b，那么以此为标准的标幺电抗值应为

$$X_{b*} = X\frac{S_b}{U_b^2} = X_{N*}\frac{U_N^2}{S_N}\frac{S_b}{U_b^2} \tag{2-31}$$

4. 多电压等级网络的标幺值

将网络各元件阻抗、导纳以及网络中的电压、电流的有名值都归算到同一电压级——基本级，然后除以与基本级相对应的阻抗、导纳、电压、电流的基准值，即

$$\begin{aligned} Z_* &= \frac{Z}{Z_b} = Z\frac{S_b}{U_b^2} \\ Y_* &= \frac{Y}{Y_b} = Y\frac{U_b^2}{S_b} \\ U_* &= \frac{U}{U_b} \\ I_* &= \frac{I}{I_b} = I\frac{\sqrt{3}U_b}{S_b} \end{aligned} \tag{2-32}$$

式中　Z_*、Y_*、U_*、I_*——分别为阻抗、导纳、电压、电流的标幺值；

Z、Y、U、I——分别为归算到基本级的阻抗、导纳、电压、电流的有名值，归算式（2-28）；

Z_b、Y_b、U_b、I_b、S_b——分别为与基本级相对应的阻抗、导纳、电压、电流、功率的基准值。

三、等值电路

【例 2-5】　试计算图 2-9 所示输电系统各元件电抗的标幺值。已知各元件的参数如图 2-9 所示。

解： 选取基准功率 S_b=100MVA，基准电压 U_{Gb}=10.5kV，于是

$$U_{Tb}=U_{Gb}\times\frac{121}{10.5}=10.5\times\frac{121}{10.5}=121\ (\text{kV})$$

各元件电抗的标幺值为

$$X_{G1b*}=X_{G2b*}=X''_{d*}\frac{U_{G1N}^2}{S_{G1N}}\frac{S_b}{U_{Gb}^2}=0.135\times\frac{10.5^2}{62.5}\times\frac{100}{10.5^2}=0.216$$

$$X_{T1b*}=X_{T2b*}=\frac{U_k\ (\%)}{100}\times\frac{U_{T1N}^2}{S_{T1N}}\times\frac{S_b}{U_{Tb}^2}=\frac{10.5}{100}\times\frac{121^2}{31.5}\times\frac{100}{121^2}=0.33$$

$$X_{Lb*}=X_L\frac{S_b}{U_{Tb}^2}=0.4\times100\times\frac{100}{121^2}=0.27$$

$$X_{T3b*}=\frac{U_S\ (\%)}{100}\times\frac{U_{T3N}^2}{S_{T3N}}\times\frac{S_b}{U_{Tb}^2}=\frac{10.5}{100}\times\frac{110^2}{10}\times\frac{100}{121^2}=0.87$$

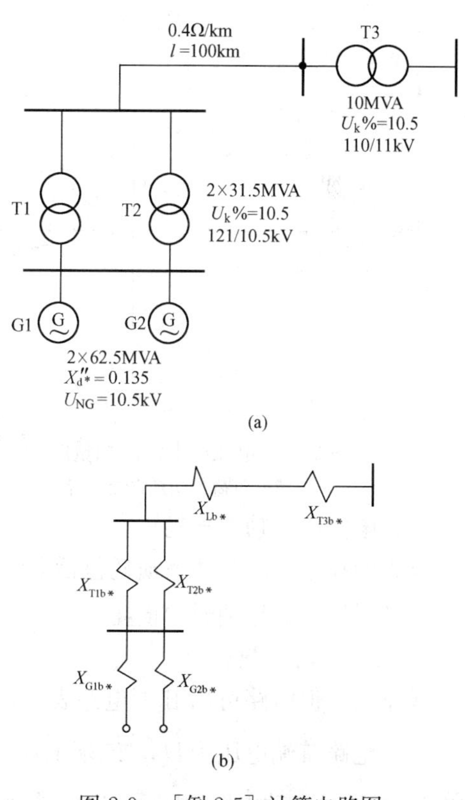

图 2-9　[例 2-5] 计算电路图

第五节　电力网的电压降落和功率损耗

电力网在输送电能时，将在电力网元件上产生功率损耗和电压降落。我们要了解整个电力网的潮流分布，必然要进行功率损耗和电压降落的计算。在讨论功率损耗计算方法之前，先介绍电力网的负荷功率表示方法。

一、电力网的负荷功率表示方法

在电力网的潮流计算中，负荷可以用电流表示，也可以用功率表示。一般情况下，负荷以功率表示，更接近生产实际，运算也比较简单。本书对复功率的表示方式将采用国际电工委员会推荐的约定，即

$$\widetilde{S}=\sqrt{3}\dot{U}\overset{*}{I}$$

式中　$\widetilde{S}$——三相复功率；

$\dot{U}$——线电压相量；

$\overset{*}{I}$——线电流相量的共轭。

若负荷为感性，电流相量滞后于电压相量 φ 角，如图 2-10（a）所示，用复功率表示为

$$\begin{aligned}\widetilde{S}&=\sqrt{3}\dot{U}\overset{*}{I}=\sqrt{3}U\angle\beta\ I\angle-\alpha=\sqrt{3}UI\angle\beta-\alpha\\&=\sqrt{3}UI\angle\varphi=\sqrt{3}UI\cos\varphi+\mathrm{j}\sqrt{3}UI\sin\varphi\\&=P+\mathrm{j}Q\end{aligned}$$

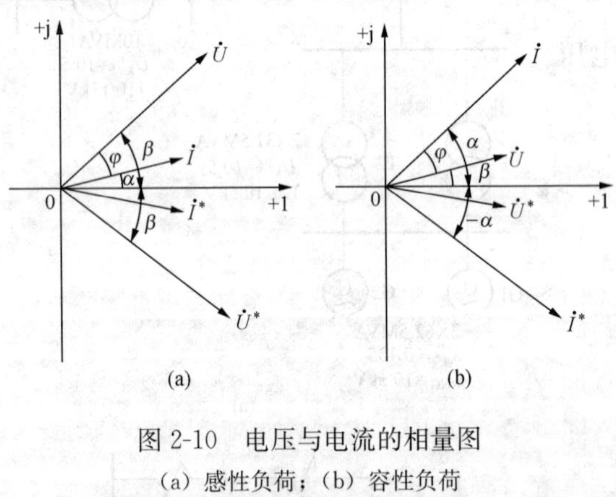

图 2-10　电压与电流的相量图

（a）感性负荷；（b）容性负荷

式中　φ——功率因数角；

P——三相有功功率；

Q——三相无功功率。

若负荷为容性时，电流相量超前于电压相量 φ 角，如图 2-10（b）所示，用复功率表示为

$$\begin{aligned}\widetilde{S}&=\sqrt{3}\dot{U}\overset{*}{I}\\&=\sqrt{3}U\angle\beta\ I\angle-\alpha=\sqrt{3}UI\angle\beta-\alpha\\&=\sqrt{3}UI\angle-\varphi=\sqrt{3}UI\cos\varphi-\mathrm{j}\sqrt{3}UI\sin\varphi\\&=P-\mathrm{j}Q\end{aligned}$$

二、电力网的功率损耗

电力网在运行时，功率损耗包括电流通过元件的电阻和电抗时产生的功率损耗及电压施加于元件对地等值导纳时的损耗。

1. 线路的功率损耗

线路的等值电路可用Π型电路表示，如图 2-11 所示。

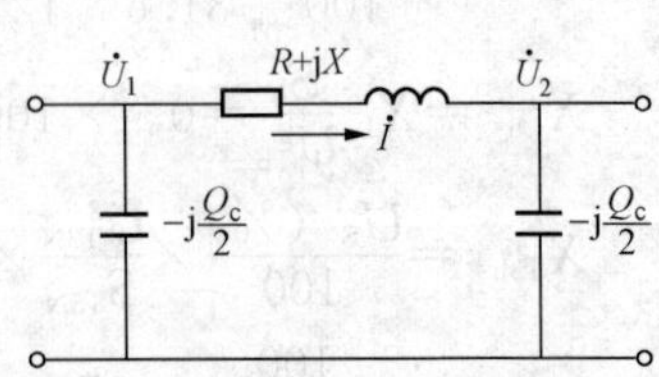

图 2-11　线路的等值电路

等值电路首端电压为 $\dot{U}_1$，末端电压为 $\dot{U}_2$，线路阻抗环节中电流为 $\dot{I}$，则三相线路中所产生的功率损耗为

$$
\begin{aligned}
\Delta\widetilde{S} &= 3I^2(R+\mathrm{j}X)\times 10^{-6}-\mathrm{j}Q_c \\
&= \frac{P^2+Q^2}{U^2}(R+\mathrm{j}X)-\mathrm{j}Q_c \\
&= \frac{P^2+Q^2}{U^2}R+\mathrm{j}\frac{P^2+Q^2}{U^2}X-\mathrm{j}Q_c \\
&= \Delta P+\mathrm{j}\Delta Q-\mathrm{j}Q_c
\end{aligned}
\tag{2-33}
$$

式中　$\Delta\widetilde{S}$——三相线路中所产生的功率损耗，MVA；

I——线电流，A；

$R+\mathrm{j}X$——线路一相的阻抗，Ω；

P、Q——线路阻抗环节首端或末端的三相有功、无功功率，MW、Mvar；

U——对应于功率的线路首端或末端线电压，kV（近似计算时可用 U_N 代替）。

需要指出的是，式（2-33）中功率与功率损耗为三相的值，电压为线电压，阻抗是一相的，以后许多公式与此表示方法相同。

2. 变压器的功率损耗

（1）双绕组变压器功率损耗。双绕组变压器的等值电路可用 Γ 型电路表示，如图 2-12 所示。

等值电路首端电压为 $\dot{U}_1$，末端电压为 $\dot{U}_2$，线路阻抗环节中电流为 $\dot{I}$，则三相线路中所产生的功率损耗为

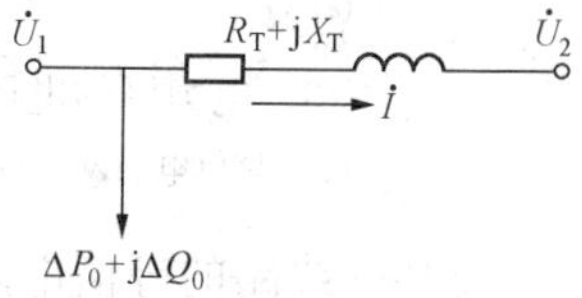

图 2-12　双绕组变压器的等值电路

$$
\begin{aligned}
\Delta\widetilde{S}_T &= 3I^2(R_T+\mathrm{j}X_T)\times 10^{-6}+(\Delta P_0+\mathrm{j}\Delta Q_0) \\
&= \frac{P^2+Q^2}{U^2}(R_T+\mathrm{j}X_T)+(\Delta P_0+\mathrm{j}\Delta Q_0) \\
&= \frac{P^2+Q^2}{U^2}R_T+\mathrm{j}\frac{P^2+Q^2}{U^2}X_T+(\Delta P_0+\mathrm{j}\Delta Q_0) \\
&= \Delta P_T+\mathrm{j}\Delta Q_T
\end{aligned}
\tag{2-34}
$$

式中　$\Delta\widetilde{S}_T$——三相变压器中所产生的功率损耗，MVA；

R_T、$\mathrm{j}X_T$——分别为变压器一相的电阻、电抗，Ω；

P、Q——分别为通过变压器环节首端或末端的三相有功、无功功率，MW、Mvar；

U——对应于功率的线路首端或末端线电压，kV（近似计算时可用 U_N 代替）；

$\Delta P_0+\mathrm{j}\Delta Q_0$——三相变压器导纳中功率损耗，MVA；

$\Delta P_T+\mathrm{j}\Delta Q_T$——三相变压器中所产生有功、无功功率损耗，MW、Mvar。

（2）三绕组变压器的功率损耗。仿照双绕组变压器功率损耗的分析，三绕组变压器的功率损耗的计算公式为

$$
\Delta P_T=\Delta P_{k1}\left(\frac{S_1}{S_N}\right)^2+\Delta P_{k2}\left(\frac{S_2}{S_N}\right)^2+\Delta P_{k3}\left(\frac{S_3}{S_N}\right)^2+\Delta P_0 \tag{2-35}
$$

$$
\Delta Q_T=\frac{U_{k1}(\%)}{100}\left(\frac{S_1^2}{S_N}\right)+\frac{U_{k2}(\%)}{100}\left(\frac{S_2^2}{S_N}\right)+\frac{U_{k3}(\%)}{100}\left(\frac{S_3^2}{S_N}\right)+\frac{I_0(\%)}{100}S_N \tag{2-36}
$$

三、电力网的电压降落与电压损耗

电力网中任意两点电压的相量差，称为电压降落，用符号 $\Delta\dot{U}_{12}$ 表示。电压降落在实数

轴上的投影，称为电压降落纵分量，用符号 ΔU_{12} 表示。电压降落在虚数轴上的投影，称为电压降落横分量，用符号 δU_{12} 表示，如图 2-13 所示。

$$\Delta\dot{U}_{12}=\dot{U}_1-\dot{U}_2 \tag{2-37}$$

电力网中两点电压的代数差，称为电压损耗，用符号 ΔU 表示。

$$\Delta U=U_1-U_2 \tag{2-38}$$

电力网中某节点的电压与额定电压的偏差，称为电压偏移。电压偏移用以衡量电压质量，一般以百分数表示，用符号 m（%）表示。

$$m(\%)=\frac{U-U_{\rm N}}{U_{\rm N}}\times 100 \tag{2-39}$$

式中　U——某点的实际电压；

$U_{\rm N}$——额定电压。

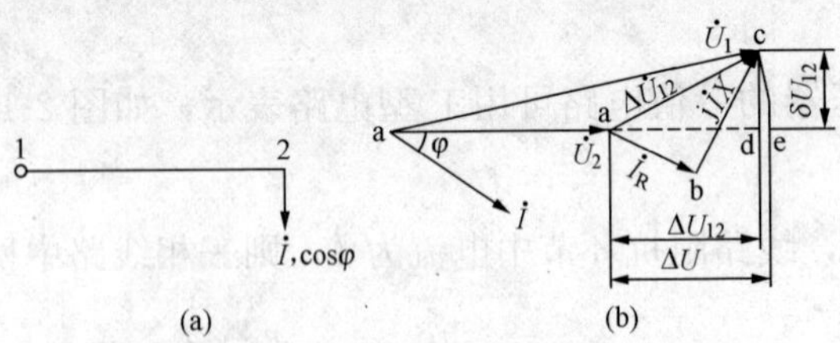

图 2-13　电力网的电压降落与电压损耗

（a）简单电力网；（b）电压相量图

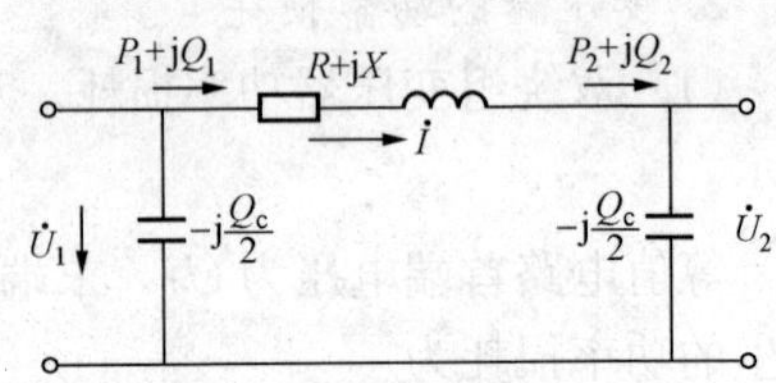

图 2-14　电力网两端的电压平衡关系

设某一线路的等值电路如图 2-14 所示，其中 $R+{\rm j}X$ 为电力网环节，其电流不变，$\dot{U}_1$、$\dot{U}_2$ 为环节首、末端电压，阻抗环节中的电流为 $\dot{I}$，则首、末端电压平衡关系如下所述。

（1）已知环节末端电压求首端电压

$$\dot{U}_1=\dot{U}_2+\sqrt{3}\dot{I}(R+{\rm j}X)$$

$$\tilde{S}_2=\sqrt{3}\dot{U}_2\overset{*}{I}$$

$$\dot{I}=\frac{\overset{*}{S}_2}{\sqrt{3}\overset{*}{U}_2}=\frac{P_2-{\rm j}Q_2}{\sqrt{3}\overset{*}{U}_2}$$

选择 $\dot{U}_2$ 为参考相量，则 $\dot{U}_2=U_2$ 由上两式可得

$$\begin{aligned}\dot{U}_1&=U_2+(R+{\rm j}X)\frac{P_2-{\rm j}Q_2}{U_2}\\&=U_2+\frac{P_2R+Q_2X}{U_2}+{\rm j}\frac{P_2X-Q_2R}{U_2}\\&=U_2+\Delta U_2+{\rm j}\delta U_2\end{aligned} \tag{2-40}$$

式中　$\dot{U}_1$、U_2——分别为首、末端线电压，kV；

P_2、Q_2——分别为末端三相有功、无功功率，MW、Mvar；

ΔU_2、δU_2——分别为电压降落纵分量、横分量，kV。

由式（2-40）可得，首端电压的值与相角分别为

$$U_1 = \sqrt{(U_2 + \Delta U_2)^2 + (\delta U_2)^2} \tag{2-41}$$

$$\delta = \tan^{-1}\frac{\delta U_2}{U_2 + \Delta U_2} \tag{2-42}$$

（2）已知环节首端电压求末端电压。选择 $\dot{U}_1$ 为参考相量，参照上述推导，则环节末端电压 $\dot{U}_2$ 为

$$\begin{aligned} \dot{U}_2 &= U_1 - (R + jX)\frac{P_1 - jQ_1}{U_1} \\ &= U_1 - \frac{P_1R + Q_1X}{U_1} - j\frac{P_1X - Q_1R}{U_1} \\ &= U_1 - \Delta U_1 - j\delta U_1 \end{aligned} \tag{2-43}$$

式中　$\dot{U}_2$、U_1——分别为首、末端线电压，kV；

P_1、Q_1——分别为首端三相有功、无功功率，MW、Mvar；

ΔU_1、δU_1——分别为电压降落纵分量、横分量，kV。

由式（2-43）可得，末端电压的值与相角分别为

$$U_2 = \sqrt{(U_1 - \Delta U_1)^2 + (\delta U_1)^2} \tag{2-44}$$

$$\delta = \tan^{-1}\frac{-\delta U_1}{U_1 - \Delta U_1} \tag{2-45}$$

四、计算负荷和计算功率

为了简化电力网的等值电路，引进计算负荷和计算功率两个概念，它们在潮流计算中将经常用到。

降压变电所计算负荷等于变电所低压母线负荷，加变压器阻抗与导纳中的功率损耗，再加变电所高压母线负荷（包括与高压母线相连线路电容功率的一半）。所以降压变电所计算负荷实际上就是高压母线上的等值负荷。

发电厂计算功率等于发电机出力减去厂用电及地方负荷，再减去升压变压器阻抗与导纳中的功率损耗，再减去发电厂高压母线引出负荷及所连线路电容功率的一半，其意义与降压变电所计算负荷相似。

第六节　电力网的潮流计算

潮流计算是电力系统分析中的一种最基本的计算，它的任务是对给定的运行条件确定系统的运行状态，如各母线的电压、电力网中的功率分布及功率损耗等。在电力系统规划设计、运行以及继电保护的设计与整定中都要用到潮流计算。潮流计算可以采用解析法手算，也可以用计算机计算。目前，利用计算机进行潮流计算已十分广泛。这里仍适当介绍解析法

手算方法，一是通过手算可以加深对物理概念的理解，二是在运用计算机计算前仍需以手算求取某些原始数据。

一、一端电源供电网的潮流计算

1. 一端电源供电区域网的潮流计算

（1）已知末端负荷功率。对于接线简单的一端电源供电网，可利用已推导的计算线路、变压器中电压降落、功率损耗的公式，直接按其等值电路，计算其潮流分布。先假设一个略低于额定电压的末端母线的电压，连同已知的末端负荷功率，逐段推算前面母线的电压和负荷功率。需要注意的是，这种逐段往前推算都是将所有参数和变量归算到同一电压等级后进行的。因此，在求得各母线电压后，还应按相应的变比将它们归算到原电压级。进行这种归算后，应检查这些电压是否过多偏离额定值。一般，电压偏移不允许大于10%。如出现电压偏移超过允许值，应重新假设末端电压，重复上述全部计算过程。

（2）已知末端负荷功率和首端电压。这种情况下的潮流计算必须反复推算才能同时满足两个限制条件。计算的步骤是：先运用假设的末端电压和给定的末端功率由末端向首端逐段往前推算，求得首端电压和功率；再运用给定的首端电压和求得的首端功率由首端向末端逐段推算，求得末端电压和功率；然后，重复上述两步，直至两次计算结果的差值小于允许的误差范围。实际计算中，经过一次往返就可以获得足够精确的结果。

通常还进一步采用如下的简化计算步骤，即开始由末端向首端推算时，设全网电压都为额定电压，仅计算各元件中的功率损耗而不计电压降落；待求得首端功率后，再运用给定的首端电压和求得的首端功率由首端向末端逐段推算电压降落，但这时不再重新计算功率损耗。

【例 2-6】 有一个额定电压为110kV的一端电源供电区域网，如图2-15（a）所示，有关数据已注明于图中。已知降压变电所a低压母线上的负荷及A高压母线上的电压，试作潮流分布计算。

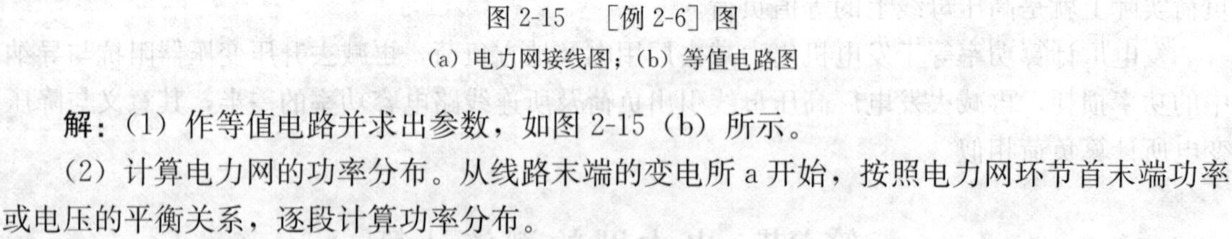

图 2-15 ［例 2-6］图

（a）电力网接线图；（b）等值电路图

解：（1）作等值电路并求出参数，如图2-15（b）所示。

（2）计算电力网的功率分布。从线路末端的变电所a开始，按照电力网环节首末端功率或电压的平衡关系，逐段计算功率分布。

$$\tilde{S}_1 = 20 + j15(\text{MVA})$$

$$\Delta\tilde{S}_{Ta} = \frac{P_1^2 + Q_1^2}{U_N^2}(R_{Ta} + jX_{Ta}) = \frac{20^2 + 15^2}{110^2} \times (2.04 + j31.8)$$

$$= 0.105 + j1.64(\text{MVA})$$

$$\widetilde{S}_2 = \widetilde{S}_1 + \Delta\widetilde{S}_{Ta} = (20 + j15) + (0.105 + j1.64)$$

$$= 20.105 + j16.64(MVA)$$

$$\widetilde{S}_3 = \widetilde{S}_2 + \Delta\widetilde{S}_{Ta0} = (20.105 + j16.64) + (0.044 + j0.32)$$

$$= 20.149 + j16.96(MVA)$$

$$\widetilde{S}_4 = \widetilde{S}_3 + \left(-j\frac{Q_C}{2}\right) = (20.149 + j16.96) + (-j2.6)$$

$$= 20.149 + j14.36(MVA)$$

$$\Delta\widetilde{S}_{AB} = \frac{20.149^2 + 14.36^2}{110^2} \times 10.8 + j\frac{20.149^2 + 14.36^2}{110^2} \times 16.9$$

$$= 0.546 + j0.855(MVA)$$

$$\widetilde{S}_5 = \widetilde{S}_4 + \Delta\widetilde{S}_{AB} = (20.149 + j14.36) + (0.546 + j0.855)$$

$$= 20.695 + j15.215(MVA)$$

$$\widetilde{S}_6 = \widetilde{S}_5 + \left(-j\frac{Q_C}{2}\right) = (20.695 + j15.215) + (-j2.6)$$

$$= 20.695 + j12.615(MVA)$$

（3）计算电力网各母线的电压（可以忽略电压降的横分量 δU），即

$$U_B = U_A - \frac{P_5 R_{AB} + Q_5 X_{AB}}{U_A} = 116 - \frac{20.695 \times 10.8 + 15.215 \times 16.9}{116}$$

$$= 112.235(kV)$$

$$U_C = U_B - \frac{P_2 R_{Ta} + Q_2 X_{Ta}}{U_B} = 112.235 - \frac{20.105 \times 2.04 + 16.64 \times 31.8}{112.235}$$

$$= 107.155(kV)$$

变电所 a 低压母线的实际电压

$$u'_C = U_C \frac{6.6}{110} = 107.155 \times \frac{6.6}{110} = 6.429(kV)$$

2. 一端电源供电地方网的潮流计算

地方网的特点是电压低、线路短、输送功率小，在潮流计算时可以采取以下的简化措施：

（1）等值电路不计导纳及导纳中的功率损耗；

（2）不计阻抗中的功率损耗；

（3）不计电压降落的横分量；

（4）在潮流计算公式中，可以用 U_N 代替实际电压。

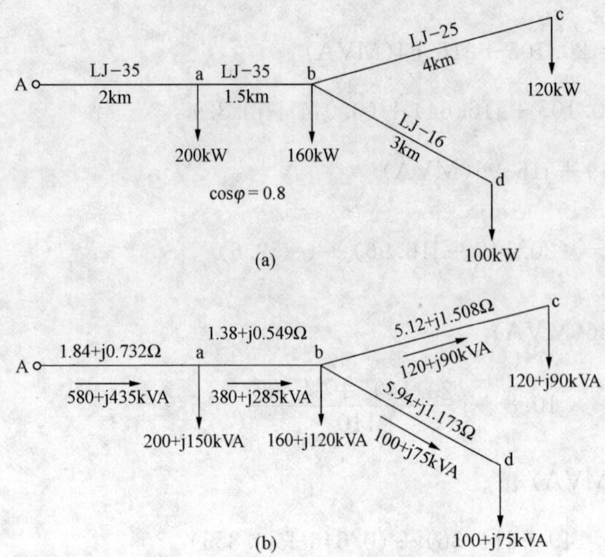

图 2-16 ［例 2-7］图

（a）接线；（b）参数与潮流分布

下面就具有集中负荷的开式地方网和具有均匀分布负荷的开式地方网分别讨论其潮流计算。

（1）具有集中负荷的开式地方网。通过举例来具体说明集中负荷的开式地方网的潮流计算方法。

【例 2-7】 有一条配电线路，$U_N = 10kV$，$D_{eq} = 1m$，供电给四个用户，已知数据如图 2-16（a）所示。试求：①线路最大电压损耗；②各个负荷点的实际电压及电压偏移百分数（已知 $U_A = 10.4kV$）。

解：（1）画等值电路并求出线路参数，如图 2-16（b）所示。

（2）计算潮流分布。各负荷点的功率因数 $\cos\varphi = 0.8$，所以各负荷点的复数功率为

$$P_a + jQ_a = 200 + j150(kVA)$$

$$P_b + jQ_b = 160 + j120(kVA)$$

$$P_c + jQ_c = 120 + j90(kVA)$$

$$P_d + jQ_d = 100 + j75(kVA)$$

线路的功率分布为

$$P_{bc} + jQ_{bc} = 120 + j90(kVA)$$

$$P_{bd} + jQ_{bd} = 100 + j75(kVA)$$

$$\begin{aligned} P_{ab} + jQ_{ab} &= (120 + j90) + (100 + j75) + (160 + j120) \\ &= 380 + j285(kVA) \end{aligned}$$

$$\begin{aligned} P_{Aa} + jQ_{Aa} &= (380 + j285) + (200 + j150) \\ &= 580 + j435(kVA) \end{aligned}$$

各点复数功率及线路上的潮流分布，如图 2-16（b）所示。

（3）计算最大电压损耗、各点实际电压及电压偏移百分数。各线路的电压损耗为

$$\Delta U_{Aa} = \frac{P_{Aa}R_{Aa} + Q_{Aa}X_{Aa}}{U_N} = \frac{580 \times 1.84 + 435 \times 0.732}{10} = 138.6(V)$$

$$\Delta U_{ab} = \frac{380 \times 1.38 + 285 \times 0.549}{10} = 68.1(V)$$

$$\Delta U_{bc} = \frac{120 \times 5.12 + 90 \times 1.508}{10} = 75(V)$$

$$\Delta U_{bd}=\frac{100\times5.94+75\times1.173}{10}=68.2(\mathrm{V})$$

最大电压损耗为

$$\Delta U_{Ac}=\Delta U_{Aa}+\Delta U_{ab}+\Delta U_{bc}=138.6+68.1+75=281.7(\mathrm{V})=0.282(\mathrm{kV})$$

$$\Delta U_{Ac}(\%)=\frac{\Delta U_{Ac}}{U_N}\times100=\frac{0.282}{10}\times100=2.82$$

当 $U_A=10.4\mathrm{kV}$ 时，各负荷点的实际电压及电压偏移百分数为

$$U_a=10.4-0.139=10.26(\mathrm{kV}),m_a(\%)=\frac{10.26-10}{10}\times100=2.6$$

$$U_b=10.26-0.068=10.19(\mathrm{kV}),m_b(\%)=\frac{10.19-10}{10}\times100=1.9$$

$$U_c=10.19-0.075=10.115(\mathrm{kV}),m_c(\%)=\frac{10.115-10}{10}\times100=1.15$$

$$U_d=10.19-0.068=10.122(\mathrm{kV}),m_d(\%)=\frac{10.122-10}{10}\times100=1.22$$

（2）具有均匀分布负荷的开式地方网。对于城市配电网，某些农村配电网及路灯负荷等，可以近似地认为负荷沿线路均匀分布，均匀分布负荷线路的最大电压损耗计算式推导如下。

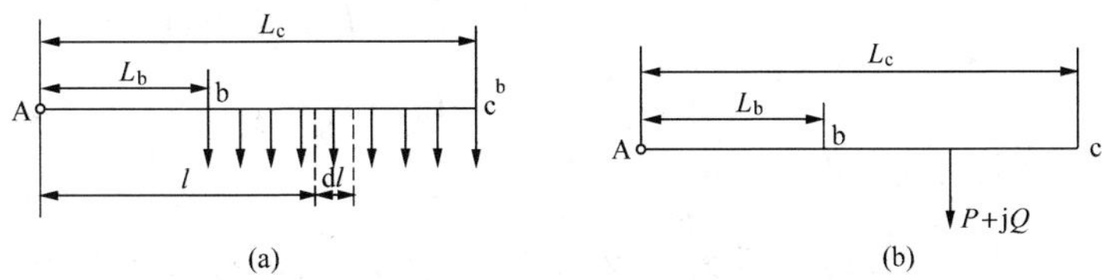

图 2-17　均匀分布负荷的地方电力网

（a）负荷沿线路均匀分布；（b）用集中负荷表示均匀负荷

如图 2-17 所示，负荷在 dl 线路上产生的电压损耗为

$$\mathrm{d}(\Delta U)=\frac{1}{U_N}(pr_0+qx_0)L\mathrm{d}l$$

式中　p、q——分别为线路单位长度有功、无功功率，kW/km、kvar/km；

r_0、x_0——分别为线路单位长度的电阻、电抗，Ω/km。

AC 段线路的最大电压损耗为

$$\begin{aligned}\Delta U_{AC}&=\int_{L_b}^{L_c}\mathrm{d}(\Delta U)=\frac{pr_0+qx_0}{U_N}\int_{L_b}^{L_c}L\mathrm{d}l\\&=\frac{pr_0+qx_0}{U_N}\cdot\frac{L_c^2-L_b^2}{2}\\&=\frac{pr_0+qx_0}{U_N}\left[\frac{(L_c-L_b)(L_c+L_b)}{2}\right]\\&=\frac{pr_0+qx_0}{U_N}(L_c-L_b)\left(L_b+\frac{L_c-L_b}{2}\right)\\&=\frac{Pr_0+Qx_0}{U_N}\left(L_b+\frac{L_c-L_b}{2}\right)\end{aligned}$$

式中　P、Q——分别为均匀分布负荷总的有功功率、无功功率，kW、kvar。

上式表明，计算均匀分布负荷线路的最大电压损耗时，可以用一个与均匀分布总负荷相等，位于均匀分布负荷中心的集中负荷等值代替，如图 2-17（b）所示。

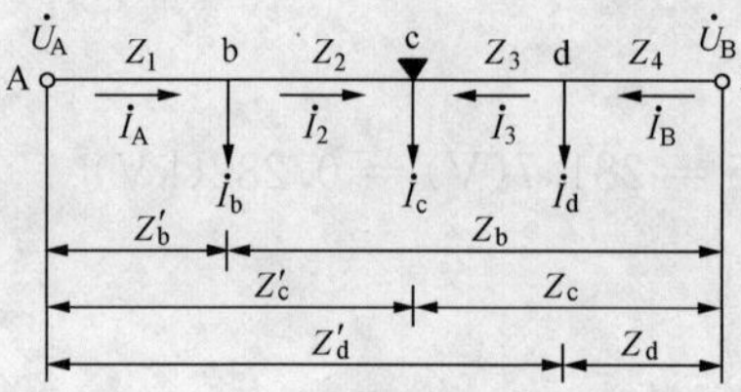
图 2-18 两端电源供电网的初步潮流计算

二、两端电源供电网的潮流计算

1. 两端电源供电网的初步潮流计算

在全网电压都为额定电压的假设下，不计电力网阻抗和导纳中的功率损耗的潮流分布，称为初步潮流计算。

具有三个集中负荷的两端电源供电网，如图 2-18 所示。根据基尔霍夫电压定律得

$$\dot{U}_{AB}=\sqrt{3}(\dot{I}_A Z_1+\dot{I}_2 Z_2-\dot{I}_3 Z_3-\dot{I}_B Z_4)$$

$$\dot{U}_A-\dot{U}_B=\sqrt{3}(\dot{I}_A Z_1+\dot{I}_2 Z_2-\dot{I}_3 Z_3-\dot{I}_B Z_4)$$

根据基尔霍夫电流定律得

$$\left.\begin{aligned}\dot{I}_A-\dot{I}_b-\dot{I}_2&=0\\ \dot{I}_2+\dot{I}_3-\dot{I}_c&=0\\ \dot{I}_B-\dot{I}_3-\dot{I}_d&=0\end{aligned}\right\}$$

由上两式可得

$$\begin{aligned}\frac{\dot{U}_A-\dot{U}_B}{\sqrt{3}}&=\dot{I}_A(Z_1+Z_2+Z_3+Z_4)-\dot{I}_b(Z_2+Z_3+Z_4)-\dot{I}_c(Z_3+Z_4)-\dot{I}_d Z_4\\&=\dot{I}_A Z_{AB}-\dot{I}_b Z_b-\dot{I}_c Z_c-\dot{I}_d Z_d\\&=\dot{I}_A Z_{AB}-\Sigma\dot{I}Z\end{aligned}$$

其中，$\dot{I}$ 分别取 $\dot{I}_b$、$\dot{I}_c$、$\dot{I}_d$ 时，Z 分别对应取 Z_b、Z_c、Z_d。

由上式可得

$$\dot{I}_A=\frac{\dot{U}_A-\dot{U}_B}{\sqrt{3}Z_{AB}}+\frac{\Sigma\dot{I}Z}{Z_{AB}}$$

同理可得

$$\dot{I}_B=\frac{\dot{U}_B-\dot{U}_A}{\sqrt{3}Z_{AB}}+\frac{\Sigma\dot{I}Z'}{Z_{AB}}$$

式中 Z'——分别取 Z'_b、Z'_c、Z'_d。

设全网电压都为额定电压 U_N，并将 $\dot{S}=\sqrt{3}\dot{U}\overset{*}{I}$ 代入上两式可得

$$\left.\begin{aligned}\widetilde{S}_A&=\left[\frac{(\dot{U}_A-\dot{U}_B)}{Z_{AB}}\right]^*\dot{U}_N+\frac{\Sigma\widetilde{S}\overset{*}{Z}}{\overset{*}{Z}_{AB}}\\ \widetilde{S}_B&=\left[\frac{(\dot{U}_B-\dot{U}_A)}{Z_{AB}}\right]^*\dot{U}_N+\frac{\Sigma\widetilde{S}\overset{*}{Z}'}{\overset{*}{Z}_{AB}}\end{aligned}\right\}\qquad(2\text{-}46)$$

式中 $\widetilde{S}$——三相复功率，MVA；

$\dot{U}$——线电压，kV；

Z——阻抗，Ω。

从式（2-46）可以看出，电源A或电源B输出的复功率包括两部分：第一部分与电源两端电压的相量差有关而与负荷无关，称为循环功率；第二部分与各点负荷及该负荷到另一电源的阻抗之和有关，为供给负荷的功率，称为供载功率。

式（2-46）中的功率、电压、阻抗都是复数，因此，在进行潮流分布计算时，要用比较繁的复数四则运算，称为复功率法。

在计算两端电源供电网的初步潮流分布时，可以根据叠加原理分别计算循环功率和供载功率，也就是先令两端电源电压相量相等，求出供载功率；再令负荷功率为零，求出循环功率，最后将两者叠加得出初步潮流分布。下面介绍几种可以简化计算供载功率的情况。

（1）均一网的供载功率计算。如果电力网各段线路采用相同材料、相同截面的导线，而且导线间的几何均距也相等，这种电力网称为均一网。对于均一网，各段线路单位长度的阻抗相等，因而有

$$\widetilde{S}_{A}=\frac{\Sigma\widetilde{S}\overset{*}{Z}}{\overset{*}{Z}_{AB}}=\frac{\Sigma\widetilde{S}(r-jx)L}{(r-jx)L_{AB}}=\frac{\Sigma\widetilde{S}L}{L_{AB}}$$
$$=\frac{\Sigma(P+jQ)L}{L_{AB}}=\frac{\Sigma PL}{L_{AB}}+j\frac{\Sigma QL}{L_{AB}}$$

从而复数算式简化为下列简单的代数算式

$$\left.\begin{aligned}P_{A}&=\frac{\Sigma PL}{L_{AB}}\\Q_{A}&=\frac{\Sigma QL}{L_{AB}}\end{aligned}\right\}\tag{2-47}$$

式中　L——该点负荷到另一电源的长度之和；

L_{AB}——线路总长度。

（2）近似均一网的供载功率计算。在实际的电力系统中，线路均一的电力网不多。但在电压较高的电力网中，线路导线截面较大，为了运行、检修的灵活性，各段线路导线截面的差别不宜超过国家标称截面的2～3个等级；又由于在同一电压等级，往往各段线路采用相同材料，线间的几何均距近似相等，这种电力网称为近似均一网。

对于110kV及以上近似均一网，可以利用网络拆开法计算潮流，计算公式为

$$\left.\begin{aligned}P_{A}&=\frac{\Sigma PX}{X_{AB}}\\Q_{A}&=\frac{\Sigma QR}{R_{AB}}\end{aligned}\right\}\tag{2-48}$$

网络拆开法的意义是：将具有复数阻抗输送复数功率的电力网，拆成两个电力网，其中一个只具有感抗，输送有功功率；另一个只具有电阻，输送无功功率。这样就把求取功率分布的复数运算式分为两个实数式，大大简化了计算工作。

【例2-8】　有一额定电压为110kV的环形电力网，如图2-19（a）所示，变电所的计算负荷、导线型号及线路长度值均在图中注明，线间几何均距为5m，试计算电力网的初步潮流分布。

解：（1）计算线路参数。线路单位长度阻抗由附录查出，将它乘以线路长度得出阻抗

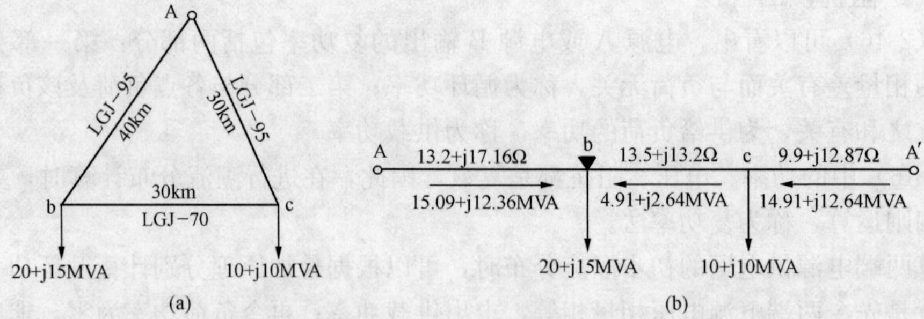

图 2-19　［例 2-8］的电力网接线图和等值电路图

（a）电力网接线图；（b）等值电路图

值，注明于图 2-19（b）中，其中

$$Z_{bA'}=(13.5+j13.2)+(9.9+j12.87)=23.4+j26.07(\Omega)$$

$$Z_{cA'}=9.9+j12.87(\Omega)$$

$$Z_{AA'}=(13.2+j17.16)+(13.5+j13.2)+(9.9+j12.87)=36.6+j43.23(\Omega)$$

（2）计算潮流分布。

1）复功率法

$$\begin{aligned}\tilde{S}_{Ab}&=\frac{\Sigma\tilde{S}\overset{*}{Z}}{\overset{*}{Z}_{AA'}}=\frac{(20+j15)(23.4-j26.07)+(10+j10)(9.9-j12.87)}{36.6-j43.23}\\&=\frac{25\angle 36.87^\circ\times 35.03\angle -48.09^\circ+14.14\angle 45^\circ\times 16.24\angle -52.43^\circ}{56.64\angle -49.75^\circ}\\&=\frac{875.75\angle -11.22^\circ+229.63\angle -7.43}{56.64\angle -49.75^\circ}\\&=\frac{859.01-j170.4+227.7-j29.69}{56.46\angle -49.75^\circ}\\&=\frac{1104.98\angle -10.43^\circ}{56.64\angle -49.75^\circ}\\&=19.51\angle 39.32^\circ=15.09+j12.36(\text{MVA})\end{aligned}$$

所以　$\tilde{S}_{bc}=(15.09+j12.36)-(20+j15)=-(4.91+j2.64)(\text{MVA})$

$$\tilde{S}_{A'C}=(4.91+j2.64)+(10+j10)=14.91+j12.64(\text{MVA})$$

2）网络拆开法

$$P_{Ab}=\frac{\Sigma PX}{X_{AA'}}=\frac{20\times 26.07+10\times 12.87}{43.23}=15.04(\text{MW})$$

$$Q_{Ab}=\frac{\Sigma QR}{R_{AA'}}=\frac{15\times 23.4+10\times 9.9}{36.6}=12.3(\text{Mvar})$$

从以上计算结果看出，用网络拆开法与用复功率法计算潮流得出的功率差别很小，而计算工作量却简化了很多。

在［例 2-8］中，b 点的功率是由两个电源供给的，称为功率分点。有功功率分点与无功功率分点重合时，用符号“▼”表示；若不重合时，有功功率用符号“▼”表示，无功功率用符号“▽”表示。

在两端电源供电网中，为了改善电压质量及经济运行，可以用调节两端电源电压的大小与相位的方法来改变电力网的潮流分布，从而达到上述目的。当两端电源电压不相等时，除供载功率外还有循环功率，初步潮流分布是这两者的叠加，举例如下。

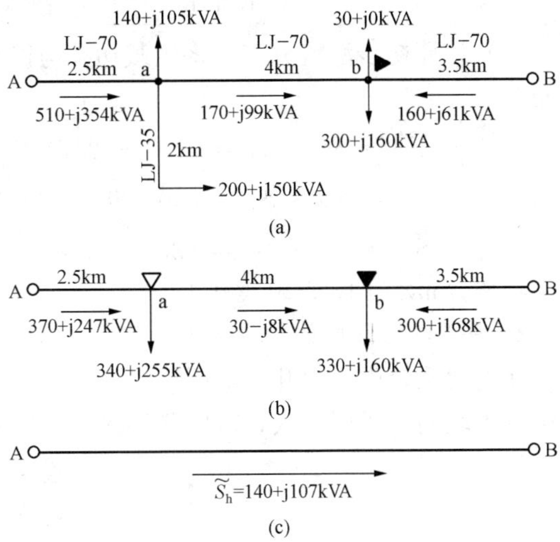

图 2-20　［例 2-9］图

（a）初步潮流分布；（b）供载功率分布；（c）循环功率分布

【例 2-9】 有一额定电压为 10kV 的两端电源供电网，干线 AB 采用 LJ-70 导线；支线 ac 采用 LJ-50 导线，线间几何均距等于 1m，线路长度及负荷注明于图 2-20（a）中，试求 $\dot{U}_A=10.5\angle 0°\text{kV}$、$\dot{U}_B=10.4\angle 0°\text{kV}$ 时，电力网的潮流分布。

解：（1）计算供载功率。由于电力网干线均一，所以可以利用式（2-47）计算潮流

$$P_A=\frac{\Sigma PL}{L_{AB}}=\frac{340\times 7.5+330\times 3.5}{10}=370(\text{kW})$$

$$Q_A=\frac{\Sigma QL}{L_{AB}}=\frac{255\times 7.5+160\times 3.5}{10}=247(\text{kvar})$$

所以

$$\widetilde{S}_A=370+\text{j}247(\text{kVA})$$

$$\widetilde{S}_{ab}=\widetilde{S}_A-\widetilde{S}_a=(370+\text{j}247)-(340+\text{j}255)$$
$$=30+\text{j}(-8)(\text{kVA})$$

$$\widetilde{S}_{Bb}=\widetilde{S}_b-\widetilde{S}_{ab}=(330+\text{j}160)-(30-\text{j}8)$$
$$=300+\text{j}168(\text{kVA})$$

其中，b 点为供载功率有功分点，a 点为无功分点，标明在图 2-20（b）中。

为校验上述供载功率计算是否正确，可再计算 $\widetilde{S}_B$，并与上述计算结果相比较

$$P_B=\frac{330\times 6.5+340\times 2.5}{10}=300(\text{kW})$$

$$Q_B=\frac{160\times 6.5+255\times 2.5}{10}=168(\text{kvar})$$

上述计算结果正确。

（2）计算循环功率。两电源间的线路阻抗 Z_{AB} 为

$$Z_{AB}=(r+\text{j}x)L_{AB}=(0.45+\text{j}0.345)\times 10=4.5+\text{j}3.45=5.67\angle 37.4°(\Omega)$$

所以循环功率为

$$\widetilde{S}_h=\left[\frac{\dot{U}_A-\dot{U}_B}{Z_{AB}}\right]^* U_N=\left[\frac{10.5-10.4}{5.67\angle 37.4°}\right]^*\times 10$$

$$=0.176\angle 37.4^\circ(\text{MVA})=140+\text{j}107(\text{kVA})$$

（3）计算初步潮流分布。将供载功率与循环功率相叠加，即可求得各段线路的初步潮流分布为

$$\widetilde{S}'_{A}=\widetilde{S}_{A}+\widetilde{S}_{h}=(370+\text{j}247)+(140+\text{j}107)=510+\text{j}354(\text{kVA})$$

$$\widetilde{S}'_{ab}=\widetilde{S}_{ab}+\widetilde{S}_{h}=(30-\text{j}8)+(140+\text{j}107)=170+\text{j}99(\text{kVA})$$

$$\widetilde{S}'_{Bb}=\widetilde{S}_{Bb}-\widetilde{S}_{h}=(300+\text{j}168)-(140+\text{j}107)=160+\text{j}61(\text{kVA})$$

功率分布示于图 2-20（a）中。

2. 多级电压环网的初步潮流计算

在电力系统中，由几个电压等级组成的环形网，简称多级电压环网。在多级电压环网内必然有串联的变压器接入，若串联接入的变压器变比不匹配时，即各变压器的运行分接头位置不同，在环网内就会出现附加电动势，形成循环功率。

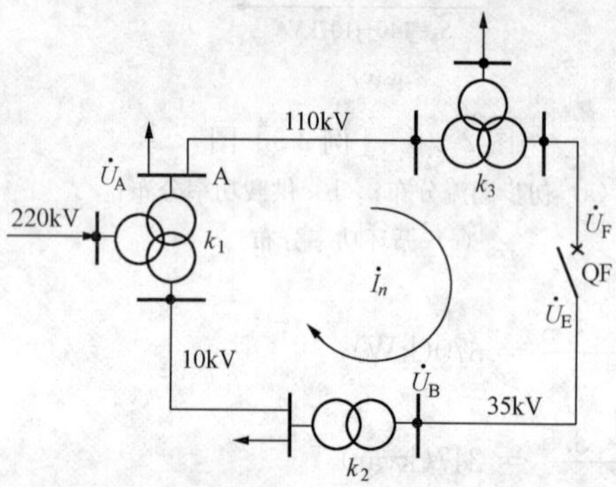

图 2-21　具有三个电压等级的环网

计算多级电压环网的潮流分布时，需要先将电力网各元件的参数归算到同一电压等级，然后再求供载功率与循环功率。多级电压环网的供载功率分布的计算方法与普通两端电源供电网求供载功率的方法相同，这里不再重复。下面讨论多级电压环网循环功率的计算方法。

以图 2-21 所示的具有三个电压等级的环网为例，设已知电压为 $\dot{U}_A$，环网内变压器变比分别为 k_1、k_2、k_3，断路器 QF 在断开位置。各线路及变压器中无电流通过，也就没有电压损耗，因此可以得到如下关系式

$$\dot{U}_F=\frac{\dot{U}_A}{k_3},\dot{U}_E=\dot{U}_B=\frac{k_2\dot{U}_A}{k_1}$$

所以断路器两触头间的电压为

$$\Delta\dot{U}_{FE}=\dot{U}_F-\dot{U}_E=\frac{\dot{U}_A}{k_3}-\frac{k_2\dot{U}_A}{k_1}=\left(\frac{k_1}{k_2k_3}-1\right)\frac{k_2\dot{U}_A}{k_1}$$

令

$$k_{\Sigma}=\frac{k_1}{k_2k_3}$$

则

$$\Delta\dot{U}_{FE}=(k_{\Sigma}-1)\frac{k_2\dot{U}_A}{k_1}=(k_{\Sigma}-1)\dot{U}_E \tag{2-49}$$

式中　k_{Σ}——多级电压环网的等值变比。

等值变比可以这样确定：在环网中任选一个环绕方向，按环绕方向在环网中环行一周，遇到起升压作用的变压器时，乘以该变压器变比；遇到起降压作用的变压器时，除以该变压器变比，即可求得等值变比。

断路器 QF 闭合后，在两触头间的电压 $\Delta\dot{U}_{FE}$ 作用下环网内产生的循环电流和循环功率，可以按式（2-50）计算。

循环电流

$$\dot{I}_h = \frac{\dot{U}_E(k_\Sigma - 1)}{\sqrt{3}Z_\Sigma} \approx \frac{U_N(k_\Sigma - 1)}{\sqrt{3}Z_\Sigma} \tag{2-50}$$

循环功率

$$\widetilde{S}_h = \sqrt{3}\overset{*}{I}U_N = \left[\frac{\dot{U}_E(k_\Sigma - 1)}{Z_\Sigma}\right]^* U_N \approx \left[\frac{(k_\Sigma - 1)}{Z_\Sigma}\right]^* U_N^2 \tag{2-51}$$

式中　Z_Σ——折算到对应于电压 $\dot{U}_E$ 下环网的总阻抗，Ω。

从以上两式中可以看出，若等值变比 $k_\Sigma>1$，则有循环电流和循环功率，其方向与环绕方向相同；若等值变比 $k_\Sigma=1$，则循环电流和循环功率为零；若等值变比 $k_\Sigma<1$，则循环电流和循环功率的方向与环绕方向相反。

【例 2-10】　如图 2-21 所示的多级电压环网，归算到 35kV 电压侧的总阻抗 $Z_\Sigma=9.63+j30.2\Omega$，串入环网中变压器的变比 $k_1=\frac{121}{11}$，$k_2=\frac{40.4}{11}$，$k_3=\frac{104.5}{36.6}$。试计算断路器合环后的循环电流和循环功率。

解：选顺时针方向为环绕方向，等值变比为

$$k_\Sigma = \frac{k_1}{k_2k_3} = \frac{121}{11}\Big/\left(\frac{40.4}{11}\times\frac{104.5}{36.6}\right) = 1.05$$

则循环电流

$$\dot{I}_h = \frac{U_N(k_\Sigma - 1)}{\sqrt{3}Z_\Sigma} = \frac{(1.05-1)\times 35}{\sqrt{3}\times(9.63+j30.2)} = \frac{(1.05-1)\times 35}{\sqrt{3}\times 31.6\angle 72.3^\circ}$$
$$= 0.032\angle -72.3^\circ(\text{kA}) = 32\angle -72.3^\circ\ (\text{A})$$

循环功率

$$\dot{S}_h = \left[\frac{(k_\Sigma - 1)}{Z_\Sigma}\right]^* U_N^2 = \left[\frac{(1.05-1)}{31.6\angle 72.3^\circ}\right]^* \times 35^2 = 1.94\angle 72.3^\circ$$
$$= 0.59 + j1.85(\text{MVA})$$

由于 $k_\Sigma>1$，所以循环电流和循环功率的方向，与所选环绕方向相同。

3. 两端电源供电区域网的最终潮流计算

对于两端电源供电区域网，在求出初步潮流分布后，从功率分点处分别向两侧电源逐段计算计及功率损耗的潮流分布，称为最终潮流计算。即在求出初步潮流分布后，从功率分点处将两端电源供电网解开为两个开式网，然后分别计算两个开式网的潮流。若有功功率、无功功率分点不重合，一般从无功功率分点处向两侧电源逐段推算。

【例 2-11】　有一环形电力网额定电压为 220kV，如图 2-22（a）所示。网络参数及基载发电厂 F 的计算功率，降压变电所 h 的计算负荷注明于图 2-22（b）中。主调频发电厂 S 高压母线电压为 240kV，电力网线路近似均一，试计算潮流分布（归算到高压侧）。

解：（1）简化等值电路如图 2-22（b）所示。

（2）计算初步潮流分布。因为电力网线路近似均一，所以用拆开法计算

$$P_{SF} = \frac{\Sigma PX}{X_{SS'}} = \frac{-117\times(27.2+48)+440\times 48}{20.7+27.2+48} = 128.48(\text{MW})$$

$$Q_{SF} = \frac{\Sigma QR}{R_{SS'}} = \frac{22\times(5.13+7.33)+136\times 7.33}{3.17+5.13+7.33} = 81.32(\text{Mvar})$$

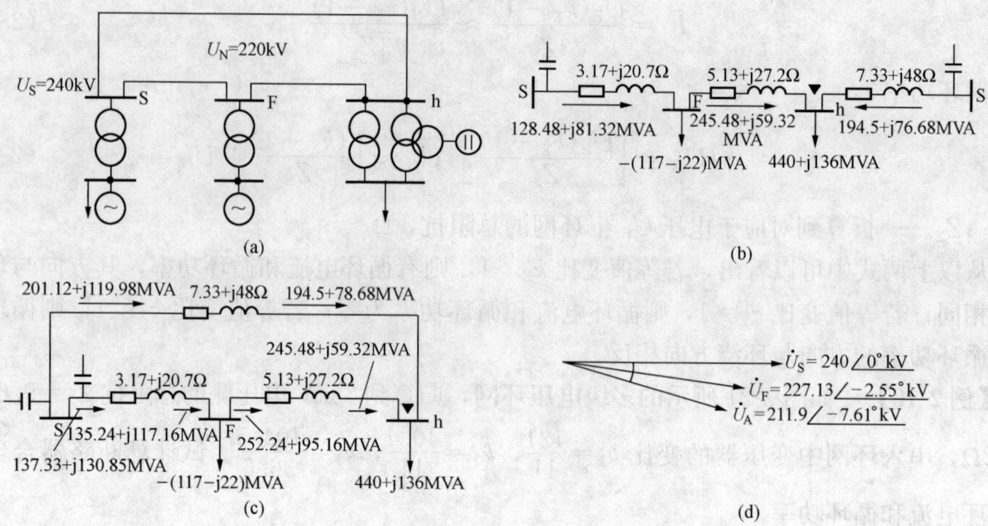

图 2-22 ［例 2-11］图

(a) 环网接线；(b) 简化等值电路与初步潮流分布；(c) 最终潮流分布；(d) 电压分布图

初步潮流分布注明于图 2-22 (b) 中，有功功率、无功功率分点重合在 h 点。

(3) 计算最终潮流分布。从功率分点 h 处将环形网解开为两个开式网，分别计算两个开式网的潮流。将功率分点 h 两边的初步潮流，作为两个开式网的末端功率（功率单位：MVA）

$$\widetilde{S}_1 = 245.48 + j59.32$$

$$\Delta\widetilde{S}_{Fh} = \frac{245.48^2 + 59.32^2}{220^2} \times (5.13 + j27.2) = 6.76 + j35.84$$

$$\widetilde{S}_2 = \widetilde{S}_1 + \Delta\widetilde{S}_{Fh} = (245.48 + j59.32) + (6.76 + j35.84) = 252.24 + j95.16$$

$$\widetilde{S}_3 = \widetilde{S}_2 + \Delta\widetilde{S}_F = (252.24 + j95.16) + (-117 + j22) = 135.24 + j117.16$$

$$\Delta\widetilde{S}_{SF} = \frac{135.24^2 + 117.16^2}{220^2}(3.17 + j20.7) = 2.09 + j13.69$$

$$\widetilde{S}_4 = \widetilde{S}_3 + \Delta\widetilde{S}_{SF} = (135.24 + j117.16) + (2.09 + j13.69) = 137.33 + j130.85$$

$$\widetilde{S}_5 = 194.5 + j76.68$$

$$\Delta\widetilde{S}_{Fh} = \frac{194.5^2 + 76.68^2}{220^2}(7.33 + j48) = 6.62 + j43.3$$

$$\widetilde{S}_6 = \widetilde{S}_5 + \Delta\widetilde{S}_{Fh} = (194.5 + j76.68) + (6.62 + j43.3) = 201.12 + j119.98$$

(4) 计算高压母线电压（单位：kV）。选 S 厂高压母线电压为参考相量，则 U_S = 240kV

$$\dot U_F = \dot U_S - \frac{P_4 R_{SF} + Q_4 X_{SF}}{\dot U_S} - j\frac{P_4 X_{SF} - Q_4 R_{SF}}{\dot U_S}$$

$$= 240 - \frac{137.33 \times 3.17 + 130.85 \times 20.7}{240} - j\frac{137.33 \times 20.7 - 130.85 \times 3.17}{240}$$

$$= 226.9 - j10.12$$

$$U_F=\sqrt{226.9^2+10.12^2}=227.13, \delta_F=\tan^{-1}\frac{-10.12}{226.9}=-2.55^\circ$$

$$\dot{U}_F=227.13\angle{-2.55^\circ}$$

$$\dot{U}_h=\dot{U}_F-\frac{P_2R_{Fh}+Q_2X_{Fh}}{\dot{U}_F}-j\frac{P_2X_{Fh}-Q_2R_{Fh}}{\dot{U}_F}$$

$$=227.13-\frac{252.24\times5.13+95.16\times27.2}{227.13}-j\frac{252.24\times27.2-95.16\times5.13}{227.13}$$

$$=210.03-j28.06$$

$$U_h=\sqrt{210.03^2+28.16^2}=211.9, \delta_h=\tan^{-1}\frac{-28.06}{210.03}=-7.61^\circ$$

$$\dot{U}_h=211.9\angle{-7.61^\circ}$$

第七节　电力网的简化

现代电力系统的规模越来越大，接线越来越复杂，其中有些节点可以从三个及以上电源获得电能，含有这样节点的电力网，称为多端电源供电网，简称复杂网。

为了分析和计算复杂网，需要采用网络简化方法，即网络变换法。网络变换法系按等值变换的原则，将复杂网逐步变换为两端电源供电网，求出初步潮流分布，找出功率分点，再逐步等值反变换为原来的复杂网。常用的网络变换法有等值电源法、负荷移置法和星—网变换法。

一、等值电源法

两个或两个以上的电源支路向同一节点供电时，可用一个等值电源支路代替。替代后，网络中其他部分的电压、电流、功率仍保持不变。

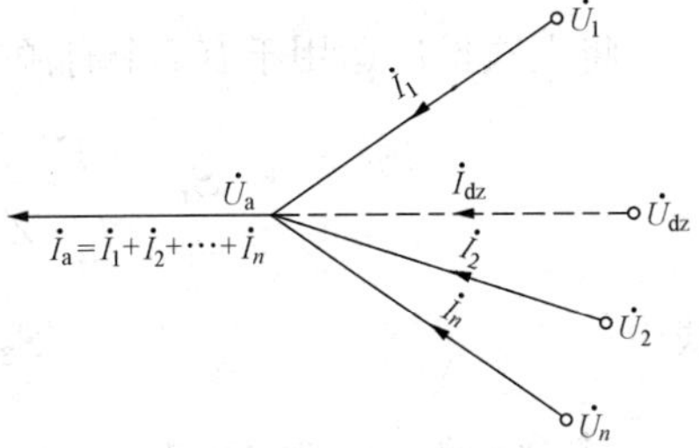

图 2-23　等值电源法

如图 2-23 所示，节点 i 以下部分的电压、电流、功率仍保持不变。假设替代前各支路功率为 $\widetilde{S}_1$、$\widetilde{S}_2$、$\widetilde{S}_3$，替代后等值支路功率为 $\widetilde{S}_{\Sigma i}$，则由 $\widetilde{S}_1=\frac{\overset{*}{E}_1-\overset{*}{U}_i}{\overset{*}{Z}_{1i}}\dot{U}_i$；$\widetilde{S}_2=\frac{\overset{*}{E}_2-\overset{*}{U}_i}{\overset{*}{Z}_{2i}}\dot{U}_i$；$\widetilde{S}_3=\frac{\overset{*}{E}_3-\overset{*}{U}_i}{\overset{*}{Z}_{3i}}\dot{U}_i$；$\widetilde{S}_{\Sigma i}=\frac{\overset{*}{E}_{\Sigma i}-\overset{*}{U}_i}{\overset{*}{Z}_{\Sigma i}}\dot{U}_i$；$\widetilde{S}_1+\widetilde{S}_2+\widetilde{S}_3=\widetilde{S}_{\Sigma i}$ 可得

$$\frac{\dot{E}_1-\dot{U}_i}{Z_{1i}}+\frac{\dot{E}_2-\dot{U}_i}{Z_{2i}}+\frac{\dot{E}_3-\dot{U}_i}{Z_{3i}}=\frac{\dot{E}_{\Sigma i}-\dot{U}_i}{Z_{\Sigma i}}$$

$\dot{E}_1$、$\dot{E}_2$、$\dot{E}_3$、$\dot{U}_i$ 为任意值时上式都应能成立，因此可令 $\dot{E}_1$、$\dot{E}_2$、$\dot{E}_3$ 都为零，从而 $\dot{E}_{\Sigma i}$ 也为零，由该式可得

$$\frac{1}{Z_{1i}}+\frac{1}{Z_{2i}}+\frac{1}{Z_{3i}}=\frac{1}{Z_{\Sigma i}} \tag{2-52}$$

或

$$Y_{1i}+Y_{2i}+Y_{3i}=Y_{\Sigma i}$$

$\dot{U}_i$ 为零时，由该式可得

$$\frac{\dot{E}_1}{Z_{1i}}+\frac{\dot{E}_2}{Z_{2i}}+\frac{\dot{E}_3}{Z_{3i}}=\frac{\dot{E}_{\Sigma i}}{Z_{\Sigma i}}$$

从而
$$\dot{E}_1 \frac{Z_{\Sigma i}}{Z_{1i}} + \dot{E}_2 \frac{Z_{\Sigma i}}{Z_{2i}} + \dot{E}_3 \frac{Z_{\Sigma i}}{Z_{3i}} = \dot{E}_{\Sigma i} \tag{2-53}$$

或
$$\dot{E}_1 \frac{Y_{1i}}{Y_{\Sigma i}} + \dot{E}_2 \frac{Y_{2i}}{Y_{\Sigma i}} + \dot{E}_3 \frac{Y_{3i}}{Y_{\Sigma i}} = \dot{E}_{\Sigma i}$$

将式（2-52）、式（2-53）两式推广运用于有 l 个有源支路的情况，可得

$$\frac{1}{Z_{\Sigma i}} = \Sigma \frac{1}{Z_{mi}} \text{ 或 } Y_{\Sigma i} = \Sigma Y_{mi} (m = 1,2,\cdots,l) \tag{2-54}$$

$$\dot{E}_{\Sigma i} = \Sigma \dot{E}_m \frac{Z_{\Sigma i}}{Z_{mi}} \text{ 或 } \dot{E}_{\Sigma i} = \Sigma \dot{E}_m \frac{Y_{mi}}{Y_{\Sigma i}} (m = 1,2,\cdots,l) \tag{2-55}$$

式中　$\dot{E}_{\Sigma i}$——等值电源电动势；

$Z_{\Sigma i}$、$Y_{\Sigma i}$——分别为等值电源支路阻抗、导纳。

有时，还需要从等值电源支路功率还原求各支路功率。这时可由

$$\overset{*}{E}_1 - \overset{*}{U}_i = \frac{\widetilde{S}_1 \overset{*}{Z}_{1i}}{\dot{U}_i};\overset{*}{E}_{\Sigma i} - \overset{*}{U}_i = \frac{\widetilde{S}_{\Sigma i} \overset{*}{Z}_{\Sigma i}}{\dot{U}_i}$$

得
$$\overset{*}{E}_1 - \frac{\widetilde{S}_1 \overset{*}{Z}_{1i}}{\dot{U}_i} = \overset{*}{E}_{\Sigma i} - \frac{\widetilde{S}_{\Sigma i} \overset{*}{Z}_{\Sigma i}}{\dot{U}_i}$$

从而
$$\widetilde{S}_1 = \frac{\overset{*}{E}_1 - \overset{*}{E}_{\Sigma i}}{\overset{*}{Z}_{1i}} \dot{U}_i + \widetilde{S}_{\Sigma i} \frac{\overset{*}{Z}_{\Sigma i}}{\overset{*}{Z}_{1i}}$$

将上式推广运用于有 l 个有源支路的情况，可得

$$\widetilde{S}_m = \frac{\overset{*}{E}_m - \overset{*}{E}_{\Sigma i}}{\overset{*}{Z}_{mi}} \dot{U}_i + \widetilde{S}_{\Sigma i} \frac{\overset{*}{Z}_{\Sigma i}}{\overset{*}{Z}_{mi}} (m = 1,2,\cdots,l) \tag{2-56}$$

式中
$$S_{\Sigma i} = \Sigma \widetilde{S}_m (m = 1,2,\cdots,l)$$

对各电源电动势大小相等、相位相同的情况，$\dot{E}_{\Sigma i} = \dot{E}_m$，式（2-56）又可改写为

$$\widetilde{S}_m = \widetilde{S}_{\Sigma i} \frac{\overset{*}{Z}_{\Sigma i}}{\overset{*}{Z}_{mi}} \tag{2-57}$$

即这时的功率的分布与阻抗成反比。

需要注意，运用等值电源法时，每个电源支路都不能接有其他支接负荷。如有支接负荷，应该首先运用下述的负荷移置法将其移去。

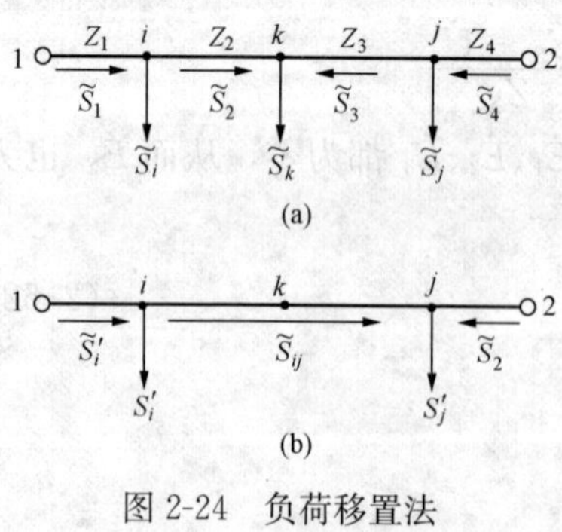

图 2-24　负荷移置法

（a）移置前；（b）移置后

二、负荷移置法

负荷移置法就是将负荷等效地移动位置。移置前后网络中其他部分的电压、电流、功率仍保持不变。

1. 将一个负荷移置两处

将图 2-24（a）中 k 点的负荷 $\widetilde{S}_k$ 移置到 i、j 两点处。移置前，节点 i 的注入功率，即流经阻抗 Z_1 的功率按复功率计算式可得到

$$\widetilde{S}_1 = \frac{\widetilde{S}_i(\overset{*}{Z}_{ik} + \overset{*}{Z}_{kj} + \overset{*}{Z}_{j2}) + \widetilde{S}_k(\overset{*}{Z}_{kj} + \overset{*}{Z}_{j2}) + \widetilde{S}_j \overset{*}{Z}_{j2}}{\overset{*}{Z}_{1i} + \overset{*}{Z}_{ik} + \overset{*}{Z}_{kj} + \overset{*}{Z}_{j2}}$$

移置后，流经阻抗 Z_1 的功率为

$$\widetilde{S}'_1=\frac{(\widetilde{S}_i+\widetilde{S}'_i)(\overset{*}{Z}_{ik}+\overset{*}{Z}_{kj}+\overset{*}{Z}_{j2})+(\widetilde{S}_j+\widetilde{S}'_j)\overset{*}{Z}_{j2}}{\overset{*}{Z}_{1i}+\overset{*}{Z}_{ik}+\overset{*}{Z}_{kj}+\overset{*}{Z}_{j2}}$$

移置前后，这两个功率应相等，可得到

$$\widetilde{S}_i(\overset{*}{Z}_{ik}+\overset{*}{Z}_{kj}+\overset{*}{Z}_{j2})+\widetilde{S}_k(\overset{*}{Z}_{kj}+\overset{*}{Z}_{j2})+\widetilde{S}_j\overset{*}{Z}_{j2}$$
$$=(\widetilde{S}_i+\widetilde{S}'_i)(\overset{*}{Z}_{ik}+\overset{*}{Z}_{kj}+\overset{*}{Z}_{j2})+(\widetilde{S}_j+\widetilde{S}'_j)\overset{*}{Z}_{j2}$$

计及

$$\widetilde{S}'_i+\widetilde{S}'_j=\widetilde{S}_k$$

联立解出

$$\widetilde{S}'_i=\widetilde{S}_k\frac{\overset{*}{Z}_{kj}}{\overset{*}{Z}_{ik}+\overset{*}{Z}_{kj}}\tag{2-58}$$

$$\widetilde{S}'_j=\widetilde{S}_k\frac{\overset{*}{Z}_{ik}}{\overset{*}{Z}_{ik}+\overset{*}{Z}_{kj}}\tag{2-59}$$

式中　$\widetilde{S}'_i$——负荷 $\widetilde{S}_k$ 移置到 i 节点的负荷；

$\widetilde{S}'_j$——负荷 $\widetilde{S}_k$ 移置到 j 节点的负荷。

2. 将两节点负荷移置到 k 节点处，求 k 节点位置

将图 2-24（b）中 i、j 节点的负荷移置到 k 节点处。移置前，节点 i 的注入功率，即流经阻抗 Z_{1i} 的功率按复功率计算式可得到

$$\widetilde{S}_1=\frac{\widetilde{S}_i(\overset{*}{Z}_{ik}+\overset{*}{Z}_{kj}+\overset{*}{Z}_{j2})+\widetilde{S}_j\overset{*}{Z}_{j2}}{\overset{*}{Z}_{1i}+\overset{*}{Z}_{ik}+\overset{*}{Z}_{kj}+\overset{*}{Z}_{j2}}$$

移置后，流经阻抗 Z_{1i} 的功率为

$$\widetilde{S}'_1=\frac{(\widetilde{S}_i+\widetilde{S}_j)(\overset{*}{Z}_{kj}+\overset{*}{Z}_{j2})}{\overset{*}{Z}_{1i}+\overset{*}{Z}_{ik}+\overset{*}{Z}_{kj}+\overset{*}{Z}_{j2}}$$

移置前后，这两个功率应相等，可得到

$$\widetilde{S}_i(\overset{*}{Z}_{ik}+\overset{*}{Z}_{kj}+\overset{*}{Z}_{j2})+\widetilde{S}_j\overset{*}{Z}_{j2}=(\widetilde{S}_i+\widetilde{S}_j)(\overset{*}{Z}_{kj}+\overset{*}{Z}_{j2})$$

从而

$$\widetilde{S}_i\overset{*}{Z}_{ik}=\widetilde{S}_j\overset{*}{Z}_{kj}$$

或

$$\frac{\widetilde{S}_i}{\widetilde{S}_j}=\frac{\overset{*}{Z}_{kj}}{\overset{*}{Z}_{ik}}$$

$$\frac{\widetilde{S}_i+\widetilde{S}_j}{\widetilde{S}_j}=\frac{\overset{*}{Z}_{ik}+\overset{*}{Z}_{kj}}{\overset{*}{Z}_{ik}}$$

可得到

$$\overset{*}{Z}_{ik}=(\overset{*}{Z}_{ik}+\overset{*}{Z}_{kj})\frac{\widetilde{S}_j}{\widetilde{S}_i+\widetilde{S}_j}$$

由于（$Z_{ik}+Z_{kj}$）为节点 i、j 之间的阻抗 Z_{ij}，上式可改写为

$$\overset{*}{Z}_{ik}=\overset{*}{Z}_{ij}\frac{\widetilde{S}_j}{\widetilde{S}_i+\widetilde{S}_j}\text{ 或 }Z_{ik}=Z_{ij}\frac{\overset{*}{S}_j}{\overset{*}{S}_i+\overset{*}{S}_j} \tag{2-60}$$

同样可得到

$$\overset{*}{Z}_{kj}=\overset{*}{Z}_{ij}\frac{\widetilde{S}_i}{\widetilde{S}_i+\widetilde{S}_j}\text{ 或 }Z_{kj}=Z_{ij}\frac{\overset{*}{S}_i}{\overset{*}{S}_i+\overset{*}{S}_j} \tag{2-61}$$

由 Z_{ik} 或 Z_{kj} 都可以确定节点 k 的位置。

必须指出，以上的推导虽从等电压两端供电网络的关系式出发，但结论也适用于不等电压两端供电网络，因负荷的移置并不影响仅由电压差值决定的循环功率。

3. 星形电路中点的负荷移置

将星形电路中点的负荷移置到各射线端点，如图 2-25 所示。移置前后，各射线端点的电压、电流、功率保持不变。

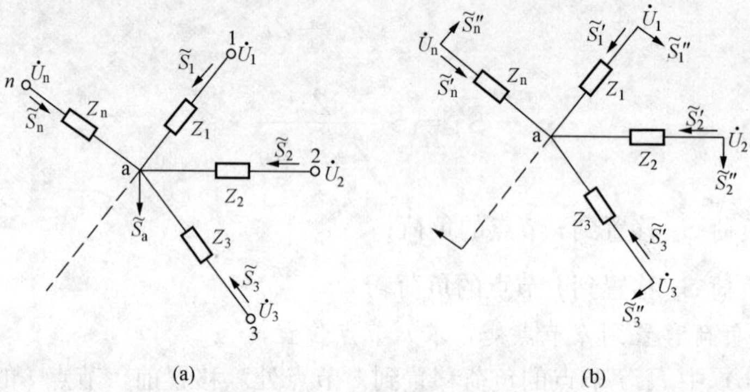

图 2-25 星形电路中点的负荷的移置

(a) 移置前；(b) 移置后

移置前，节点 1、2、3 之间的电压降落分别为

$$(\dot{U}_1-\dot{U}_2)U_N=\overset{*}{S}_1Z_{1n}-\overset{*}{S}_2Z_{2n}$$

$$(\dot{U}_2-\dot{U}_3)U_N=\overset{*}{S}_2Z_{2n}-\overset{*}{S}_3Z_{3n}$$

$$(\dot{U}_3-\dot{U}_1)U_N=\overset{*}{S}_3Z_{3n}-\overset{*}{S}_1Z_{1n}$$

移置后，节点 1、2、3 之间的电压降落分别为

$$(\dot{U}_1-\dot{U}_2)U_N=\overset{*}{S}'_1Z_{1n}-\overset{*}{S}'_2Z_{2n}$$

$$(\dot{U}_2-\dot{U}_3)U_N=\overset{*}{S}'_2Z_{1n}-\overset{*}{S}'_3Z_{3n}$$

$$(\dot{U}_3-\dot{U}_1)U_N=\overset{*}{S}'_3Z_{3n}-\overset{*}{S}'_1Z_{1n}$$

移置前后，节点 1、2、3 之间的电压降落应相等，可得

$$\overset{*}{S}_1Z_{1n}-\overset{*}{S}_2Z_{2n}=\overset{*}{S}'_1Z_{1n}-\overset{*}{S}'_2Z_{2n}$$

$$\overset{*}{S}_2Z_{2n}-\overset{*}{S}_3Z_{3n}=\overset{*}{S}'_2Z_{1n}-\overset{*}{S}'_3Z_{3n}$$

$$\overset{*}{S}_3Z_{3n}-\overset{*}{S}_1Z_{1n}=\overset{*}{S}'_3Z_{3n}-\overset{*}{S}'_1Z_{1n}$$

从而 $$(\overset{*}{S}_1-\overset{*}{S}'_1)Z_{1n}=(\overset{*}{S}_2-\overset{*}{S}'_2)Z_{2n}=(\overset{*}{S}_3-\overset{*}{S}'_3)Z_{3n}$$

或 $$(\tilde{S}_1-\tilde{S}'_1)\overset{*}{Z}_{1n}=(\tilde{S}_2-\tilde{S}'_2)\overset{*}{Z}_{2n}=(\tilde{S}_3-\tilde{S}'_3)\overset{*}{Z}_{3n}$$

又因移置前后，节点 1、2、3 的注入功率应相等，即

$$\tilde{S}_1-\tilde{S}'_1=\tilde{S}_{n1}(\tilde{S}_2-\tilde{S}'_2)=\tilde{S}_{n2}(\tilde{S}_3-\tilde{S}'_3)=\tilde{S}_{n3}$$

将其代入上式，又可得

$$\tilde{S}_{n1}\overset{*}{Z}_{1n}=\tilde{S}_{n2}\overset{*}{Z}_{2n}=\tilde{S}_{n3}\overset{*}{Z}_{3n}$$

于是 $$\tilde{S}_{n2}=\tilde{S}_{n1}\frac{\overset{*}{Z}_{1n}}{\overset{*}{Z}_{2n}}=\tilde{S}_{n1}\frac{\overset{*}{Y}_{2n}}{\overset{*}{Y}_{1n}}$$

$$\tilde{S}_{n3}=\tilde{S}_{n1}\frac{\overset{*}{Z}_{1n}}{\overset{*}{Z}_{3n}}=\tilde{S}_{n1}\frac{\overset{*}{Y}_{3n}}{\overset{*}{Y}_{1n}}$$

又因 $$\tilde{S}_n=\tilde{S}_{n1}+\tilde{S}_{n2}+\tilde{S}_{n3}$$

$$\tilde{S}_n=\tilde{S}_{n1}+\tilde{S}_{n1}\frac{\overset{*}{Y}_{2n}}{\overset{*}{Y}_{1n}}+\tilde{S}_{n1}\frac{\overset{*}{Y}_{3n}}{\overset{*}{Y}_{1n}}=\tilde{S}_{n1}\left(\frac{\overset{*}{Y}_{1n}+\overset{*}{Y}_{2n}+\overset{*}{Y}_{3n}}{\overset{*}{Y}_{1n}}\right)$$

从而 $$\tilde{S}_{n1}=\tilde{S}_n\left(\frac{\overset{*}{Y}_{1n}}{\overset{*}{Y}_{1n}+\overset{*}{Y}_{2n}+\overset{*}{Y}_{3n}}\right) \tag{2-62}$$

$$\tilde{S}_{n2}=\tilde{S}_n\left(\frac{\overset{*}{Y}_{2n}}{\overset{*}{Y}_{1n}+\overset{*}{Y}_{2n}+\overset{*}{Y}_{3n}}\right)$$

$$\tilde{S}_{n3}=\tilde{S}_n\left(\frac{\overset{*}{Y}_{3n}}{\overset{*}{Y}_{1n}+\overset{*}{Y}_{2n}+\overset{*}{Y}_{3n}}\right)$$

式中　$\tilde{S}_n$ ——星形电路中性点的负荷功率；

$\tilde{S}_{n1}$、$\tilde{S}_{n2}$、$\tilde{S}_{n3}$ ——等值移置到各支路端点的负荷功率。

三、星一网等值变换

Y—△等值变换在“电路”课已介绍过，这里仅列出有关公式。

1. Y 形等值变换△形

Y 形等值变换△形时，△各边的阻抗为

$$\left.\begin{aligned}Z_{12}&=\frac{Z_{1n}Z_{2n}+Z_{2n}Z_{3n}+Z_{3n}Z_{1n}}{Z_{3n}}\\Z_{23}&=\frac{Z_{1n}Z_{2n}+Z_{2n}Z_{3n}+Z_{3n}Z_{1n}}{Z_{1n}}\\Z_{31}&=\frac{Z_{1n}Z_{2n}+Z_{2n}Z_{3n}+Z_{3n}Z_{1n}}{Z_{2n}}\end{aligned}\right\} \tag{2-63}$$

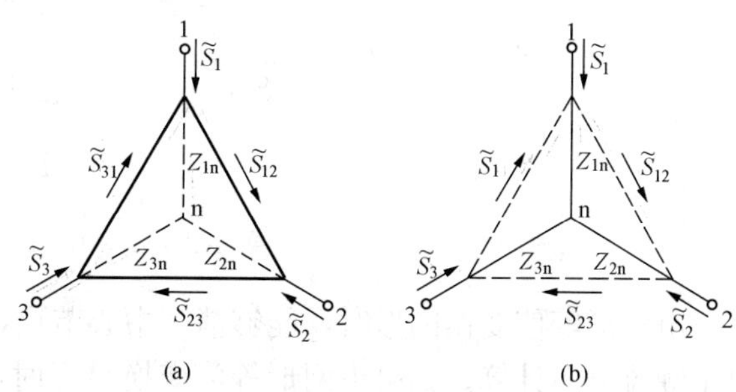

图 2-26　Y—△等值变换

各边的功率为

$$\left.\begin{aligned}\widetilde{S}_{12}&=\frac{\widetilde{S}_1\overset{*}{Z}_{1n}-\widetilde{S}_2\overset{*}{Z}_{2n}}{\overset{*}{Z}_{12}}\\\widetilde{S}_{23}&=\frac{\widetilde{S}_2\overset{*}{Z}_{2n}-\widetilde{S}_3\overset{*}{Z}_{3n}}{\overset{*}{Z}_{23}}\\\widetilde{S}_{31}&=\frac{\widetilde{S}_3\overset{*}{Z}_{3n}-\widetilde{S}_1\overset{*}{Z}_{1n}}{\overset{*}{Z}_{31}}\end{aligned}\right\}\tag{2-64}$$

2. △形等值变换Y形

△形等值变换Y形时，Y各边的阻抗为

$$\left.\begin{aligned}Z_{1n}&=\frac{Z_{12}Z_{31}}{Z_{12}+Z_{23}+Z_{31}}\\Z_{2n}&=\frac{Z_{12}Z_{23}}{Z_{12}+Z_{23}+Z_{31}}\\Z_{3n}&=\frac{Z_{23}Z_{31}}{Z_{12}+Z_{23}+Z_{31}}\end{aligned}\right\}\tag{2-65}$$

各边的功率为

$$\left.\begin{aligned}\widetilde{S}_1&=\widetilde{S}_{12}-\widetilde{S}_{31}\\\widetilde{S}_2&=\widetilde{S}_{23}-\widetilde{S}_{12}\\\widetilde{S}_3&=\widetilde{S}_{31}-\widetilde{S}_{23}\end{aligned}\right\}\tag{2-66}$$

3. Y形等值变换网形

Y形等值变换网形时，连接网形任意两顶点的阻抗为

$$\left.\begin{aligned}Z_{12}&=Z_{1n}Z_{2n}\Sigma Y_{mn}\\Z_{23}&=Z_{2n}Z_{3n}\Sigma Y_{mn}\\&\vdots\\Z_{1l}&=Z_{1n}Z_{1n}\Sigma Y_{mn}\end{aligned}\right\}\quad m=(1,2,\cdots,l)\tag{2-67}$$

网形各阻抗和Y形各阻抗的功率有如下关系

$$\left.\begin{aligned}\widetilde{S}_1&=\widetilde{S}_{12}+\widetilde{S}_{13}+\cdots+\widetilde{S}_{1l}\\\widetilde{S}_2&=\widetilde{S}_{21}+\widetilde{S}_{23}+\cdots+\widetilde{S}_{2l}\\&\vdots\\\widetilde{S}_l&=\widetilde{S}_{l1}+\widetilde{S}_{l2}+\cdots+\widetilde{S}_{l(l-1)}\end{aligned}\right\}\tag{2-68}$$

由星形等值变换网形时，能够消去中心节点，可以逐步将复杂网变换为环网的形式，以便于潮流分布计算。如果由网形等值变换星形时，则要增加节点，不利于简化网络，因此，在网络等值变换中一般不采用这种变换。

第八节　复杂电力系统的潮流计算机算法

对于复杂网络的潮流计算，手算的方法显然已不能适应。本节将介绍运用计算机计算复杂网络潮流分布的方法。对复杂网络进行计算机潮流计算，需要掌握潮流计算的数学模型、计算方法和程序设计三个方面的知识。这里我们只介绍前两部分内容。

一、潮流计算的数学模型

对电力系统来说，所谓数学模型是指对电力系统中运行状态参数（如电压、电流等）之间相互关系和变化规律的一种数学描述，它把电力系统中物理现象的分析归结为某种形式的数学问题。

通常计算交流电路有两种方法，即节点电压法和回路电流法。目前，电力系统的潮流计算，一般多采用节点电压法，它有以下优点：

（1）对于同一网络，节点电压方程一般少于回路电流方程数；

（2）用节点电压方程计算电力系统潮流时所描述的运行状态比较直观；

（3）易于处理系统运行条件的变化。

1. 节点电压方程

现以简单电力网络为例，说明利用节点电压方程计算电力网络的原理和特点。图 2-27 表示一个具有两个电源和一个等值负荷的系统。$\dot{e}_1$、$\dot{e}_2$ 为电源电动势，y_1、y_2 为电源的内部导纳，y_3 为负荷的等值导纳，y_4、y_5、y_6 为支路的导纳。

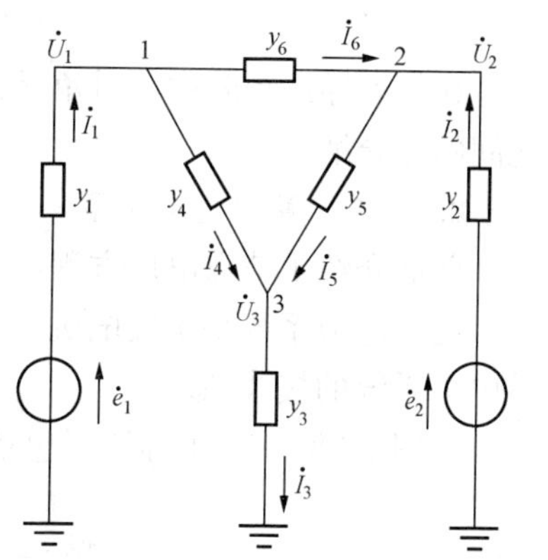

图 2-27　节点电压法的图例

如果取地为电压参考点，设节点 1、2、3 的电压为 $\dot{U}_1$、$\dot{U}_2$、$\dot{U}_3$，流入节点的电流方向为正，节点电压方程为

$$\left.\begin{aligned} Y_{11}\dot{U}_1 + Y_{12}\dot{U}_2 + Y_{13}\dot{U}_3 &= \dot{I}_1 \\ Y_{21}\dot{U}_1 + Y_{22}\dot{U}_2 + Y_{23}\dot{U}_3 &= \dot{I}_2 \\ Y_{31}\dot{U}_1 + Y_{32}\dot{U}_2 + Y_{33}\dot{U}_3 &= \dot{I}_3 \end{aligned}\right\} \tag{2-69}$$

式中　Y_{11}、Y_{22}、Y_{33}——分别称为节点 1、2、3 的自导纳；

Y_{12}、Y_{13}、Y_{23}——分别称为相应节点之间的互导纳；

$\dot{I}_1$、$\dot{I}_2$、$\dot{I}_3$——分别为节点 1、2、3 的注入电流（在此例中，$\dot{I}_3$ 为零）。

以矩阵形式表示为

$$\begin{bmatrix} \dot{I}_1 \\ \dot{I}_2 \\ 0 \end{bmatrix} = \begin{bmatrix} Y_{11} & Y_{12} & Y_{13} \\ Y_{21} & Y_{22} & Y_{23} \\ Y_{31} & Y_{32} & Y_{33} \end{bmatrix} \begin{bmatrix} \dot{U}_1 \\ \dot{U}_2 \\ \dot{U}_3 \end{bmatrix}$$

在一般情况下，如果电力网络除参考点外有 n 个节点，则可按式（2-69）的形式列出 n 个方程式，用矩阵形式可以表示为

$$[\dot{I}]=[Y][\dot{U}]$$

其中 $[\dot{I}]=\begin{bmatrix}\dot{I}_1\\ \dot{I}_2\\ \vdots\\ \dot{I}_n\end{bmatrix}$（节点注入电流列相量），$[\dot{U}]=\begin{bmatrix}\dot{U}_1\\ \dot{U}_2\\ \vdots\\ \dot{U}_n\end{bmatrix}$（节点电压列相量）

$$[Y]=\begin{bmatrix}Y_{11} & Y_{12} & \cdots & Y_{1n}\\ Y_{21} & Y_{22} & & Y_{2n}\\ & & & \vdots\\ Y_{n1} & Y_{n2} & \cdots & Y_{nn}\end{bmatrix}\text{（节点导纳矩阵）}$$

在节点导纳矩阵中，对角元素 Y_{ii} 为节点 i 的自导纳，非对角元素 Y_{ij} 为节点 i 与节点 j 之间的互导纳。

2. 潮流计算的数学模型

前面介绍了节点电压方程，现在来推导潮流计算的数学模型。

已知电力系统是由发电机、变压器、输电线路及负荷等构成，图 2-28（a）表示一个简单电力系统的接线图。

在图 2-28（b）中虚线所包括的线性网络部分，其节点电流与电压之间的关系，可以通

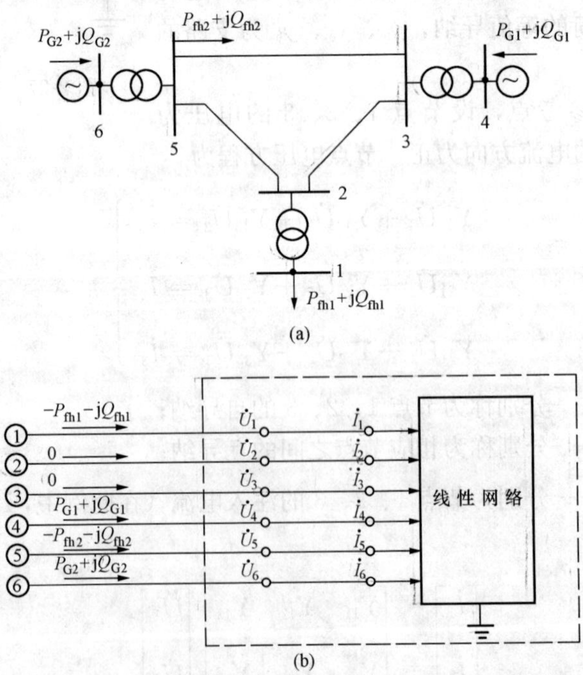

图 2-28　简单电力系统接线图和等效接线图

（a）简单电力系统的接线图；（b）等效接线图

过节点电压方程式来描述，即

$$[\dot{I}]=[Y][\dot{U}]$$

上式也可以写成展开的形式

$$\dot{I}_i=\sum_{j=1}^{n}Y_{ij}\dot{U}_j(i=1,2,3,\cdots,n) \tag{2-70}$$

由方程式可知，如果给出节点电流 $\dot{I}_i$，再由电力网络的等值电路求出节点导纳矩阵 $[Y]$，直接求解节点电压方程式组就可以得到网络内电压 $\dot{U}$ 的分布。但是在潮流计算中，往往已知的是注入节点的功率，而不是电流，由 $\widetilde{S}=\sqrt{3}\overset{*}{I}\dot{U}$ 可得

$$\dot{I}_i=\frac{\overset{*}{S}_i}{\overset{*}{U}_i}=\frac{P_i-\mathrm{j}Q_i}{\overset{*}{U}_i}(i=1,2,\cdots,n) \tag{2-71}$$

式中　P_i、Q_i——分别为节点 i 向网络注入的有功功率及无功功率；

$\overset{*}{U}_i$——节点 i 对参考点的电压 $\dot{U}_i$ 的共轭。

将式（2-71）代入式（2-70），可得到

$$\frac{P_i-\mathrm{j}Q_i}{\overset{*}{U}_i}=\sum_{j=1}^{n}Y_{ij}\dot{U}_j(i=1,2,\cdots,n) \tag{2-72}$$

式（2-72）即为潮流计算的基本方程。式（2-72）为节点电压方程非线性方程组，即运用计算机进行潮流计算可归结为求解一组非线性方程的问题。

在电力系统潮流计算中，表征各节点运行状态的参数是该点的电压相量和复功率，也就是说每个节点都有四个表征节点运行状态的量：电压幅值 U、电压幅角 δ、有功功率 P、无功功率 Q。

在电力系统潮流计算中，一般对每个节点给出两个运行参数作为已知条件，而另外两个则作为待求量。根据原始数据给出的方式，电力系统中的节点分为以下三种类型。

（1）PQ 节点。这类节点的有功功率 P 和无功功率 Q 是给定的，节点电压 U 和相位角 δ 是待求量。通常电力系统中降压变电所的母线，基载发电厂母线都属于 PQ 节点。在电力系统中，这一类节点是大量的。

（2）PU 节点。这类节点的有功功率 P 和电压幅值 U 是给定的，节点的无功功率 Q 和电压的相位 δ 是待求量。这类节点必须有足够的可调无功容量，用以维持给定的电压幅值，因而又称之为电压控制点。一般是选择有一定无功储备的发电厂母线和具有可调无功电源设备的变电所的母线作为 PU 节点。在电力系统中，这一类节点的数目很少。

（3）平衡节点。平衡节点的电压幅值和相位已给定，而其有功功率和无功功率是待求量。一般选择主调频电厂作为平衡节点，电力系统中通常只设一个平衡节点。

二、节点导纳矩阵的形成与修改

我们在前面已导出了节点电压方程

$$[\dot{I}]=[Y][\dot{U}]$$

对于一个除参考点外具有 n 个节点的电力系统，以矩阵形式表示的节点电压方程为

$$\begin{bmatrix} \dot{I}_1 \\ \dot{I}_2 \\ \dot{I}_3 \\ \vdots \\ \dot{I}_n \end{bmatrix} = \begin{bmatrix} Y_{11} & Y_{12} & Y_{13} & \cdots & Y_{1n} \\ Y_{21} & Y_{22} & Y_{23} & \cdots & Y_{2n} \\ Y_{31} & Y_{32} & Y_{33} & \cdots & Y_{3n} \\ & \vdots & & & \\ Y_{n1} & Y_{n2} & Y_{n3} & \cdots & Y_{nn} \end{bmatrix} \begin{bmatrix} \dot{U}_1 \\ \dot{U}_2 \\ \dot{U}_3 \\ \vdots \\ \dot{U}_n \end{bmatrix} \tag{2-73}$$

其中

$$[Y] = \begin{bmatrix} Y_{11} & Y_{12} & Y_{13} & \cdots & Y_{1n} \\ Y_{21} & Y_{22} & Y_{23} & \cdots & Y_{2n} \\ Y_{31} & Y_{32} & Y_{33} & \cdots & Y_{3n} \\ & \vdots & & & \\ Y_{n1} & Y_{n2} & Y_{n3} & \cdots & Y_{nn} \end{bmatrix}$$

$[Y]$ 矩阵即为节点导纳矩阵，它反映了电力网络的参数及接线情况，因此导纳矩阵可以看成是对电力网络电气特性的一种数学抽象。

1. 导纳矩阵的物理意义及特点

当电力网络除参考点外节点数为 n 时，描述它的导纳矩阵是 $n\times n$ 阶方阵。现在对矩阵中各元素的物理意义进行讨论。

如果在节点 i 加一单位电压，而把其余节点全部接地，即令

$$\dot{U}_i = 1$$
$$\dot{U}_j = 0\ (j = 1, 2, \cdots, n, j \neq i)$$

则由式（2-73）可知，在这种情况下

$$\left.\begin{aligned} \dot{I}_1 &= Y_{1i} \\ \dot{I}_2 &= Y_{2i} \\ &\vdots \\ \dot{I}_i &= Y_{ii} \\ &\vdots \\ \dot{I}_n &= Y_{ni} \end{aligned}\right\}$$

由上式可以看出，导纳矩阵 $[Y]$ 中第 i 列元素的物理意义。很明显，$[Y]$ 中第 i 列对角元素 Y_{ii}，即节点 i 的自导纳，在数值上等于节点 i 加单位电压，当其他节点都接地时节点 i 向电力网络注入的电流。$[Y]$ 中第 i 列非对角元素 Y_{ij}，即节点 i 与节点 j 之间的互导纳，在数值上等于节点 i 加单位电压，当其他节点都接地时节点 j 向电力网络注入的电流。

2. 节点导纳矩阵的特点

根据前面的讨论，可以把导纳矩阵的求法归结为以下几点。

（1）节点导纳矩阵是方阵，其阶数等于除参考点外的节点数 n。参考节点一般取大地，编号为零。

（2）节点导纳矩阵是稀疏矩阵，其各行非零非对角元素数，等于与该行相对应节点所连接的不接地支路数。

(3) 节点导纳矩阵的对角元素，等于与各该节点所连接导纳的总和。

(4) 节点导纳矩阵的非对角元素 Y_{ij}，等于连接节点 i、j 支路导纳的负值。

(5) 节点导纳矩阵一般是对称矩阵，这是网络的互易特性所决定的，因此一般只需求取这个矩阵的上三角或下三角部分。

(6) 网络中的变压器如运用Ⅱ型等值电路表示，仍可按上述原则计算。

按照以上原则，无论电力网络如何复杂，都可以根据给定的支路参数和接线情况，直观地求出导纳矩阵。

3. 节点导纳矩阵的修改

在电力系统计算中，往往要计算不同接线方式下的运行状况，例如某电力线路或变压器投入前后的状况，以及某些元件参数变更前后的运行状况。由于改变一个支路的参数或它的投入，退出状态只影响该支路两端节点的自导纳和它们之间的互导纳，可不必重新形成与新运行状况相对应的节点导纳矩阵，仅需对原有的矩阵做某些修改即可。以下介绍几种典型的修改方法。

(1) 从原有网络引出一支路，同时增加一节点，如图 2-29 (a) 所示。设 i 为原有网络 N 中的节点，j 为新增加的节点，新增加支路导纳为 y_{ij}，则因新增加一节点，节点导纳矩阵将增加一阶。

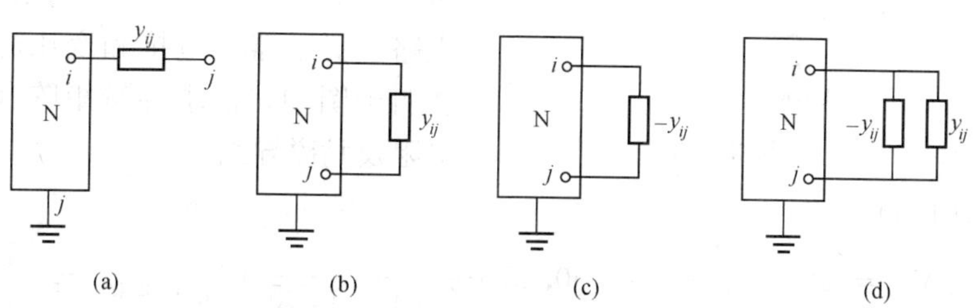

图 2-29　电力网络接线变更示意图
(a) 增加支路和节点；(b) 增加支路；(c) 切除支路；(d) 改变支路参数

新增加的对角元素 Y_{jj}，由于节点 j 只有一个支路 y_{ij}，则 $Y_{jj}=y_{ij}$；新增加的非对角元素 $Y_{ij}=Y_{ji}$，则 $Y_{ij}=Y_{ji}=-y_{ij}$；原有矩阵中的对角元素 Y_{ii} 将增加 $\Delta Y_{ii}=y_{ij}$。

(2) 在原有网络 N 的节点 i、j 之间增加一支路，如图 2-29 (b) 所示。这时由于仅增加支路而不增加节点，所以节点导纳矩阵阶数不变，但与节点 i、j 有关的元素应做如下修改

$$\Delta Y_{ii} = y_{ij}$$
$$\Delta Y_{jj} = y_{ij}$$
$$\Delta Y_{ij} = \Delta Y_{ji} = -y_{ij}$$

(3) 在原有网络 N 的节点 i、j 之间切除一支路，如图 2-29 (c) 所示。切除一导纳为 y_{ij} 的支路，相当于增加一导纳为 $-y_{ij}$ 的支路，从而与节点 i、j 有关的元素应做如下修改

$$\Delta Y_{ii} = -y_{ij}$$
$$\Delta Y_{jj} = -y_{ij}$$
$$\Delta Y_{ij} = \Delta Y_{ji} = y_{ij}$$

(4) 在原有网络 N 的节点 i、j 之间的导纳，由 y_{ij} 改变为 y'_{ij}，如图 2-29 (d) 所示。这

情况相当于切除一导纳为 y_{ij} 的支路并增加一导纳为 y'_{ij} 的支路，从而与节点 i、j 有关的元素应做如下修改

$$\Delta Y_{ii} = y'_{ij} - y_{ij}$$
$$\Delta Y_{jj} = y'_{ij} - y_{ij}$$
$$\Delta Y_{ij} = \Delta Y_{ji} = y_{ij} - y'_{ij}$$

（5）在原有网络 N 的节点 i、j 之间变压器的变比由 K 改变为 K'。节点 i、j 之间变压器变比的改变将要求与节点 i、j 有关的元素应做如下修改

$$\Delta Y_{ii} = 0, \Delta Y_{jj} = \left(\frac{1}{K'^2} - \frac{1}{K^2}\right) y_B$$

$$\Delta Y_{ij} = \Delta Y_{ji} = -\left(\frac{1}{K'} - \frac{1}{K}\right) y_B$$

不难发现，这些计算公式其实也就是去除一变比为 K 的变压器并增加一变比为 K′的变压器的计算公式。

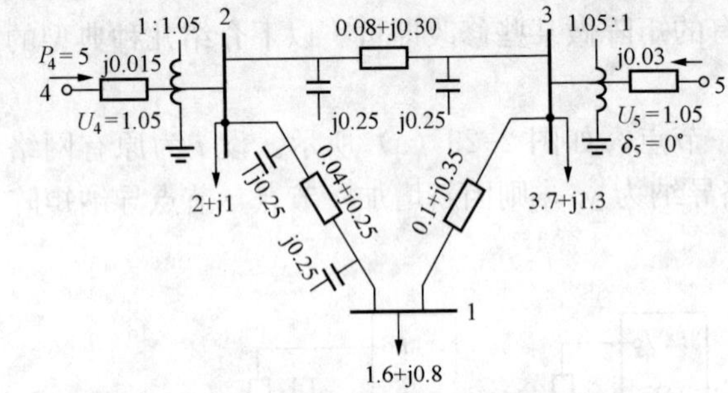

图 2-30　［例 2-12］图

【例 2-12】　如图 2-30 所示，已知电力网线路等值电路的阻抗和对地导纳的标幺值，其中 2 与 4、3 与 5 节点之间为变压器支路，变压器的电抗和变比的标幺值也已注明于图中，试求导纳矩阵（略去变压器电阻及励磁导纳）。

解： 节点 1 的自导纳

$$Y_{11} = y_{10} + y_{12} + y_{13} = j0.25 + \frac{1}{0.04 + j0.25} + \frac{1}{0.1 + j0.35}$$
$$= 1.3787 - j6.2916$$

节点 1 的互导纳

$$Y_{12} = Y_{21} = -y_{12} = -\frac{1}{0.04 + j0.25} = -0.624 + j3.9001$$

$$Y_{13} = Y_{31} = -y_{13} = -\frac{1}{0.1 + j0.35} = -0.7547 + j2.6415$$

$$Y_{14} = Y_{41} = 0$$
$$Y_{15} = Y_{51} = 0$$

节点 2 的自导纳

$$Y_{22} = y_{20} + y_{21} + y_{23} + \frac{y_{24}}{K_{24}^2}$$
$$= (j0.25 + j0.25) + \frac{1}{0.04 + j0.25} + \frac{1}{0.08 + j0.3} + \frac{1}{j0.015} \times \frac{1}{1.05^2}$$
$$= 1.4539 - j66.9808$$

节点 2 的互导纳

$$Y_{21} = Y_{12} = -y_{12} = -\frac{1}{0.04 + j0.25} = -0.624 + j3.9001$$

$$Y_{23} = Y_{32} = -y_{23} = -\frac{1}{0.08 + j0.3} = -0.8298 + j3.112$$

$$Y_{24}=Y_{42}=-\frac{y_{24}}{k_{24}}=-\frac{1}{\mathrm{j}0.015}\times\frac{1}{1.05}=\mathrm{j}63.492$$

$$Y_{25}=Y_{52}=0$$

用类似的方法可以求出导纳矩阵的其他元素。最后得到电力网的导纳矩阵为

$$[Y]=\begin{bmatrix}Y_{11} & Y_{12} & Y_{13} & Y_{14} & Y_{15}\\ Y_{21} & Y_{22} & Y_{23} & Y_{24} & Y_{25}\\ Y_{31} & Y_{32} & Y_{33} & Y_{34} & Y_{35}\\ Y_{41} & Y_{42} & Y_{43} & Y_{44} & Y_{45}\\ Y_{51} & Y_{52} & Y_{53} & Y_{54} & Y_{55}\end{bmatrix}$$

$$=\begin{bmatrix}1.3787-\mathrm{j}6.2916 & -0.624+\mathrm{j}3.9001 & -0.7547+\mathrm{j}2.6415 & 0 & 0\\ -0.624+\mathrm{j}3.9001 & 1.4539-\mathrm{j}66.9808 & -0.8298+\mathrm{j}3.112 & \mathrm{j}63.492 & 0\\ -0.7547+\mathrm{j}2.6415 & -0.8298+\mathrm{j}3.112 & 1.5845-\mathrm{j}35.7378 & 0 & \mathrm{j}31.746\\ 0 & \mathrm{j}63.492 & 0 & -\mathrm{j}66.6666 & 0\\ 0 & 0 & \mathrm{j}31.746 & 0 & -\mathrm{j}33.3333\end{bmatrix}$$

由以上例题计算结果可以看出：

(1) 导纳矩阵的阶数等于电力网的独立节点数，而且是对称的稀疏矩阵；

(2) 导纳矩阵各行非对角元素中的非零元素的个数，等于对应节点所连接的不接地支路数；

(3) 导纳矩阵的对角元素，为对应节点的自导纳，其值等于相应节点所连接的支路的导纳之和。

三、高斯—塞得尔法潮流计算

运用计算机进行潮流分布计算，曾经先后出现过多种算法。目前常用的是运用节点导纳矩阵的牛顿—拉夫逊法和由该法派生的 PQ 分解法。但是由于牛顿—拉夫逊法对初值选取要求严格，某些程序的第一、二次迭代往往采用高斯—塞得尔法估算初值，因此下面首先介绍高斯—塞得尔法。

1. 高斯—塞得尔法

高斯—塞得尔法是在迭代法的基础上改进而得到的。所谓迭代法是这样的，先设 n 个联立的非线性代数方程

$$\left.\begin{aligned}f_1(x_1,x_2,\cdots,x_n)&=0\\ f_2(x_1,x_2,\cdots,x_n)&=0\\ &\vdots\\ f_n(x_1,x_2,\cdots,x_n)&=0\end{aligned}\right\}\tag{2-74}$$

对于这组方程式可以再改写为以下形式

$$\left.\begin{aligned}x_1&=g_1(x_1,x_2,\cdots,x_n)\\ x_2&=g_2(x_1,x_2,\cdots,x_n)\\ &\vdots\\ x_n&=g_n(x_1,x_2,\cdots,x_n)\end{aligned}\right\}\tag{2-75}$$

现在对上述 $g(x)$ 中各个变量 $x_1,x_2,\cdots,x_n$ 分别给予任意的初始值 $x_1^{(0)}$，$x_2^{(0)}$，…，$x_n^{(0)}$，并代入式（2-75）中，解出 $x_1^{(1)}$，$x_2^{(1)}$，…，$x_n^{(1)}$，这叫做一次估计。然后将 $x_1^{(1)}$，$x_2^{(1)}$，…，

$x_n^{(1)}$ 再代入式（2-75），解出 $x_1^{(2)}$，$x_2^{(2)}$，…，$x_n^{(2)}$。这样逐次迭代，不断地改进此解，直到等于或逼近方程组(2-74)的真正解为止。这种收敛于真正解的重复过程叫迭代法。迭代法的实质就是不断地对原有值进行修正，使新的估计值逐步趋近于方程组的真正解。当然，修正的方法不是唯一的。

为了便于迭代计算，可以把式（2-75）写成迭代公式

$$\left.\begin{aligned}x_1^{(t+1)} &= g_1[x_1^{(t)},x_2^{(t)},\cdots,x_n^{(t)}]\\x_2^{(t+1)} &= g_2[x_1^{(t)},x_2^{(t)},\cdots,x_n^{(t)}]\\&\vdots\\x_n^{(t+1)} &= g_n[x_1^{(t)},x_2^{(t)},\cdots,x_n^{(t)}]\end{aligned}\right\}\tag{2-76}$$

$t=0$，1，2，…是迭代次数。迭代过程从 $t=0$ 时的初始值开始，直到所有变量都满足以下条件即可停止，即

$$|x_i^{(t+1)}-x_i^t|<\varepsilon\tag{2-77}$$

这里 ε 是给定小正数，一般可以取为 10^{-6}。满足式（2-77）就叫做迭代收敛。

这种方法的优点是计算简单，但收敛性差。用它来计算电力系统潮流，常常需要迭代100次以上才能达到足够的精确度。

高斯—塞得尔法采用了非常简单的改进步骤，以提高收敛速度，这个方法的要点是，把迭代法所求得的最新估计值 $x_1^{(t+1)}$，直接代入求解下一个变量 $x_2^{(t+1)}$，而不是等到一次过程完毕之后。这时式（2-76）应改写为以下形式

$$\left.\begin{aligned}x_1^{(t+1)} &= g_1[x_1^{(t)},x_2^{(t)},\cdots,x_n^{(t)}]\\x_2^{(t+1)} &= g_2[x_1^{(t+1)},x_2^{(t)},\cdots,x_n^{(t)}]\\&\vdots\\x_n^{(t+1)} &= g_n[x_1^{(t+1)},x_2^{(t+1)},\cdots,x_{n-1}^{(t+1)},x_n^{(t)}]\end{aligned}\right\}\tag{2-78}$$

【例 2-13】　设非线性方程式是二维的，即

$$f_1(x_1,x_2) = 2x_1+x_1x_2-1=0$$
$$f_2(x_1,x_2) = 2x_2-x_1x_2+1=0$$

试用高斯—塞得尔法迭代求解此非线性方程组。

解：给出初值　$x_1^{(0)}=0, x_2^{(0)}=0$，将方程组改成便于迭代的形式

$$x_1=\frac{1}{2}(1-x_1x_2)$$

$$x_2=\frac{1}{2}(-1+x_1x_2)$$

迭代 1：代入式（2-78），得出

$$x_1^{(1)}=0.5-0=0.5$$
$$x_2^{(1)}=-0.5+0=-0.5$$

迭代 2：再代入式（2-78），得出

$$x_1^{(2)}=0.5+0.5\times0.5/2=0.625$$
$$x_2^{(2)}=-0.5-0.625\times0.5/2=-0.656$$

迭代 3：再代入式（2-78），得出

$$x_1^{(3)} = 0.5 + 0.625 \times 0.625/2 = 0.695$$

$$x_2^{(3)} = -0.5 - 0.695 \times 0.625/2 = -0.727$$

很明显，高斯—塞得尔法的收敛速度比迭代法有了增加。这里需要说明的是，根据高斯—塞得尔法，式（2-78）在计算的第一次迭代就应当有所反应，但本例却与迭代法结果一样，这完全是由于给定初始条件 $x_1^{(0)}$ 和 $x_2^{(0)}$ 均为零的缘故。

2. 高斯—塞得尔法潮流计算

现在将高斯—塞得尔法用于电力系统的潮流计算。潮流计算的基本方程已在前面推出，即

$$\frac{P_i - jQ_i}{\overset{*}{U}_i} = \sum_{i=1}^{n} Y_{ij}\dot{U}_j \quad (i = 1,2,\cdots,n)$$

上式还可以展成

$$\frac{P_i - jQ_i}{\overset{*}{U}_i} = Y_{ii}\dot{U}_i + \sum_{\substack{i=1 \\ i\neq j}}^{n} Y_{ij}\dot{U}_j \quad (i = 1,2,\cdots,n) \tag{2-79}$$

式（2-79）是一组非线性方程式，按高斯—塞得尔法将其改写成式（2-75）的形式，即可迭代求解。

设电力系统有 n 个节点，其中有一个平衡节点；m 个 PQ 节点，$n-$（$m+1$）个 PU 节点。平衡节点编号为 1，由于电压已知，所以不参加迭代。将式（2-76）改写为高斯—塞得尔法的迭代格式，设平衡节点给定的电压条件为 $\overset{*}{U}_1$，则

$$\left.\begin{aligned}
\dot{U}_1 &= U_1\angle 0^\circ \\
\dot{U}_2^{(t+1)} &= \frac{1}{Y_{22}}\left[\frac{P_2 - jQ_2}{\overset{*}{U}{}_2^{(t)}} - Y_{21}\dot{U}_1 - Y_{23}\dot{U}_3^{(t)} - Y_{24}\dot{U}_4^{(t)} - \cdots - Y_{2n}\dot{U}_n^{(t)}\right] \\
\dot{U}_3^{(t+1)} &= \frac{1}{Y_{33}}\left[\frac{P_3 - jQ_3}{\overset{*}{U}{}_3^{(t)}} - Y_{31}\dot{U}_1 - Y_{32}\dot{U}_2^{(t+1)} - Y_{34}\dot{U}_4^{(t)} - \cdots - Y_{3n}\dot{U}_n^{(t)}\right] \\
&\ \vdots \\
\dot{U}_n^{(t+1)} &= \frac{1}{Y_{nn}}\left[\frac{P_n - jQ_n}{\overset{*}{U}{}_n^{(t)}} - Y_{n1}\dot{U}_1 - Y_{n2}\dot{U}_2^{(t+1)} - Y_{n3}\dot{U}_3^{(t+1)} - \cdots - Y_{n(n-1)}\dot{U}_n^{(t)}\right]
\end{aligned}\right\} \tag{2-80}$$

式中　$P_i - jQ_i$——节点 i 注入功率的共轭，i=2，3，…，n。

对式（2-80）即可进行迭代，但是由于 PQ 节点和 PU 节点的已知条件不同，因而在迭代过程中要区别对待。

（1）PQ 节点计算。PQ 节点的功率是给定的，因此只要给出节点电压的初值 $\dot{U}_i^{(0)}$，就可以进行迭代计算，其步骤如下。

假设一组初值 $\dot{U}_i^{(0)} = 1.0\angle 0^\circ (i = 2,3,\cdots,n)$。

第一次迭代：将初值 $\dot{U}_i^{(0)} = 1.0\angle 0^\circ (i = 2,3,\cdots,n)$ 代入式（2-80）中第一式，可解得 $\dot{U}_2^{(1)}$。然后将 $\dot{U}_2^{(1)}$、$\dot{U}_3^{(0)}$、$\dot{U}_4^{(0)}$、…、$\dot{U}_n^{(0)}$ 代入式（2-80）中第二式，可解得 $\dot{U}_3^{(1)}$。再将 $\dot{U}_2^{(1)}$、$\dot{U}_3^{(1)}$、$\dot{U}_4^{(0)}$、…、$\dot{U}_n^{(0)}$ 代入式（2-80）中第三式，可解得 $\dot{U}_4^{(1)}$，依次类推，直至解得 $\dot{U}_n^{(1)}$ 为止。第一次迭代结束，求出了节点电压一次近似值 $\dot{U}_i^{(1)} (i = 2,3,\cdots,n)$。

第二次迭代：将解得的 $\dot{U}_i^{(1)} (i = 2,3,\cdots,n)$ 代入式（2-80）中第一式，又可解得 $\dot{U}_2^{(2)}$。

然后将$\dot{U}_2^{(2)}$、$\dot{U}_3^{(1)}$、$\dot{U}_4^{(1)}$、…、$\dot{U}_n^{(1)}$代入式（2-80）中第二式，从而可解得$\dot{U}_3^{(2)}$。再将$\dot{U}_2^{(2)}$、$\dot{U}_3^{(2)}$、$\dot{U}_4^{(1)}$、…、$\dot{U}_n^{(1)}$代入式（2-80）中第三式，可解得$\dot{U}_4^{(2)}$，依此类推，直至解得$\dot{U}_n^{(2)}$为止。第二次迭代结束，求出了节点电压二次近似值$\dot{U}_i^{(2)}(i=2,3,\cdots,n)$。

依照此规律，直至某一次迭代求出的节点电压$\dot{U}_i^{(t+1)}$满足下列不等式

$$|\dot{U}_i^{(t+1)}-\dot{U}_i^{(t)}|<\varepsilon \quad (i=2,3,\cdots,n)$$

式中　ε——事先给定的允许误差。

两次迭代结果相差小于ε时迭代结束，则$\dot{U}_i^{(t+1)}(i=2,3,\cdots,n)$即为所求各节点电压。

（2）PU节点计算。对于PU节点，节点有功功率P_i和节点电压幅值U_i是给定的，节点无功功率Q_i和节点电压相角δ_i为待求量。因此，在迭代过程中遇到PU节点，必须作以下几项计算。

设节点p为PU节点：

1）假设p节点的电压初值为$\dot{U}_p^0=U_p\angle\delta_p^{(0)}$，无功功率初值$Q_p^{(0)}$，代入式（2-80）中有关$p$节点的计算式中，并配合$PQ$节点电压值一起进行迭代计算。

2）求出p节点电压$\dot{U}_p^{(t)}$，其幅值不一定等于给定的电压幅值U_p，为满足给定条件，我们只保留节点电压的幅角$\delta_p^{(t)}$，而把其幅值直接取给定的U_p，即将$\dot{U}_p^{(t)}=U_p^{(t)}\angle\delta_p^{(t)}$修正为

$$\dot{U}_p^{(t)}=U_p\angle\delta_p^{(t)}$$

3）将修正后的$\dot{U}_p^{(t)}$和其他节点电压一同代入式（2-81）

$$P_p-\mathrm{j}Q_p=\overset{*}{U}_pY_{pp}\dot{U}_p+\overset{*}{U}_p\sum_{\substack{j=1\\j\neq p}}^{n}Y_{pj}\dot{U}_j \tag{2-81}$$

以求取无功功率Q_p的修正值，其计算公式如下

$$\begin{aligned}Q_p^{(t)}=&-\mathrm{Im}[\overset{*}{U}{}_p^{(t)}Y_{pp}\dot{U}_p^{(t)}+\overset{*}{U}{}_p^{(t)}(y_{p1}\dot{U}_1+y_{p2}\dot{U}_2^{(t+1)}+\cdots\\&+y_{p(p-1)}\dot{U}_{(p-1)}^{(t+1)}+y_{p(p+1)}\dot{U}_{(p+1)}^{(t)}+\cdots+y_{pn}\dot{U}_n^{(t)})]\end{aligned} \tag{2-82}$$

式中　Im——取虚部的符号。

求得$Q_p^{(t)}$后，再将其代入式（2-83）求$\dot{U}_p^{(t+1)}$

$$\begin{aligned}\dot{U}_p^{(t+1)}=\frac{1}{Y_{pp}}\Big[&\frac{P_p-\mathrm{j}Q_p}{\overset{*}{U}{}_p^{(t)}}-Y_{p1}\dot{U}_1-Y_{p2}\dot{U}_2^{(t+1)}-Y_{p3}\dot{U}_3^{(t+1)}-\cdots\\&-Y_{p(p-1)}\dot{U}_{(p-1)}^{(t+1)}-Y_{p(p+1)}\dot{U}_{(p+1)}^{(t)}-\cdots-Y_{pn}\dot{U}_n^{(t)}\Big]\end{aligned} \tag{2-83}$$

求出Q_p后，应满足约束条件

$$Q_{p\min}\leqslant Q_p\leqslant Q_{p\max} \tag{2-84}$$

式中　$Q_{p\min}$、$Q_{p\max}$——分别为p节点无功功率调节范围的上下限。

如果按式（2-82）求出Q_p在约束条件之内，则表示p节点无功功率在容许的调节范围之内，足以保证节点电压幅值不变，即可进行下一步迭代计算。此时，可调节无功功率达到极限值，不能再进行调节，则不能继续保持p节点电压幅值不变。这样p节点就由PU节点转化为PQ节点。

（3）平衡节点功率计算。迭代收敛后，将求得的各节点电压数值代入与平衡节点相对应

的节点功率计算式中，即

$$P_1 + jQ_1 = \dot{U}_1 \sum_{j=1}^{n} \overset{*}{Y}_{1j} \overset{*}{U}_j \tag{2-85}$$

从而得到平衡节点应注入的功率。

（4）计算各段电力线路上流动的功率及功率损耗。各段电力线路上流动的功率为

$$\widetilde{S}_{ij} = \dot{U}_i \overset{*}{I}_{ij} = \dot{U}_i[\overset{*}{U}_i \overset{*}{y}_{i0} + (\overset{*}{U}_i - \overset{*}{U}_j)\overset{*}{y}_{ij}] = P_{ij} + jQ_{ij} \tag{2-86}$$

$$\widetilde{S}_{ij} = \dot{U}_j \overset{*}{I}_{ji} = \dot{U}_j[\overset{*}{U}_j \overset{*}{y}_{j0} + (\overset{*}{U}_j - \overset{*}{U}_i)\overset{*}{y}_{ji}] = P_{ji} + jQ_{ji}$$

各段电力线路上的功率损耗为

$$\Delta\widetilde{S}_{ij} = \widetilde{S}_{ij} + \widetilde{S}_{ji} = \Delta P_{ij} + j\Delta Q_{ij} \tag{2-87}$$

这样，由式（2-80）求得所有 PQ 节点电压的大小和相位；由式（2-80）、式（2-82）求得 PU 节点的无功功率和电压的幅角；由式（2-85）求得平衡节点的有功功率、无功功率；由式（2-86）、式（2-87）求得所有线路上流通的功率和功率损耗。至此潮流计算全部完成。

【例 2-14】 有一电力系统，等值电路如图 2-30 所示。网络参数与［例 2-12］相同。已知：节点 1、2、3 为 PQ 节点，其注入功率分别为 $\widetilde{S}_1=-(1.6+j0.8)$、$\widetilde{S}_2=-(2+j1)$、$\widetilde{S}_3=-(3.7+j1.3)$；节点 4 为 PU 节点，其注入有功功率 $P_4=5$，电压幅值 $U_4=1.05$；节点 5 为平衡节点，电压 $\dot{U}_5=1.05\angle 0°$。设电压初值为 $\dot{U}_1^{(0)}=1.0\angle 0°$、$\dot{U}_2^{(0)}=1.0\angle 0°$、$\dot{U}_3^{(0)}=1.0\angle 0°$、$\dot{U}_4^{(0)}=1.05\angle 0°$、$\dot{U}_5^{(0)}=1.05\angle 0°$（题中数据均为标幺值）。试用高斯—塞得尔法求出第一轮迭代结束后各节点电压的幅值与相位角。

解：（1）形成节点导纳矩阵（见［例 2-12］）。

（2）求第一轮迭代结束后各节点电压

$$\begin{aligned}
\dot{U}_1^{(1)} &= \frac{1}{Y_{11}}\left[\frac{P_1 - jQ_1}{\overset{*}{U}{}_1^{(0)}} - Y_{12}\dot{U}_2^{(0)} - Y_{13}\dot{U}_3^{(0)} - Y_{14}\dot{U}_4^{(0)} - Y_{15}\dot{U}_5\right] \\
&= \frac{1}{1.37 - j6.29}[-(1.6-j0.8)-(-0.62+j3.9)-(-0.75+j2.64)] \\
&= \frac{1}{6.43\angle -77.71°}[-(0.23+j5.74)] \\
&= -0.89\angle 165.41° \\
&= 0.89\angle -14.59°
\end{aligned}$$

$$\begin{aligned}
\dot{U}_2^{(1)} &= \frac{1}{Y_{22}}\left[\frac{P_2 - jQ_2}{\overset{*}{U}{}_2^{(0)}} - Y_{21}\dot{U}_1^{(1)} - Y_{23}\dot{U}_3^{(0)} - Y_{24}\dot{U}_4^{(0)} - Y_{25}\dot{U}_5\right] \\
&= \frac{1}{1.45 - j66.98}[-(2-j1)-(-0.62+j3.9)\times 0.89\angle -14.59° \\
&\quad -(-0.82+j3.31)-(0.00+j63.49)\times 1.05] \\
&= \frac{-72.46\angle 88.8°}{66.99\angle -88.75°} \\
&= 1.08\angle -2.45°
\end{aligned}$$

$$\dot{U}_3^{(1)}=\frac{1}{Y_{33}}\left[\frac{P_3-\text{j}Q_3}{\overset{*}{U}{}_3^{(0)}}-Y_{31}\dot{U}_1^{(1)}-Y_{32}\dot{U}_2^{(1)}-Y_{34}\dot{U}_4^{(0)}-Y_{35}\dot{U}_5\right]$$

$$=\frac{1}{1.58-\text{j}35.73}[-(3.7-\text{j}1.3)-(-0.75+\text{j}2.64)\times 0.89\angle -14.59^\circ$$

$$-(-0.82+\text{j}3.31)\times 1.08\angle -2.45^\circ-(0.00+\text{j}31.74)\times 1.05]$$

$$=\frac{-37.93\angle 85.6^\circ}{35.76\angle -87.46^\circ}$$

$$=-1.06\angle 173.06^\circ$$

$$=1.06\angle -6.94^\circ$$

取 $Q_4^{(0)}=1.2$，计算 PU 节点电压

$$\dot{U}_4^{(1)}=\frac{1}{Y_{44}}\left[\frac{P_4-\text{j}Q_4}{\overset{*}{U}{}_4^{(0)}}-Y_{41}\dot{U}_1^{(1)}-Y_{32}\dot{U}_2^{(1)}-Y_{43}\dot{U}_3^{(1)}-Y_{45}\dot{U}_5\right]$$

$$=\frac{1}{0.00-\text{j}66.66}\left[\frac{5-\text{j}1.2}{1.05}-(0.00+\text{j}63.49)\times 1.08\angle -2.45^\circ\right]$$

$$=\frac{69.65\angle -88.49^\circ}{66.66\angle -90^\circ}$$

$$=1.044\angle 1.51^\circ$$

取 $\dot{U}_4=1.05\angle 1.51^\circ$，以 $U_4\angle\delta_4^{(1)}=1.05\angle 1.51^\circ$，计算 PU 节点无功功率（调节无功功率）

$$Q_4^{(1)}=-\text{Im}\{\overset{*}{U}{}_4^{(1)}Y_{44}\dot{U}_4^{(1)}+U_4^{*(1)}[Y_{41}\dot{U}_1^{(1)}+Y_{42}\dot{U}_2^{(1)}+Y_{43}\dot{U}_3^{(1)}+Y_{45}\dot{U}_5]\}$$

$$=-\text{Im}[1.05\angle -1.51^\circ\times 66.66\angle -90^\circ\times 1.05\angle 1.51^\circ$$

$$+1.05\angle -1.51^\circ(63.49\angle 90^\circ\times 1.08\angle -2.45^\circ)]$$

$$=-\text{Im}[4.97-\text{j}1.68]$$

$$=\text{j}1.68$$

四、牛顿—拉夫逊法潮流计算

1. 牛顿—拉夫逊法的一般概念

牛顿—拉夫逊法（以下简称牛顿法）是解非线性方程式的有效方法。这个方法把非线性方程式的求解过程变成反复求解相应的线性方程式的过程。

试求非线性方程

$$f(x)=0 \tag{2-88}$$

的解。

设 $x^{(0)}$ 为该方程式的初值，真正解 x 在它的附近

$$x=x^{(0)}-\Delta x^{(0)} \tag{2-89}$$

式中　$\Delta x^{(0)}$——初值 $x^{(0)}$ 的修正量。

如果求得 $\Delta x^{(0)}$，则由式（2-89）就可得到真正解 x。因此将式

$$f[x^{(0)}-\Delta x^{(0)}]=0 \tag{2-90}$$

按泰勒级数展开为

$$f[x^{(0)}-\Delta x^{(0)}]=f[x^{(0)}]-f'[x^{(0)}]\Delta x^{(0)}+f''[x^{(0)}]\frac{[\Delta x^{(0)}]^2}{2!}+\cdots$$
$$+(-1)^n f^{(n)}[x^{(0)}]\frac{[\Delta x^{(0)}]^n}{n!}+\cdots=0 \tag{2-91}$$

式中　$f'[x^{(0)}],\cdots,f^{(n)}[x^{(0)}]$——分别为函数 $f(x)$ 在 $x^{(0)}$ 处的一阶导数，二阶导数，…，n 阶导数。

当选择的初值较好，即 $\Delta x^{(0)}$ 很小时，式（2-91）中包含的 $[\Delta x^{(0)}]^2$ 和更高阶次项都可以略去不计。因此，式（2-91）可以简化为

$$f[x^{(0)}]-f'[x^{(0)}]\Delta x^{(0)}=0 \tag{2-92}$$

这是对于变量 $\Delta x^{(0)}$ 的线性方程式，以后称为修正方程式，用它可以求出修正量 $\Delta x^{(0)}$。由于式（2-92）是式（2-91）简化的结果，所以由式（2-92）解出 $\Delta x^{(0)}$ 后，还不能得到方程式（2-88）的真正解 x。实际上，用 $\Delta x^{(0)}$ 对 $x^{(0)}$ 修正以后得到的 $x^{(1)}$

$$x^{(1)}=x^{(0)}-\Delta x^{(0)} \tag{2-93}$$

只是向真正解更逼近了一些。

现在如果再以 $x^{(1)}$ 作为初值，解式（2-92）

$$f[x^{(1)}]-f'[x^{(1)}]\Delta x^{(1)}=0$$

就能得到更趋近于真正解的 $x^{(2)}$

$$x^{(2)}=x^{(1)}-\Delta x^{(1)}$$

这样反复下去，就构成了不断求解线性修正方程式（2-92）的逐步线性化过程。第 t 次迭代时的修正方程式为

$$f[x^{(t)}]-f'[x^{(t)}]\Delta x^{(t)}=0 \tag{2-94}$$

或

$$f[x^{(t)}]=f'[x^{(t)}]\Delta x^{(t)} \tag{2-95}$$

式（2-95）右端可看成是近似解 $x^{(t)}$ 所引起的误差，当 $f[x^{(t)}]\to 0$ 时，就满足了原方程式（2-88），因而 $x^{(t)}$ 就成为该方程式的解。式（2-94）中 $f'[x^{(t)}]$ 是函数 $f(x)$ 在 $x^{(t)}$ 点的一次导数，也就是曲线在 $x^{(t)}$ 点的斜率，如图 2-31 所示。$\tan\alpha^{(t)}=f'[x^{(t)}]$。修正量 $\Delta x^{(t)}$ 则由 $x^{(t)}$ 点的切线与横轴的交点来决定，由图 2-31 可以直观地看出牛顿法的求解过程。由以上的讨论也就不难理解，牛顿法也称为切线法的原因。

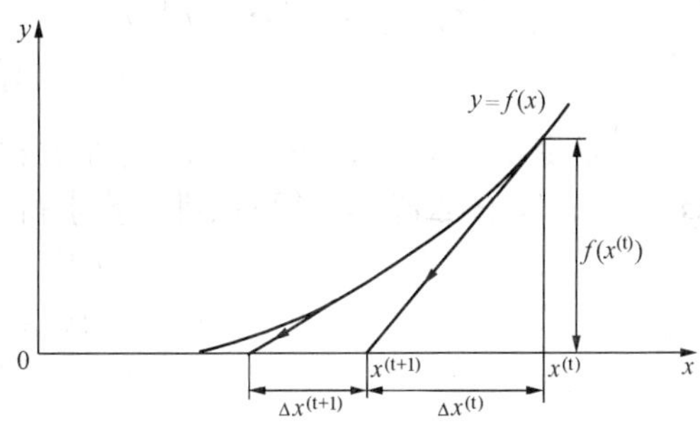

图 2-31　牛顿法的几何解释

现在把牛顿法推广到多变量非线性方程式组的情况。设有变量 x_1，x_2，…，x_n 的非线性方程式组

$$\left.\begin{aligned}f_1(x_1,x_2,\cdots,x_n)&=0\\f_2(x_1,x_2,\cdots,x_n)&=0\\&\vdots\\f_n(x_1,x_2,\cdots,x_n)&=0\end{aligned}\right\} \tag{2-96}$$

给定各变量初值 $x_1^{(0)}$，$x_2^{(0)}$，…，$x_n^{(0)}$，假设 $\Delta x_1^{(0)}$，$\Delta x_2^{(0)}$，…，$\Delta x_n^{(0)}$ 为其修正量，使其满足

$$\left.\begin{array}{l}f_1[x_1^{(0)}-\Delta x_1^{(0)},x_2^{(0)}-\Delta x_2^{(0)},\cdots,x_n^{(0)}-\Delta x_n^{(0)}]=0\\f_2[x_1^{(0)}-\Delta x_1^{(0)},x_2^{(0)}-\Delta x_2^{(0)},\cdots,x_n^{(0)}-\Delta x_n^{(0)}]=0\\\vdots\\f_n[x_1^{(0)}-\Delta x_1^{(0)},x_2^{(0)}-\Delta x_2^{(0)},\cdots,x_n^{(0)}-\Delta x_n^{(0)}]=0\end{array}\right\}\tag{2-97}$$

对以上 n 个方程式分别按泰勒级数展开，当忽略包含 $\Delta x_1^{(0)}$，$\Delta x_2^{(0)}$，…，$\Delta x_n^{(0)}$ 所组成的二次项和更高次项时，可以得到

$$\left.\begin{array}{l}f_1[x_1^{(0)},x_2^{(0)},\cdots,x_n^{(0)}]-\left[\dfrac{\partial f_1}{\partial x_1}\Big|_0\Delta x_1^{(0)}+\dfrac{\partial f_1}{\partial x_2}\Big|_0\Delta x_2^{(0)}+\cdots+\dfrac{\partial f_1}{\partial x_n}\Big|_0\Delta x_n^{(0)}\right]=0\\f_2[x_1^{(0)},x_2^{(0)},\cdots,x_n^{(0)}]-\left[\dfrac{\partial f_2}{\partial x_1}\Big|_0 x_1^{(0)}+\dfrac{\partial f_2}{\partial x_2}\Big|_0\Delta x_2^{(0)}+\cdots+\dfrac{\partial f_2}{\partial x_n}\Big|_0\Delta x_n^{(0)}\right]=0\\\vdots\\f_n[x_1^{(0)},x_2^{(0)},\cdots,x_n^{(0)}]-\left[\dfrac{\partial f_n}{\partial x_1}\Big|_0 x_1^{(0)}+\dfrac{\partial f_n}{\partial x_n}\Big|_0\Delta x_2^{(0)}+\cdots+\dfrac{\partial f_n}{\partial x_n}\Big|_0\Delta x_n^{(0)}\right]=0\end{array}\right\}\tag{2-98}$$

式中 $\dfrac{\partial f_i}{\partial x_i}\Big|_0$——函数 $f_i(x_1,x_2,\cdots,x_n)$ 对自变量 x_j 的偏导数在点 $(x_1^{(0)},x_2^{(0)},\cdots,x_n^{(0)})$ 处的值。

把式（2-98）写成矩阵的形式

$$\begin{bmatrix}f_1(x_1^{(0)},x_2^{(0)},\cdots,x_n^{(0)})\\f_2(x_1^{(0)},x_2^{(0)},\cdots,x_n^{(0)})\\\vdots\\f_n(x_1^{(0)},x_2^{(0)},\cdots,x_n^{(0)})\end{bmatrix}=\begin{bmatrix}\dfrac{\partial f_1}{\partial x_1}\Big|_0 & \dfrac{\partial f_1}{\partial x_2}\Big|_0 & \cdots & \dfrac{\partial f_1}{\partial x_n}\Big|_0\\\dfrac{\partial f_2}{\partial x_1}\Big|_0 & \dfrac{\partial f_2}{\partial x_2}\Big|_0 & \cdots & \dfrac{\partial f_2}{\partial x_n}\Big|_0\\ & & \vdots & \\\dfrac{\partial f_n}{\partial x_1}\Big|_0 & \dfrac{\partial f_n}{\partial x_2}\Big|_0 & \cdots & \dfrac{\partial f_n}{\partial x_n}\Big|_0\end{bmatrix}\begin{bmatrix}\Delta x_1^{(0)}\\\Delta x_2^{(0)}\\\vdots\\\Delta x_n^{(0)}\end{bmatrix}\tag{2-99}$$

这是变量 x_1，x_2，…，x_n 的线性方程组，称为牛顿法的修正方程式，通过它可解出 $\Delta x_1^{(0)},\Delta x_2^{(0)},\cdots,\Delta x_n^{(0)}$，并可以进一步求得

$$\left.\begin{array}{l}x_1^{(1)}=x_1^{(0)}-\Delta x_1^{(0)}\\x_2^{(1)}=x_2^{(0)}-\Delta x_2^{(0)}\\\vdots\\x_n^{(1)}=x_n^{(0)}-\Delta x_n^{(0)}\end{array}\right\}\tag{2-100}$$

式（2-100）中 $(x_1^{(1)},x_2^{(1)},\cdots,x_n^{(1)})$ 向真解逼近了一步。如果再以它们作为初值重复解式（2-99）修正方程式，并按式（2-100）对变量修正，就构成牛顿法的迭代过程。

一般第 t 次迭代时的修正方程式为

$$\begin{bmatrix}f_1(x_1^{(t)},x_2^{(t)},\cdots,x_n^{(t)})\\f_1(x_1^{(t)},x_2^{(t)},\cdots,x_n^{(t)})\\\vdots\\f_1(x_1^{(t)},x_2^{(t)},\cdots,x_n^{(t)})\end{bmatrix}=\begin{bmatrix}\dfrac{\partial f_1}{\partial x_1}\Big|_t & \dfrac{\partial f_1}{\partial x_2}\Big|_t & \cdots & \dfrac{\partial f_1}{\partial x_n}\Big|_t\\\dfrac{\partial f_2}{\partial x_1}\Big|_t & \dfrac{\partial f_2}{\partial x_2}\Big|_t & \cdots & \dfrac{\partial f_2}{\partial x_n}\Big|_t\\ & & \vdots & \\\dfrac{\partial f_n}{\partial x_1}\Big|_t & \dfrac{\partial f_n}{\partial x_2}\Big|_t & \cdots & \dfrac{\partial f_n}{\partial x_n}\Big|_t\end{bmatrix}\begin{bmatrix}\Delta x_1^{(t)}\\\Delta x_2^{(t)}\\\vdots\\\Delta x_n^{(t)}\end{bmatrix}\tag{2-101}$$

或者简写为

$$[F^{(t)}]=[J^{(t)}][\Delta X^{(t)}] \tag{2-102}$$

式中　$[F^{(t)}]$——式（2-101）等号左边的矩阵为第 t 次迭代时函数的误差；

$[J^{(t)}]$——式（2-101）等号右边的第一个矩阵，称为第 t 次迭代时的雅可比矩阵；

$[\Delta X^{(t)}]$——式（2-101）等号右边的第二个矩阵，称为第 t 次迭代时的修正量。

同样，式（2-100）可以简化为

$$[X^{(t+1)}]=[X^{(t)}]-[\Delta X^{(t)}] \tag{2-103}$$

这样，反复交替使用式（2-102）及式（2-103），就可以使 $[X^{(t+1)}]$ 逐步趋近于方程组的真正解。为了判断收敛情况，可以采用以下两个不等式中的一个

$$|\Delta X_{max}{}^{(t)}|<\varepsilon_1$$

$$|F_{max}{}^{(t)}|<\varepsilon_2$$

式中　$|\Delta X_{max}{}^{(t)}|$——表示 $[\Delta X^{(t)}]$ 中的最大分量的绝对值；

$|F_{max}{}^{(t)}|$——$[\Delta F^{(t)}]$ 中的最大分量的绝对值；

ε_1、ε_2——预先给出的很小正数。

运用牛顿法计算时，x_i 的初值要选择比较接近于真正解，否则迭代过程可能不收敛。简单说明如下。设函数 $f(x)$ 的图形如图 2-32 所示，$f(x)=0$ 的修正方程式为 $f[x^{(t)}]=f'[x^{(t)}]\Delta(x^{(t)})$。按此修正方程式迭代求解的过程就如图 2-32 所示由 $x^{(0)}$ 求 $x^{(1)}$，$x^{(2)}$，…，的过程。由图 2-32可见，如初值 $x^{(0)}$ 选择比较接近于真正解，迭代过程将迅速收敛。反之，将不收敛。正因为这样，如前所说，在潮流计算中运用牛顿法的某些程序中，第一、二次迭代往往采用高斯—塞得尔法，亦即采用两种方法配合使用的方案，因为高斯—塞得尔法对初值的选择没有严格要求。

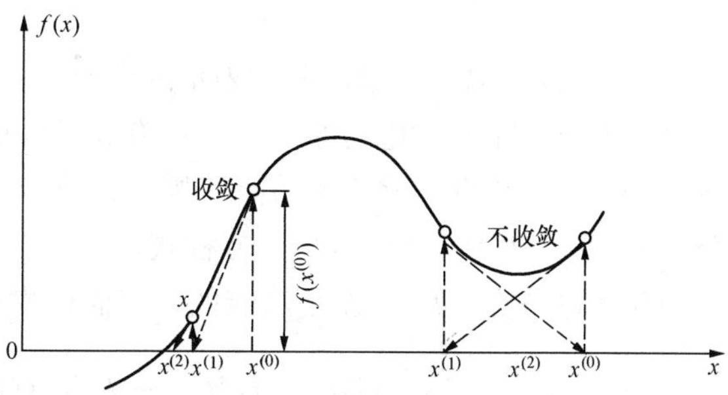

图 2-32　牛顿—拉夫逊法的解算过程

2. 牛顿—拉夫逊潮流计算

这里我们仍然首先利用潮流计算的基本方程式

$$\frac{P_i-jQ_i}{\overset{*}{U}_i}=\sum_{i=1}^{n}Y_{ij}\dot{U}_j \quad (i=1,2,\cdots,n)$$

将其改写为

$$P_i+jQ_i=\dot{U}_i\sum_{i=1}^{n}\overset{*}{Y}_{ij}\overset{*}{U}_j \quad (i=1,2,\cdots,n)$$

以 PQ 节点为例，上式等号左边的 i 节点注入功率的给定值，等号右边的 i 节点注入功率的推算值，如果等号右边算式中节点电压为实际节点电压，则等式成立。否则，将出现差值，这个差值称为功率不平衡量，可用式（2-104）表示

$$\Delta P_i+j\Delta Q_i=(P_i+jQ_i)-\dot{U}_i\sum_{i=1}^{n}\overset{*}{Y}_{ij}\overset{*}{U}_j \quad (i=1,2,\cdots,n) \tag{2-104}$$

对式（2-104）使用牛顿法迭代求解，即列出它的修正方程式，并求出各个变量的修正量，用求出的修正量不断的修正各节点的电压，使之逐步趋近于节点实际电压，从而使节点功率不平衡量趋近于零或小于预先给定的误差 ε。由前面的介绍可知，式（2-104）相当于多变量非线性方程式组，式中的节点电压 $\dot{U}_i$ 相当于变量 x_i，参照式（2-101），即可对其列出修正方程。但是，式（2-104）系复数方程式组，还需将其改变为如下实数形式的方程式组，方能进行计算。

（1）直角坐标形式。令节点电压相量及导纳分别为

$$\dot{U}_i = e_i + jf_i$$

$$Y_{ij} = G_{ij} + jB_{ij}$$

将上式代入式（2-104）中并将实、虚部分开，则有

$$\left.\begin{aligned}\Delta P_i &= P_i - e_i\sum_{j=1}^{n}(G_{ij}e_j - B_{ij}f_j) - f_i\sum_{j=1}^{n}(G_{ij}f_j + B_{ij}e_j) = 0\\ \Delta Q_i &= Q_i - f_i\sum_{j=1}^{n}(G_{ij}e_j - B_{ij}f_j) + e_i\sum_{j=1}^{n}(G_{ij}f_j + B_{ij}e_j) = 0\end{aligned}\right\} \tag{2-105}$$

式（2-105）即为以直角坐标形式表示的潮流计算的基本方程。

在具有 n 个节点的电力系统中，设有 m 个 PQ 节点，$n-(m+1)$ 个 PU 节点，第 n 个节点为平衡节点。因此，除平衡节点不需要计算节点电压外，在对系统的潮流计算中待求量有 2（n−1）个，需要 2（n−1）个方程式。

对于 PQ 节点，P_i、Q_i 是给定的，因而由式（2-105）可以写出

$$\left.\begin{aligned}\Delta P_i &= P_i - e_i\sum_{j=1}^{n}(G_{ij}e_j - B_{ij}f_j) - f_i\sum_{j=1}^{n}(G_{ij}f_j + B_{ij}e_j) = 0\\ \Delta Q_i &= Q_i - f_i\sum_{j=1}^{n}(G_{ij}e_j - B_{ij}f_j) + e_j\sum_{j=1}^{n}(G_{ij}f_j + B_{ij}e_j) = 0\end{aligned}\right\}(i = 1,2,\cdots,m) \tag{2-106}$$

对于 PU 节点，P_i、U_i 是给定的，因此式（2-105）中第二式不能应用，但是由于 U_i 已知，我们可以列出以下方程式

$$\left.\begin{aligned}\Delta P_i &= P_i - e_i\sum_{j=1}^{n}(G_{ij}e_j - B_{ij}f_j) - f_i\sum_{j=1}^{n}(G_{ij}f_j + B_{ij}e_j) = 0\\ \Delta U_i^2 &= U_i^2 - (e_i^2 + f_i^2) = 0\end{aligned}\right\} \tag{2-107}$$

$$(i = m+1, m+2, \cdots, n-1)$$

式（2-106）和式（2-107）共包括 2（n−1）方程。仿照式（2-98）和式（2-101），选定电压初值及变量修正量符号后代入式（2-106）和式（2-107），并将其按泰勒级数展开，略去 Δe_i、Δf_i 二次项及以后各项，得到修正方程如下

$$\begin{bmatrix} \Delta P_1 \\ \Delta Q_1 \\ \Delta P_2 \\ \Delta Q_2 \\ \vdots \\ \Delta P_i \\ \Delta Q_i \\ \vdots \end{bmatrix} = \begin{bmatrix} \frac{\partial \Delta P_1}{\partial e_1} & \frac{\partial \Delta P_1}{\partial f_1} & \frac{\partial \Delta P_1}{\partial e_2} & \frac{\partial \Delta P_1}{\partial f_2} & \cdots & \frac{\partial \Delta P_1}{\partial e_i} & \frac{\partial \Delta P_1}{\partial f_i} & \cdots \\ \frac{\partial \Delta Q_1}{\partial e_1} & \frac{\partial \Delta Q_1}{\partial f_1} & \frac{\partial \Delta Q_1}{\partial e_2} & \frac{\partial \Delta Q_1}{\partial f_2} & \cdots & \frac{\partial \Delta Q_1}{\partial e_i} & \frac{\partial \Delta Q_1}{\partial f_i} & \cdots \\ \frac{\partial \Delta P_2}{\partial e_1} & \frac{\partial \Delta P_2}{\partial f_1} & \frac{\partial \Delta P_2}{\partial e_2} & \frac{\partial \Delta P_2}{\partial f_2} & \cdots & \frac{\partial \Delta P_2}{\partial e_i} & \frac{\partial \Delta P_2}{\partial f_i} & \cdots \\ \frac{\partial \Delta Q_2}{\partial e_1} & \frac{\partial \Delta Q_2}{\partial f_1} & \frac{\partial \Delta Q_2}{\partial e_2} & \frac{\partial \Delta Q_2}{\partial f_2} & \cdots & \frac{\partial \Delta Q_2}{\partial e_i} & \frac{\partial \Delta Q_2}{\partial f_i} & \cdots \\ & & \vdots & & & \vdots & & \\ \frac{\partial \Delta P_i}{\partial e_1} & \frac{\partial \Delta P_i}{\partial f_1} & \frac{\partial \Delta P_i}{\partial e_2} & \frac{\partial \Delta P_i}{\partial f_2} & \cdots & \frac{\partial \Delta P_i}{\partial e_i} & \frac{\partial \Delta P_i}{\partial f_i} & \cdots \\ 0 & 0 & 0 & 0 & \cdots & \frac{\partial \Delta U_i^2}{\partial e_i} & \frac{\partial \Delta U_i^2}{\partial f_i} & \cdots \\ & & \vdots & & & \vdots & & \end{bmatrix} \begin{bmatrix} \Delta e_1 \\ \Delta f_1 \\ \Delta e_2 \\ \Delta f_2 \\ \vdots \\ \Delta e_i \\ \Delta f_i \\ \vdots \end{bmatrix} \tag{2-108}$$

根据式（2-106）、式（2-107），利用简单的微分公式不难求出式（2-108）中雅可比矩阵中各元素的表达式。

当 $j \neq i$ 时，雅可比矩阵中非对角元素为

$$\left.\begin{aligned} \frac{\partial \Delta P_i}{\partial e_j} &= -\frac{\partial \Delta Q_i}{\partial f_j} = -(G_{ij} e_i + B_{ij} f_i) \\ \frac{\partial \Delta P_i}{\partial f_j} &= \frac{\partial \Delta Q_i}{\partial e_j} = B_{ij} e_i - G_{ij} f_i \\ \frac{\partial \Delta U_i^2}{\partial e_j} &= \frac{\partial \Delta U_i^2}{\partial f_j} = 0 \end{aligned}\right\} \tag{2-109}$$

当 $j = i$ 时，雅可比矩阵中对角元素为

$$\left.\begin{aligned} \frac{\partial \Delta P_i}{\partial e_j} &= -\sum_{j=1}^{n}(G_{ij} e_j - B_{ij} f_j) - G_{ii} e_i - B_{ii} f_i \\ \frac{\partial \Delta P_i}{\partial f_i} &= -\sum_{j=1}^{n}(G_{ij} f_j + B_{ij} e_j) + B_{ii} e_i - G_{ii} f_i \\ \frac{\partial \Delta Q_i}{\partial f_i} &= \sum_{j=1}^{n}(G_{ij} f_j + B_{ij} e_j) + B_{ii} e_i - G_{ii} f_i \\ \frac{\partial \Delta Q_i}{\partial f_i} &= -\sum_{j=1}^{n}(G_{ij} e_j - B_{ij} f_i) + G_{ii} e_i + B_{ii} f_i \\ \frac{\partial \Delta U_i^2}{\partial e_i} &= -2e_i \\ \frac{\partial \Delta U_i^2}{\partial f_i} &= -2f_i \end{aligned}\right\} \tag{2-110}$$

由式（2-109）、式（2-110）可以看出，雅可比矩阵的特点是：

1）矩阵中各元素都是节点电压的函数，在迭代过程中，这些元素将随着节点电压的变化而变化。

2）导纳矩阵中非对角元素为零时，雅可比矩阵中对应元素也为零。由于导纳的矩阵是稀疏的，故雅可比矩阵也是稀疏的。

3）雅可比矩阵不是对称矩阵。

我们在求得牛顿法潮流计算的修正方程及雅可比矩阵后，即可进行迭代计算，其步骤大致如下：

1）形成导纳矩阵。

2）给定各节点电压初值 $e_i^{(0)}$、$f_i^{(0)}$。

3）将电压初值 $e_i^{(0)}$、$f_i^{(0)}$ 代入式（2-106）、式（2-107），求修正方程的常数项 $\Delta P_i^{(0)}$、$\Delta Q_i^{(0)}$、$(\Delta U_i^{(0)})^2$。

4）将电压初值代入式（2-109）、式（2-110）中求修正方程式的雅可比矩阵各元素。

5）解修正方程式（2-108），求修正量 $\Delta e_i^{(0)}$、$\Delta f_i^{(0)}$。

6）修正各节点电压相量

$$e_i^{(1)} = e_i^{(0)} - \Delta e_i^{(0)}$$

$$f_i^{(1)} = f_i^{(0)} - \Delta f_i^{(0)}$$

7）以 $e_i^{(1)}$、$f_i^{(1)}$ 代入式（2-106）、式（2-107）中求 $\Delta P_i^{(1)}$、$\Delta Q_i^{(1)}$、$(\Delta U_i^{(1)})^2$。

8）校验是否收敛。如收敛，即 $|\Delta P_i|<\varepsilon$、$|\Delta Q_i|<\varepsilon$，则选而求各支路潮流并打印输出结果，否则再以 $e_i^{(1)}$、$f_i^{(1)}$ 为初值，转回第 3）步骤进行下一次迭代。

牛顿—拉夫逊法计算潮流程序框图如图 2-33 所示。

【例 2-15】 试用牛顿—拉夫逊法计算［例 2-14］所示电力系统的潮流分布。

解：（1）形成导纳矩阵（同［例 2-12］）。

（2）选取各节点电压初值，见表 2-2。

表 2-2　［例 2-15］节点电压初值

节　点	1	2	3	4	5
$e^{(0)}$	1.000 00	1.000 00	1.000 00	1.050 00	1.050 00
$f^{(0)}$	0.000 00	0.000 00	0.000 00	0.000 00	0.000 00

（3）根据式（2-106）、式（2-107）建立修正方程式常数项的算式

$$\begin{aligned}
\Delta P_1 &= P_1 - e_1[(G_{11}e_1 - B_{11}f_1) + (G_{12}e_2 - B_{12}f_2) + (G_{13}e_3 - B_{13}f_3)] \\
&\quad - f_1[(G_{11}f_1 + B_{11}e_1) + (G_{12}f_2 + B_{12}e_2) + (G_{13}f_3 + B_{13}e_3)] \\
\Delta Q_1 &= Q_1 - f_1[(G_{11}e_1 - B_{11}f_1) + (G_{12}e_2 - B_{12}f_2) + (G_{13}e_3 - B_{13}f_3)] \\
&\quad - e_1[(G_{11}f_1 + B_{11}e_1) + (G_{12}f_2 + B_{12}e_2) + (G_{13}f_3 + B_{13}e_3)] \\
&\vdots \\
\Delta P_4 &= P_4 - e_4[(G_{42}e_2 - B_{42}f_2) + (G_{44}e_4 - B_{44}f_4)] \\
&\quad - f_4[(G_{42}f_2 + B_{42}e_2) + (G_{44}f_4 + B_{44}e_4)] \\
\Delta U_4^2 &= U_4^2 - (e_4^2 + f_4^2)
\end{aligned}$$

（4）根据式（2-109）、式（2-110）可得雅可比矩阵各元素的算式

$$\frac{\partial \Delta P_1}{\partial e_1}=-[(G_{11}e_1-B_{11}f_1)+(G_{12}e_2-B_{12}f_2)+(G_{13}e_3-B_{13}f_3)]-G_{11}e_1-B_{11}f_1$$

$$\frac{\partial \Delta P_1}{\partial f_1}=-[(G_{11}f_1+B_{11}e_1)+(G_{12}f_2+B_{12}e_2)+(G_{13}f_3+B_{13}e_3)]-G_{11}f_1+B_{11}e_1$$

$$\frac{\partial \Delta P_1}{\partial e_2}=-(G_{12}e_1+B_{12}f_1)$$

$$\frac{\partial \Delta P_1}{\partial f_2}=B_{12}e_1-G_{12}f_1$$

$$\frac{\partial \Delta P_1}{\partial e_3}=-(G_{13}e_1+B_{13}f_1)$$

$$\frac{\partial \Delta P_1}{\partial f_3}=B_{13}e_1-G_{13}f_1$$

$$\frac{\partial \Delta Q_1}{\partial e_1}=[(G_{11}f_1+B_{11}e_1)+(G_{12}f_2+B_{12}e_2)+(G_{13}f_3+B_{13}e_3)]-G_{11}f_1+B_{11}e_1$$

$$\frac{\partial \Delta Q_1}{\partial f_1}=-[(G_{11}e_1-B_{11}f_1)+(G_{12}e_2-B_{12}f_2)+(G_{13}e_3-B_{13}f_3)]+G_{11}e_1+B_{11}f_1$$

$$\frac{\partial \Delta Q_1}{\partial e_2}=\frac{\partial \Delta P_1}{\partial f_2},\frac{\partial \Delta Q_1}{\partial f_2}=-\frac{\partial \Delta P_1}{\partial e_2},\frac{\partial \Delta Q_1}{\partial e_3}=\frac{\partial \Delta P_1}{\partial f_3},\frac{\partial \Delta Q_1}{\partial f_3}=-\frac{\partial \Delta P_1}{\partial e_3}$$

$$\vdots$$

$$\frac{\partial \Delta P_4}{\partial e_4}=-[(G_{42}e_2-B_{42}f_2)+(G_{44}e_4-B_{44}f_4)]-G_{44}e_4-B_{44}f_4$$

$$\frac{\partial \Delta P_4}{\partial f_4}=-[(G_{42}f_2+B_{42}e_2)+(G_{44}f_4+B_{44}e_4)]-G_{44}f_4+B_{44}e_4$$

$$\frac{\partial \Delta U_4^2}{\partial e_4}=-2e_4$$

$$\frac{\partial \Delta U_4^2}{\partial f_4}=-2f_4$$

$$\vdots$$

参照式（2-108），就可得到第一次迭代时的修正方程式。为了减少计算过程中的舍入误差，使 J 矩阵对角元素绝对值最大，在实际潮流计算程序的处理上，一般将 ΔQ 的方程式作为 J 矩阵的相应节点的第一个方程式，将 ΔP 的方程式作为 J 矩阵的相应节点的第二个方程式。因此本例题第一次迭代时的修正方程为（矩阵中 0 元素未写出）

$$\begin{bmatrix}
-6.04166 & 1.37874 & 3.90015 & -0.62402 & 2.64150 & -0.75471 & & \\
-1.37874 & -6.54166 & 0.62402 & 3.90015 & 0.75471 & 2.64150 & & \\
3.90015 & -0.62402 & -60.28283 & 1.45390 & 3.11203 & -0.82987 & 63.49206 & 0.00000 \\
0.62402 & 3.90015 & -1.45390 & -73.67881 & 0.82987 & 3.11203 & 0.00000 & 63.49206 \\
2.64150 & -0.75471 & 3.11203 & -0.82987 & -32.38884 & 1.58459 & & \\
-0.75471 & 2.64150 & 0.82987 & 3.11203 & -1.58459 & -39.08688 & & \\
 & & & & & & -2.10000 & 0.00000 \\
 & & 0.00000 & 66.66666 & & & 0.00000 & -63.49206
\end{bmatrix}$$

$$\times\begin{bmatrix}\Delta e_1\\ \Delta f_1\\ \Delta e_2\\ \Delta f_2\\ \Delta e_3\\ \Delta f_3\\ \Delta e_4\\ \Delta f_4\end{bmatrix}=\begin{bmatrix}-0.550\,00\\ -1.600\,00\\ 5.697\,99\\ -2.000\,00\\ 2.049\,01\\ -3.700\,00\\ 0.000\,00\\ 5.000\,00\end{bmatrix}$$

（5）解修正方程，求 Δe_1、Δf_1。修正方程是 Δe_i、Δf_i 在线性方程组进行消去运算，得到上三角矩阵（增广矩阵）

$$\begin{bmatrix}1.000\,00 & -0.228\,20 & -0.645\,54 & 0.103\,28 & -0.437\,21 & 0.124\,91 & & & \cdots & 0.091\,03\\ & 1.000\,00 & 0.038\,79 & -0.589\,61 & -0.022\,15 & -0.410\,38 & & & \cdots & 0.215\,05\\ & & 1.000\,00 & -0.020\,90 & -0.083\,48 & 0.020\,90 & -1.098\,49 & 0.000\,00 & \cdots & -0.091\,48\\ & & & 1.000\,00 & -0.015\,28 & -0.066\,09 & 0.018\,59 & -0.889\,43 & \cdots & 0.042\,53\\ & & & & 1.000\,00 & -0.033\,03 & -0.172\,46 & 0.031\,46 & \cdots & -0.075\,48\\ & & & & & 1.000\,00 & -0.028\,16 & -0.111\,94 & \cdots & 0.120\,21\\ & & & & & & 1.000\,00 & 0.000\,00 & \cdots & 0.000\,00\\ & & & & & & & 1.000\,00 & \cdots & -0.457\,48\end{bmatrix}$$

进行回代计算，即可以得到各节点电压的修正量为

$$\begin{bmatrix}\Delta e_1\\ \Delta f_1\\ \Delta e_2\\ \Delta f_2\\ \Delta e_3\\ \Delta f_3\\ \Delta e_4\\ \Delta f_4\end{bmatrix}=\begin{bmatrix}0.033\,56\\ 0.033\,48\\ -0.105\,38\\ -0.360\,70\\ -0.058\,81\\ 0.069\,00\\ 0.000\,00\\ -0.457\,48\end{bmatrix}$$

（6）参照式（2-100），求出第一次迭代后各节点的电压

$$\begin{bmatrix}e_1\\ f_1\\ e_2\\ f_2\\ e_3\\ f_3\\ e_4\\ f_4\end{bmatrix}=\begin{bmatrix}0.966\,43\\ -0.334\,81\\ 1.105\,38\\ 0.360\,70\\ 1.058\,81\\ -0.069\,00\\ 1.050\,00\\ 0.457\,48\end{bmatrix}$$

按以上计算步骤迭代下去，当收敛条件取 $\varepsilon=10^{-5}$ 时，需要进行五次迭代。迭代过程中各节点电压的变化情况及迭代收敛后的各节点电压值见表 2-3 和表 2-4。

表 2-3 迭代过程中各节点电压的变化情况

迭代次数	e_1	f_1	e_2	f_2	e_3	f_3	e_4	f_4
1	0.966 43	−0.334 81	1.105 38	0.360 74	1.058 81	−0.069 00	1.050 00	0.457 48
2	0.873 65	−0.070 06	1.033 50	0.328 86	1.035 64	−0.076 94	0.975 76	0.389 19
3	0.859 47	−0.071 76	1.026 08	0.330 44	1.033 55	−0.077 37	0.974 64	0.390 61
4	0.859 15	−0.071 82	1.026 00	0.330 47	1.033 51	−0.077 38	0.974 61	0.390 67
5	0.859 15	−0.071 82	1.026 00	0.330 47	1.033 51	−0.077 38	0.974 61	0.390 67

表 2-4 迭代收敛后的各节点电压值

节 点 号	1	2	3	4	5
电压幅值	0.862 15	1.077 91	1.036 41	1.050 00	1.050 00
电压相角（°）	−4.778 51	17.853 53	−4.281 93	21.843 32	0.000 00

求出了各节点电压后，可利用式（2-86）、式（2-87）求出潮流分布。

（2）极坐标形式。

令 $$Y_{ij}=G_{ij}+\mathrm{j}B_{ij},\dot{U}_i=U_i\mathrm{e}^{\mathrm{j}\delta_i}=U_i(\cos\delta_i+\mathrm{j}\sin\delta_i)$$

将上两式代入式（2-101）并将实部与虚部分别列出

$$\left.\begin{aligned}\Delta P_i&=P_i-U_i\sum_{j=1}^{n}U_j(G_{ij}\cos\delta_{ij}+B_{ij}\sin\delta_{ij})\\\Delta Q_i&=Q_i-U_i\sum_{j=1}^{n}U_j(G_{ij}\sin\delta_{ij}-B_{ij}\cos\delta_{ij})\end{aligned}\right\}\quad(i=1,2,\cdots,n)\tag{2-111}$$

式中 δ_{ij}——i、j 两节点间电压幅角差（$\delta_{ij}=\delta_i-\delta_j$）；

P_i——i 节点的注入有功功率（给定量）；

Q_i——i 节点的注入无功功率（给定量）。

式（2-111）就是潮流计算基本方程的极坐标方程。这个方程组不仅在牛顿法潮流计算中非常重要，在下一个问题 PQ 分解法潮流计算中也将起重要作用。

若仍设电力系统有 n 个节点，其中有 m 个 PQ 节点，$n-(m+1)$ 个 PU 节点，一个平衡节点，编号为 n。

当采用极坐标形式的基本方程时，待求量是各节点电压的幅值 U_i 和幅角 δ_i（$i=1$，2，…，n）。对 PU 节点来说，该节点电压幅值 U_i 是给定的，不再作为变量，同时该节点不能预先给定无功功率 Q_i，这样式（2-111）中的第二式也就失去约束作用。因此，在迭代过程中应该取消与 PU 节点有关的无功功率方程。只有当迭代结束后，即各节点电压相量求得以后，才能利用这些方程式来求各 PU 节点应该维持的无功功率。同理，平衡节点电压已知，因此与平衡节点有关的方程式也不参加迭代，迭代结束后，我们利用平衡节点的方程式来确定平衡节点的注入有功功率和无功功率。这样，PU 节点有待求量 $n-(m+1)$ 个，PQ 节点有待求量 $2m$ 个，则潮流计算要解的方程式应为 $n+m-1$ 个，由式（2-111）可得到

$$\left.\begin{aligned}
\Delta P_1 &= P_1 - U_1\sum_{j=1}^{n}U_j(G_{1j}\cos\delta_{1j}+B_{1j}\sin\delta_{1j})=0\\
\Delta P_2 &= P_2 - U_2\sum_{j=1}^{n}U_j(G_{2j}\cos\delta_{2j}+B_{2j}\sin\delta_{2j})=0\\
&\vdots\\
\Delta P_{(n-1)} &= P_{(n-1)} - U_{(n-1)}\sum_{j=1}^{n}U_j(G_{(n-1)j}\cos\delta_{(n-1)j}+B_{(n-1)j}\sin\delta_{(n-1)j})=0
\end{aligned}\right\}\tag{2-112}$$

（$n-1$ 个）

$$\left.\begin{aligned}
\Delta Q_1 &= Q_1 - U_1\sum_{j=1}^{n}U_j(G_{1j}\sin\delta_{1j}-B_{1j}\cos\delta_{1j})=0\\
\Delta Q_2 &= Q_2 - U_2\sum_{j=1}^{n}U_j(G_{2j}\sin\delta_{2j}-B_{2j}\cos\delta_{2j})=0\\
&\vdots\\
\Delta Q_m &= Q_m - U_m\sum_{j=1}^{n}U_j(G_{mj}\sin\delta_{mj}-B_{mj}\cos\delta_{mj})=0
\end{aligned}\right\}\tag{2-113}$$

（m 个）

选定电压初值及变量修正量符号之后，代入式（2-112）、式（2-113）中，按泰勒级数展开，并略去 ΔU_i、$\Delta\delta_i$ 二次项及以后各项，得修正方程为

$$\begin{bmatrix}\Delta P_1\\ \Delta P_2\\ \vdots\\ \Delta P_{n-1}\\ \hdashline \Delta Q_1\\ \Delta Q_2\\ \vdots\\ \Delta Q_{n-1}\end{bmatrix}=\left[\begin{array}{cccc:cccc}
H_{11} & H_{12} & \cdots & H_{1(n-1)} & N_{11} & N_{12} & \cdots & N_{1m}\\
H_{21} & H_{22} & \cdots & H_{2(n-1)} & N_{21} & N_{22} & \cdots & N_{1m}\\
 & \vdots & & & & \vdots & & \\
H_{(n-1)1} & H_{(n-1)2} & \cdots & H_{(n-1)(n-1)} & N_{(n-1)1} & N_{(n-1)2} & \cdots & N_{(n-1)m}\\ \hdashline
J_{11} & J_{12} & \cdots & J_{1(n-1)} & L_{11} & L_{12} & \cdots & J_{1m}\\
J_{21} & J_{22} & \cdots & J_{2(n-1)} & L_{21} & L_{22} & \cdots & J_{2m}\\
 & \vdots & & & & \vdots & & \\
J_{m1} & J_{m2} & \cdots & J_{m(n-1)} & L_{m1} & L_{m2} & \cdots & L_{mm}
\end{array}\right]\times\begin{bmatrix}\Delta\delta_1\\ \Delta\delta_2\\ \vdots\\ \Delta\delta_{n-1}\\ \hdashline \Delta U_1/U_1\\ \Delta U_2/U_2\\ \vdots\\ \Delta U_m/U_m\end{bmatrix}\tag{2-114}$$

式中的电压幅值的修正量采用 $\Delta U_1/U_1$、$\Delta U_2/U_2$、…、$\Delta U_m/U_m$ 的形式，并没有什么特殊

意义，只不过为了使雅可比矩阵中各元素具有比较相似的表达式。

利用简单的微分运算对式（2-111）取偏导数，不难得到雅可比矩阵中各元素的表达式

$$H_{ij}=\frac{\partial \Delta P_i}{\partial \delta_j}=-U_iU_j(G_{ij}\sin\delta_{ij}-B_{ij}\cos\delta_{ij})\quad (i\neq j)$$

$$H_{ii}=\frac{\partial \Delta P_i}{\partial \delta_i}=U_i\sum_{\substack{j=1\\ j\neq i}}^{n}U_j(G_{ij}\sin\delta_{ij}-B_{ij}\cos\delta_{ij})$$

$$L_{ij}=\frac{\partial \Delta Q_i}{\partial U_j}U_j=-U_iU_j(G_{ij}\sin\delta_{ij}-B_{ij}\cos\delta_{ij})\quad (i\neq j)$$

$$L_{ii}=\frac{\partial \Delta Q_i}{\partial U_i}U_i=-U_i\sum_{\substack{j=1\\ j\neq i}}^{n}U_j(G_{ij}\sin\delta_{ij}-B_{ij}\cos\delta_{ij})+2U_i^2B_{ii}$$

$$N_{ij}=\frac{\partial \Delta P_i}{\partial U_j}=-U_iU_j(G_{ij}\cos\delta_{ij}+B_{ij}\sin\delta_{ij})\quad (i\neq j)$$

$$N_{ii}=\frac{\partial \Delta P_i}{\partial U_i}=-U_i\sum_{\substack{j=1\\ j\neq i}}^{n}U_j(G_{ij}\cos\delta_{ij}+B_{ij}\sin\delta_{ij})-2U_i^2G_{ij}$$

$$J_{ij}=\frac{\partial \Delta Q_i}{\partial \delta_j}=U_iU_j(G_{ij}\cos\delta_{ij}+B_{ij}\sin\delta_{ij})\quad (i\neq j)$$

$$J_{ii}=\frac{\partial \Delta Q_i}{\partial \delta_i}=-U_i\sum_{\substack{j=1\\ j\neq i}}^{n}U_j(G_{ij}\cos\delta_{ij}+B_{ij}\sin\delta_{ij})$$

修正方程式（2-114）可用分块矩阵的形式简化如下

$$\begin{bmatrix}\Delta P\\ \Delta Q\end{bmatrix}=\begin{bmatrix}H & N\\ J & L\end{bmatrix}\begin{bmatrix}\Delta\delta\\ \Delta U/U\end{bmatrix}\tag{2-115}$$

对照式（2-114），不难看出各子阵所代表的意义。

用牛顿—拉夫逊法的极坐标形式计算潮流，在计算步骤和程序框图上，与直角坐标形式没有什么不同，这里不再重复。

需要指出，在上述迭代过程中，由于某个 PU 节点因无功越限而转为 PQ 节点时，修正方程式中也应更换或增加相应的行。若用直角坐标系，则应以无功功率不平衡量 ΔQ_i 的关系式，取代电压不平衡式 ΔU_i^2 的关系式，若采用极坐标系，则应增加一行对应于该节点的无功功率不平衡量 ΔQ_i 的关系式。在列相量中，若

$$Q_i^{(t)}\geqslant Q_{i\max}\text{ 时，取 }Q_i^{(t)}=Q_{i\max}$$

$$Q_i^{(t)}\leqslant Q_{i\min}\text{ 时，取 }Q_i^{(t)}=Q_{i\min}$$

式中 $Q_{i\max}$——i 节点注入无功功率的上限；

$Q_{i\min}$——i 节点注入无功功率的下限。

五、*PQ* 分解法潮流计算

PQ 分解法（又称牛顿改进法）是从改进和简化牛顿法潮流计算的基础上提出来的。它的基本思路是：采用极坐标形式的潮流计算基本方程，根据电力系统的特点，以有功功率误差作为修正电压相量角度的依据，以无功功率误差作为修正电压幅值的依据，把有功功率和无功功率的迭代分开来进行。

1. PQ 分解法的修正方程式

前面我们已推导出牛顿法潮流计算的极坐标形式修正方程

$$\begin{bmatrix}\Delta P\\ \Delta Q\end{bmatrix}=\begin{bmatrix}H & N\\ J & L\end{bmatrix}\begin{bmatrix}\Delta\delta\\ \Delta U/U\end{bmatrix}$$

将上式展开为

$$\left.\begin{aligned}[\Delta P]&=[H][\Delta\delta]+[N][\Delta U/U]\\ [\Delta Q]&=[J][\Delta\delta]+[L][\Delta U/U]\end{aligned}\right\}\tag{2-116}$$

在大型电力网中，由于 $R\ll X$，则

$$\Delta U=\frac{PR+QX}{U}\approx\frac{QX}{U}$$

这说明无功功率 Q 的变化主要由两节点电压降落的纵分量 ΔU 所决定，因而两节点电压的相角差 $\Delta\delta$ 关系较小，因此，可以令

$$\frac{\partial\Delta Q}{\partial\delta}=0$$

同样，对于电压降落的横分量 δU，由于 $R\ll X$，则

$$\delta U=\frac{PX-QR}{U}\approx\frac{PX}{U}$$

这说明有功功率 P 的变化主要由两节点电压降落的横分量 δU 所决定，而与电压降落的纵分量 ΔU 关系较小，因此，可以令

$$\frac{\partial\Delta P}{\partial U}=0$$

从而式（2-116）中的子阵［N］、［J］可以略去，将修正方程式简化为

$$\left.\begin{aligned}[\Delta P]&=[H][\Delta\delta]\\ [\Delta Q]&=[L][\Delta U/U]\end{aligned}\right\}\tag{2-117}$$

这样，我们就达到了将有功功率与无功功率分开迭代的目的。但是，［H］、［L］中的元素仍为电压的函数，在每次迭代中都要重新形成，并且又都是不对称矩阵，仍然是相当麻烦的。因此，应进一步简化式（2-117）。

在一般情况下，由于电力系统稳定性的要求，电网中 i、j 两点电压的幅角差 δ_{ij} 是不大的，而且 $G_{ij}\ll B_{ij}$，因此可以认为

$$\left.\begin{aligned}\cos\delta_{ij}&\approx 1\\ G_{ij}\sin\delta_{ij}&\approx 0\end{aligned}\right\}\tag{2-118}$$

将式（2-118）代入［H］、［L］中元素计算式中，可以得到

$$H_{ij}=\frac{\partial\Delta P_i}{\partial\delta_j}=U_iU_jB_{ij}$$

$$H_{ii}=\frac{\partial\Delta P_i}{\partial\delta_i}=-U_i\sum_{\substack{j=1\\ j\neq i}}^{n}U_jB_{ij}$$

$$L_{ij}=\frac{\partial\Delta Q_i}{\partial U_j}U_j=U_iU_jB_{ij}$$

$$L_{ii}=\frac{\partial\Delta Q_i}{\partial U_i}U_i=U_i\sum_{\substack{j=1\\ j\neq i}}^{n}U_jB_{ij}+2U_i^2B_{ii}$$

由于这时式（2-111）也可以简化为

$$Q_i = -U_i \sum_{j=1}^{n} U_j B_{ij}$$

从而可得到

$$\left.\begin{aligned} H_{ii} &= U_i^2 B_{ii} + Q_i \\ L_{ii} &= U_i^2 B_{ii} - Q_i \end{aligned}\right\} \tag{2-119}$$

按自导纳的物理意义，式（2-119）中的$U_i^2 B_{ii}$项为各元素电抗远大于电阻，除节点 i 外其他节点均接地时，在节点 i 注入的无功功率Q_{is}为

$$U_i^2 B_{ii} = U_i I_i = Q_{is}$$

而Q_{is}必须远大于正常运行时节点i 注入的无功功率，亦即$U_i^2 B_{ii} \gg Q_i$，则式（2-119）又可简化为

$$\left.\begin{aligned} H_{ii} &= U_i^2 B_{ii} \\ L_{ii} &= U_i^2 B_{ii} \end{aligned}\right\} \tag{2-120}$$

由此可知，雅可比矩阵中的两个子矩阵［H］、［L］的元素将具有相同的表达式。但是它们的阶数是不同的。由式（2-114）可知，［H］为（n—1）阶，［L］为 m 阶。

这两个子矩阵都可展开见式（2-121）

$$\begin{bmatrix} U_1 B_{11} U_1 & U_1 B_{12} U_2 & U_1 B_{13} U_3 & \cdots \\ U_2 B_{21} U_1 & U_2 B_{22} U_2 & U_2 B_{23} U_3 & \cdots \\ U_3 B_{31} U_1 & U_3 B_{32} U_2 & U_3 B_{33} U_3 & \cdots \\ \vdots & \vdots & \vdots & \cdots \end{bmatrix}$$

$$= \begin{bmatrix} U_1 & & & & \\ & U_2 & & & \\ & & U_3 & & \\ & & & \ddots & \\ & & & & U_{n-1} \end{bmatrix} \begin{bmatrix} B_{11} & B_{12} & B_{13} & \cdots \\ B_{21} & B_{22} & B_{23} & \cdots \\ B_{31} & B_{32} & B_{33} & \cdots \\ \vdots & \vdots & \vdots & \cdots \end{bmatrix} \begin{bmatrix} U_1 & & & & \\ & U_2 & & & \\ & & U_3 & & \\ & & & \ddots & \\ & & & & U_{n-1} \end{bmatrix} \tag{2-121}$$

将式（2-121）代入式（2-117），展开可得到

$$\begin{bmatrix} \Delta P_1 \\ \Delta P_2 \\ \Delta P_3 \\ \vdots \\ \Delta P_{n-1} \end{bmatrix} = \begin{bmatrix} U_1 & & & & \\ & U_2 & & & \\ & & U_3 & & \\ & & & \ddots & \\ & & & & U_{n-1} \end{bmatrix}$$

$$\begin{bmatrix} B_{11} & B_{12} & B_{13} & \cdots & B_{1(n-1)} \\ B_{21} & B_{22} & B_{23} & \cdots & B_{2(n-1)} \\ B_{31} & B_{32} & B_{33} & \cdots & B_{3(n-1)} \\ & & \vdots & & \\ B_{(n-1)1} & B_{(n-1)2} & B_{(n-1)3} & \vdots & B_{(n-1)(n-1)} \end{bmatrix} \begin{bmatrix} U_1 \Delta\delta_1 \\ U_2 \Delta\delta_2 \\ U_3 \Delta\delta_3 \\ \vdots \\ U_{n-1} \Delta\delta_{n-1} \end{bmatrix} \tag{2-122}$$

$$\begin{bmatrix}\Delta Q_1\\ \Delta Q_2\\ \vdots\\ \Delta Q_m\end{bmatrix}=\begin{bmatrix}U_1 & & & & \\ & U_2 & & & \\ & & U_3 & & \\ & & & \ddots & \\ & & & & U_m\end{bmatrix}\begin{bmatrix}B_{11} & B_{12} & B_{13} & \cdots & B_{1m}\\ B_{21} & B_{22} & B_{23} & \cdots & B_{2m}\\ B_{31} & B_{32} & B_{33} & \cdots & B_{3m}\\ & \vdots & & & \\ B_{m1} & B_{m2} & B_{m3} & \cdots & B_{mm}\end{bmatrix}\begin{bmatrix}\Delta U_1\\ \Delta U_2\\ \vdots\\ \Delta U_m\end{bmatrix} \tag{2-123}$$

将上两式等号左右都乘以

$$\begin{bmatrix}U_1 & & & & \\ & U_2 & & & \\ & & U_3 & & \\ & & & \ddots & \\ & & & & U_{n-1}\end{bmatrix}^{-1}=\begin{bmatrix}\frac{1}{U_1} & & & & \\ & \frac{1}{U_2} & & & \\ & & \frac{1}{U_3} & & \\ & & & \ddots & \\ & & & & \frac{1}{U_{n-1}}\end{bmatrix}$$

可得到

$$\begin{bmatrix}\Delta P_1/U_1\\ \Delta P_2/U_2\\ \Delta P_3/U_3\\ \vdots\\ \Delta P_{n-1}/U_{n-1}\end{bmatrix}=\begin{bmatrix}B_{11} & B_{12} & B_{13} & \cdots & B_{1(n-1)}\\ B_{21} & B_{22} & B_{23} & \cdots & B_{2(n-1)}\\ B_{31} & B_{32} & B_{33} & \cdots & B_{3(n-1)}\\ & \vdots & & & \\ B_{(n-1)1} & B_{(n-1)2} & B_{(n-1)3} & \cdots & B_{(n-1)(n-1)}\end{bmatrix}\begin{bmatrix}U_1\Delta\delta_1\\ U_2\Delta\delta_2\\ U_3\Delta\delta_3\\ \vdots\\ U_{(n-1)}\Delta\delta_{(n-1)}\end{bmatrix} \tag{2-124}$$

$$\begin{bmatrix}\Delta Q_1/U_1\\ \Delta Q_2/U_2\\ \Delta Q_3/U_3\\ \vdots\\ \Delta Q_m/U_m\end{bmatrix}=\begin{bmatrix}B_{11} & B_{12} & B_{13} & \cdots & B_{1m}\\ B_{21} & B_{22} & B_{23} & \cdots & B_{2m}\\ B_{31} & B_{32} & B_{33} & \cdots & B_{3m}\\ & \vdots & & & \\ B_{m1} & B_{m2} & B_{m3} & \cdots & B_{mm}\end{bmatrix}\begin{bmatrix}\Delta U_1\\ \Delta U_2\\ \Delta U_3\\ \vdots\\ \Delta U_m\end{bmatrix} \tag{2-125}$$

式（2-124）、式（2-125）可简写为

$$[\Delta P/U]=[B'][U\Delta\delta] \tag{2-126}$$

$$[\Delta Q/U]=[B''][\Delta U] \tag{2-127}$$

式（2-126）中 $[B']$ 为 $(n-1)$ 阶，$[B'']$ 为 m 阶。

这就是 PQ 分解法的修正方程，与牛顿法相比，它有以下两个优点：

（1）PQ 分解法的修正方程，以 $(n-1)$ 阶与 m 阶两个对称的系数矩阵 $[B']$、$[B'']$，代替了一个阶数为 $(n-1+m)$ 阶的不对称的系数矩阵，提高了计算速度，降低了对储存容量的要求；

（2）在迭代计算中，以不变的系数矩阵 $[B']$、$[B'']$，代替了跟随迭代一起变化的系数矩阵，显著地提高了计算速度；

但是需强调指出，导出修正方程式时所作的种种简化，毫不影响这种方法计算潮流分布的精确度。因为采用这种方法时，迭代收敛的判据仍是

$$\Delta P_i \leqslant \varepsilon, \Delta Q_i \leqslant \varepsilon$$

ΔP_i、ΔQ_i 仍按式（2-111）计算。基于上述优点，PQ 分解法在电力系统计算中已经得到广泛应用。

2. PQ 分解法潮流计算的步骤

（1）给定各节点电压初始值 $\delta_i^{(0)}$、$U_i^{(0)}$。

（2）代入式（2-108）第一式，计算节点有功功率误差 $\Delta P_i^{(0)}$，并且求出 $\Delta P_i^{(0)}/U_i^{(0)}$。

（3）解修正方程式（2-124），求出节点电压幅角的修正量 $\Delta\delta_i^{(0)}$。

（4）求出各点电压幅角的新值 $\delta_i^{(1)}=\delta_i^{(0)}-\Delta\delta_i^{(0)}$。

（5）按式（2-111）第二式计算节点无功功率误差 $\Delta Q_i^{(0)}$，并且求出 $\Delta Q_i^{(0)}/U_i^{(0)}$。

（6）解修正方程式（2-125），求出各节点电压幅值的修正量 $\Delta U_i^{(0)}$。

（7）求出各点电压幅值的新值 $U_i^{(1)}=U_i^{(0)}-\Delta U_i^{(0)}$。

（8）运用各节点电压的新值自步骤（2）开始进入下一次迭代，直到各节点功率误差 ΔP_i、ΔQ_i 都满足收敛条件。

【例 2-16】　试用 PQ 分解法潮流计算［例 2-12］所示电力系统的潮流分布。

解：（1）形成节点导纳矩阵及因子表。最终形成的节点导纳矩阵见［例 2-12］。

PQ 迭代过程中［B'］矩阵如下

$$[B']=\begin{bmatrix} -6.54166 & 3.90015 & 2.64150 & 0 \\ 3.90015 & -70.50425 & 3.11203 & 63.49206 \\ 2.64150 & 3.11203 & -37.49957 & 0 \\ 0 & 63.49206 & 0 & -63.49206 \end{bmatrix}$$

［B'］矩阵不考虑平衡节点，用不接地支路导纳的虚部形成。对［B'］进行消去运算，得第一因子表为

$$\begin{bmatrix} -0.15286 & -0.59620 & -0.40379 & 0 \\ 0 & -0.01466 & -0.06874 & -0.93125 \\ 0 & 0 & -0.02769 & -0.12087 \\ 0 & 0 & 0 & -0.26061 \end{bmatrix}$$

QU 迭代过程中［B''］矩阵如下

$$[B'']=\begin{bmatrix} -6.29166 & 3.90015 & 2.64150 \\ 3.90015 & -66.98082 & 3.11203 \\ 2.64150 & 3.11203 & -35.73786 \end{bmatrix}$$

［B''］矩阵不考虑平衡节点与 PU 节点，用［例 2-12］所形成的导纳矩阵的虚部组成。对［B''］进行消去运算，得第二因子表为

$$\begin{bmatrix} -0.15894 & -0.61989 & -0.41984 \\ 0 & -0.01548 & -0.07356 \\ 0 & 0 & -0.02917 \end{bmatrix}$$

（2）选取各节点电压初值（取系统平均电压 $U_{av}=1.00000$）

$$U_1^{(0)}=U_2^{(0)}=U_3^{(0)}=1.00000$$

$$U_4^{(0)}=U_5^{(0)}=1.05000$$

$$\delta_1^{(0)}=\delta_2^{(0)}=\delta_3^{(0)}=\delta_4^{(0)}=\delta_5^{(0)}=0$$

$\dot{U}_5=1.05\angle 0°$，为平衡节点电压。

（3）根据式（2-76）建立修正方程式常项的算式

$$\Delta P_1 = P_1 - U_1[U_1G_{11} + U_2(G_{12}\cos\delta_{12} + B_{12}\sin\delta_{12}) + U_3(G_{13}\cos\delta_{13} + B_{13}\sin\delta_{13})]$$

$$\Delta Q_1 = Q_1 - U_1[-U_1B_{11} + U_2(G_{12}\sin\delta_{12} - B_{12}\cos\delta_{12}) + U_3(G_{13}\sin\delta_{13} - B_{13}\cos\delta_{13})]$$

$$\vdots$$

$$\Delta P_4 = P_4 - U_4[U_2(G_{42}\cos\delta_{42} + B_{42}\sin\delta_{42}) + U_4G_{44}]$$

在计算以上节点功率误差时，为了提高了计算速度，可采用如下近似算式计算三角函数值，取

$$\sin\delta \approx \delta - \frac{\delta^3}{6}$$

$$\cos\delta \approx 1 - \frac{\delta^2}{2} + \frac{\delta^4}{24}$$

（4）进行 PQ 迭代计算。第一次迭代时各节点有功功率误差

$$\Delta P^{(0)} = \begin{bmatrix} -1.600\,00 \\ -2.000\,00 \\ -3.700\,00 \\ 5.000\,00 \end{bmatrix}$$

修正方程式常数项

$$\left(\frac{\Delta P}{U}\right)^{(0)} = \begin{bmatrix} -1.600\,00 \\ -2.000\,00 \\ -3.700\,00 \\ 4.761\,90 \end{bmatrix}$$

用第一因子表进行消去运算后，得到各点 δ 的修正量

$$\Delta\delta^{(0)} = \begin{bmatrix} 0.094\,55 \\ -0.305\,80 \\ 0.079\,94 \\ -0.380\,80 \end{bmatrix}$$

其中，$U_{av}\Delta\delta^{(0)}=\Delta\delta^{(0)}$ （$U_{av}=1.000\,00$）。

对各节点电压相量相位角进行修正后，得第一次迭代后的 $\delta^{(1)}$ 为

$$\delta^{(1)} = \delta^{(0)} - \Delta\delta^{(0)} = \begin{bmatrix} -0.094\,55 \\ 0.305\,80 \\ -0.079\,94 \\ 0.380\,80 \end{bmatrix}$$

（5）进行 QU 迭代。第一次迭代时各节点无功功率误差

$$\Delta Q^{(0)} = \begin{bmatrix} -1.112\,84 \\ 5.528\,90 \\ -0.987\,58 \end{bmatrix}$$

修正方程式常项

$$\left(\frac{\Delta Q}{U}\right)^{(0)}=\begin{bmatrix}-1.11284\\5.52890\\-0.98758\end{bmatrix}$$

用第二因子表进行消去回代运算后，得各 PQ 节点电压修正量为

$$\Delta U^{(0)}=\begin{bmatrix}0.11274\\-0.07774\\-0.03795\end{bmatrix}$$

对各节点电压幅值进行修正后，得第一次迭代结束后的为节点电压幅值为

$$U^{(1)}=U^{(0)}-\Delta U^{(0)}=\begin{bmatrix}0.88725\\1.07774\\1.03795\end{bmatrix}$$

按照以上计算步骤继续迭代下去，取 $\varepsilon=10^{-5}$ 时，迭代 9 次收敛。迭代过程中各节点电压的变化情况见表 2-5。

表 2-5　迭代过程中各节点电压

迭代次数	δ_1	U_1	δ_2	U_2	δ_3	U_3	δ_4
1	−0.094 55	0.887 25	0.305 80	1.077 74	−0.079 94	1.037 95	0.380 80
2	−0.082 55	0.868 56	0.308 15	1.078 40	−0.074 15	1.037 26	0.377 40
3	−0.082 63	0.864 00	0.310 86	1.078 05	−0.074 54	1.036 64	0.380 49
4	−0.083 25	0.864 68	0.311 33	1.077 95	−0.074 70	1.036 47	0.380 95
5	−0.083 36	0.862 28	0.311 57	1.077 92	−0.074 72	1.036 42	0.381 21
6	−0.083 40	0.862 16	0.311 64	1.077 91	−0.074 73	1.036 41	0.381 28
7	−0.083 41	0.862 13	0.311 66	1.077 91	−0.074 73	1.036 40	0.381 30
8	−0.083 41	0.862 12	0.311 67	1.077 91	−0.074 73	1.036 40	0.381 30
9	−0.083 41	0.862 11	0.311 67	1.077 91	−0.074 73	1.036 40	0.381 30

小　　结

电力线路和变压器的参数和等值电路中，重点在架空电力线路，要求能分析各种因素对架空电力线路参数的影响，并根据导线标号、它们在杆塔上的布置和线路长度，计算线路电阻、电抗、电纳、电晕临界电压和制定 Ⅱ 型等值电路。变压器则由于制造厂已提供了技术数据，仅需根据这些数据求取等值电路中各参数。

在制定多电压级电力网络的等值电路时，需进行电压级之间的归算。采用有名制时，无非是先求出各元件参数的有名值，然后逐级将它们归算到基本级。采用标幺制时，虽有两种算法，但本质上仍都是先求出各元件参数的有名值，然后或将它们归算至基本级，或将基本级的基准值归算至元件所在级，最后将有名值折算为标幺值。

辐射形网络中潮流分布的计算，具体体现为由各节点的功率平衡决定网络中的潮流分布。环形网络中潮流分布的计算，求得环形网络中的功率分点和流向分点的功率后，在功率分点将环网解开，就可运用计算辐射形网络的方法计算其潮流分布。两端供电网络可等值于单一环网，只是其中的回路电压不等于零，以致有循环电流（功率）流通。循环电流（功

率）还可能源于环网中变压器变比的不匹配。而借助串联加压器控制循环功率，又可使环网中的功率分布达到使线损最小的目的。

复杂网络的数学模型的建立和节点电压方程的解算。

明确了网络结构和各元件参数，就可着手求取网络方程的系数矩阵，即导纳矩阵或阻抗矩阵，从而建立网络方程——网络的数学模型。

在这些系数矩阵中，节点导纳矩阵 Y_B 的求取最简单。通常可按自导纳和互导纳的定义由 $Y_{ii}=y_{i0}+\sum\limits_{\substack{j=1\\j\neq i}}^{j=n}y_{ij}, Y_{ij}=-y_{ij}$ 直接计算其中各元素，但也可运用支路—节点关联矩阵求取。

节点阻抗矩阵 $Z_B=Y_B^{-1}$ 原则上可运用任何矩阵求逆的方法由 Y_B 求取，但通常都用支路追加法逐步形成。

解算方法可大致分高斯—塞德尔法和牛顿—拉夫逊法两类。PQ 分解法派生于牛顿—拉夫逊法。虽然，某些程序还采用高斯—塞德尔法和牛顿—拉夫逊法配合使用的方案。

运用高斯—塞德尔法时，可直接迭代解如下的网络方程式

$$\dot{U}_i^{(k+1)}=\frac{1}{Y_{ii}}\left[\frac{P_i-\mathrm{j}Q_i}{\overset{*}{U}_i^{(k)}}-\sum_{j=1}^{j=i-1}Y_{ij}\dot{U}_i^{(k+1)}-\sum_{j=i+1}^{j=n}Y_{ij}\dot{U}_i^{(k)}\right]$$

$$(i=1,2,\cdots,n,i\neq j)$$

求各节点电压。

运用牛顿—拉夫逊法或 PQ 分解法时，每次迭代都要先解修正方程式，然后用解得的各节点电压修正量求各节点电压的修正值。这些修正方程式分别为

牛顿—拉夫逊法

$$\begin{bmatrix}\Delta P\\\Delta Q\end{bmatrix}=-\begin{bmatrix}H & N\\J & L\end{bmatrix}\begin{bmatrix}\Delta\delta\\\Delta U/U\end{bmatrix}$$

PQ 分解法

$$\begin{bmatrix}\Delta P/U\\\Delta Q/U\end{bmatrix}=-\begin{bmatrix}B' & 0\\0 & B''\end{bmatrix}\begin{bmatrix}U\Delta\delta\\\Delta U\end{bmatrix}$$

它们的解算步骤大体是：设一组节点电压 f_i、e_i 或 δ_i、U_i；求功率和电压的不平衡量 ΔP_i、ΔQ_i、ΔU_i^2；求雅可比矩阵的各个元素 H_{ij}、N_{ij}、J_{ij}、L_{ij}、R_{ij}、S_{ij} 解修正方程式。$P-Q$分解法与牛顿—拉夫逊法的主要不同在于迭代过程中不必修改系数矩阵 B'、B''。解修正方程式的方法，就是解线性代数方程的方法，其中包括最直观的矩阵的求逆、求积。

不论采用哪一种方法解算，都要在迭代收敛后才计算平衡节点功率和线路功率。而迭代收敛的判据则是电压变量或功率不平衡量小于某一给定值。

习　题

2-1　有一条三相架空线路，导线水平排列，线间距离 $D=7$m，试求几何均距。

2-2　某一回 110kV 架空电力线路，长度为 60km，导线型号为 LGJ-120，导线计算外径为 15.2mm，三相导线水平排列，两相邻导线之间的距离为 4m。试计算该电力线路的参数，

并作出其等值电路。

2-3　有一回220kV架空电力线路，采用型号为2×LGJ-185的双分裂导线，每一根导线的计算外径为19mm，三相导线以不等边三角形排列，线间距离$D_{12}=9\text{m}$，$D_{23}=8.5\text{m}$，$D_{31}=6.1\text{m}$。分裂导线的分裂数$n=2$，分裂间距为$d=400\text{mm}$，试计算该电力线路的参数，并作其等值电路，$L=110\text{km}$。

2-4　同容量同电压等级的降压变压器与升压变压器的额定参数是否相同，为什么？

2-5　试求三相双绕组变压器SFL1-31500/35的参数，并画等值电路。额定变比为35/11kV（参数归算至高压侧）。

2-6　试求两台三相双绕组降压变压器SSPL-63000/110并联的参数，并画等值电路。

2-7　试求三相自耦变压器OSFPSL-120000/220的参数，并画出等值电路。变压器容量比为100/100/50（120000/120000/60000），参数用有名单位制及标幺制求出（基准功率$S_B=1000\text{MVA}$，基准电压$U_B=220\text{kV}$）。

2-8　什么叫电压降落、电压损耗、电压偏移？

2-9　什么叫运算负荷？什么叫运算功率？一个变电所的运算负荷如何计算？

2-10　110kV双回架空电力线路，长度为150km，导线型号为LGJ-120，导线计算外径为15.2mm，三相导线几何平均距离为5m。已知电力线路末端负荷为30+j15MVA，末端电压为106kV，求始端电压、功率，并作出电压相量图。

2-11　110kV单回架空电力线路，长度为80km，导线型号为LGJ-95，导线计算外径为13.7mm，三相导线几何平均距离为5m。电力线路始端电压为116kV，末端负荷为15+j10MVA，求该电力线路末端电压及始端输出的功率。

2-12　220kV单回架空电力线路，长度为220km。电力线路每千米的参数为$r_1=0.108\Omega/\text{km}$，$x_1=0.42\Omega/\text{km}$，$b_1=2.66\times10^{-6}\text{S/km}$，线路空载运行。当线路末端电压为205kV时，求线路始端的电压。

2-13　一条额定电压为110kV，长为80km的线路，向变电所B供电，变电所装有SFSL1-20000/110的三绕组变压器一台，额定变比为110/38.5/11kV，容量比为100/100/100，其余有关数据注明于图2-33中，若线路首端电压为121kV，试求变电所的中、低压侧的电压。

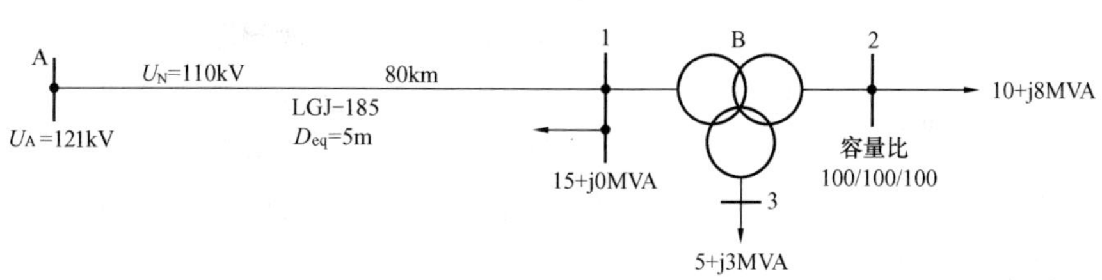

图2-33　题2-13图

2-14　一条额定电压为380V的三相架空线路，如图2-34所示，干线AC采用LJ-70导线，支线be、af采用LJ-50导线，试求最大电压损耗。

2-15　某电厂原理接线图如图2-35所示。发电机满载运行，厂用电及发电机电压直配线负荷，占发电机出力的10%，其余功率经升压变压器送入电力系统。已知$U_A=119\text{kV}$，试求发电机的实际电压。

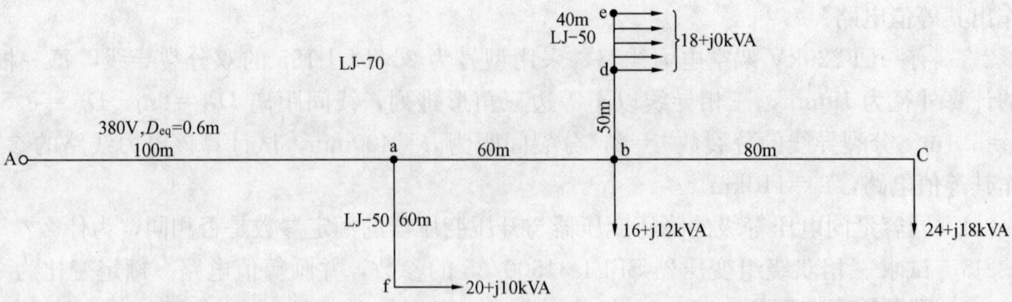

图 2-34　题 2-14 图

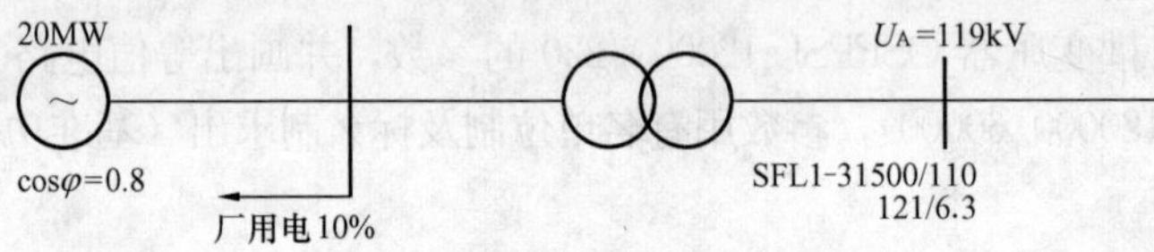

图 2-35　题 2-15 图

2-16　一额定电压为 10kV 的两端供电网，干线 AB 采用 LJ-70 导线，支线 bc、ad 采用 LJ-35 导线，其余有关数据示于图 2-36 中。电源电压 $\dot{U}_A = 10.5\ \angle 0°$kV，$\dot{U}_B = 10.4\ \angle 1°$ kV，求功率分布。

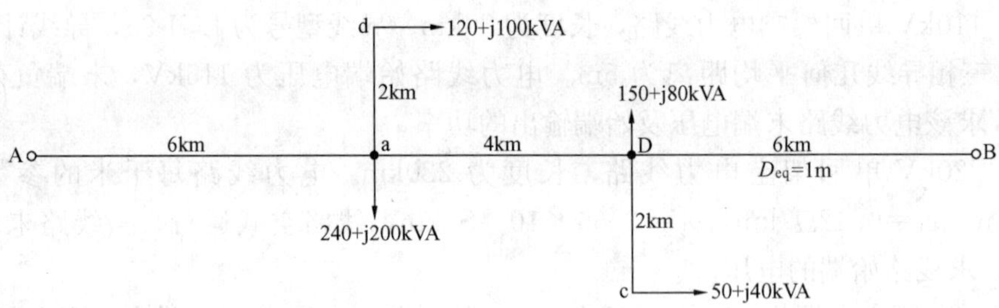

图 2-36　题 2-16 图

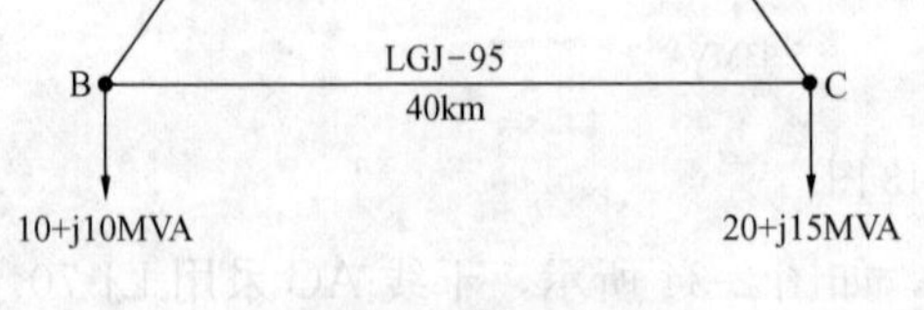

图 2-37　题 2-17 图

2-17　如图 2-37 所示的环网，额定电压为 110kV，试用复功率法与网络拆开法计算初步潮流分布。

2-18　节点导纳矩阵如何形成和修改？其阶数与电力系统节点数关系如何？

2-19　电力系统中变量的约束条件是什么？为什么？

2-20　高斯—塞德尔法潮流计算的迭代式是什么？迭代步骤如何？对 *PU* 节点如何考虑？

2-21　牛顿—拉夫逊法的基本原理是什么？其潮流计算的修正方程式是什么？直角坐标形式表示的与极坐标形式表示的不平衡方程式的个数有什么不同？为什么？

2-22　*PQ* 分解法是如何简化而来的？它的修正方程式是什么？有什么特点？

第三章

电力系统有功功率平衡及频率调整

第一节　电力系统频率偏移及对用户和系统的影响

一、电力系统频率与负荷的关系

频率是衡量电能质量的一个重要指标。电力系统运行中对频率有严格的要求。在电力系统负荷变化的过程中调整频率以符合电能质量要求，是系统运行维护的一项主要工作。

电力系统中有功功率随频率而变化的负荷可以分为以下三种类型。

1. 与频率变化无关的负荷

这类负荷从电网中吸收的有功功率与频率无关或不受频率变化的影响，如照明、电热器、电弧炉、整流负荷等，其三相有功功率 P（kW）为

$$P = 3I^2R \times 10^{-3} \tag{3-1}$$

式中　I——负荷电流，A；

R——负荷电阻，Ω。

2. 与频率一次方成正比的负荷

这类负荷的阻力矩 M 等于常数，如金属切削机床、卷扬机、球磨机、压缩机等。其从系统吸收的有功功率为

$$P = M\frac{2\pi f}{p} \tag{3-2}$$

式中　f——交流电的频率，Hz；

p——电动机的磁极对数；

M——电动机的力矩，kN·m。

3. 与频率高次方成正比的负荷

这类用电设备从电网中吸收的有功功率可用式（3-2）表示，但是力矩 M 不是常数，其值随频率 f 而变，所以，P 与 f 的高次方成正比例。鼓风机、离心水泵等电动机负荷属这类负荷。

上述第二、三类用电设备大部分是由异步电动机拖动的，考虑到异步电动机的转速和输出功率均与频率有关，因此它所取用的有功功率的变化将引起频率的相应变化。

电力系统的负荷是随时都在变化的，如图 3-1 曲线 P 所示。对系统的各类负荷的分析表明，系统负荷可以看作以下三种不同变化规律的变动负荷所组成：曲线 P_1 变化幅值小，速度快（变化周期一般在 10s 以内）；曲线 P_2 变化幅值较大，速度较慢（变化周期一般在 10s 到 30min 以内）；曲线 P_3 变化幅值大，属变化缓慢的持续变动负荷。

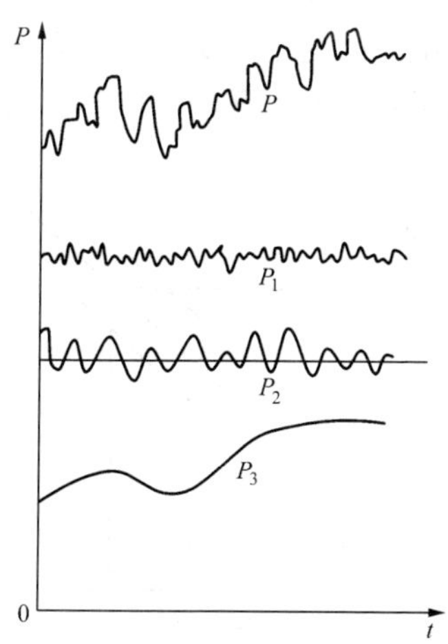

图 3-1　电力系统有功负荷的变化

另外，在电力系统发生短路或断线等故障时，发电机的输出功率会发生大幅度的变化，从而使系统的频率发生大的偏移。

二、电力系统频率偏移对用户和系统的影响

电力系统在运行时，发电机组出力严重不足，频率就会下降。频率降低超过容许值时，称为低频运行。电力系统低频运行有如下影响。

1. 影响用户

系统低频运行，用户的交流电动机转速按比例下降，使工农业用户的产品产量和质量降低，如对纺织、造纸等企业，不但产量降低，而且使纺织品、纸张等发生毛疵和厚薄不匀等质量问题；使电子计算机计算工作发生错误；使电视机工作点不稳定，影像不清；使精美印刷深浅不一等。

2. 影响厂用电及汽轮机安全

系统低频运行，使厂用电动机功率降低，影响给水、引风、主油泵等的正常工作。严重时可能使汽轮机停机，发电机不能发电，造成频率进一步下降，恶性循环，甚至招致频率崩溃。

低频运行时，可能造成汽轮机末级叶片共振，影响寿命，甚至造成断叶片等严重事故。

3. 影响电压

系统低频运行要引起发电机电动势减小，电压降低，负荷电流增大；使得发电机无功出力减小，促使电压进一步下降，这就可能形成恶性循环，造成电压崩溃。

4. 影响系统经济运行

系统低频运行，使得汽轮发电机组、水轮发电机组、锅炉等重要设备的效率降低；还会引起系统中各发电厂不能按最经济条件分配功率。这些都影响着电力系统的经济运行。

第二节 电力系统综合负荷的频率静态特性曲线

一、电力系统综合负荷的静态特性曲线

电力系统综合负荷的静态特性曲线是指：系统稳态运行时，系统综合负荷（连接容量不变）随频率、电压而变化的特性曲线。为了保证电力系统频率和电压的稳定，就需要相应调整系统有功和无功功率的平衡，这是因为电力系统频率的变化主要与系统有功平衡有关，电力系统电压的变化主要与系统无功功率的平衡有关。为了简化分析，本章讨论在稳态运行时，连接容量不变情况下，电压等于额定值时，综合负荷吸收有功功率随频率而变化的特性（综合负荷频率静态特性曲线）；第四章讨论频率等于额定值时，综合负荷吸收无功功率随电压而变化的特性。连接容量是指在频率、电压等于额定值时，接在系统中的用电设备的实际容量。

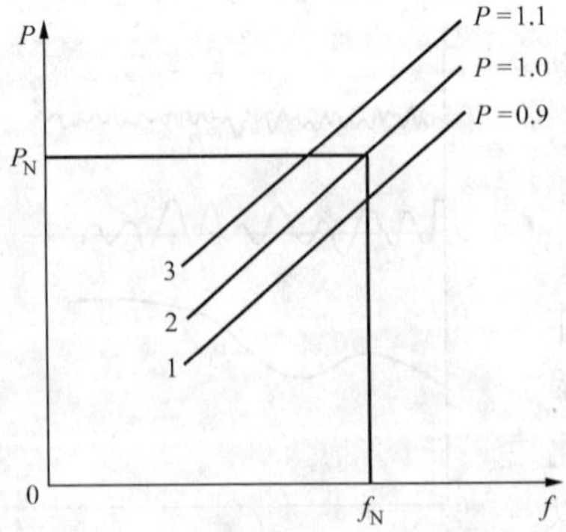

图 3-2 综合负荷频率静态特性曲线

根据统计资料，电力系统中有功功率随频率而变的三种负荷中，以第二类占多数。在电力系统运行中，频率的容许变化范围很小。因此，系统综合负荷的频率静态特性曲线，近似为一条直线，如图 3-2 所示。图 3-2 中 P、f 用标幺值表示。由图 3-2 看到，当系统综合负荷连接容量不变时，可采用标幺值 $P=1.0$ 的曲线。如果连接容量改变，可采用标幺值 $P=0.9$，$P=1.1$ 等相对应的曲线。

图 3-2 中曲线的斜率可表示为

$$K=\tan\beta=\frac{\Delta P}{\Delta f} \tag{3-3}$$

式中　K——负荷频率自动调节效应系数，其数值取决于全系统各类负荷的比重。

当频率下降时，系统有功负荷自动减少；当频率上升时，系统有功负荷自动增加。

负荷频率自动调节效应系数 K 可以用标幺值 K_* 表示。K_* 可以通过试验或计算求得。一般电力系统的 K_* 值为 1～3，这表明频率变化 1%，有功负荷相应地变化 1%～3%。K 的数值是调度部门必须掌握的一个数据，它是考虑按频率减负荷方案和低频率事故时用一次切除负荷来恢复频率的计算依据。

二、发电机组的频率静态特性曲线

电力系统中的负荷功率以及电力网元件的功率损耗是时刻变化的，这就要求发电机的出力要作相应的变化。为了保证电能质量，使频率变化不超出容许范围，需要进行机组转子转速或交流电的频率调整。现阶段电力系统内所有发电机的原动机均装有自动调速器。当系统有功功率平衡破坏引起频率变化时，原动机的调速系统会自动改变原动机的进汽（水）量，相应增加或减少发电机的出力，建立新的功率平衡关系。此后，调速系统的调节过程结束，系统运行在新的稳态下。发电机的出力随频率自动变化的特性曲线称为发电机组的功率频率静态特性曲线。

原动机的调速系统有很多种，可以分为机械液压调速系统和电气液压调速系统两大类。

下面以离心式的液压调速系统为例介绍调速装置的结构、工作原理。图 3-3 为离心式调速系统示意图。

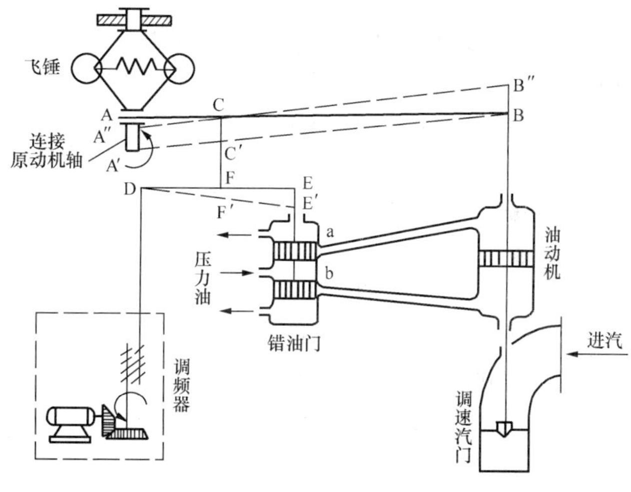

图 3-3　离心式调速系统示意图

转速测量元件由离心飞锤及其附件组成，飞锤连接弹簧，连杆系统与原动机轴连接。当飞锤等系统在原动机轴的带动下以额定转速旋转时，飞锤的离心力与弹簧的拉力平衡，杠杆 ACB 在水平位置，错油门管口 a、b 被活塞堵住，压力油不能经过错油门进入油动机，油动机活塞不动，调速汽门的开度适中，进汽量一定。汽轮机在额定转速下旋转，发电机具有额定频率。

如果有功负荷增大，发电机与原动机转速下降，飞锤因离心力减小，同时在弹簧及重力的作用下下落。由于油动机活塞两边油压相等，B 点不动，杠杆以 B 点为中心转动到 A′C′B 的位置。在调频器不能动作的情况下，杠杆 DFE 以 D 点为中心转动到 DF′E′的位置。E 点移动到 E′后，错油门活塞下移，开启油门 b，带有压力的油经过错油门进入油动机活塞下部。在油压的作用下，油动机活塞上移，开大调速汽门的开度，进入原动机的汽量（对于水轮机是进水量）增加，使得原动机的转速增加，发电机的输出有功功率增加。

油动机活塞上升开大调速汽门开度的同时，使B点移到B″，由于汽轮机转速有了增加，飞锤离心力增大，使A′移到A″，杠杆ACB移到A″CB″的位置。杠杆DF′E′又回到原来DFE的位置，关闭了错油门b，中止压力油继续进入油动机的下部，油动机活塞的上下两侧油压又互相平衡，它就在一个新的位置稳定下来，调速过程结束。这时杠杆AB的B端由于汽门已开大而略有上升到达B″点的位置，而C点仍保持原来位置，A点则略有下降，到达A″点的位置，与这个位置相对应的转速，将略低于原来的数值。

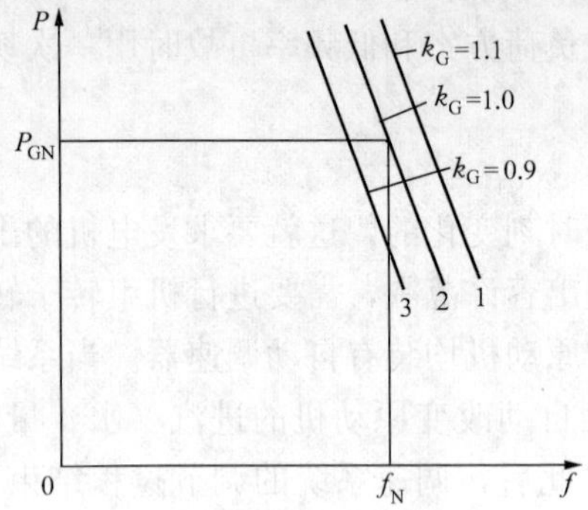

图 3-4　发电机组的功率—频率静态特性

这种因负荷的变化，引起发电机转速和频率的变化，从而达到自动调节频率的过程，称为频率的一次调整。发电机的这种经一次调频未能恢复到原运行点的特性称为调速装置的有差特性。反映调整过程结束后发电机输出功率和频率关系的曲线称为发电机组的功率—频率静态特性，如图3-4所示。

图3-4中曲线的斜率为

$$k_G = -\frac{\Delta P_f}{\Delta f} \tag{3-4}$$

式中　k_G——机组功频静态特性系数。

k_G 用标幺值表示为

$$k_{G*} = -\frac{\Delta P_f / P_{GN}}{\Delta f / f_N} = -\frac{\Delta P_{f*}}{\Delta f_*} = k_G \frac{f_N}{P_{GN}} \tag{3-5}$$

以上两式中的负号表示发电机组输出有功功率的变化和频率的变化方向相反，即频率降低时，发电机组有功出力增加。在发电机的功率—频率静态特性曲线上分别取两点（空载运行点和额定运行点），由式（3-4）可以得出

$$k_G = -\frac{\Delta P_f}{\Delta f} = -\frac{0 - P_{GN}}{f_0 - f_N} = \frac{P_{GN}}{f_0 - f_N} = \frac{\frac{P_{GN}}{f_N} \times 100}{\frac{f_0 - f_N}{f_N} \times 100}$$

式中　f_0——机组空载时的频率，Hz；

f_N——机组额定出力时的频率，Hz；

P_{GN}——机组额定出力，MW。

根据式（3-5），取 k_f 的基准值为 P_{GN}/f_N，并令 $\frac{f_0 - f_N}{f_N} \times 100 = \sigma\%$，则 k_G 的标幺值表示为

$$k_{G*} = \frac{1}{\sigma\%} \times 100 \tag{3-6}$$

式中　$\sigma\%$——机组调差系数。

机组调差系数 $\sigma\%$ 的意义表明：机组出力改变时，相应的转速偏移。$\sigma\%$ 或 k_{f*} 的值通常可以整定为下列数值：

汽轮发电机组：$\sigma\% = 3 \sim 5$；$k_{G*} = 33.3 \sim 20$。

水轮发电机组：$\sigma\% = 2 \sim 4$；$k_{f*} = 50 \sim 25$。

为使负荷增加后发电机组转速仍能维持原始转速，要求有频率的二次调整。二次调整是

借调频器完成的。主调频厂发电机值班人员开动调频器的电动机，通过蜗轮、蜗杆传动将D点抬高，再一次开启错油门b使调速汽门的开度再增大，进一步增加进气量或进水量，机组转速上升，离心飞摆使杠杆A点由A″点向上升。油动机活塞向上移动时，杠杆AB又绕A逆时针转动，带动C、F、E点向上移动，再次堵塞错油门小孔，结束调节过程。适当选择D点位移，A点就有可能回到原来位置，从而使频率达到额定值。这种用调频器完成频率的调节过程，称为频率的二次调整。

频率的二次调整使机组的静态频率特性曲线左右平移，如图3-4所示。原动机的运行点不断从一条曲线过渡到另一条曲线。

第三节　电力系统有功功率平衡及备用

电力系统运行的特点之一是电能不能大量地、廉价地储存。在任何时刻，发电机发出的功率等于此时刻系统综合负荷与各元件功率损耗之和。电力系统有功功率平衡可表示为

$$\Sigma P_G = \Sigma P + \Sigma P_C + \Sigma \Delta P \tag{3-7}$$

式中　ΣP_G——系统各发电厂发出的有功功率总和（工作容量）；

ΣP——系统综合有功负荷；

$\Sigma \Delta P$——电力网各元件有功损耗总和；

ΣP_C——各发电厂厂用有功功率总和。

在一般情况下，电力网有功损耗占发电厂输出功率的7%～8%；热电厂厂用电约占电厂出力的12%；凝汽式火电厂厂用电为5%～10%；水电厂厂用电约为1%；核电厂厂用电为5%～8%。

在电力系统规划设计和运行时，为保证系统经常在额定频率下连续地运行，不间断地向用户供电，系统电源容量应大于包括网络损耗和厂用电在内的系统发电负荷。系统电源容量大于系统发电负荷的部分称系统的备用容量。

电力系统的备用容量可以分为热备用和冷备用，也可以分为负荷备用、事故备用、检修备用和国民经济备用。

所谓热备用指运转中的发电设备可能发的最大功率与系统发电负荷之差，也称运转备用或旋转备用。冷备用指未运转的发电设备可能发的最大功率。检修中的发电设备不属冷备用，因为它们不能由调度随时动用。

从保证可靠供电和良好的电能质量来看，热备用越多越好。发电设备从“冷状态”至投入系统、再到发出额定功率一般所需时间短则几分钟（水电厂）长则十余小时（火电厂）。而就保证重要负荷供电而言，几分钟也嫌过长。从保证系统运行的经济性考虑，热备用又不宜过多，所以应综合统筹考虑。

负荷备用又称为调频备用，是为了适应短时间内的负荷波动以稳定系统频率，并担负一天内计划外的负荷增加而设置的备用。系统的负荷备用必须是旋转备用，即机组接于母线但不满载运行。负荷备用一般取为系统最大发电负荷的2%～5%。大系统采用较小的百分数；小系统采用较大的百分数。负荷备用一般应由应变能力较强的有调节库容的水电厂担任。

事故备用是为了电力系统中发电设备发生故障时，保证系统重要负荷供电所设置的备用

容量。在规划设计中，事故备用容量的大小应根据系统容量、发电机台数、单位机组容量、机组的事故概率、系统的可靠性指标等确定，一般取系统最大发电负荷的10%左右，并且不小于系统中一台最大机组的容量。事故备用可以是停机备用，事故发生时，动用停机备用需要一定的时间，汽轮发电机组从启动到满载，需要数小时；水轮发电机组只需要几分钟。因此，一般以水轮发电机组作为事故备用机组。

检修备用容量是指系统中的发电设备能定期检修而设置的备用，一般应结合系统负荷特性、发电机台数、设备新旧程度、检修时间的长短等因素确定，以满足可以周期性地检修所有机组、设备的要求。系统机组的计划检修应利用负荷季节性低落空出来的容量。只有空出容量不足但又要保证全部机组周期性检修的需要时，才设置检修备用容量。火电机组检修周期为一年半，水电机组为两年。

电力工业是先行工业，除满足当前负荷的需要设置上述几种备用外，还应计及负荷的超计划增长而设置一定的备用，这种备用称国民经济备用。

负荷备用、事故备用、检修备用和国民经济备用归纳起来以热备用或冷备用的形式存在于系统中。热备用中至少应包含全部负荷备用和一部分事故备用。

第四节　电力系统的频率调整

电力系统的负荷是随时变化的，负荷的变化引起系统有功功率平衡的破坏，从而导致系统频率不断变化。调频的实质，就是维持有功功率的平衡。为维持系统频率稳定，且在允许的范围之内，需要不断调整各发电厂的出力。

一、各类发电厂在频率调整中的作用

目前，电力系统中发电厂主要形式有水力发电厂、凝汽式火力发电厂、热电厂、核电站及风能发电厂等。各类发电厂在维持功率平衡、频率稳定的过程中作用不同，实际中要在电力系统的统一调度下运行。

1. 凝汽式火力发电厂

原则上可以担负任何负荷，但从技术经济方面应考虑以下两个方面问题：

（1）汽轮发电机组在空载及轻载（额定负荷的10%～30%）下运行，因摩擦鼓风损失所产生的热量，无法被蒸汽带走，可能使汽轮机末级叶片温度过高而造成事故；

（2）汽轮发电机组若在尖峰负荷下工作，由于负荷经常变动，将使燃料单位耗量增加。

2. 热电厂

原则上应按供热负荷曲线运行，主要担任基本负荷。

3. 无调节库容的水电厂

无水库可以调节出力的水电厂应担负基本负荷，以保证河流径流水力得到充分的利用。

4. 有调节库容的水电厂

有水库可以调节出力的水电厂可以担负系统尖峰负荷。水轮发电机的启停快，调节出力灵活。

5. 核电站

原子反应堆的负荷基本上没什么限制，技术最小负荷取决于汽轮发电机组。但如果承担较大负荷变化的负荷时，要多耗费能量，且易损坏设备，所以宜担负基本负荷。

6. 风能发电场

它受风速大小的影响，宜担负基本负荷。

各类发电厂的特点不同，在综合负荷曲线中的位置也不同。图 3-5 负荷曲线可直观的表示各发电厂的出力情况。

二、调频厂的选择

根据各个发电厂在系统频率调整过程中的作用不同，将发电厂分为主调频电厂、辅助调频电厂及基载厂。主调频电厂担任系统的负荷备用，负责保持系统频率在额定频率的允许偏移范围内，一个系统只设一个。辅助调频电厂在系统频率超过某规定的范围时，才参加系统频率调整工作，一个系统只设少数几个。基载厂按照系统调度下达的负荷曲线运行，系统中大部分电厂为基载厂。

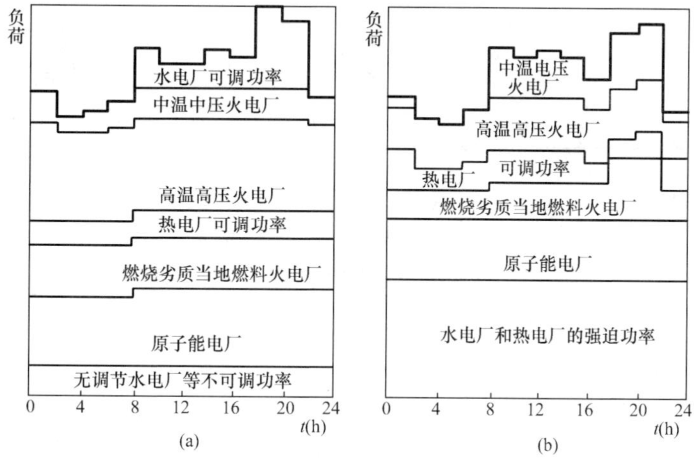

图 3-5 各类发电厂在综合负荷曲线中的位置

(a) 枯水季节；(b) 丰水季节

主调频电厂负责整个系统的频率调整工作，作为主调频电厂应满足下列条件：

(1) 具有足够的调频容量和调频范围；

(2) 能比较迅速地调整出力；

(3) 调整出力时符合安全及经济运行原则。

根据上述条件，在水火电厂并存的电力系统中，一般应选择大容量的有调节库容的水电厂作为主调频电厂，其他大容量的有调节库容的水电厂可以作为辅助调频电厂，大型火电厂中效率较低的机组也可作为辅助调频电厂。水电厂调整出力时，速度快，操作简单，调整范围大，且调整出力不影响电厂的安全生产。

在没有水电厂的电力系统中，可以装设特制的带系统尖峰负荷的汽轮发电机组，这种机组结构简单，启停快，通流部分间隙大，能适应较大的温度的变化。

三、电力系统的频率调整过程

电力系统综合负荷的变化情况如图 3-1 中曲线图所示。对照曲线 P 分解的 P_1、P_2、P_3 三组曲线可以看出，曲线 P_1 变化幅值小、速度快，需依靠系统各发电机组的调速装置自动调节原动机的输入功率，来适应这一变化，此种调频过程称为系统频率的一次调整。曲线 P_2 变化幅值较大、速度较慢，可以通过手动或自动调整调频器改变调速装置的特性曲线，来适应这一变化，此种调频过程称为系统频率的二次调整。频率的二次调整主要是在主调频电厂中进行的，当频率变化较大时，辅助调频电厂才参与调频工作。曲线 P_3 变化幅值大、速度慢，其变化规律根据运行经验可以预测，系统调度依照预测事先作出次日每小时的负荷曲线，根据各电厂上报次日每时段上网的电力和电价，结合优质优价、最优网损及系统综合负荷曲线，作出各电厂次日每小时的负荷曲线，此种调频过程称为系统频率的三次调整。

1. 频率的一次、二次调整

发电机组的有功功率频率静态特性曲线和系统综合负荷的频率静态特性曲线，如图 3-6

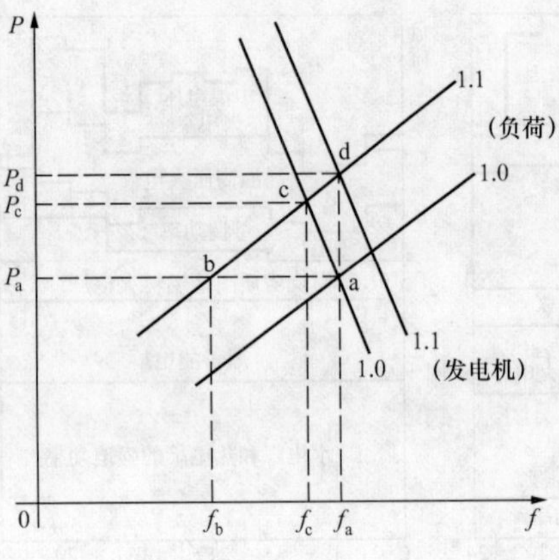

图 3-6 系统频率的一次、二次调整

所示。

设系统起始运行时综合负荷连接容量的标幺值为 1.0（包括损耗），根据系统有功平衡，系统运行于标幺值均为 1.0 的两曲线的交点 a 点，频率等于 f_a。如综合负荷连接容量增加到 1.1，由于发电机出力因原动机惯性来不及增加，频率将下降至 f_b。频率下降引起调速装置动作，开大调速汽门的开度，负荷的功率也将因它本身的调节效应而减少。发电机发出的功率将沿频率特性向上增加，而负荷吸收的功率将沿频率特性向下减少。经过一个衰减的振荡过程，抵达一个新的平衡点 c，此时的系统频率 $f_c < f_a$，这就是频率的一次调整。

由图 3-6 可见，频率的一次调整可以使频率升高，但不能使频率恢复到原来的值，若要保持原来频率不变，则需进行二次调频。主调频电厂的值班人员通过调频器，调整调速器的特性曲线，使机组特性右移到 1.1，发电机组出力增加到 P_d，频率恢复到 f_a，这个调节过程，称为频率的二次调整。综合负荷的连接容量减少时的分析与此类似。

2. 事故调频

如果电力系统发生了电源事故，引起系统有功功率的严重不平衡，导致系统频率大幅度下降。这时，应迅速投入旋转备用及低频率减负荷装置，恢复系统有功平衡，防止频率的进一步下降。如果事故非常严重，在采取了上述措施以后，频率仍然大幅度地下降，系统调度人员应迅速启动备用发电机组、切除部分负荷。若还不能满足平衡要求，需将系统解列成多个小系统、分离厂用电等措施，来恢复主系统的功率平衡，抑制频率下降，避免发生频率崩溃。

第五节 发电厂有功功率的经济分配

电力系统在保证有功功率平衡的基础上，各类发电厂的发电机所应分担的功率，应按技术经济性合理地分配。当系统负荷变化范围很大时，系统调度应当采取措施，使各带基本负荷的发电厂（基载厂）按重新分配的经济合理的功率运行，即频率的三次调整。

1. 能源耗量特性

火力发电厂在运行时，是要消耗燃料的。这些发电机组特性不一定相同，在一定的发电功率下，各机组在单位时间内的燃料耗量是不同的。因此，系统发电机组经济运行问题，归结为如何正确地安排系统各机组的发电功率，使得总的燃料耗量最小。由于无功功率对燃料的影响很小，所以，只考虑有功功率对燃料的影响问题。能源耗量是指燃料耗量或燃料费用。

反映发电设备单位时间内能量耗量输入和输出的有功功率关系曲线，称为该设备的能源耗量特性。整个火电厂的能源耗量特性如图 3-7 所示。图中横坐标 P_G 为电功率（MW），纵坐标 F 为燃料（t 标准煤/h）。为了便于分析，假定能源耗量特性连续可导（实际的特性并不都是这样）。

能源耗量特性曲线某点的纵坐标和横坐标之比，即输入与输出之比称为比耗量 $\mu=F/P$，其倒数 $\eta=P/F$ 表示发电厂的效率。能源耗量特性曲线上某点切线的斜率称为该点的能源耗量微增率 $\lambda=\mathrm{d}F/\mathrm{d}P$，它表示在该点运行是输入增量与输出增量之比。微增率曲线和效率曲线如图 3-8 所示。

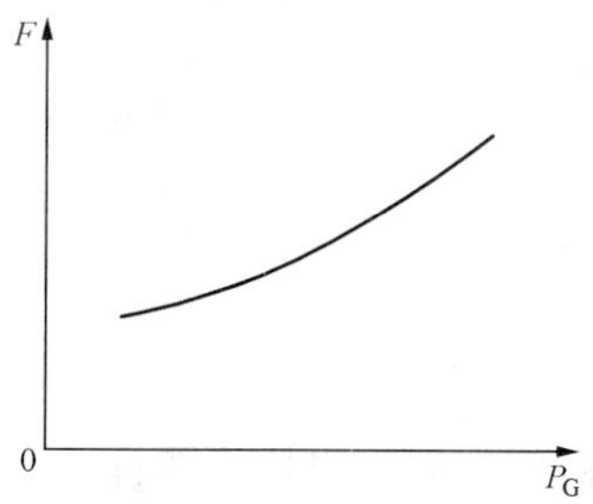

图 3-7　能源耗量特性

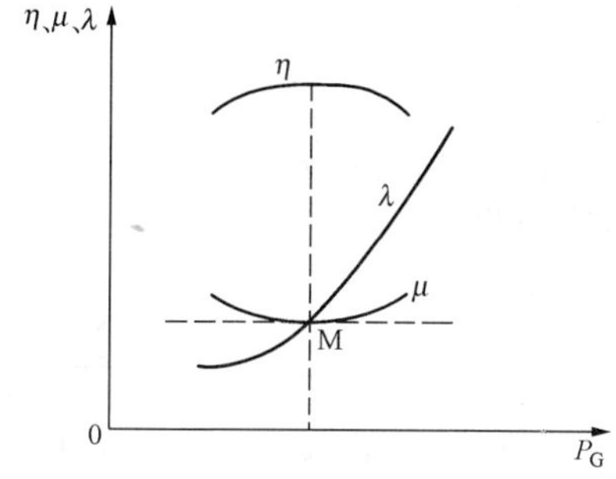

图 3-8　微增率曲线和效率曲线

2. 等微增率运行准则

如图 3-9 所示，已知两台并列运行的发电机组的能源耗量特性 F_1（P_{G1}）和 F_2（P_{G2}），负荷功率为 P_{LD}。假定各台机组燃料消耗量和输出功率不受限制，要求确定负荷功率在两台机组间的分配，使总的能源消耗量为最小。建立目标函数

$$F = F_1(P_{G1}) + F_2(P_{G2}) \tag{3-8}$$

应满足等约束条件

$$P_{G1} + P_{G2} - P_{LD} = 0 \tag{3-9}$$

要使式（3-8）为最小，可用作图分析求解。

图 3-9 中线段 OO' 长度等于负荷功率 P_{LD}。在横坐标任取一点 A，都有 $OA+AO'=OO'$，$P_{G1}+P_{G2}=P_{LD}$ 都表示一种可能的分配方案。如过 A 点作垂线与两个耗量特性曲线的交点分别为 B_1 和 B_2，则 $B_1B_2=B_1A+AB_2=F_1$（P_{G1}）$+F_2$（P_{G2}）$=F$ 就代表了总的燃料消耗量。可以找到，当两能源耗量特性曲线切线平行时，即斜率（微增率 λ）相等，通过 A' 所作的垂线交于两能源耗量特性曲线 B'_1、B'_2，线段为最短，则该点所对应的负荷分配方案为最优。由此得出结论：电力系统各发电机组按相等的能源耗量微增率运行，系统总的能源消耗为最小，运行最经济，这就是著名的等微增率运行准则，即

当 $\mathrm{d}F_1/\mathrm{d}P_{G1}=\mathrm{d}F_2/\mathrm{d}P_{G2}=\lambda_1=\lambda_2=\lambda$ 时，系统总的能源耗量为最小。

不难理解，此结论可适应多台机组（或多个发电厂）间的负荷分配。

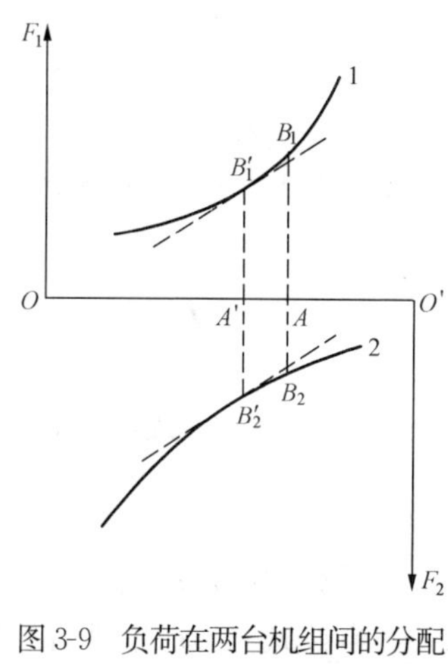

图 3-9　负荷在两台机组间的分配

3. 多个发电厂间的负荷经济分配

系统负荷在 n 个发电厂间的经济分配问题可以用图解法分配各发电厂间的有功功率，也可用拉格朗日乘数法求解。

下面介绍用拉格朗日乘数法求解的过程。假定有 n 个火电厂，其能源消耗特性分别为 F_1（P_{G1}），F_2（P_{G2}），…，F_n（P_{Gn}），系统总的负荷为 P_{LD}，暂不考虑网络中功率损耗，假设各台机组燃料消耗量和输出功率不受限制，要求确定负荷功率在 n 台机组间的分配，使总的能源消耗量为最小。

建立目标函数

$$F=\sum_{i=1}^{n}F_i(P_{Gi}) \tag{3-10}$$

应满足等约束条件

$$\sum_{i=1}^{n}P_{Gi}-P_{LD}=0 \tag{3-11}$$

要使式（3-10）为最小，可用拉格朗日乘数法求解极值。先列出拉格朗日函数式

$$L=F-\lambda\left(\sum_{i=1}^{n}P_{Gi}-P_{LD}\right) \tag{3-12}$$

式中 λ——拉格朗日乘子（或称乘数）。

要使式（3-12）为最小，求式（3-12）极值

$$\frac{\partial L}{\partial P_{Gi}}=0$$

即

$$\frac{\partial F}{\partial P_{Gi}}-\lambda=0(i=1,2,\cdots,n)$$

或
$$\frac{\partial F}{\partial P_{Gi}}=\lambda \tag{3-13}$$

由于每个发电厂的能源消耗量只是该厂输出功率的函数，所以式（3-13）可写成

$$\frac{\mathrm{d}F_i}{\mathrm{d}P_{Gi}}=\lambda(i=1,2,\cdots,n) \tag{3-14}$$

式（3-14）说明：多个火力发电厂间负荷分配的原则是按等微增率原则。

以上讨论都没有涉及不等约束条件。负荷经济分配中的不等约束条件也与潮流计算一样，任一发电厂的有功功率和无功功率都不能超出它的上、下限的条件，即

$$P_{Gi\min}\leqslant P_{Gi}\leqslant P_{Gi\max} \tag{3-15}$$

$$Q_{Gi\min}\leqslant Q_{Gi}\leqslant Q_{Gi\max} \tag{3-16}$$

各节点的电压也必须维持在如下变化范围内

$$U_{i\min}\leqslant U_i\leqslant U_{i\max} \tag{3-17}$$

在计算发电厂间有功功率负荷经济分配时，这些不等约束条件可以暂不考虑，待算出结果后，再按式（3-15）进行校验。对于有功功率超限的发电厂，可按其上或下限分配负荷，

然后对其余发电厂分配剩下的负荷功率。至于式（3-16）及式（3-17）可留在有功功率分配已基本确定后的潮流计算中再进行处理。

必须指出，在进行发电厂间有功功率负荷经济分配时，还需考虑电力网络有功损耗，$\frac{dF_i}{dP_{Gi}}$必须乘以一个修正系数a_i，$a_i=1\Big/\left(1-\frac{\partial P_L}{\partial P_{Gi}}\right)$，$\frac{\partial P_L}{\partial P_{Gi}}$称网损微增率，它表示网络有功功率损耗对第$i$个发电厂有功出力的微增率。

由于各个发电厂在网络中所处的位置不同，各厂的网损微增率是不一样的。当$\frac{\partial P_L}{\partial P_{Gi}}>0$时，说明发电厂$i$出力增加会引起网损的增加，这时$a_i>1$，发电厂本身的燃料消耗微增率宜取较小值。相反，当$\frac{\partial P_L}{\partial P_{Gi}}<0$时，说明发电厂$i$出力增加将使网损的减少，这时$a_i<1$，发电厂本身的燃料消耗微增率宜取较大值。

小　　结

本章主要讨论电力系统有功功率的平衡与频率调整，以及有功功率在各类发电厂的合理分配。频率是电能质量的主要指标之一，必须给予保证。系统的频率与系统的有功负荷、发电机组的有功出力等有密切关系，其关系可用系统的功率频率静态特性和发电机组的功率频率静态特性曲线表示。

频率的一次调整是系统中所有发电机组都参与的，依靠他们的调速器来完成，只能做到有差调节。

频率的二次调整，即通常所说的频率调整，是由系统中被指定的调频发电机组来承担的，它依靠调频器（或同步器）来完成，可以做到无差调节。当负荷增加时，系统必须增加功率输出以弥补功率缺额，这些功率增加额全由主、辅调频厂内的机组承担，其余发电厂的输出功率不变，也可以实行有差调节。此时，系统的功率缺额除由参与二次调频的机组增加功率输出供给之外，不足部分就由系统的功率—频率静态特性调节效应所产生的功率增量来抵偿。负荷减小时，系统必须减少功率输出以平衡功率过剩。

由于只有少数厂（机组）参与频率的二次调整，因此，系统的频率调整工作还有一个按一定条件选择主、辅调频厂的问题。系统负荷在各类发电厂间的负荷分配，应充分考虑动力资源的使用。其次，还应计及水、火电厂机组特性的不同，按等微增率经济运行准则分配各机组间功率，可以使系统的燃料耗量最经济。

习　　题

3-1　电力系统低频运行时有什么危害？

3-2　电力系统综合负荷静态特性曲线的意义是什么？画出系统综合负荷频率静态特性曲线。

3-3　电力系统有功功率平衡方程包括什么内容？为什么要设置有功备用？

3-4　什么是发电机组原动机调速装置的有差特性？

3-5　什么是频率的一次调整？什么是频率的二次调整？

3-6 如何选择主调频发电厂？

3-7 发电机组功频静态特性系数、机组调差系数的意义是什么？

3-8 按照电力系统频率调整的要求，并考虑到系统运行的经济性，电力系统是如何选择调频发电厂的？

3-9 电力系统发电机组等微增率运行准则的意义是什么？

3-10 某电力系统中发电机组的容量和它们的调差系数分别如下：水轮机 100MW，5台，调差系数为 3%；汽轮机组 50MW，10 台，调差系数为 4%。全系统的总负荷为 740MW，负荷的单位调节功率 $K_{*}=1.5$，各机组分担的负荷占本身额定容量的百分数相同，当系统负荷增加 50MW 时，系统频率分别下降多少？

第四章

电力系统无功功率平衡及电压调整

第一节　电力系统综合负荷的电压静态特性

电力系统运行中，用电设备最理想的工作电压是它的额定电压。在电压变动的情况下，用电设备实际吸收的有功功率和无功功率的大小是变化的，尤其是无功功率受电压的影响很大。电力系统综合负荷的电压静态特性，是指在系统稳定运行频率等于额定值且负荷连接容量不变时，综合负荷有功功率、无功功率与电压的关系曲线。电力系统不同负荷的电压静态特性不同，大体分为以下几种。

1. 白炽灯负荷

白炽灯由于其灯丝电阻随温度而变化，且不消耗无功功率，所消耗的有功功率可用式（4-1）表示

$$P = KU^{1.6} \tag{4-1}$$

式中　P——有功功率，W；

K——与温度有关的灯丝系数；

U——端电压，V。

2. 电热负荷

电炉和电弧炉均只消耗有功功率，所消耗的有功功率可用式（4-2）表示

$$P = \frac{U^2}{R} \tag{4-2}$$

式中　R——电热设备电阻，Ω。

3. 电抗器负荷

电抗器负荷主要消耗无功功率，所消耗的无功功率可用式（4-3）表示

$$Q = \frac{U^2}{X} \tag{4-3}$$

式中　Q——无功功率，var；

X——电抗器感抗，Ω。

4. 异步电动机负荷

异步电动机需要消耗有功功率来转动机器，又要取用感性无功功率来建立磁场。异步电动机的功率转差率特性曲线如图 4-1（a）所示。若电动机所带的机械负荷不变，当外电压从额定电压降低到 $80\%U_N$ 时，电动机的转差率将从 s_1 增大到 s_2。转差率增大，将使电动机的电流增大。因此，电动机吸收的有功功率可近似地看作不变。异步电动机的有功功率电压静态特性曲线如图 4-1（b）所示，近似于一条水平直线。

异步电动机吸收的无功功率受端电压的影响很大。当端电压接近额定电压时，异步电动机的铁心磁路接近饱和。当端电压高于额定电压时，由于磁路饱和，励磁无功将按电压的高次方比例增加。当端电压低于额定电压时，由于磁路尚未饱和，励磁无功将按电压的平方比

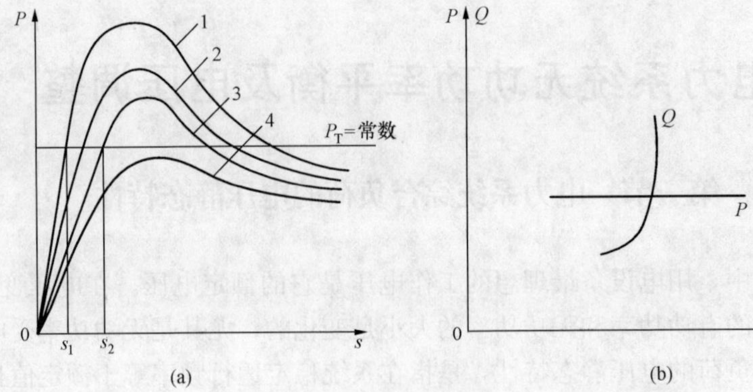

图 4-1　异步电动机特性曲线

（a）功率转差率特性；（b）功率电压静态特性

1—$U=100\%U_N$；2—$U=90\%U_N$；3—$U=80\%U_N$；4—$U=70\%U_N$

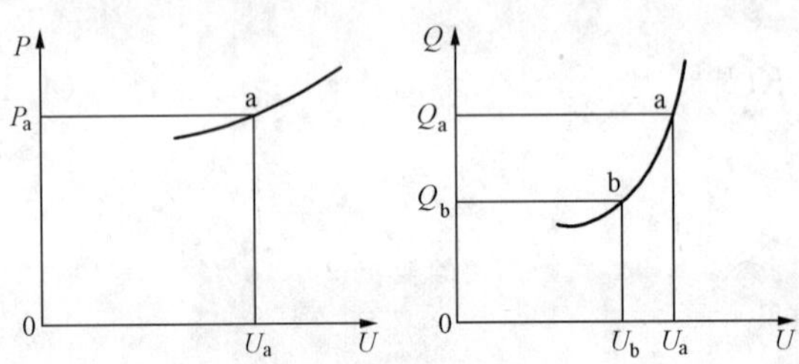

图 4-2　系统综合负荷电压静态特性曲线

（a）有功负荷；（b）无功负荷

例减少。若电压低于额定电压很多，电动机的转差率将显著增加，引起定子电流大幅升高，从而使电动机的漏磁无功损耗大幅增加。综上所述，异步电动机的无功功率电压静态特性曲线如图 4-1（b）所示。

在电力系统中，异步电动机占综合负荷的绝大多数。因此，系统综合负荷的电压静态特性曲线近似于异步电动机的电压静态特性曲线，如图 4-2 所示。

由图 4-2 可以看出，电压变化对有功负荷的影响不大，而对无功负荷的影响很大。当电压升高时，负荷吸收的无功功率显著增加；当电压降低时，负荷吸收的无功功率明显减少。若电力系统的无功电源不足，为维持系统无功平衡，则不得不降低运行电压，减少负荷吸收的无功功率。若运行电压过高，则表示电力系统的无功电源过剩，应尽量减少各电源的无功功率。

第二节　电力系统的无功电源及无功功率平衡

电力系统中，无功电源包括同步发电机、输电线路、电力电容器、同步调相机、静止补偿器，下面分别介绍这几种无功电源的工作原理。

一、电力系统中的无功电源

1. 同步发电机

同步发电机是电力系统中唯一的有功功率电源，又是最基本的无功功率电源。调节同步发电机的励磁电流就可以改变发电机发出的无功功率，增加励磁，可以增加无功出力，反之就减少无功出力。

若发电机的额定视在功率为 S_N，额定功率因数为 $\cos\varphi_N$，额定有功功率为 P_N，额定无

功功率为 Q_N，则

$$Q_N = S_N \sin\varphi_N = P_N \tan\varphi_N \tag{4-4}$$

$$S_N = \sqrt{P_N^2 + Q_N^2} = P_N\sqrt{1+\tan^2\varphi_N} \tag{4-5}$$

当发电机的额定功率因数 $\cos\varphi_N$ 为 0.8 时，发电机的额定有功功率为 P_{GN}，额定视在功率 S_{GN}为 1.25P_{GN}时，发出的无功功率 Q_{GN}可达 0.75P_{GN}，即发电机在发出 P_{GN}有功功率时，还可发出 0.75P_{GN}的无功功率。因而同步发电机是一个最基本的无功功率电源。由设计经验得知，用发电机供给无功功率投资约为同步调相机的 1/3 左右，所以，用同步发电机供给无功功率从经济上是比较合理的。

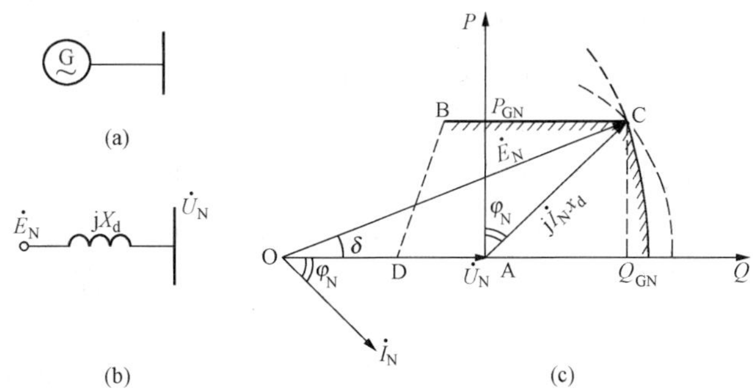

图 4-3　发电机的运行极限图

(a) 接线图；(b) 等值电路；(c) 相量图

当系统无功电源比较紧张时，必须充分利用发电机供给无功功率。例如，在冬季枯水期，由于水库蓄水不多，水力发电厂不可能按装机容量发出额定功率 P_{GN}，此时，可以降低功率因数运行多发无功，甚至将发电机做调相机运行。但发电机在不同的功率因数下运行，其定子、转子绕组的容量利用是不同的。如图4-3（a）为一隐极发电机接在 U_N 为常数的母线上，图 4-3（b）为其等值电路，图 4-3（c）为额定运行时的相量图。C 点是额定运行点，电压降相量 AC 的长度代表 $X_d I_N$，它正比于额定电流，亦即正比发电机的额定视在功率 S_N，它在纵轴上的投影为 P_{GN}，在横轴上的投影为 Q_{GN}，相量 OC 的长度代表空载电动势 E_N，它正比于发电机的额定励磁电流。

当改变功率因数 $\cos\varphi$ 时，发电机的有功功率和无功功率将随之发生变化，但发电机的运行点必须受到下列因素的限制：

（1）受到定子额定电流（亦即额定视在功率）的限制。因为定子电流超过额定值将使定子绕组过热，其限制范围在图 4-3（c）中以 A 点为圆心、以$\overline{AC}$半径的圆弧表示。

（2）在低于额定功率因数运行时，发电机将受到转子额定电流的限制（空载电动势由转子励磁电流决定）。因为转子电流超过额定值将使转子过热。其限制范围在图4-3（c）中以 O 点为圆心、以$\overline{OC}$为半径的圆弧表示。在此范围内，发电机的视在功率不超过额定视在功率。

（3）在高于额定功率因数运行时，将受到原动机输出功率的限制。其限制范围在图 4-3（c）中用水平线$\overline{P_{GN}C}$表示。在此线上，发电机的视在功率将低于额定视在功率。

（4）在某些特殊情况下，发电机还可以进相运行（超前功率因数运行）。此时，发电机定子绕组和并列运行稳定性等的限制。其限制范围通常需通过试验确定，图4-3（c）中虚线只是一种示意。

归纳以上分析可见，隐极发电机的运行极限曲线如图 4-3（c）中的阴影部分所示。

2. 并联电容器

并联电容器是目前应用最广的无功补偿设备，其有功功率损耗较小，为额定容量的

0.05%～0.5%。它既可装在电力网中也可装在用户侧，也可集中安装又可分散安装。

并联电容器只能发出感性无功功率，提高母线电压水平。三相静电电容器可按△或Y接法连接在变电所母线上，它所提供的无功功率为

$$Q_c = \frac{U^2}{X_c}$$

式中　Q_c——电力电容器发出的无功功率，var；

U——母线电压，V；

X_c——电力电容器的容抗，Ω。

电力电容器的出力受母线电压的影响很大，当母线电压较低需要较多无功电源时，电力电容器的出力反而减少。电容器的投切是成组进行的，其出力成阶梯变化，调压曲线不平滑。对容量较大的并联电力电容器补偿装置必须装设自动投切控制装置，当系统电压偏高时，全部退出；当系统电压偏低时，部分或全部投入。

3. 同步调相机

同步调相机是专门生产无功功率的一种电机，实质上是空载运行同步发电机或同步电动机。在正常励磁情况下，既不吸收无功功率，也不发出无功功率。在过励磁情况下，向系统发出感性无功功率。在欠励磁情况下，从系统吸收感性无功功率。因此，同步调相机既可作为无功电源，发出无功功率，提高母线电压；又可作为无功负荷，吸收无功功率，降低母线电压（例如在深夜时，系统无功负荷不大，电压偏高的情况下）。

同步调相机宜安装在大型变电所中，出力范围在 Q_N（过励磁）～（50%～60%）Q_N（欠励磁）之间，其有功功率损耗为额定容量的1.8%～5.5%。

4. 静止补偿器

静止补偿器由电容器和可调电抗器组成，并联在降压变压器的低压母线上。电容器发出感性无功功率，静止补偿器根据母线电压的高低自动控制可调电抗器吸收的感性无功功率的大小，从而控制装置发出或吸收的感性无功功率的大小，进而达到稳定母线电压的目的。

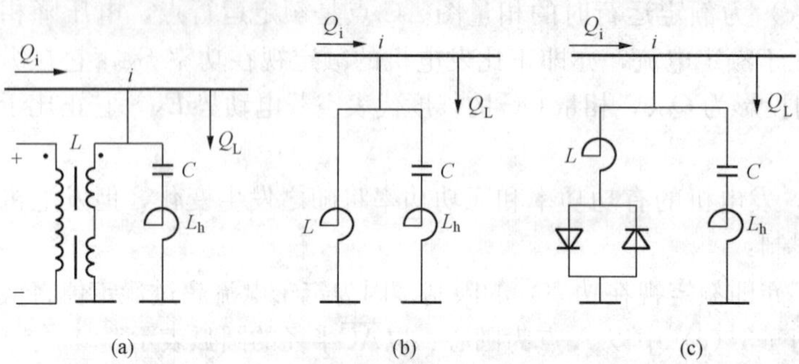

图 4-4　静止补偿器原理接线图

（a）可控饱和电抗器型；（b）自饱和电抗器型；（c）相角控制电抗器型

按电抗器的调节方法，静止补偿器可分为可控饱和电抗器型、自饱和电抗器型和相角控制电抗器型三种，如图 4-4 所示。

与电容器 C 串联的电抗器 L_h 为限流电抗器，其目的之一是限制电容器投入时的过电流和切除时的过电压；其目的之二是对某一高次谐波电压串联谐振回路，短接该谐波电压，从而改善交流电压波形，提高电压质量。

静止补偿器调节无功功率的速度很快，能迅速跟踪补偿无功功率突然而频繁的变化，特别适用于补偿冲击无功负荷。且调节平滑，并能消除高次谐波对负荷的干扰。与同步调相机

相比，它运行维护简单，功率损耗小，对负荷变动有较高的补偿能力，可以做到分散补偿。静止补偿器是一种技术先进、调节性能好、使用方便可靠的动态无功功率补偿设备。随着电力电子技术的不断发展，它的应用范围将越来越广泛。

5. 三种补偿装置的优缺点

(1) 电力电容器和静止补偿器都是静止装置，装置本身的有功损耗小，在满负荷运行时，电容器的有功损耗为额定容量的0.05%～0.5%，静止补偿器的有功损耗为额定容量的0.5%～1.2%，而同步调相机的有功损耗为额定容量的1.8%～5.5%，而且电容器和静止补偿器没有转动部分，因此，比同步调相机的年运行费用要少些。

(2) 电力电容器和静止补偿器的主要部件电容器和电抗器均可户外布置，不需厂房、通风、油循环等辅助设备，且安装简单，费用低，比同步调相机优越。

(3) 电力电容器和静止补偿器有各种额定电压等级规格，可以根据需要直接连接在110kV或更高电压等级的电网上。而同步调相机的额定电压等级一般较少，一般只有较低的电压等级（如6、10kV）等。显然，前者要灵活一些。

(4) 同步调相机容量较大时，其单位容量设备费较低，适用于补偿容量较大的集中补偿方式。电力电容器和静止补偿器单位容量设备费与容量大小关系不大，适用于分散补偿方式。从经济上比较，集中补偿则比分散补偿要好些。

(5) 同步调相机和静止补偿器可以平滑无级地调节，而且还能在电网电压过高时，吸收无功，以适当降低电网电压，调压方式灵活。电容器只能分级调压。同步调相机输出的无功则不受电网电压的影响，特别是系统发生故障时，采用具有强行励磁的同步调相机，能较好地维持系统的电压水平，提高系统的稳定性。

二、电力系统中的无功功率平衡

电力系统的无功功率在运行时需要保持平衡，其无功功率平衡方程为

$$\Sigma Q_G + \Sigma Q_C = \Sigma Q + \Sigma Q_{ce} + \Sigma \Delta Q \tag{4-6}$$

式中　ΣQ_G——同步发电机发出的无功功率总和；

ΣQ_C——无功补偿设备发出的无功功率总和；

ΣQ——系统无功负荷的总和；

ΣQ_{ce}——厂用无功负荷的总和；

$\Sigma \Delta Q$——电力网无功损耗的总和（包括并联电抗器）。

同步发电机发出的无功功率总和 ΣQ_G 是指发电机在额定功率因数下运行时所发出的无功功率。无功补偿设备发出的无功功率总和 ΣQ_C 是指无功补偿设备（包括同步调相机、并联电容器、静止补偿器及输电线路容纳中电容无功功率等）在额定功率因数下运行时所发出的无功功率。系统无功负荷 ΣQ 主要是指包括异步电动机、电抗器等负荷消耗的无功功率，可按负荷的功率因数计算，未经补偿的负荷功率因数一般不高，为0.6～0.9。为了减少线路因输送大量无功功率所引起的有功功率损耗和能量损耗，规程对电力用户的功率因数做了限制（例如不得低于0.9等）。系统运行部门做无功功率平衡时，可按规程规定确定负荷消耗的无功功率 ΣQ。

电力系统网络的无功负荷损耗 $\Sigma \Delta Q$ 包括三部分，即

$$\Sigma \Delta Q = \Sigma \Delta Q_T + \Sigma \Delta Q_L + \Sigma \Delta Q_B \tag{4-7}$$

式中 $\Sigma\Delta Q_T$——电网络中变压器无功功率损耗；

$\Sigma\Delta Q_L$——电网络中输电线路电抗的无功功率损耗；

$\Sigma\Delta Q_B$——电网络中输电线路电纳的无功功率损耗，属容性，取负值。

为维持电力系统的无功功率平衡，还应有一定的无功功率备用容量。无功备用容量一般为无功负荷的7%～8%。同步发电机在额定功率因数下运行，若发电机留有一定的有功功率备用容量，也就保持了一定的无功功率备用容量。

根据电力系统综合负荷的电压静态特性曲线和系统无功功率平衡方程可知，系统电压过低的根本原因，就是系统无功电源不足。当系统电压过低时，首先要增加系统的无功电源，保持系统无功平衡。关于无功电源的设置，除发电厂里的发电机以外，无功补偿设备的设置则根据无功分层（电压层次）分区（地区、县或站网络）和就地平衡以及便于调整电压的原则来进行设置。无功补偿设备的容量需要根据调压要求及系统对功率因数的要求来进行计算。

第三节 电力系统的电压和无功管理

电力系统的电压和无功管理的目的是保证电力系统在各种运行方式下，各负荷点的电压都在允许偏移范围内。但是，由于系统的负荷点众多而又分散，电压质量要求又不一样，不可能花很多的力量对每一个负荷点的电压都进行监测和调整。因此，必须找出一个切实可行的方法，对电力系统的电压质量进行有效的管理。由于电力系统的负荷点总是通过一些主要的供应点来供应电力的，因此，对系统各负荷电压进行监测和调整，可以通过监视和调整这些供应点的电压来实现，这些供应点叫电压中枢点。

一、电压中枢点的调压方式

电力系统中监视、控制和调整电压的母线，称为电压中枢点。只要控制、监视中枢点的电压在一定的允许范围之内，就可以使由其供电的各负荷点的电压质量都得到保证。通常选择下列母线作为电压中枢点：

（1）区域性发电厂和枢纽变电所的高压母线；

（2）重要变电所的6～10kV电压母线；

（3）有大量地方负荷的发电机电压母线。

电压中枢点的调压方式，按电力网的性质和用电设备对电压的要求不同而有所不同，通常的调压方式有逆调压、顺调压和恒调压三种类型。

1. 逆调压

对于负荷变动较大，线路较长，距电压中枢点较远，而电压质量要求又较高的电力网，一般规定在中枢点实行逆调压。也就是在最大负荷时，把中枢点电压提高到线路额定电压的105%；在最小负荷时，把中枢点电压减小到线路的额定电压。例如，电压中枢点所连线路的额定电压为10kV，采用逆调压方式，在最大负荷时，应使中枢点电压为10.5kV；在最小负荷时，应使中枢点电压为10kV。这样管理中枢点电压，可以使得在大负荷时，负荷点的电压不会因线路的电压损耗增大而过低；在小负荷时，又不会因线路的电压损耗较小而过高。所提供的电压质量是比较高的，如不采取一些措施是不易实现的。为满足这种调压方式的要求，一般需要在电压中枢点装设较贵重的调压设备（如调相机、静止补偿器、有载调压变压器等)。

2. 顺调压

对于线路电压损耗较小、线路较短、线路电压损耗较小或用户允许的电压偏移较大的电力网，一般在中枢点实行顺调压。也就是在最大负荷时，保持中枢点电压不低于线路额定电压的102.5%；在最小负荷时，保持中枢点电压不超过线路额定电压的107.5%。例如，某降压变电所的低压母线采用顺调压方式，变压器的变比为110±2×2.5%/11kV，则在最大负荷时，应使低压母线的电压不低于10.25kV(10×102.5%)；在最小负荷时，应使低压母线的电压不超过10.75 kV(10×107.5%)。由于要求中枢点电压在大负荷时低，在小负荷时电压较高，比较符合电压变化的自然规律，顺调压要求较低，一般不需要装设特殊的调压设备就能满足调压要求。

3. 恒调压

对于某些电力系统，线路长度介于上述两种电力系统之间，负荷变动较小，主要负荷对电压质量要求也一般时，一般规定在中枢点实行恒调压或常调压。也就是在最大负荷和最小负荷时，均保持中枢点的电压为线路额定电压的105%。恒调压比逆调压的要求稍低，一般不需要装设贵重的调压设备，通过合理选择变压器的分接头和并联电力电容器补偿，就可满足调压的要求。

另外，还应考虑电力系统的故障运行方式的调压问题。因为电力系统故障运行时的电压损耗较大(例如由双回线供电变为单回线供电，线路的阻抗增大，电压损耗也增大)，在不增加调压设施的情况下，要使各负荷点电压维持在正常水平，是不大可能的。而为了在仅仅几个小时的故障期间，保持负荷的电压具有正常水平，而增加大量的调压设备是不大合适的。由于负荷可以允许短时间内，在较低的电压下运行。因此，通常允许事故时的电压偏移较正常情况下大5%。

二、电力系统的无功管理

电力系统的无功补偿和无功平衡，是保证电压质量的基本条件。有效的电压控制和合理的无功补偿，不仅能保证电压质量，而且提高了电力系统运行的稳定性和安全性。

1. 电力网的无功补偿

对于330～500kV的变电所，应按无功电力分层分区就地平衡的基本要求配置高、低压并联电抗器，以补偿超高压线路的充电功率。可以避免负荷较小时，因无功电源过剩而引起系统电压过高。

在35～220kV电压等级的变电所，应根据需要配置无功补偿设备，其容量可按主变压器容量的0.10～0.30确定。在主变压器最大负荷时，其二次侧的功率因数和由电力网供给的无功功率与有功功率比值应符合管理规程规定的要求。例如，对于220kV变电所，在最大负荷时，一次侧功率因数应不低于0.95；在最小负荷时，相应一次侧功率因数不宜高于0.98。

对于110kV及以下的变电所，当电缆线路较多且在切除并联电容器后，仍出现向系统侧倒送无功电力时，可在变电所中、低压母线上装设并联电抗器。在最小负荷时，一次侧功率因数不应高于0.98。

在6～10kV配电变压器低压侧配置低压电容器。电容器的安装容量不宜过大，一般为线路配电变压器总容量的0.05～0.10，并且在线路最小负荷时，不能向变电所倒送无功。如果配置容量过大，还应装设自动投切装置。

2. 电力用户的功率因数

对于高压供电的工业用户和高压供电装有带负荷调整电压装置的电力用户，功率因数应在 0.90 以上。

其他 100kVA（kW）及以上电力用户和大、中型电力排灌站，功率因数应在 0.85 以上。趸售和农业用电，功率因数应在 0.80 以上。

3. 无功、电压管理曲线

电力调度部门要根据电网负荷变化情况和调整电压的需要，编制和下达发电厂、变电所的无功出力曲线和电压曲线。无功出力（电压）曲线是发电厂、变电所调整控制和监测运行电压的依据，也是考核电压质量，进行电压合格率统计的标准。

三、电力系统的电压质量监测与考核

电压质量监测数据是评价电网电压质量和调度、生产管理等工作的重要依据，也是提供调度部门修订无功电力、电压曲线和制定电网规划及技术改造计划的依据。

监视电力系统电压值和考核电压质量的节点，称为电压监测点。电力系统电压监测点设置原则为：

（1）与主网（220kV 及以上电网）直接连接的发电厂高压母线电压。

（2）各级调度“界面”处的 330kV 及以上变电所的一次和二次母线电压；220kV 变电所的二次或一次母线电压。

（3）电业局在所辖电网内按规定设置的电压监测点。

电压监测应使用具有连续监测和统计功能的仪器或仪表，其测量准确度应不低于 1 级，电压质量统计的时间单位为 min。

监测内容为月、季、年度电压合格率及电压超允许偏差上、下限值的累计总时间。电压质量是以电压合格率为统计及考核指标。电压合格率是指实际运行电压在允许电压偏差范围内累计运行时间与对应总运行统计时间之比的百分比，即

$$V(\text{主网节点电压合格率})=\left[1-\frac{\text{电压超上限与电压超下限时间总和(min)}}{\text{电压检测时间总和(min)}}\right]\times 100\% \tag{4-8}$$

$$V(\text{主网电压合格率})=\frac{\Sigma V_i(\text{主网节点电压合格率})}{N} \tag{4-9}$$

式中 N——主网电压监测点数。

主网年电压合格率不应低于 90%。年电压合格率达 98%及以上者，则称电压达到了优质标准。

第四节 电力系统的调压措施

具有充足的无功功率电源是保证电力系统有较好运行电压水平的必要条件。但是要做到使所有用户的电压质量都满足要求，通常还必须采取相应的调压措施。常用调压措施的基本原理，可用图 4-5（a）所示的简单电力系统为例来说明。为简化分析，略去线路、变压器的导纳支路，则可得到图 4-5（b）所示的等值电路。变压器参数都已归算到高压侧。

若略去电压降落的横分量，则变压器 T2 低压侧的电压为

$$u_b = \frac{u_G K_1 - \Delta U}{K_2} = \frac{u_G K_1 - \dfrac{PR + QX}{u_G K_1}}{K_2} \tag{4-10}$$

式中 K_1、K_2——升压和降压变压器的变比；

R、X——变压器和线路的总电阻和总电抗；

P、Q——发电机发出的有功功率和无功功率；

u_G——发电机端电压。

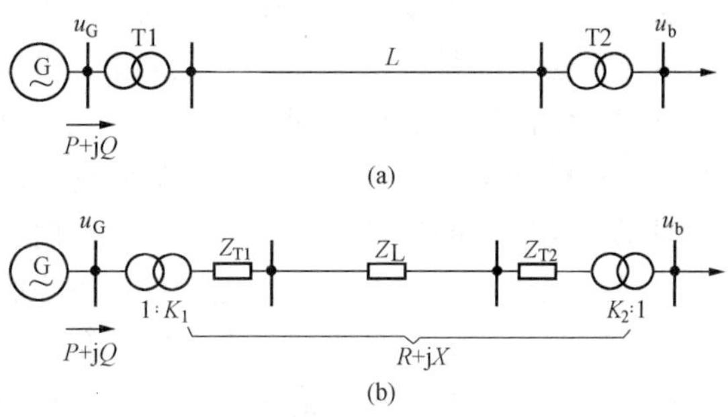

图 4-5 电压调整原理解释图

(a) 系统接线；(b) 等值电路

由式（4-10）可知，为调整用户端电压 u_b，可以采取以下调压措施：

(1) 改变发电机的励磁电流来调节发电机的端电压 u_G；

(2) 改变变压器的分接头来调节变压器的变比 K_1、K_2；

(3) 系统中设置无功补偿设备来改变电力网中输送的无功功率 Q；

(4) 改变电力网的参数 R、X，主要是减少线路的电抗。

由式（4-10）还可以看出，通过改变输送的有功功率，也可以调节末端电压 u_b，但实际上一般不采用改变 P 来调压。这是因为，第一对于高压输电网，$X \gg R$，$\Delta U = \frac{PR+QX}{U} \approx \frac{QX}{U}$，改变 P 对 ΔU 的影响不大；其次，有功功率电源只有发电机，而发电机是不能随意设置的。若为提高电压而减少输送的有功功率，显然是不适当的。

下面讨论几种主要的调压措施。

一、改变发电机励磁调压

改变发电机的励磁电流，可以改变发电机的电动势和端电压。在发电机端电压保持不变的情况下，当系统负荷增大，引起电力网的电压损耗增加，用户端电压下降；当系统负荷减少，引起电力网的电压损耗降低，用户端电压升高。为了减少用户端电压变化的幅度，可以采用在最大负荷时，增加发电机的励磁电流，提高发电机的端电压；最小负荷时，减少发电机的励磁电流，降低发电机的端电压，从而可以降低用户的端电压。此种调压方式，就是前面介绍的逆调压。发电机端电压的调节范围是其额定值的±5%，在此变动范围内，它能够以额定功率运行。对于不同类型的供电网络，发电机调压所起的作用是有所不同的。

在小型电力系统中，特别是孤立运行的发电机或发电厂中，改变发电机励磁调压是一种既简单、经济又行之有效的最常用的调压方法。例如由发电机经过直配线路给用户供电的电力系统，因供电线路不长，线路上电压损耗不大，往往单靠发电机调压就能满足用户对电压质量的要求。

对于有多级变压及线路较长、供电范围较大的电力系统，因电压损耗的绝对值较大，而且不同运行方式下电压损耗的差别也太大，单凭发电机调压往往满足不了要求，这就需要和其他调压设备配合共同调压。

在大型电力系统中，改变发电机励磁调节端电压只是一种辅助的调压措施。如果发电机的容量较小，改变发电机的励磁电流，对电厂高压母线的电压不会有多大的影响。如果发电机的容量较大，改变发电机的励磁电流，可以调节电厂高压母线的电压。改变发电厂高压母线的电压，会引起系统中无功功率的重新分配，很可能同系统无功功率的经济分配发生矛盾，影响系统的经济运行。因此，系统中的大型发电机（厂）的无功出力（电压）是按照系统调度下达的无功出力（电压）曲线运行的。

对于大型用户的自备电厂，在最大负荷时，可增加励磁电流提高电压；在最小负荷时，可减少励磁电流，甚至可以欠励磁运行，以吸收系统过剩的无功功率来降低电压。发电机在欠励磁运行时，应保留足够的静态稳定储备。

在水电厂与火电厂组成的电力系统中，可以在丰水期将部分汽轮发电机组改为调相机运行，以补充无功功率不足；在枯水期，可将部分水轮发电机改为调相机运行，以发挥水电厂的调节作用。

改变发电机的励磁电流，不但可以改变发电机的端电压，还可以调节发电机输出的无功功率，来控制调节电力网的电压。发电机是电力系统中最重要的无功电源。在运行中，发电厂在高峰负荷时段高压母线电压偏低期间，应尽量带满无功到额定值；特殊情况下，还可采取减少发电机有功出力多发无功来提高电压的运行方式，使高压母线电压接近运行偏差上限值。在低谷负荷时段高压母线电压偏高期间，应尽量少带无功，使发电机的功率因数达到0.98以上运行。已做过进相运行试验的机组，在需要时应进相运行，使高压母线电压接近运行偏差下限值。

发电机应具有进相运行能力。新装发电机组应具备在有功功率为额定值时，功率因数进相0.95运行的能力。现役发电机未具备进相运行的，应根据需要与可能积极开展进相运行试验及技术改造工作。进相运行机组应保留10%的静态稳定储备。

二、改变变压器的分接头调压

合理选择变压器的分接头来改变变压器的变比进行调压，是电力系统调压措施中应用最为广泛的措施之一。当系统无功功率充足时，采用有载调压变压器调压，非常灵活而有效。但必须注意的是，这种调压措施不增加系统的无功功率，在系统无功功率不足时，不能单靠这种措施来提高整个系统的电压水平。

普通双绕组变压器的高压绕组一般都具有几个分接头供选择使用，除了主分接头外，还有几个附加分接头。对于容量为6300kVA及以下的变压器，有3个分接头（$U_N \pm 5\%$），分别于$1.05U_N$、U_N、$0.95U_N$处引出，调压范围为10%。对于容量为8000kVA及以上的变压器，有5个分接头（$U_N \pm 2 \times 2.5\%$），分别于$1.05U_N$、$1.025U_N$、U_N、$0.975U_N$、$0.95U_N$处引出，调压范围为10%。三绕组变压器一般高、中压绕组都具有分接头供调压选择使用。如有特殊要求，制造厂还可提供其他类型的分接头变压器。图4-6为双绕组变压器的分接头情况，图4-7为三绕组变压器的分接头情况。

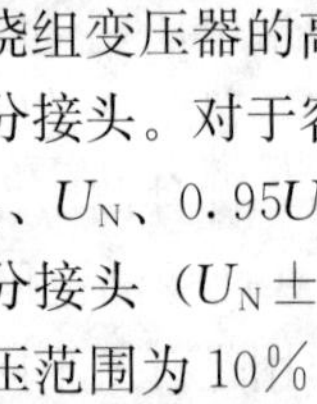

图4-6　双绕组变压器的分接头

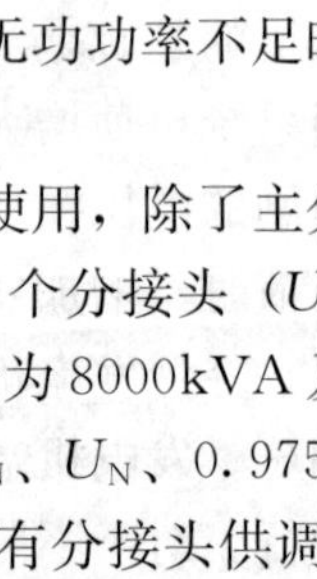

图4-7　三绕组变压器的分接头

有载调压变压器的高压侧除主绕组外，还有一个可调节分接头的调压绕组，它可以在带负荷情况下手动或电动操作改变分接头，也能远方电动控制，便于实现自动调压，调压范围也比较大，一般在15%以上。目前国内有载调压变压器的分接头个数不一，6～10kV电压等级的有载调压变压器共有9个分接头（$U_N \pm 4\times 2.5\%$），调压范围为20%；35kV电压等级的，共有7个分接头（$U_N \pm 3\times 2.5\%$），调压范围为15%；63kV及以上电压等级的，一般共有17个分接头［$U_N \pm 8\times$（1.25%～1.5%）］，调压范围为20%～24%。对个别特殊用户，调压范围还可以放宽，分接头级差还可以更小。

1. 普通双绕组变压器的分接头选择

普通变压器只能在停电情况下改变分接头，对这一类变压器必须事先选好一个分接头，使得在最大负荷与最小负荷时，电压偏移不超过允许范围。在很多情况下，电压正负偏移相等是最符合用电设备电压质量要求的。以下按这一原则来讨论这类变压器分接头的选择方法。

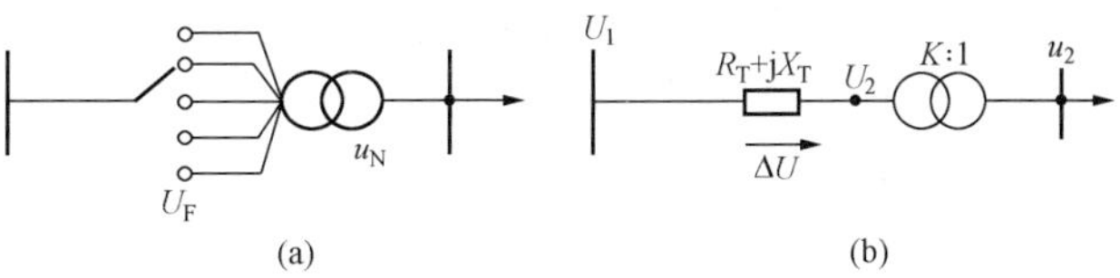

图 4-8 降压变压器的分接头选择示意图
（a）简化接线图；（b）原理接线图

（1）降压变压器的分接头选择。图4-8为一降压变压器的分接头情况。

变压器的实际变比为

$$K = \frac{U_F}{u_N} \tag{4-11}$$

式中 U_F——高压绕组的分接头电压；
u_N——低压绕组的额定电压。

变压器低压侧的实际电压为

$$u'_2 = \frac{U_2}{K} = \frac{U_1 - \Delta U}{K} = \frac{U_2}{\frac{U_F}{u_N}} = \frac{U_2 u_N}{U_F} \tag{4-12}$$

式中 U_1——高压绕组的实际电压；
U_2——低压绕组的实际电压归算到高压侧的值；
ΔU——变压器阻抗中的电压损耗。

若要使变压器低压侧的实际电压u'_2满足调压要求，由式（4-12）可得变压器高压侧绕组的分接头电压为

$$U_F = \frac{U_2}{u'_2} u_N \tag{4-13}$$

式中 u'_2——变压器低压母线调压要求的电压。

由于一般低压绕组的调压要求在最大负荷、最小负荷时不同，则式（4-13）可写为

$$U_{Fmax} = \frac{U_{2max}}{u'_{2max}} u_N \tag{4-14}$$

$$U_{Fmin} = \frac{U_{2min}}{u'_{2min}} u_N \tag{4-15}$$

式中 U_{Fmax}、U_{Fmin}——最大负荷、最小负荷时变压器分接头电压计算值；
U_{2max}、U_{2min}——最大负荷、最小负荷时归算到高压侧的低压绕组电压；

u'_{2max}、u'_{2min}——最大负荷、最小负荷时变压器低压绕组调压要求的电压。

对于普通变压器，由于不能带负荷改变分接头位置，因此在最大负荷及最小负荷时只能选择一个分接头，即

$$U_F = \frac{U_{Fmax} + U_{Fmin}}{2} \tag{4-16}$$

（2）升压变压器的分接头选择。图 4-9 为升压变压器的分接头示意图，分接头的选择方法与降压变压器类似，不同的是升压变压器功率输送方向是从低压侧到高压侧。

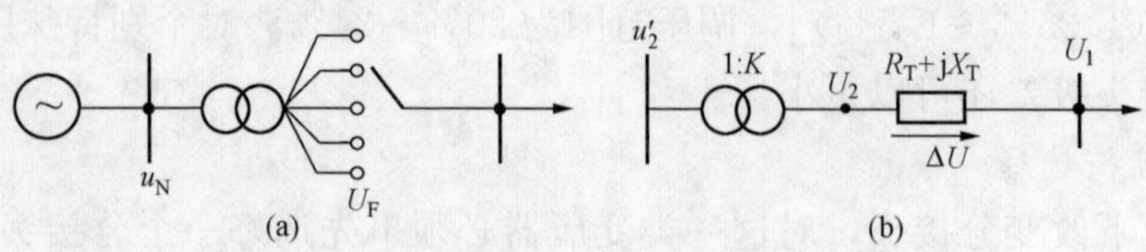

图 4-9　升压变压器的分接头选择示意图

（a）接线图；（b）等值电路图

从运行角度分析，变压器的实际变比为

$$K = \frac{U_F}{u_N} \tag{4-17}$$

式中　U_F——高压绕组的分接头电压；

u_N——低压绕组的额定电压。

变压器低压侧的实际电压为

$$u'_2 = \frac{U_2}{K} = \frac{U_1 + \Delta U}{K} = \frac{U_2 u_N}{U_F} \tag{4-18}$$

式中　U_1——高压侧的实际电压；

U_2——低压绕组的实际电压归算到高压侧的值；

ΔU——变压器阻抗中归算到高压侧的电压损耗。

变压器高压侧绕组的分接头电压为

$$U_F = \frac{U_2}{u'_2} u_N \tag{4-19}$$

式中　u'_2——变压器低压母线（发电机）的实际电压。

在最大负荷、最小负荷时变压器分接头电压分别为

$$U_{Fmax} = \frac{U_{2max}}{u'_{2max}} u_N \tag{4-20}$$

$$U_{Fmin} = \frac{U_{2min}}{u'_{2min}} u_N \tag{4-21}$$

在最大负荷及最小负荷时选择一个分接头，即

$$U_F = \frac{U_{Fmax} + U_{Fmin}}{2} \tag{4-22}$$

由式（4-16）、式（4-22）计算出来的分接头电压 U_F 为理论值，还应根据厂家提供的铭牌数据选择出标准的分接头电压，再根据变压器低压侧母线调压方式要求的电压，进行校验。如果不满足调压方式的要求，应考虑与其他调压措施配合。

【例 4-1】　某降压变电所有一台容量为 10MVA 的变压器，电压为 110±2×2.5%/11kV，已知最大负荷时高压侧实际电压为 113kV，变压器阻抗中电压损耗为额定电压的

4.63%；最小负荷时高压侧实际电压为115kV，变压器阻抗中电压损耗为额定电压的2.81%，变电所低压母线采用顺调压方式，试选择变压器分接头电压（低压母线额定电压为10kV）。

解：最大负荷时变压器分接头电压为

$$U_{\text{Fmax}}=\frac{U_{2\max}}{u'_{2\max}}u_{\text{N}}=\frac{113-110\times4.63\%}{1.025\times10}\times11=115.8(\text{kV})$$

最小负荷时变压器分接头电压

$$U_{\text{Fmin}}=\frac{U_{2\min}}{u'_{2\min}}u_{\text{N}}=\frac{115-110\times2.81\%}{1.075\times10}\times11=114.5(\text{kV})$$

所以

$$U_{\text{F}}=\frac{U_{\text{Fmax}}+U_{\text{Fmin}}}{2}=\frac{115.8+114.5}{2}=115.15(\text{kV})$$

选标准分接头电压为115.5kV。

检验：最大负荷时，低压侧电压与电压偏移百分数为

$$u'_{2\max}=\frac{U_{2\max}u_{\text{N}}}{U_{\text{F}*}}=(113-110\times4.63\%)\times\frac{11}{115.5}=10.28(\text{kV})$$

$$m_{\max}(\%)=\frac{10.28-10}{10}\times100=2.8>2.5$$

最小负荷时，低压侧电压与电压偏移百分数为

$$u'_{2\min}=\frac{U_{2\min}u_{\text{N}}}{U_{\text{F}*}}=\left(115-110\times\frac{2.81}{100}\right)\times\frac{11}{115.5}=10.65(\text{kV})$$

$$m_{\min}(\%)=\frac{10.65-10}{10}\times100=6.5<7.5$$

由于在最大负荷与最小负荷时低压侧电压偏移均满足要求，故所选分接头是合适的。

【例4-2】　某升压变电所有一台容量为240MVA的变压器，电压为242±2×2.5%/10.5kV，在最大负荷时，欲使变压器高压侧电压为235kV，在最小负荷时高压侧电压为226kV，变电所低压母线采用逆调压方式，已知在最大负荷时归算到高压侧的变压器电压损耗为8kV，在最小负荷时归算到高压侧的变压器电压损耗为4kV，试选择变压器分接头电压。

解：最大负荷时变压器分接头电压为

$$U_{\text{Fmax}}=\frac{U_{2\max}}{u'_{2\max}}u_{\text{N}}=\frac{235+8}{1.05\times10}\times10.5=243(\text{kV})$$

最小负荷时变压器分接头电压

$$U_{\text{Fmin}}=\frac{U_{2\min}}{u'_{2\min}}u_{\text{N}}=\frac{226+4}{1.0\times10}\times10.5=241.5(\text{kV})$$

所以

$$U_{\text{F}}=\frac{U_{\text{Fmax}}+U_{\text{Fmin}}}{2}=\frac{243+241.5}{2}=242.25(\text{kV})$$

选标准分接头电压为242kV。

检验：最大负荷时，低压侧电压与电压偏移百分数为

$$u'_{2\max}=\frac{U_{2\max}u_{\text{N}}}{U_{\text{F}*}}=\frac{243\times10.5}{242}=10.54(\text{kV})$$

$m_{\max}$ (%) $=\dfrac{10.54-10}{10}\times100=5.4\approx5$，符合逆调压要求。

最小负荷时，低压侧电压与电压偏移百分数为

$$u'_{2\min}=\frac{U_{2\min}u_{N}}{U_{F*}}=\frac{230\times10.5}{242}=9.979(kV)$$

$$m_{\min}(\%)=\frac{9.979-10}{10}\times100=-0.2\approx0$$

符合逆调压要求。

由于在最大负荷与最小负荷时低压侧电压偏移均满足要求，故所选分接头是合适的。

2. 有载调压变压器的分接头选择

有载调压变压器有两种型式：一种是本身具有调压绕组的有载变压器；另一种是带有加压调压器的有载变压器。前一种广泛应用于新建发电厂及变电所中，后一种主要应用于现役普通变压器的技术改造中。这里只介绍本身具有调压绕组的有载调压变压器的工作原理。

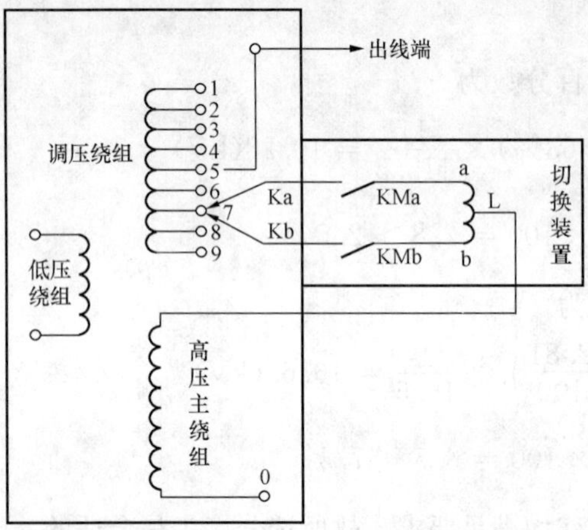

图 4-10　有载调压变压器的原理接线图

本身具有调压绕组的有载调压变压器的接线原理图如图 4-10 所示。高压绕组除主绕组外，还有一个引出若干分接头的调压绕组，调压绕组带有分接头切换装置，可在有负荷时切换分接头。切换装置有两个可动触头，改换分接头时，首先断开接触器的触点 KMa，将其中一个可动触头移动到相邻的分接头上，然后合上接触器的触点 KMa，由于另一个可动触头仍然在原来的分接头位置上，故不会出现变压器带负荷开路的问题。接着，断开接触器的触点 KMb，再把另一个可动触头也采用相同的切换程序移到该分接头上，这样逐级地移动，直到两个可动触头都移到所选定的分接头为止。在切换过程中，当两个可动触头在不同分接头位置时，分接头之间由于存在着一定的电位差，会有一定的短路电流。切换装置中的电抗器 L 就是用来限制两个分接头之间的短路电流的。为了防止可动触头在切换过程中产生电弧，而导致变压器的绝缘油劣化，可在切换装置可动触头 Ka、Kb 的电路中接入接触器的触点 KMa、KMb（它们被放在单独的油箱里）。

对于 110kV 及以上电压等级的变压器，一般调节绕组是放在变压器的中性点侧，因为变压器的中性点接地，中性点侧附近对地电压很低，调节装置的绝缘容易解决。

对于各种变压器分接头的选择，总的要求是：所选出的分接头应使二次母线的实际电压不超出电压允许偏移范围。此外，变压器的分接头的选择还应考虑以下的几个问题：

（1）区域性的大型电厂的升压变压器分接头应尽量放在最高位置。

（2）通常只按照最大负荷及最小负荷两种方式选择变压器的分接头，但也应考虑事故发生后中枢点电压是否会降到临界电压。若是，则应采取其他事故措施或自动切负荷的措施。

（3）应尽量将一次系统的电压提高到上限运行，这样可以降低一次系统的无功功率损失和增加一次系统的充电功率，对系统的无功功率平衡和电压调整是有利的。在无功电源充足的系统中，用户的电压也应尽可能在上限运行，这对系统的经济运行有利。当整个系统的无功电源不足时，则维持用户低压母线的电压为原有水平，以保证系统能安全、可靠地运行。

3. 三绕组变压器分接头选择

三绕组变压器分接头选择的方法类似双绕组变压器，可以采用双绕组变压器的分接头计算公式。

三绕组变压器一般是低压侧为固定分接头，高压侧和中压侧分别设有 3～5 个可选择的分接头，需要分别选出高压侧和中压侧分接头电压。分接头选择的一般方法是：根据变压器的功率流向来决定。对于高压侧有电源的三绕组降压变压器（功率从高压侧流向中、低压侧），应首先按低压母线的调压要求选出高压侧的分接头（此时，高压绕组和低压绕组相当于一个双绕组变压器）。当高压绕组的分接头选定后，再按中压母线的调压要求选取中压绕组的分接头（此时，高压绕组、中压绕组相当于双绕组变压器）；对于低压侧有电源的升压变压器，其他两侧分接头可以根据这两侧所要求的电压和低压侧电压情况分别进行选择，即将它看成两台双绕组升压变压器来进行选择。

三、改变电力网无功功率分布调压

改变变压器变比来调整电压的方法，适用于电力系统无功电源比较充足的情况下。当电力系统无功电源不足时，应先增加无功电源，采取无功分层分区就地平衡的原则设置并投入无功补偿设备。

无功补偿设备的设置不受能源和地点的限制，可集中安装也可分散安装。改变电力网的无功功率分布，就地平衡无功负荷，可以减少无功功率在电力网传输过程中产生的电压损耗和功率损耗，提高电网的电压质量和设备利用率。

并联电容器、静止补偿器、同步调相机等常用无功补偿设备的特点在本章第二节已经介绍过；而并联电抗器主要用于补偿输电线路过剩的充电功率，降低过高的母线电压。以下主要介绍并联电容器补偿容量的计算。

1. 按提高用户母线功率因数选择并联无功补偿容量

按提高用户母线功率因数选择并联无功补偿容量，一般适用于中小容量系统，多采用并联电容器进行无功补偿。补偿容量的计算公式为

$$Q_b=\left[\left(\frac{1}{\cos^2\varphi_1}-1\right)^{1/2}-\left(\frac{1}{\cos^2\varphi_2}-1\right)^{1/2}\right]P_{av} \tag{4-23}$$

式中　Q_b——并联电容器补偿容量，kvar；

P_{av}——年最大负荷月的平均有功功率；

$\cos\varphi_1$、$\cos\varphi_2$——补偿前后的功率因数。

2. 按母线运行电压的要求选择并联无功补偿容量

图 4-11 为并联无功补偿原理接线图，变电所未装并联补偿装置前，电力网首端电压

$$U_1=U_2+\frac{P_2R_\Sigma+Q_2X_\Sigma}{U_2} \tag{4-24}$$

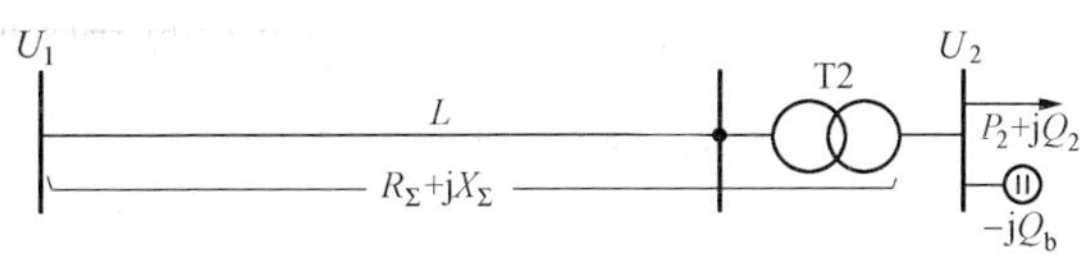

图 4-11　并联无功补偿原理接线图

式中　U_2——归算到高压侧的变电所低压母线电压。

变电所装设容量为 Q_b 的并联补偿装置后，电力网首端电压为

$$U_1=U_2'+\frac{P_2R_\Sigma+(Q_2-Q_b)X_\Sigma}{U_2'} \tag{4-25}$$

式中　U_2'——装设并联补偿装置后，归算到高压侧的变电所低压母线电压。

设U_1不变，比较式（4-24）、式（4-25）得

$$U'_2+\frac{P_2R_\Sigma+(Q_2-Q_b)X_\Sigma}{U'_2}=U_2+\frac{P_2R_\Sigma+Q_2X_\Sigma}{U_2}$$

整理后得

$$\frac{Q_bX_\Sigma}{U'_2}=(U'_2-U_2)+\frac{P_2R_\Sigma+Q_2X_\Sigma}{U'_2}-\frac{P_2R_\Sigma+Q_2X_\Sigma}{U_2}\tag{4-26}$$

式（4-26）等号右边后两项之差很小，略去不计，则得并联补偿容量为

$$Q_b=\frac{U'_2}{X_\Sigma}(U'_2-U_2)\tag{4-27}$$

根据选择的标准分接头电压计算变压器的实际变比$k=\frac{U_F}{u_N}$，带入式（4-27）可得

$$Q_b=\frac{ku'_2}{X_\Sigma}(ku'_2-U_2)\tag{4-28}$$

式中　u'_2——采用并联补偿装置与变压器分接头选定后，变电所低压母线按调压方式要求的电压。

3．装设并联电力电容器

电力电容器只能吸收容性无功功率，提高母线电压。在最小负荷时，由于系统电压偏高，并联电容补偿全部退出，可计算出最小负荷时的变压器分接头电压为

$$U_F=\frac{U_{2min}}{u'_{2min}}u_N\tag{4-29}$$

式中　U_{2min}——最小负荷时，调压前变压器低压侧实际电压归算到高压侧的值；

u'_{2min}——最小负荷时，变压器低压侧的调压要求的电压；

u_N——变压器低压绕组的额定电压。

根据式（4-29）计算出的分接头电压，选择标准的分接头电压，并校验符合调压要求。

根据选择的标准分接头电压计算变压器的实际变比k为

$$k=\frac{U_F}{u_N}\tag{4-30}$$

然后，以这一选定的变比k值，按最大负荷时的调压要求计算并联无功补偿容量

$$Q_b=\frac{ku'_{2max}}{X_\Sigma}(ku'_{2max}-U_{2max})\tag{4-31}$$

式中　U_{2max}——最大负荷时，调压前变压器低压侧实际电压归算到高压侧的值；

u'_{2max}——最大负荷时，变压器低压侧调压要求的电压；

X_Σ——输电线路和降压变压器的总电抗。

根据式（4-31）计算出的补偿容量，选出标准电容器的型号并计算总容量和总台数。然后，重新计算最大负荷时，补偿后的实际电压，看是否满足调压要求。

4．装设同步调相机

在最大负荷时，同步调相机可以过励磁运行，发出无功功率，提高母线电压；在最小负荷时，同步调相机可以欠励磁运行，吸收无功功率，降低母线电压。根据调相机的稳定特性，欠励磁运行容量为过励磁运行容量的50%～60%。故在最大负荷时，由式（4-31）得调相机容量为

$$Q_b = \frac{ku'_{2max}}{X_\Sigma}(ku'_{2max} - U_{2max})$$

在最小负荷时，调相机容量为

$$-(0.5 \sim 0.6)Q_b = \frac{ku'_{2min}}{X_\Sigma}(ku'_{2min} - U_{2min}) \tag{4-32}$$

由式（4-32）解出变比 k，计算出变压器分接头电压值为 $U_F = ku_N$，选出标准分接头后，再次计算出变压器变比，代入式（4-31），即可求出调相机容量。

四、改变电力网的参数调压

用户电压过低有两个原因：一是系统无功电源不足，系统被迫降低运行电压，以维持系统无功功率的平衡，可以通过投入无功补偿和发电机增发无功来提高系统电压；另一原因是电力网的电压损耗过大。电力网的电压损耗近似计算公式为

$$\Delta U = \frac{PR + QX}{U}$$

可见，减少电网的 R、X，可以减少电网的电压损耗，提高用户的端电压，达到调压的目的。

（1）增大电力网导线的截面。对于 10kV 及以下的配电线路，由于原导线截面较小，R 占总阻抗中的比例较大，电压损耗中 PR 起主导作用。随着负荷的增大，线路的电压损耗越来越大。增大导线截面，更换原导线，减少线路的电压损耗，同时也可减少线路的功率损耗，提高电网的电压质量和经济效益。

增大导线截面，需要更换原导线，停电时间长，投资大，需经过技术经济论证，认为必要时，才允许采用。

增大导线的截面减少电阻调压，不适用于 35kV 及以上线路。因为 35kV 及以上的线路，由于原导线截面一般较大，且 R 占总阻抗中的比例较小，电压损耗中 QX 起主导作用。增大导线截面，不但增大了投资，而且对减小电阻降低电压损耗的效果不大。

（2）改变电力网的接线方式。改变电力网的接线方式，可以减少电力网的阻抗，从而减少电力网的电压损耗，达到调压目的。改变电力网的接线方式主要有：

1）将单回路供电线路改造为双回路供电线路；

2）将开环运行的电网改造为闭环运行的电网；

3）投入或切除变电所中多台并联运行的变压器的一台或数台。

上述几种方法，只能在不降低供电的可靠性和不显著增加功率损耗时，才可以作为辅助的调压措施。对于有两台或多台变压器并联运行的变电所内，在最小负荷时，切除一台或数台变电所是可行的，可以采用备用电源自投装置补救，还可降低变压器总的功率损耗。

（3）串联电容补偿。对于长距离输电线路，由于线路感抗较大，产生较大的电压损耗和无功功率损耗，同时也限制了线路的输送容量。为了减少线路感抗，缩短线路的电气距离，可采用串联电容器，补偿线路感抗、降低电压损耗和无功损耗、提高线路末端电压达到调压的目的。

现以图 4-12 所示的线路为例，来分析串联电容补偿容量的计算。为简化计算，略去线路的功率损耗。

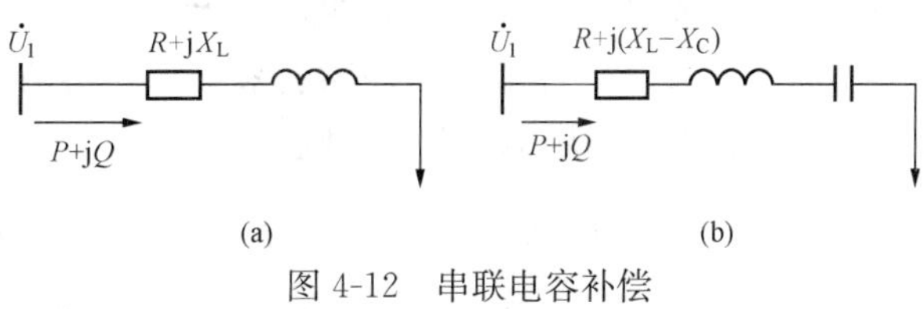

图 4-12　串联电容补偿

（a）未装串联电容器；（b）串入电容器后

未装设串联电容器以前，线路中电压损耗为

$$\Delta U=\frac{PR+QX_{\mathrm{L}}}{U_1}$$

线路中串入容抗为 X_{C} 的电容器时，电压损耗为

$$\Delta U'=\frac{PR+Q(X_{\mathrm{L}}-X_{\mathrm{C}})}{U_1}$$

设根据调压要求线路串入电容器后，电压需提高的数值为 $\Delta U''$，则可得

$$\Delta U''=\Delta U-\Delta U'=\frac{PR+QX_{\mathrm{L}}}{U_1}-\frac{PR+Q(X_{\mathrm{L}}-X_{\mathrm{C}})}{U_1}=\frac{QX_{\mathrm{C}}}{U_1}\tag{4-33}$$

所以，串联电容器的总容抗为

$$X_{\mathrm{C}}=\frac{U_1\Delta U''}{Q}\tag{4-34}$$

式中　U_1——线路首端的电压；

$\Delta U''$——串联电容补偿后线路末端电压的提高值；

Q——线路首端的无功功率。

则串补站三相电容器的计算容量为

$$Q_{\mathrm{C}}=3I^2X_{\mathrm{C}}=\frac{P^2+Q^2}{U_1^2}X_{\mathrm{C}}$$

设串补站由单个容抗为 X_{CO}的电容器组成，每相电容器的串数为 n，每串电容器的个数为 m，如图 4－13 所示，则 n、m 可由以下公式计算

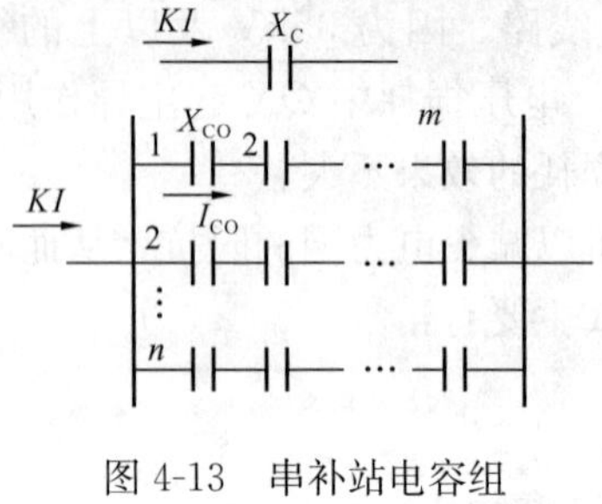

图 4-13　串补站电容组

$$n=\frac{KI}{I_{\mathrm{CO}}}$$

$$m=\frac{nX_{\mathrm{C}}}{X_{\mathrm{CO}}}$$

式中　K——电容器电流储备系数，K=1.2；

I_{CO}、X_{CO}——单个电容器的额定电流和容抗。

串补站电容器组的实际三相电容功率为

$$Q_{\mathrm{C}}=3mnQ_{\mathrm{CO}}$$

除了容量和台数要决定以外，串联电容器组的设置地点也需确定。因为补偿效果与设置地点有关，设置地点选择的原则是：串联电容补偿以后，沿线电压应尽可能比较均匀，所有负荷点电压得以提高，而且电压又在允许范围内。按照这些原则，对于不同结构的线路，串联电容器的设置地点就可能有不同的方案。对单电源线路，当负荷集中在线路末端时，仅需要末端（负荷端）电压得到提升，这时，可将串联电容器集中安装在线路末端。当沿线有若干个负荷时，为了能适当提高沿线各负荷点的电压，可将串联电容器安装在补偿前 1/2 线路电压损耗处。

串联电容补偿的性能可用补偿度来表示。所谓补偿度，是指串联电容器的容抗 X_{C} 与线路感抗 X_{L} 的比值，用 K_{C} 表示，则

$$K_{\mathrm{C}}=\frac{X_{\mathrm{C}}}{X_{\mathrm{L}}}\times 100\%$$

当 $X_{\mathrm{C}}<X_{\mathrm{L}}$ 时，称为欠补偿。补偿了部分线路感抗，线路末端电压得到提高，但不会超

过线路首端电压的值。当 $X_C=X_L$ 时，称为全补偿。线路容抗补偿了全部线路感抗，线路相当于纯电阻线路，在不考虑电阻压降时，线路末端电压等于线路首端电压的值。当 $X_C>X_L$ 时，称为过补偿。过补偿时，线路末端电压可能高于线路首端电压的值。

串联电容所补偿的电压，与线路电流成正比。当线路电流增加时，线路感抗压降增加，同时，串联电容器上的电压升也相应增加。因此，串联电容补偿有自动按需要调整线路末端电压的优点。另外，串联电容补偿应考虑装设过电压保护和防止短路电流对电容器的冲击的保护电器，如避雷器、放电间隙、释能设备等。

五、串联电容补偿与并联电容补偿比较

（1）为减少同样大小的电压损耗，需设置串联电容器的容量仅为并联电容器的容量的10%～15%（$Q_C/Q_b=\Delta Q/Q$）。

（2）由式（4-33）可知，串联电容补偿的调压效果与无功负荷的大小有关。无功负荷增加时，调压效果增大，反之不同。这恰与调压要求相一致。而对于并联电容器补偿，无功负荷越大时，电压越低，并联电容补偿调压效果越差，恰与调压要求相反。另外，一般对并联电容补偿的要求是在最大负荷时全部投入，最小负荷时部分或全部切除。这样的调压效果较好，但需要时间进行操作切换。相比之下，串联电容补偿的调压效果是比较好的。

（3）串联电容补偿一般适用于负荷变动较大且频繁，功率因数又比较低的配电线路上，而对于负荷功率因数在0.95以上或导线截面较小的线路，由于此时电压损耗中与电阻有关的分量较大，使得串联电容补偿的效果不显著。

（4）并联电容补偿可以减少电力线路所流过的无功功率，从而可直接减少线路上的有功功率损耗。串联电容补偿则只能通过补偿后使电压提高，从而间接地减少线路的有功功率损耗。如设置的电容器容量相等的话，则并联电容补偿对减少线路的有功功率损耗的效果比串联电容补偿显著。

电力系统的调压措施，可以归纳为两大类：一类为合理组织电力系统现有设备的运行方式来达到调压目的，如改变发电机励磁调压、改变变压器的分接头调压等，应优先采用此类调压措施；另一类为需要增加设备，改进电力系统现有状况的调压措施，如改变电力网无功功率分布调压、改变电力网的参数调压等。各种调压措施应根据实际合理使用。

小　　结

本章阐述了电力系统正常运行时，系统的无功功率平衡和电压调整问题。

由于电力系统的无功电源不仅有发电机，还有同步调相机和电容器等无功补偿设备；既要充分考虑利用发电机生产的无功功率，又要综合考虑在适当的地点配置无功补偿设备。

电力系统必须保证在正常电压水平下的无功功率平衡，同时还需要一定的无功备用，以保证运行的可靠性和适当的无功负荷增长。在电力系统出现无功功率不平衡的情况下，电力系统将进行电压调整。

通过将电力系统中枢点的电压进行监测和控制在一定的允许范围之内，实现了对电力系统的电压管理，可采取的措施包括改变发电机的端电压、改变变压器变比、设置无功补偿设备、改变系统无功功率分布和改变线路参数等，各种调压措施应根据实际合理使用。

习　题

4-1　什么是电力系统综合负荷及同步发电机的电压静态特征？

4-2　电力系统中用户端电压下降的主要原因是什么？低压运行对用户及电力系统有什么影响？

4-3　电力系统无功功率的平衡方程是什么？无功备用容量一般为多大？提供无功功率除同步发电机外还有哪些主要设备？

4-4　电力系统的无功电源有哪几类？各类无功电流有哪些基本特征？

4-5　什么是电压中枢点？中枢点如何确定？中枢点调压有哪几种方式？各有什么特点？各适合于何种情况？

4-6　电力系统调压的基本措施有哪些？其中哪些措施应优先考虑？

4-7　有载调压变压器有哪两种方式？各有哪些优缺点？

4-8　利用电容器补偿无功时，串联和并联电容器两种方法各有哪些优缺点？为什么？

4-9　改变电力网的参数调压时会带来哪些缺点？

4-10　什么是串联电容器补偿无功的补偿度？为什么实际中不能用过补偿？

4-11　某发电厂有一台变比121/6.3kV，容量31.5MVA的升压变压器，折算至121kV侧的阻抗$Z=2.95+j48.8\Omega$。变压器高压侧最大负荷为30MVA，$\cos\varphi_1=0.8$；最小负荷为15MVA，$\cos\varphi_2=0.8$。为了满足电力网调压要求，在最大负载时，电厂高压母线应保持117kV，而最小负载时应降为113kV。根据发电机电压负载的调压要求，希望发电机母线电压在最大、最小负载时与发电机的额定电压有相同的电压偏移，试选择升压变压器分接头。

4-12　某升压变压器的容量是10MVA，变比是$121\pm2\times2.5\%/6.3$kV，最大负荷时变压器的电压损耗为$4.2\%U_N$，在最小负荷时变压器的电压损耗为$1.9\%U_N$，高压侧要求的电压为$U_{1.max}=118$kV，$U_{1.min}=112$kV，发电机电压侧实行逆调压，试选择变压器分接头。

4-13　某降压变电所变压器电压是$110\pm2\times2.5\%/11$kV，最大负荷时变压器低压侧归算到高压侧的电压为108kV，在最小负荷时归算到高压侧的电压为112kV。①变压器低压母线要求顺调压时，试选择普通变压器的分接头电压；②变压器低压母线要求逆调压时，试选择有载调压变压器在最大、最小负荷运行方式时的分接头电压。

4-14　有一变电所低压母线$U_N=10$kV，用户月供电量5 000 000kW·h，平均功率因数0.82，欲提高功率因数至0.9，试求并联电力电容器容量。

4-15　某降压变电所变压器变比为$110\pm7\times2.5\%/11$，最大负荷变压器低压侧归算到高压侧的电压为102kV；最小负荷变压器低压侧归算到高压侧的电压为112kV，线路和变压器等值电抗为60Ω，试选电力电容器容量。

第五章

电能损耗计算及降低的措施

第一节 概　　述

一、电力网的网损率

在给定的时间（日、月、季或年）内，系统中所有发电厂的总发电量同厂用电量之差，称为供电量。所有送电、变电和配电环节所损耗的电量，称为电力网的损耗电量（或损耗能量）。在同一时间内，电力网损耗电量占供电量的百分比，称为电力网的损耗率，简称网损率或线损率

$$电力网损耗率 = \frac{电力网损耗电量}{供电量} \times 100\% \tag{5-1}$$

网损率是衡量供电企业管理水平的一项重要的综合性的经济技术指标。

二、电力网的电能损耗

电力网运行时，电流或功率通过电力网的元件，就要产生功率损耗。在电阻与电导中产生有功功率损耗，在电感中产生无功功率损耗。

电能损耗 ΔA（kW·h）计算式为

$$\Delta A = \Delta Pt \tag{5-2}$$

式中 ΔP——有功功率损耗，kW；

t——计算电能损耗时间，h。

电力网的功率损耗包括以下两部分。

(1) 固定损耗 ΔA_1 与电力网输送的功率无关，只与电压有关的损耗称为固定损耗。这部分损耗产生在输电线路和变压器的并联导纳中，如电晕损耗、变压器铁损与励磁损耗等，约占电力网总功率损耗的 20%。

(2) 变动损耗 ΔA_2 与电力网输送的功率有关的损耗称为变动损耗。这部分损耗产生在输电线路和变压器的阻抗中，输送的功率越大，损耗也越大，约占电力网总损耗功率的 80%。

电力网损耗的有功功率，是由发电机供给的。当系统负荷一定时，有功功率损耗愈大，所需要的发电设备容量也愈大，因而增加了发电设备的投资。同时，为了供给电力网的电能损耗，发电厂需要消耗较多的能源——水、煤、油等，这就使电力系统的运行费增加。电力网损耗的无功功率，要影响到电力系统无功功率的供应，这就要求发电机多发无功或在系统增添无功功率补偿设备。因此，也要多增加投资。同时，过多的无功功率通过线路与变压器，将使有功功率的输送受到限制。另外，在输送无功时，在电力网电阻中也将引起有功功率损耗的增加，因为 $\Delta P = \frac{P^2 + Q^2}{U^2}R$。例如，有一最大负荷功率等于 10 000MW 的电力系统，若系统总有功损耗占最大负荷的 10%，则系统运行时，将要损耗有功功率约 1000MW

之多，每年将约损耗电能 87.6 亿 kW·h。

这是一个很大的数字。因此，电力网的功率损耗与电能损耗是电力网运行中一个重要的经济指标。努力降低电力网的功率损耗与电能损耗是电力网规划设计与运行管理中的重要任务。电能损耗计算方法主要有面积法、均方根电流法、最大负荷损耗时间法、等值功率法等。

第二节　面积法电能损耗计算

一、电能损耗的数学表达式

电力网的网损计算式为

$$\Delta A = \Delta Pt = 3I^2Rt \times 10^{-3} = \left(\frac{S}{U}\right)^2 Rt \times 10^{-3} \quad (\text{kW} \cdot \text{h}) \tag{5-3}$$

式中　R——线路一相的电阻，Ω；

ΔP——线路电阻中的有功功率损耗，kW；

I——线路电阻中通过的电流，A；

S——线路电阻中通过的视在功率，kVA；

U——线路的实际电压，可用 U_N 代替，kV；

t——计算电能损耗时间，h。

在一般情况下，线路中的电流或功率是随时间变化的，因此，不能用式（5-3）简单计算电能损耗，而应用如下的积分式来表示电能损耗

$$\Delta A = \int_0^{8760} \Delta P \mathrm{d}t \tag{5-4}$$

若时间 t=24h，ΔA 为一天的电能损耗；若 t=8760h，ΔA 为全年的电能损耗。由于负荷随时间的变化规律一般不容易用简单的函数式表示，因而也不可能用式（5-4）来计算线路中的电能损耗。但是，我们根据式（5-4）表示的意义，可以采用一些近似的方法计算线路中的电能损耗。本章介绍面积法、均方根电流法、最大负荷损耗时间法及等值功率法。若已知年持续负荷曲线，可采用面积法。若有代表日实测负荷记录，可采用均方根电流法。若已知负荷性质及最大负荷利用时间，可采用最大负荷损耗时间法。运行的电网也可用等值功率法。

本节介绍面积法电能损耗计算。如已知年最大负荷曲线（图 1-19），可以先把负荷的平方曲线绘出来，求出负荷平方曲线下从 0～t 内的面积，然后乘以适当的比例，即可得出线路电阻中的电能损耗，用公式表示为

$$\Delta A = \int_0^t \left(\frac{S}{U}\right)^2 R\mathrm{d}t \times 10^{-3} = \frac{R \times 10^{-3}}{U^2 \cos^2\varphi} \int_0^t P^2 \mathrm{d}t \tag{5-5}$$

在式（5-5）中，$\int_0^t P^2 \mathrm{d}t$ 表示负荷平方曲线下 t 时间内的面积，t 一般取一年即 8760h。$\frac{R \times 10^{-3}}{U^2 \cos^2\varphi}$ 表示比例系数，若 S 以 kVA、P 以 kW、R 以 Ω 作单位，则 ΔA 为一年中线路电阻的电能损耗，单位为 kW·h。用网格法近似计算电能损耗的计算式（面积法计算式）为

$$\Delta A = \frac{R \times 10^{-3}}{U^2 \cos^2\varphi} \sum_{i=1}^{n} P_i^2 \Delta t_i \tag{5-6}$$

二、面积法电能损耗计算

【例 5-1】　有一条额定电压为 10kV、长度 15km 的三相架空电力线路，采用 LJ-50 导线（已知 $r_0=0.64\Omega/km$），由此线路所供给的用户年持续负荷曲线如图 5-1 所示，有关数据示于图中，试求一年内线路中的电能损耗。

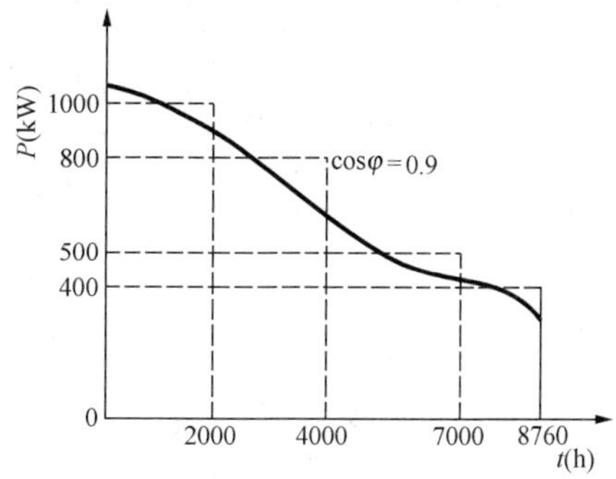

图 5-1　［例 5-1］的年持续负荷曲线

解：由 $r_0=0.64\Omega/km$，得线路电阻

$$R=r_0 l=0.64\times15=9.6(\Omega)$$

将负荷曲线画成阶梯形，数据如图 5-1 中虚线所示，则线路在一年中的电能损耗为

$$\begin{aligned}\Delta A&=\frac{R\times10^{-3}}{U^2\cos^2\varphi}\sum_{i=1}^{n}P_i^2\Delta t_i\\&=\frac{9.6\times10^{-3}}{10^2\times0.9^2}\times[1000^2\times2000+800^2\times(4000-2000)\\&\quad+500^2\times(7000-4000)+400^2(8760-7000)]\\&=510\,000(kW\cdot h)\end{aligned}$$

用户一年取用电能为

$$\begin{aligned}A&=\int_0^{8760}P\mathrm{d}t=\sum_{i=1}^{n}P_i\Delta t_i\\&=1000\times2000+800\times2000+500\times3000+400\times1760\\&=12.14\times10^6(kW\cdot h)\end{aligned}$$

电能损耗百分数为

$$\Delta A(\%)=\frac{\Delta A}{A}\times100=\frac{0.51\times10^6}{12.14\times10^6}\times100=4.2$$

第三节　均方根电流法电能损耗计算

用年持续负荷曲线下的面积计算电能损耗，需要绘制年持续负荷曲线，工作量较大，尤其对于有分支的电力网更为复杂。以下讨论由面积法导出的均方根电流法计算电力网电能损耗的方法。

一、代表日均方根电流

1. 负荷以电流表示

对于有实测负荷记录的电力网，已知代表日每小时的负荷电流，则一日的电能损耗为

$$\Delta A=3R\times10^{-3}\sum_{i=1}^{24}I_i^2\Delta t_i \tag{5-7}$$

若取 $\Delta t_1=\Delta t_2=\cdots=\Delta t_{24}=1\text{h}$，则代表日 24h 的电能损耗为

$$\Delta A=3R\times10^{-3}\left(\frac{I_1^2+I_2^2+\cdots+I_{24}^2}{24}\right)\times24=3I_{\text{rms}}^2R\times24\times10^{-3} \tag{5-8}$$

其中

$$I_{\text{rms}}=\sqrt{\frac{I_1^2+I_2^2+\cdots+I_{24}^2}{24}}=\sqrt{\frac{\sum_{i=1}^{24}I_i^2}{24}} \tag{5-9}$$

式中 R——线路的电阻，Ω；

I_{rms}——代表日均方根电流，A。

2. 负荷以功率表示

若电力网负荷以功率表示，且 $\Delta t_i=1\text{h}$，则代表日均方根电流为

$$I_{\text{rms}}=\sqrt{\frac{\sum_{i=1}^{24}(P_i^2+Q_i^2)}{3\times24U_{\text{av}}^2}} \tag{5-10}$$

式中 U_{av}——测量功率处线电压平均值，kV；

P_i、Q_i——代表日第 i 小时的三相有功、无功功率，kW、kvar。

3. 负荷以有功与无功电能表示

若电力网负荷以有功与无功电能表示，则代表日均方根电流为

$$I_{\text{rms}}=\sqrt{\frac{\sum_{i=1}^{24}(A_i^2+A_{ri}^2)}{3\times24U_{\text{av}}^2}} \tag{5-11}$$

式中 A_i——第 i 小时负荷消耗的有功电能，kW·h；

A_{ri}——第 i 小时负荷取用的无功电能，kvar·h。

一般在实测负荷时，每小时内负荷也在变化，因此，用电能表的实测数据计算均方根电流比较合理。因为电能表较电流表或功率表准确度高，并且，每小时的电能表读数反映了该小时的平均电流，由此求出的均方根电流是代表日 24 个平均电流的均方根值。

以上是计算代表日电能损耗的计算式。如果需要计算每月、每季或一年的能耗，应在代表日能耗计算的基础之上，乘以适当的倍数。当然，代表日选择得越多，能耗计算准确度越高。以下列出一个月电力网能耗的计算式为

$$\Delta A_{月}=(\Delta A_1+\Delta A_2)\left(\frac{A_1}{A_2d}\right)^2d \tag{5-12}$$

式中 ΔA_1——代表日固定能耗，kW·h；

ΔA_2——代表日可变能耗，kW·h；

A_1——全月供电量，kW·h；

A_2——代表日供电量，kW·h；

d——全月实际天数，d。

二、线路的电能损耗计算

1. 35kV及以上电压线路

35kV及以上电压线路，分支较少，一般按线路的接线情况，逐条地进行线损计算。每条线路代表日电能损耗的计算式为

$$\Delta A = 3I_{rms}^2 Rt \times 10^{-3} \tag{5-13}$$

式中 I_{rms}——代表日均方根电流，A；

t——计算小时，若为代表日，$t=24$h。

如果要比较精确的计算，应考虑温度对导线电阻的影响，对于110kV及以上电压的线路，还应考虑因电晕产生的电能损耗。虽然，在线路设计选择导线截面时，已考虑到电晕的危害，不允许全面电晕发生。但是，由于天气因素，线路经过地区的环境以及线路导线本身表面粗糙部分，可能在局部产生非全面电晕，这就有电能损耗发生。对于电晕损耗一般通过试验与实测取得。

2. 6～10kV线路的电能损耗计算

6～10kV线路又称为高压配电线路，高压配电线路的特点是线路较长、负荷点多、分支多，电能损耗在整个电网中占的比重较大。在进行电能损耗计算时，一般采用按负荷点逐段计算法。我们通过［例5-2］来说明这种方法的步骤。

【例5-2】 有一条10kV高压配电线路，各负荷点配电变压器的容量，高压用户的月供电量（kW·h）与平均功率因数，示于图5-2（a）中，线路各段电阻示于图5-2（b）中。线路首端A1段代表日实测最大电流记录，见表5-1。线路代表日输送总电能28 600kW·h，全月输送总电能946 000kW·h，试计算线路全月（30d）的等值电阻及电能损耗。

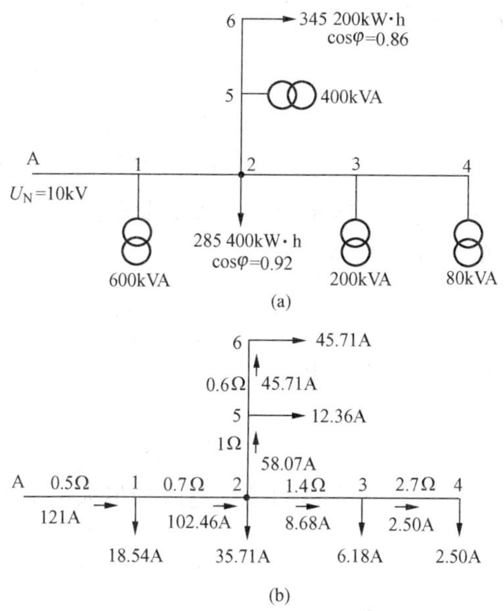

图5-2 ［例5-2］图

（a）线路接线图；（b）各段线路最大电流及电阻分布

解：（1）计算线路各线段电流。由表5-1查得线路首端最大电流 $I_{max}=110$A，线路首端代表日平均电流

$$I_{av} = \frac{I_1 + I_2 + \cdots + I_{24}}{24} = \frac{40 + 40 + \cdots}{24} = 77(\text{A})$$

线路首端代表日均方根电流

$$I_{rms} = \sqrt{\frac{I_1^2 + I_2^2 + \cdots + I_{24}^2}{24}} = \sqrt{\frac{40^2 + 40^2 + \cdots}{24}} = 81(\text{A})$$

表 5-1　　图 5-2（a）中 A1 段线路代表日实测电流记录

实测时间（h）	最大电流（A）	实测时间（h）	最大电流（A）	实测时间（h）	最大电流（A）
1	40	9	85	17	90
2	40	10	105	18	80
3	45	11	100	19	100
4	40	12	90	20	110
5	50	13	95	21	100
6	55	14	100	22	80
7	70	15	100	23	60
8	80	16	90	24	40

已知全月所输送的电能 946 000kW·h,则日平均输送的电能 $A_2=\dfrac{946\ 000}{30}=31\ 500$kW·h，与线路代表日输送的电能 $A_1=28\ 600$kW·h，相差较大，所以应对代表日电流 I_{max}、I_{av}、I_{rms}值进行修正，修正系数 $k=\dfrac{A_2}{A_1}=\dfrac{31\ 500}{28\ 600}=1.101$，则

$$I'_{max}=kI_{max}=1.101\times 110=121(A)$$

$$I'_{av}=kI_{av}=1.101\times 77=85(A)$$

$$I'_{rms}=kI_{rms}=1.10\times 81=89(A)$$

（2）确定高压用户的最大负荷电流。

负荷点 2 平均电流

$$I_{av2}=\frac{A_2}{\sqrt{3}U\cos\varphi t}=\frac{285\ 400}{\sqrt{3}\times 10\times 0.92\times 720}=25(A)$$

负荷点 6 平均电流

$$I_{av6}=\frac{A_6}{\sqrt{3}U\cos\varphi t}=\frac{345\ 200}{\sqrt{3}\times 10\times 0.86\times 720}=32(A)$$

根据线路代表日的平均电流和最大电流的比值，估算出高压用户的最大电流

$$I_{max2}=I_{av2}\frac{I_{max}}{I_{av}}=25\times\frac{110}{77}=35.71(A)$$

$$I_{max6}=I_{av6}\frac{I_{max}}{I_{av}}=32\times\frac{110}{77}=45.71(A)$$

（3）确定各配电变压器高压侧最大负荷电流。各配电变压器的最大电流合计数为 121−35.71−45.71=39.58（A），全线路配电变压器总容量为 1280kVA，每千伏安配电变压器平均最大电流为$\dfrac{39.58}{1280}=0.030\ 9$（A/kVA）。所以，负荷 1 最大电流为

$$I_{max}=0.030\ 9\times 600=18.54\ (A)$$

其余各配电变压器最大电流的计算与此相同，注明于图 5-2（b）中。

（4）计算线路的等值电阻。线路等值电阻的意义是：当线路首端最大电流通过等值电阻时，所产生的电能损耗，恰好等于该线路在同时期按实际最大电流运行时所产生的电能损耗。所以，线路的等值电阻为

$$R_{eq}=\frac{\sum_{i=1}^{n}3I_{maxi}^{2}R_{i}}{3I'^{2}_{max}}$$
$$=\left(\frac{1}{121}\right)^{2}\times(121^{2}\times0.5+102.46^{2}\times0.7+8.68^{2}\times1.4+2.50^{2}\times2.7$$
$$+58.07^{2}\times1+45.71^{2}\times0.6)$$
$$=\frac{19\ 417.26}{121^{2}}=1.326(\Omega)$$

（5）计算全月高压配电线路电能损耗。全月高压配电线路的电能损耗为

$$\Delta A=3I'^{2}_{rms}R_{eq}\times720\times10^{-3}=3\times89^{2}\times1.326\times720\times10^{-3}=22\ 687(\text{kW}\cdot\text{h})$$

三、变压器的电能损耗计算

1. 双绕组变压器

变压器的损耗由固定损耗与变动损耗两部分组成。固定损耗主要与电压有关；变动损耗主要与负荷电流有关。下面分别列出它们的计算公式（近似地令铁损等于空载损耗；铜损等于短路损耗）。

固定损耗

$$\Delta A_{1}=\Delta P_{0}t \tag{5-14}$$

式中 ΔP_0——变压器空载损耗，kW；

t——运行计算小时，若为代表日，t=24h。

变动损耗

$$\Delta A_{2}=\Delta P_{k}\left(\frac{I_{rms}}{I_{N}}\right)^{2}t \tag{5-15}$$

式中 ΔP_k——变压器的短路损耗，kW；

I_N——变压器的额定电流，A；

I_{rms}——代表日均方根电流，A。

变压器代表日的总电能损耗

$$\Delta A_{T}=\Delta A_{1}+\Delta A_{2} \tag{5-16}$$

2. 三绕组变压器

三绕组变压器的固定损耗计算与双绕组变压器相同。在计算变压器的变动损耗时，三绕组变压器的短路损耗系每两个绕组的数值。因此，需用第二章有关变压器的参数计算公式计算出每个绕组的短路损耗，然后再计算变动损耗。

三绕组变压器每相绕组变动电能损耗为

$$\begin{aligned}\Delta A_{T1}&=\Delta P_{k1}\left(\frac{I_{rms1}}{I_{N}}\right)^{2}t\\\Delta A_{T2}&=\Delta P_{k2}\left(\frac{I'_{rms2}}{I_{N}}\right)^{2}t\\\Delta A_{T3}&=\Delta P_{k3}\left(\frac{I'_{rms3}}{I_{N}}\right)^{2}t\end{aligned} \tag{5-17}$$

式中 I'_{rms2}、I'_{rms3}——分别为 I_{rms2}、I_{rms3} 归算至额定电流 I_N 一侧的均方根电流，A；

I_{rms1}——变压器容量为高压绕组的均方根电流，A；

I_N——变压器高压绕组的额定电流，A。

三绕组变压器总的电能损耗

$$\Delta A_T = \Delta A_1 + \Delta A_{T1} + \Delta A_{T2} + \Delta A_{T3}$$

式中 ΔA_1——三绕组变压器的固定损耗，kW·h。

第四节 最大负荷损耗时间法电能损耗计算

在某些情况下，如果不知道变电所或用户的负荷曲线或实测负荷记录，用均方根电流计算电力网能耗就有困难。若已知负荷性质 $\cos\varphi$ 及最大负荷利用时间 T_{max}，可采用最大负荷损耗时间法计算电能损耗。此方法用于电网的规划设计中。

一、T_{max} 与最大负荷损耗时间 τ 的关系

电能损耗的计算公式为

$$\Delta A = \frac{R \times 10^{-3}}{U^2 \cos^2\varphi}\int_0^{8760} P^2\,dt = \frac{R \times 10^{-3}}{U^2}\int_0^{8760} S^2\,dt \tag{5-18}$$

式（5-18）的意义可用图 5-3 表示。电能损耗 ΔA 为在一定比例下视在功率 S 平方曲线下的面积 abe0，如果 $t=8760$h，则 ΔA 为线路在一年中的电能损耗。如果用一矩形面积 acd0 来代替面积 abe0，并令矩形的高等于最大视在功率的平方，则矩形的底以字母 τ 表示，电能损耗计算式可以写为

$$\Delta A = \frac{R \times 10^{-3}}{U^2 \cos^2\varphi}\int_0^{8760} P^2\,dt = \frac{R \times 10^{-3}}{U^2} S_{max}^2 \tau \tag{5-19}$$

所以

$$\tau = \frac{\Delta A}{\dfrac{R \times 10^{-3}}{U^2} S_{max}^2} = \frac{\int_0^{8760} S^2\,dt}{S_{max}^2} \tag{5-20}$$

τ 称为最大负荷损耗时间，它的意义是如果线路中输送的功率一直保持为最大负荷 S_{max}，在 τ（h）内的电能损耗恰好等于按线路实际负荷曲线运行在 t 时间内所损耗的电能。

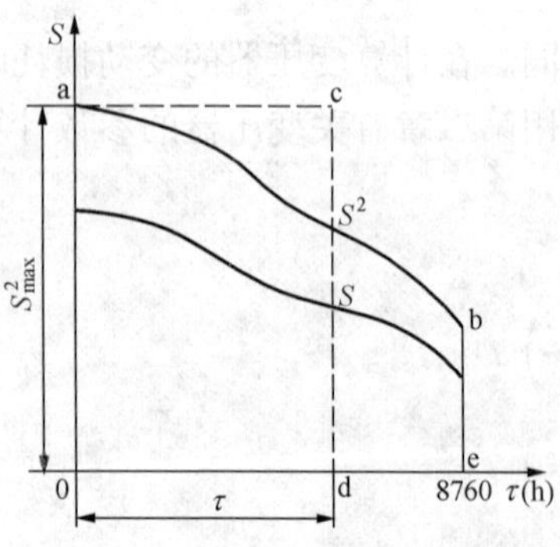

图 5-3 最大负荷损耗时间

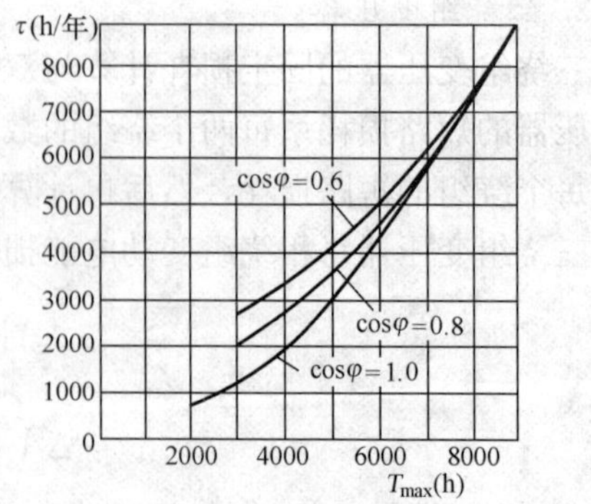

图 5-4 cosφ、T_{max} 及 τ 关系曲线

二、τ 法电能损耗的计算

对于同一用户，根据有功功率负荷曲线，可以得出最大负荷利用小时 T_{max}，根据视在功率平方曲线，可以得出最大功率损耗时间。显然 T_{max} 和 τ 的关系是由负荷曲线的形状和功率因数所决定的，对于某一功率因数及有相同的最大负荷利用小时 T_{max} 值的负荷曲线，计算得出的 τ 值大致相等。T_{max}、$\cos\varphi$ 及 τ 的数值关系，可查表 5-2 或查图 5-4 曲线。因此，在不知道负荷曲线时，根据用户的性质，在表 1-8 中查出 T_{max}，再根据表 5-2 中 T_{max} 及功率因数 $\cos\varphi$，查出 τ 值，即可按式（5-19）计算出线路全年的电能损耗。

表 5-2　　$\cos\varphi$、T_{max} 及 τ 的关系

$\cos\varphi$ / τ (h/年) / T_{max} (h/年)	0.8	0.85	0.9	0.95	1
2000	1500	1200	1000	800	700
2500	1700	1500	1250	1100	950
3000	2000	1800	1600	1400	1250
3500	2350	2150	2000	1800	1000
4000	2750	2600	2400	2200	2000
4500	3200	3000	2900	2700	2500
5000	3600	3500	3400	3200	3000
5500	4100	4000	3950	3750	3600
6000	4650	4600	4300	4350	4200
6500	5250	5200	5100	5000	4850
7000	5950	5900	5800	5700	5600
7500	6650	6000	6550	6500	6400
8000	7400	7350	7350	7300	7250

【例 5-3】　对于［例 5-1］所述的电力线路，不知负荷曲线，但知道线路一年中输送的电能为 6 000 000kW·h，已知最大负荷 $P_{max}=1000$kW，平均功率因数 $\cos\varphi=0.9$，试求一年中线路的电能损耗。

解： 最大负荷利用小时

$$T_{max}=\frac{A}{P_{max}}=\frac{6\ 000\ 000}{1000}=6000(\text{h})$$

查表 5-2 得到最大负荷损耗时间 $\tau=4300$h。所以，线路全年的电能损耗

$$\Delta A=\frac{R\times 10^{-3}}{U^2\cos^2\varphi}P_{max}^2\tau=\frac{9.6\times 10^{-3}}{10^2\times 0.9^2}\times 1000^2\times 4300=510\ 000(\text{kW}\cdot\text{h})$$

三、线路上有 n 个集中负荷的电能损耗的计算

如果一条线路上有几个负荷点，如图 5-5 所示，则线路总电能损耗就等于各段线路电能

损耗之和，即

$$\Delta A=\left(\frac{S_1}{U_a}\right)^2 R_1\tau_1+\left(\frac{S_2}{U_b}\right)^2 R_2\tau_2+\left(\frac{S_3}{U_c}\right)^2 R_3\tau_3$$

式中 S_1、S_2、S_3——分别为各段的最大负荷功率；

τ_1、τ_2、τ_3——分别为各段的最大负荷损耗时间。

为了求各线段的 τ，须先算出各线段的 $\cos\varphi$ 和 T_{max}，如果已知各点负荷的最大负荷利用小时数分别为 $T_{max.a}$、$T_{max.b}$ 和 $T_{max.c}$，各点最大负荷同时出现，且分别为 S_a、S_b、S_c 则有

$$\cos\varphi_1=\frac{S_a\cos\varphi_a+S_b\cos\varphi_b+S_c\cos\varphi_c}{S_1}$$

$$=\frac{P_a+P_b+P_c}{\sqrt{(P_a+P_b+P_c)^2+(Q_a+Q_b+Q_c)^2}}$$

$$\cos\varphi_2=\frac{S_b\cos\varphi_b+S_c\cos\varphi_c}{S_2}=\frac{P_b+P_c}{\sqrt{(P_b+P_c)^2+(Q_b+Q_c)^2}}$$

$$\cos\varphi_3=\cos\varphi_c$$

$$T_{max1}=\frac{P_a T_{maxa}+P_b T_{maxb}+P_c T_{maxc}}{P_a+P_b+P_c}=\frac{A_a+A_b+A_c}{P_a+P_b+P_c}$$

$$T_{max2}=\frac{P_b T_{maxb}+P_c T_{maxc}}{P_b+P_c}=\frac{A_b+A_c}{P_b+P_c}$$

$$T_{max3}=T_{maxc}$$

式中 P_a、P_b、P_c——分别表示 a、b、c 点的有功负荷，kW；

T_{max1}、T_{max2}、T_{max3}——分别表示 a、b、c 点的最大负荷利用小时，h；

Q_a、Q_b、Q_c——分别表示 a、b、c 点的无功负荷，kvar。

知道了 $\cos\varphi$、T_{max}，就可从表 5-2 中找到合适的 τ 值。

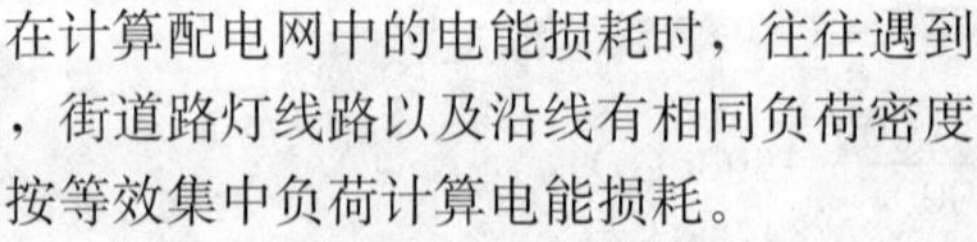

图 5-5 接有三个集中负荷的线路

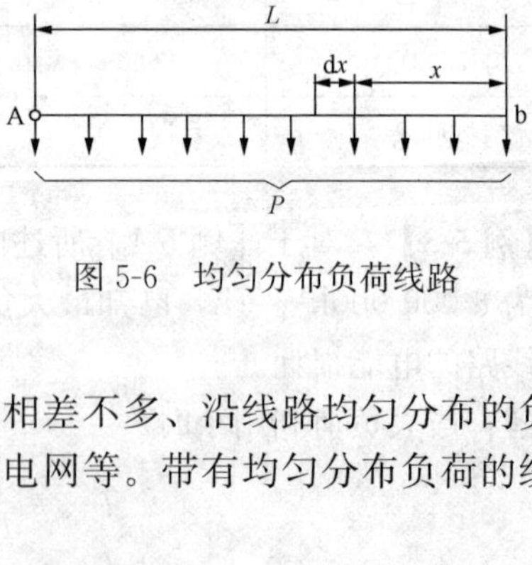

图 5-6 均匀分布负荷线路

四、负荷沿线路均匀分布时电能损耗的计算

在计算配电网中的电能损耗时，往往遇到许多大小相差不多、沿线路均匀分布的负荷，例如，街道路灯线路以及沿线有相同负荷密度的农村配电网等。带有均匀分布负荷的线路，可以按等效集中负荷计算电能损耗。

均匀分布负荷线路如图 5-6 所示，线路总长为 L，单位长度电阻为 r_0，线路所带的总负荷 P，则线路单位长度的负荷为 $\frac{P}{L}$，距线路末端 x 段的功率为 $\frac{P}{L}x$，在线路中 dx 段的有功功率损耗为

$$d(\Delta P)=\frac{1}{U_N^2\cos^2\varphi}\left(\frac{P}{L}x\right)^2 r_0 dx\times10^{-3} \tag{5-21}$$

长度为 L 的线路中总功率损耗为

$$\Delta P=\int_0^L \mathrm{d}(\Delta P)=\frac{r_0\times 10^{-3}}{U_N^2\cos^2\varphi}\int_0^L\left(\frac{P}{L}x\right)^2\mathrm{d}x$$

$$=\frac{1}{3}\times\frac{R\times 10^{-3}}{U_N^2\cos^2\varphi}P^2 \tag{5-22}$$

在 t（h）内，线路中的电能损耗为

$$\Delta A_T=\Delta P_{max}\tau=\frac{1}{3}\times\frac{R\times 10^{-3}}{U_N^2\cos^2\varphi}P_{max}^2\tau \tag{5-23}$$

式中　P_{max}——用户的最大负荷，kW。

$\frac{1}{3}$——均匀分布负荷能耗分散损失系数。

均匀分布负荷能耗等于与其总负荷相等的集中负荷能耗的$\frac{1}{3}$。

根据负荷分布的类型，能耗分散系数见表 5-3。

表 5-3　能耗分散损失系数

负荷分布情况	损失系数	负荷分布情况	损失系数
末端集中负荷	1	中间较重分布负荷	0.38
均匀分布负荷	0.33	首端较重分布负荷	0.20
末端较重分布负荷	0.53		

五、变压器中电能损耗的计算

利用最大功率损耗时间 τ 计算变压器的电能损耗时，也包括变动损耗与固定损耗两部分。

电能损耗的计算式为

$$\Delta A_T=\Delta P_{max}\tau+\Delta P_0 t=3I_{max}^2R_T\tau\times 10^{-3}+\Delta P_0\times 8760 \tag{5-24}$$

式中　ΔP_{max}——变压器在最大功率时有功功率损耗，kW；

ΔP_0——变压器的铁损，约等于空载损耗，kW；

τ——最大负荷损耗时间，h；

t——变压器接入电网的运行时间，若计算一年的电能损耗，则 t=8760h。

将 $R_T=\frac{\Delta P_k U_N^2}{S_N^2}\times 10^3$、$I_{max}=\frac{S_{max}}{\sqrt{3}U_N}$ 代入式（5-24）得

$$\Delta A_T=\Delta P_k\left(\frac{S_{max}}{S_N}\right)^2\tau+\Delta P_0\times 8760 \tag{5-25}$$

式中　S_{max}——通过变压器的最大功率，kVA；

S_N——变压器的容量，kVA。

如果电网中接有 n 台同容量的变压器并联运行时，则在一年中的电能损耗计算式为

$$\Delta A=\frac{\Delta P_k}{n}\left(\frac{S_{max}}{S_N}\right)^2\tau+n\Delta P_0\times 8760 \tag{5-26}$$

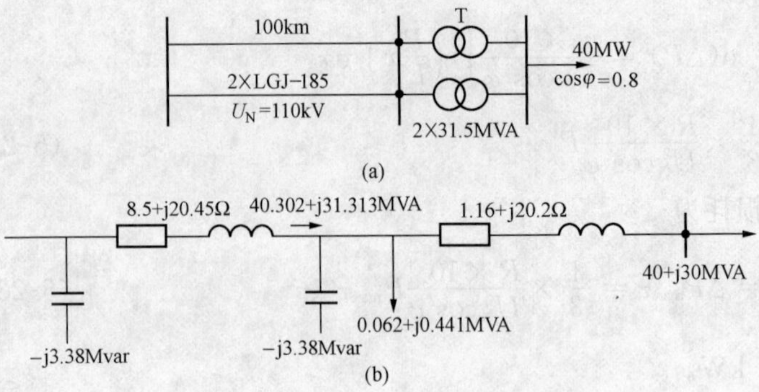

图 5-7 ［例 5-4］输电系统及其等值电路与潮流分布

(a) 原理接线图；(b) 等值电路与潮流分布

【例 5-4】 如图 5-7 所示，变压器低压母线上的最大负荷为 40MW，$\cos\varphi=0.8$，$T_{max}=4500$h。试求线路及变压器中全年的电能损耗。线路和变压器参数如下：

线路（每回）：$r_0=0.17\Omega/\text{km}$，$x_0=0.409\Omega/\text{km}$，$b_0=2.82\times10^{-6}\text{S/km}$。

变压器（每台）：$S_N=31\,500$kVA，$U_N=110$kV，$\Delta P_0=31.05$kW，$\Delta P_k=190$kW，$I_0\%=0.8$，$U_k\%=10.5$。

解： 根据已知数据等值电路图及电力网潮流分布如图 5-7（b）所示。

（1）计算变压器的全年电能损耗。当 $T_{max}=4500$h，$\cos\varphi=0.8$，查得 $\tau=3200$h。变压器全年电能损耗为

$$\Delta A_T=\frac{\Delta P_k}{n}\left(\frac{S_{max}}{S_N}\right)^2\tau+n\Delta P_0\times8760$$

$$=\frac{190}{2}\left(\frac{40/\cos\varphi}{31.5}\right)^2\times3200+2\times31.05\times8760=1.31\times10^6(\text{kW}\cdot\text{h})$$

（2）计算线路的全年电能损耗。线路环节末端功率因数为

$$\cos\varphi'=\frac{40.302}{\sqrt{40.302^2+31.313^2}}=0.789$$

查得 $\tau=3200$h，则线路全年的电能损耗为

$$\Delta A_1=\frac{r_0\dfrac{L}{2}\times10^{-3}}{U_N^2\cos^2\varphi'}\times P_{max}^2\tau=\frac{0.17\times\dfrac{100}{2}\times10^{-3}}{110^2\times0.789^2}\times(40.302\times10^3)^2\times3200$$

$$=5.85\times10^6(\text{kW}\cdot\text{h})$$

（3）电力网全年总电能损耗为

$$\Delta A=\Delta A_T+\Delta A_1=1.31\times10^6+5.85\times10^6=7.16\times10^6(\text{kW}\cdot\text{h})$$

由以上计算得知，线路末端的 τ 值与变压器低压侧母线的 τ 值基本相同，故可用变压器低压侧母线的 τ 值直接计算线路中的电能损耗。

用最大功率损耗时间计算电力网电能损耗，准确度不高，尤其是 τ 的确定是近似的，因此它适用于电网的规划设计。因为在电力网规划设计中，能耗大小不是决定性因素，采用的计算负荷和其他技术数据也都是用近似的方法确定的，原始数据本身带有相当误差，所以就不可能很准确地计算电能损耗。而对于实际运行的电力网来说，电能损耗是电网技术状况和运行合理性的重要指标，在评价某个降损措施所增加的投资效益时，电能损耗计算要求更为准确。因此，一般采用比最大负荷损耗时间法准确度高的面积法或均方根电流法等。

第五节　等值功率法电能损耗计算

一、有功功率、无功功率的等效值及形状系数

以图 5-8 简单供电网为例，在给定的时间 t 内的能量损耗

$$\Delta A = 3\int_0^t I^2 R \times 10^{-3}\mathrm{d}t = 3I_{eq}^2 Rt \times 10^{-3} = \frac{P_{eq}^2 + Q_{eq}^2}{U^2}Rt \times 10^{-3} \tag{5-27}$$

$$I_{eq} = \sqrt{\frac{1}{t}\int_0^t I^2\mathrm{d}t} \tag{5-28}$$

式中　I_{eq}——电流的等效值，A；

P_{eq}——有功功率的等效值，kW；

Q_{eq}——无功功率的等效值，kvar。

当电网的电压恒定不变时，P_{eq}与Q_{eq}也有与式（5-28）相似的表达式。由此可见，所谓等效值实际上也是一种均方根值。

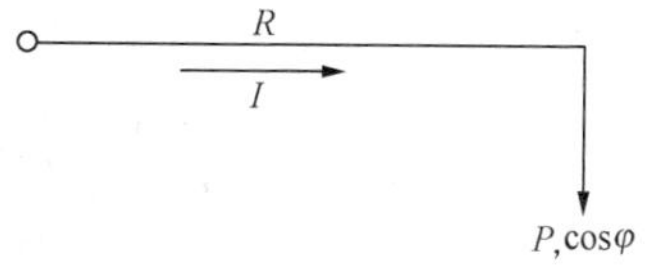

图 5-8　简单供电网

电流、有功功率和无功功率的等效值可以通过各自的平均值表示为

$$\left.\begin{aligned} I_{eq} &= GI_{av} \\ P_{eq} &= KP_{av} \\ Q_{eq} &= LQ_{av} \end{aligned}\right\} \tag{5-29}$$

式中　G、K、L——负荷曲线 $I(t)$、$P(t)$、$Q(t)$ 的形状系数。

二、等值功率法电能损耗的计算

引入平均负荷后，可将电能损耗公式改写为

$$\Delta A = 3G^2 I_{av}^2 Rt \times 10^{-3} = \frac{Rt}{U^2}(K^2P_{av}^2 + L^2Q_{av}^2) \times 10^{-3} \tag{5-30}$$

利用式（5-30）计算电能损耗时，平均功率可由给定运行时间 t 内的有功电量 A_P 和无功电量 A_Q 求得

$$P_{av} = \frac{A_P}{t},\quad Q_{av} = \frac{A_Q}{t}$$

形状系数 K 由负荷曲线的形状决定。对各种典型的持续负荷曲线的分析表明，形状系数的取值范围是

$$1 \leqslant K \leqslant \frac{1+\beta}{2\sqrt{\beta}} \tag{5-31}$$

式中　β——最小负荷率。

取形状系数平均值的平方等于其上、下限值平方之和的平均值，即

$$K_{av}^2 = \frac{1}{2} + \frac{(1+\beta)^2}{8\beta} \tag{5-32}$$

用形状系数的平均值 K_{av}代替它的实际值进行电能损耗计算，当负荷曲线的最小负荷率 $\beta>0.4$ 时，其最大可能的相对误差不会超过 10%；当 $\beta<0.4$ 时，可将曲线分段，使对每一段而言的最小负荷率大于 0.4，这样就能保证总的最大误差在 10%以内。

对于无功负荷曲线的形状系数 L 也可以作类似的分析。当负荷的功率因数不变时，L 与 K 相等。

利用等值功率进行电能损耗计算时，运行时间 t 可以是日、月、季或年。

【例 5-5】 某线路的电阻为 10Ω，在 720h 内通过的电量为 $A_P=80\ 200$kW·h 和 $A_Q=40\ 100$kvar·h，最小负荷率 $\beta=0.4$，平均运行电压为 10.3kV，功率因数接近不变。求该线路的电能损耗。

解：先计算平均功率

$$P_{av}=\frac{A_P}{t}=\frac{80\ 200}{720}=111.4(\text{kW})$$

$$Q_{av}=\frac{A_Q}{t}=\frac{40\ 100}{720}=55.7(\text{kvar})$$

当 $\beta=0.4$ 时，$K_{av}=L_{av}=1.055$。利用式（5-30），并以 K_{av} 和 L_{av} 分别代替 K 和 L，可得

$$\begin{aligned}\Delta A&=\frac{Rt}{U^2}(K^2P_{av}^2+L^2Q_{av}^2)\times10^{-3}\\&=\frac{10\times720}{10.3^2}\times1.055^2\times(111.4^2+55.7^2)\times10^{-3}\\&=1171.77(\text{kW}\cdot\text{h})\end{aligned}$$

用等值功率法计算电能损耗，原理易懂，方法简单，所要求的原始数据也不多。对于已运行的电网进行网损理论分析时，可以直接从电能表取得有功电量和无功电量的数据，即使不知道具体的负荷曲线形状，也能对计算结果的最大可能误差做出估计。这种方法的另一个优点是能够推广应用于任意复杂网络的电能损耗计算。

第六节　降低网损的技术措施

电力网的电能损耗不仅耗费一定的动力资源，而且占用一部分发电设备容量。因此，降低网损是电力企业提高经济效益的一项重要任务，它具有重要意义。为了降低电力网的能量损耗，可以采取各种技术措施。例如，改善网络中的功率分布；合理组织运行方式；调整负荷；对原有电网进行升压改造；简化网络结构等。

由 $\Delta A=\dfrac{R\times10^{-3}}{U^2\cos^2\varphi}\displaystyle\int_0^{8760}P^2\mathrm{d}t$ 得知，提高 $\cos\varphi$、U，降低 R，均可降低损耗。

一、合理选择导线截面

一定的导线截面，其电阻值也是一定的。导线的截面越大，导线的电阻 R 越小，电能损耗就越小。但导线的截面越大，投资费用将越大。考虑到安全及经济方面的要求，合理选择导线截面可以降低电能消耗。

二、提高用户的功率因数

提高负荷的功率因数，可以减少电力网中通过的感性无功功率或无功电流，从而可以减少电能损耗，这可考虑增设并联无功补偿装置。电力网中取用感性无功功率的设备有异步电动机、变压器、感应电炉、换流设备等。其中数量最多、取用无功功率最多的设备主要为异步电动机与变压器，因此提高负荷功率因数、减少无功功率还应考虑这两

种设备。

1. 增设并联无功补偿装置

在用户或变电所中，装设无功补偿设备，如并联电容器、调相机或静止补偿器等，可以就地平衡无功功率，限制无功在电网中传送，这是提高功率因数，降低电能损耗的重要措施。

如图 5-8 所示的简单供电网中，线路的有功功率损耗为

$$\Delta P_{\mathrm{L}}=\frac{P^2}{U^2\cos^2\varphi}R$$

如果将功率因数由原来的 $\cos\varphi_1$ 提高到 $\cos\varphi_2$，则线路中的功率损耗可降低

$$\Delta P_{\mathrm{L}}(\%)=\left[1-\left(\frac{\cos\varphi_1}{\cos\varphi_2}\right)^2\right]\times 100 \tag{5-33}$$

例如，当功率因数由 0.7 提高到 0.9 时，线路中的功率损耗可减少 39.5%。并联电力电容器容量 Q_{b} 为

$$Q_{\mathrm{b}}=P_{\mathrm{av}}(\tan\varphi_1-\tan\varphi_2)$$

如图 5-9 所示，未装补偿设备前，线路中电能损耗为

$$\Delta A=\frac{P^2+Q^2}{U^2}R_{\Sigma}\tau \tag{5-34}$$

装有容量为 Q_{b} 的补偿设备以后，线路中电能损耗为

$$\Delta A'=\frac{P^2+(Q-Q_{\mathrm{b}})^2}{U^2}R_{\Sigma}\tau \tag{5-35}$$

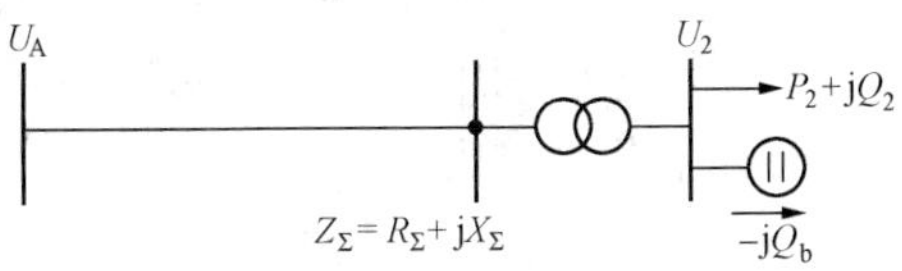

图 5-9　并联无功补偿接线

显然，Q_{b} 越接近 Q，线路电能损耗越小。当 $Q_{\mathrm{b}}=Q$ 时，电能损耗为最小，这种情况称为全补偿。但是，补偿装置的容量 Q_{b} 越大时，它本身的投资及有功功率损耗也就越大，这就从另一方面增加了电力网的运行费用。因此，从经济角度考虑，应采用 $Q_{\mathrm{b}}<Q$ 的补偿，这种情况称为欠补偿。经济上合理的补偿装置容量，根据技术经济原则，一般按年费用最小法确定。从调压、降低能耗、提高系统稳定运行等方面综合考虑，需要较大无功功率时，可在枢纽变电所装设同步调相机。需要较小无功功率时，宜在用户或变电所装设并联电力电容器。对于需要较大的冲击无功负荷地区，宜装设静止补偿器。

装设并联无功补偿设备是提高用户功率因数的重要措施。对于一个具体的用户，负荷离电源点越远，补偿前的功率因数越低，安装补偿设备的降损效果也就越大。对于电力网来说，配置无功补偿容量需要综合考虑实现无功功率的分地区平衡，提高电压质量和降低网络功率损耗这三个方面的要求，通过优化计算来确定补偿设备的安装地点和容量分配。为了减少对无功功率的需求，用户应尽可能避免用电设备在低功率因数下运行。

2. 合理选择使用异步电动机

异步电动机数量很大，占电力负荷 60%～70%。异步电动机需要从电网中取用有功功率以带动机械设备；同时，也要取用无功功率以建立磁场。异步电动机的功率因数与所需功率的关系，可用以下式子表示

$$\cos\varphi=\frac{P}{\sqrt{P^2+Q^2}}=\sqrt{\frac{1}{1+\left(\frac{Q}{P}\right)^2}} \tag{5-36}$$

$$Q=Q_0+(Q_N-Q_0)\left(\frac{P}{P_N}\right)^2=Q_0+(Q_N-Q_0)\beta^2 \tag{5-37}$$

式中 Q_0——电动机空载时取用的无功功率，kvar；

Q_N——电动机额定负载时取用的无功功率，kvar；

P——电动机额定负载时取用的有功功率，kW；

β——电动机受载系数。

异步电动机所需的无功功率由两部分组成，一部分是建立主磁场所需的无功功率，近似以空载无功 Q_0 表示，占额定无功 Q_N 的 60%～70%，它只与外加电压有关，与电动机负荷系数无关；另一部分是绕组漏磁电抗中消耗的无功功率，它与电动机的负荷系数平方成正比，满载时占 Q_N 的 30%～40%。减小异步电动机的无功功率，提高功率因数主要应采取如下措施：

(1) 合理选择异步电动机的容量，避免“大马拉小车”的现象，以提高异步电动的负载系数；

(2) 限制异步电动机空载运行时间；

(3) 提高异步电动机的检修质量，防止定子绕线匝数的减少及定子、转子间气隙的增加；

(4) 有条件的可采用同步电动机代替异步电动机，或者使绕线式异步电动机同步运行。

3. 合理选择变压器容量及运行方式

变压器从电网中取用无功功率与异步电动机相似，因此，减少无功提高功率因数的主要措施有如下几个方面：

(1) 合理选择变压器容量；

(2) 限制变压器空载运行时间；

(3) 变压器位置设在负荷中心，以减少配电线的长度。

三、合理确定电力网的电压水平

变压器铁心中的功率损耗在额定电压附近大致与电压平方成正比，当网络电压水平提高时，如果变压器的分接头也做相应的调整，则铁损将接近于不变。而线路的导线和变压器绕组中的功率损耗则与电压平方成反比。

必须指出，在电压水平提高后，负荷所取用的功率会略有增加。在额定电压附近，电压提高 1%，负荷的有功功率和无功功率将分别增大 1%和 2%，这将稍微增加网络中与通过功率有关的损耗。

对于电压在 330kV 及以上超高压线路，由于电晕和绝缘泄漏损耗较大，可能大于 I^2R 的变动损耗，又由于电晕、泄漏问题比较复杂。因此，对每条超高压电网的运行电压水平的高低，应该进行研究和实测，以确定不同负荷、不同气象条件时合理的运行电压水平。

对于 35～220kV 的电力网，变压器的铁损在网络总损耗只占比重 20%，变动损耗占 80%，适当提高运行电压都可以降低网损。

对于 6～10kV 的电力网，大量统计资料表明，变压器铁损所占比重大于 60%～80%，甚至更高。这是因为小容量变压器的空载电流较大。特别是农村电力用户的负荷率又比较低，变压器有许多时间处于轻载状态。对于这类电力网，为了降低功率损耗及能量损耗，宜适当降低运行电压。

在电力网中，大量采用有载调压变压器，它在不同的负荷情况下调整电力网的运行电压，并与并联电容器组的自动投切配合，可以很明显地降低能耗。

无论对于哪一类电力网，为了经济的目的提高或降低运行电压水平时，都应将其限制在电压偏移的容许范围内。当然，更不能影响电力网的安全运行。

四、合理调整负荷、提高负荷率

在运行时，合理调整负荷曲线提高负荷率，使负荷曲线平稳，不但可以提高设备利用率，而且可以降低电力网的能耗。图 5-10 是某线路的两条日负荷电流曲线。图 5-10（a）曲线变化平稳，图 5-10（b）曲线变化剧烈。设线路电阻为 R，对于负荷变化平稳的曲线，线路一日电能损耗为

$$\Delta A_{(a)}=3I^2R\times24\times10^{-3}$$

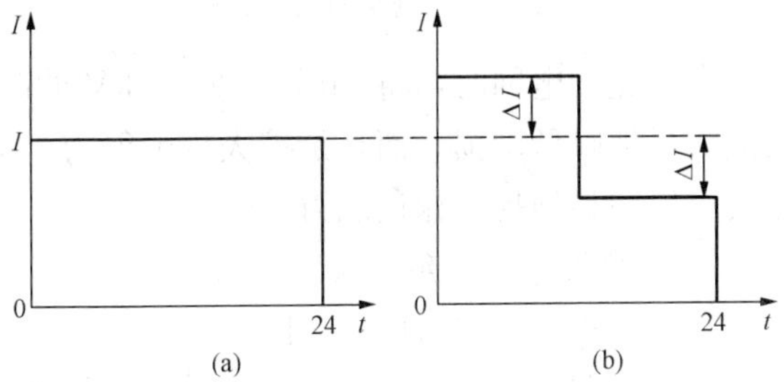

图 5-10　日负荷电流曲线

（a）负荷平稳；（b）负荷变化剧烈

对于负荷变化剧烈的曲线，线路一日电能损耗为

$$\begin{aligned}\Delta A_{(b)}&=3[(I+\Delta I)^2+(I-\Delta I)^2]R\times12\times10^{-3}\\&=3(I^2+\Delta I^2)R\times24\times10^{-3}\end{aligned}$$

$$\Delta A_{(b)}-\Delta A_{(a)}=3\Delta I^2R\times24\times10^{-3}$$

显然，负荷变化剧烈的图 5-10（b）曲线，电能损耗大，其能耗增大的百分数为

$$\Delta A(\%)=\frac{\Delta A_{(b)}-\Delta A_{(a)}}{\Delta A_{(a)}}\times100=\frac{\Delta I^2}{I^2}\times100 \tag{5-38}$$

五、改变电力网的运行方式

1. 开式网改为闭式网运行

在有条件的地方，可将开式网改为闭式网运行，这也是降低电网电能损耗措施之一。如图 5-11 所示的电力网，为了研究方便，设每一条辐射电网都是均匀分布负荷，相电流为 I，相电阻为 R，相邻两台变压器间的距离为 L，并假定每相导线电阻均相等，当电力网开式运行时，即断路器 QF1、QF3、QF5、QF7 闭合位，QF2、QF4、QF6、QF8 断开其有功功率损耗为

$$\Delta P=4\times\frac{1}{3}\times3I^2R=4I^2R \tag{5-39}$$

若把上述电力网改为闭式网运行，即 QF1～QF8 均闭合，其有功功率损耗为

$$\Delta P'=4\times2\times\frac{1}{3}\times3\left(\frac{I}{2}\right)^2\times\frac{R}{2}=I^2R \tag{5-40}$$

比较式（5-39）、式（5-40），可见在这一特例情况下，开式网改为闭式网运行时，线路功率损耗为原来的$\frac{1}{4}$。

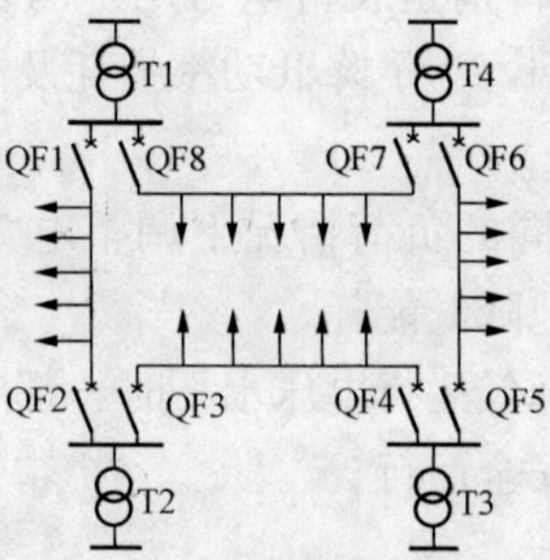

图 5-11　电网的运行方式

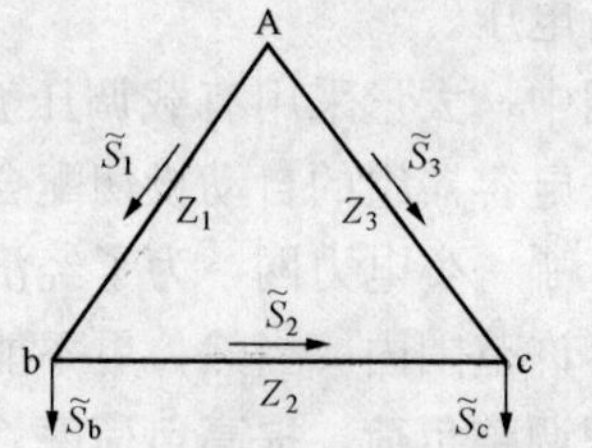

图 5-12　闭式网的功率分布

在改建旧电网时，将 110kV 或 220kV 的高电压直接引入负荷中心，简化网络结构，不仅能大量地降低网损，而且是扩大供电能力、提高供电可靠性和改善电压质量的有效措施。这就可以明显地提高输送能力。

2. 闭式网中实行经济功率分布

在由非均一线路组成的环网中，功率的自然分布不同于经济分布。电网的不均一程度越大，两者的差别也就越大。为了降低网络的功率损耗，可以在环网中引入环路电动势进行潮流控制，使功率分布尽量接近于经济分布。对于环形网络也可以考虑开环运行是否更为合理。为了限制短路电流或满足继电保护动作选择性要求，需将闭式网络开环运行时，开环点的选择要有利于降低网损。

低压配电网络一般采取闭式网络接线，按开式网络运行。为了限制线路故障的影响范围和线路检修时避免大范围停电，在配电网络的适当地点安装有分段开关和联络开关。在不同的运行方式下，对这些开关的通断状态进行优化组合，合理安排用户的供电路径，可以达到平衡支路潮流，消除过载，降低网损和提高电压质量的目的。

如果闭式网的导线截面不是均一的，其功率分布与电网各段阻抗有关，如图 5-12 所示的闭式网，功率分布为

$$\widetilde{S}_1 = \frac{\widetilde{S}_c Z_3^* + \widetilde{S}_b (Z_2 + Z_3)^*}{(Z_1 + Z_2 + Z_3)^*}$$

$$\widetilde{S}_3 = \frac{\widetilde{S}_b Z_1^* + \widetilde{S}_c (Z_1 + Z_2)^*}{(Z_1 + Z_2 + Z_3)^*}$$

这样由线路阻抗所决定的功率分布，称为自然功率分布。自然功率分布不一定符合功率损耗或电能损耗最小的原则。下面讨论闭式网运行时出现最小功率损耗的条件，如图 5-12 所示的电网运行时电网内有功功率损耗计算式为

$$\Delta P = \frac{S_1^2}{U^2} r_1 + \frac{S_2^2}{U^2} r_2 + \frac{S_3^2}{U^2} r_3 = \frac{P_1^2 + Q_1^2}{U^2} r_1 + \frac{P_2^2 + Q_2^2}{U^2} r_2 + \frac{P_3^2 + Q_3^2}{U^2} r_3 \tag{5-41}$$

将下面关系式

$$P_2 = P_1 - p_b, \qquad -P_3 = P_1 - p_b - p_c$$

$$Q_2 = Q_1 - q_b, \qquad -Q_3 = Q_1 - q_b - q_c$$

$$\widetilde{S}_b = p_b + jq_b, \qquad \widetilde{S}_c = p_c + jq_c$$

代入式（5-41）得

$$\Delta P = \frac{P_1^2 + Q_1^2}{U^2} r_1 + \frac{(P_1 - p_b)^2 + (Q_1 - q_b)^2}{U^2} r_2 + \frac{(P_1 - p_b - p_c)^2 + (Q_1 - q_b - q_c)^2}{U^2} r_3$$

使电网内有功功率损耗最小的条件是

$$\frac{\partial \Delta P}{\partial P_1} = 0$$

$$\frac{\partial \Delta P}{\partial Q_1} = 0$$

则有

$$\frac{\partial \Delta P}{\partial P_1} = \frac{2P_1}{U^2} r_1 + \frac{P_1 - p_b}{U^2} r_2 + \frac{P_1 - p_b - p_c}{U^2} r_3 = 0$$

$$\frac{\partial \Delta P}{\partial Q_1} = \frac{2Q_1}{U^2} r_1 + \frac{Q_1 - q_b}{U^2} r_2 + \frac{Q_1 - q_b - q_c}{U^2} r_3 = 0$$

解上列方程得电网 ΔP 最小的功率分布为

$$P_1 = \frac{p_b(r_2 + r_3) + p_c r_3}{r_1 + r_2 + r_3} \tag{5-42}$$

$$Q_1 = \frac{q_b(r_2 + r_3) + q_c r_3}{r_1 + r_2 + r_3} \tag{5-43}$$

式（5-42）和式（5-43）表明，当闭式网内功率按其变为纯电阻闭式网的功率分布时，电网内有功功率损耗最小，这样的功率分布称为经济功率分布。

很容易证明，对于均一电网，网络内的自然功率分布就等于经济功率分布。对于一般的非均一电网，可以采取以下措施，将自然功率分布改变为经济功率分布，使得电网内功率损耗最小。

（1）在闭式网中装设纵横调压变压器，利用纵横调压变压器在电力网中产生一附加电动势，适当调节附加电动势的大小和相位，可以将闭式网的自然功率分布改变为经济功率分布，从而使电网功率损耗与电能损耗最小。需要指出：纵横调压变压器适用于极不均一而输送功率又很大的电力网。

（2）在闭式网内装设串联电容器，调整电力网的电抗，从而改变功率分布达到经济运行的目的。这种方法既经济效果又好，并能提高电力系统的稳定运行能力，因此，应积极采用。

3. 组织变电所经济运行

变电所的经济运行，主要为根据变电所负荷的变化情况，合理确定变压器运行的台数，这样不但可以提高变电所的功率因数，而且还可以减少变压器的有功损耗。一台变压器运行时有功功率损耗为

$$\Delta P = \Delta P_0 + \Delta P_k \left(\frac{S}{S_N}\right)^2$$

式中　ΔP_0——一台变压器空载损耗，kW；

ΔP_k——一台变压器短路损耗，kW；

S_N——一台变压器额定容量，kVA。

两台变压器运行时有功功率损耗为

$$\Delta P' = 2\Delta P_0 + \frac{1}{2}\Delta P_k\left(\frac{S}{S_N}\right)^2$$

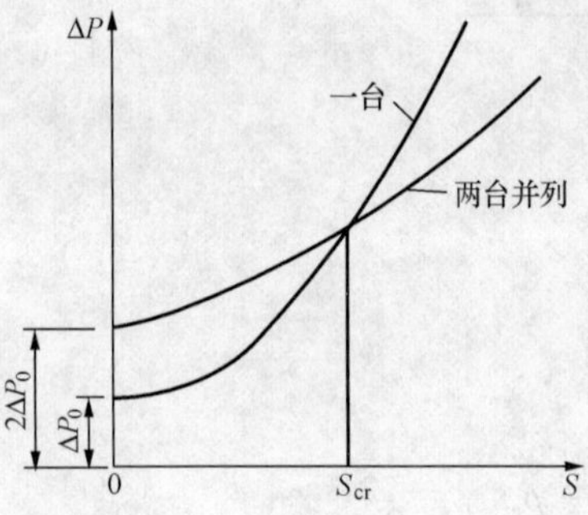

图 5-13 变压器功率损耗

由上式可见，铁心损耗与台数成正比，绕组损耗与台数成反比。当变压器轻载运行时，绕组损耗所占比重相对减小，铁心损耗的比重相对增大。在某一负荷下，减少变压器台数，就能降低总的功率损耗。如图 5-13 所示，当一台变压器与两台变压器并联运行的有功损耗相等时，称此时变电所的负荷功率为临界功率 S_{cr}，即 $S=S_{cr}$，所以

$$S_{cr} = S_N\sqrt{\frac{2\Delta P_0}{\Delta P_k}} \tag{5-44}$$

因此，$S<S_{cr}$时，一台变压器运行损耗最小；$S>S_{cr}$时，两台变压器并联运行损耗最小。如果变电所安装有 n 台同容量变压器，根据负荷的变化情况，其经济运行台数的确定，与上述分析类似。如果变压器容量不相同，则应乘以负荷分配系数。

变电所随负荷的变化，合理确定变压器并联运行的台数时，还引起电网无功功率的变化，考虑无功变化时，式（5-44）可以改写为

$$S_{cr} = S_N\sqrt{\frac{2(\Delta P_0 + D\Delta Q_0)}{\Delta P_k + D\Delta Q_k}} \tag{5-45}$$

式中 D——变压器无功损耗折算为有功损耗的当量系数；

ΔQ_0——一台变压器的空载无功损耗；

ΔQ_k——一台变压器的短路无功损耗。

应该指出，对于季节性变化的负荷，使变压器投入的台数符合损耗最小的原则是有经济意义的，也是切实可行的。但对一昼夜内多次大幅度变化的负荷，为了避免断路器因过多的操作而增加检修次数，变压器则不宜完全按照上述方式运行。此外，当变电所仅有两台变压器而需要切除一台时，应考虑装设变压器自动投入装置以保证供电的可靠性。

六、改变电力线的接线

对于大中城市供电，由于经济的发展，人民生活水平的提高，原有供电线路负荷不断增长，负荷密度明显增大。配电网络的负荷越来越重，不但电能损耗很大，而且也难于保证电压质量。为了满足日益增长的对电力的需求，很有必要适时地对原有配电网络进行改造。

改变电力线的接线以降低能耗，主要措施有以下几个方面。

（1）电力网升压改造。对于负荷增长快，运行时间长，能耗很大的电力网，经过技术经济论证，合理的可以升高一级电压，进行升压改造。如 35kV 线路，升压改造为 110kV；110kV 升压改造为 220kV 等。

（2）减少变电层次。对于电压等级较多的电力网，简化电压等级，减少变电层次，也能明显降低能耗。例如采用 110、10、0.4kV 电压等级；或采用 110、35、0.4kV 电压等级供电。避免采用 110、35、10、0.4kV 电压等级供电。

（3）改造电力网的迂回卡脖现象。负荷一般逐年增长，供电区域逐年增大，这有可能形成迂回倒送电现象。有的电网在延伸时，可能形成首端导线截面小，末端导线截面大的卡脖现象。因此，应改造迂回倒送及卡脖等不合理现象，就可以明显降低能耗。

小　　结

网损率是衡量电力企业管理水平的重要指标之一。电力网损耗电量占供电量的百分比，称为电力网的网损率或线损率。电力网损耗包括变动损耗和固定损耗。

日负荷曲线是电力系统安排日发电计划和确定运行方式的重要依据。不同行业的日负荷曲线形状有很大的差别。年最大负荷曲线主要用来安排发电设备的检修计划，也为制订发电机组或发电厂的扩建或新建计划提供依据。

年持续负荷曲线可以计算出电网一年中电能损耗的大小。

年最大负荷利用小时 T_{max}的大小，在一定程度上反映了实际负荷在一年内变化的程度。

运行中的电力网的电能损耗可用均方根电流法或等值功率法计算；已知年持续负荷曲线可用面积法计算电力网电能损耗，但精确度不高；在规划设计电网时，可用最大负荷损耗时间 τ 法计算电能损耗，但精确度也不高。

电力系统经济运行的目标是：在保证安全优质供电的条件下，尽量降低供电能耗（或成本）。

提高功率因数，减少无功功率的传送；合理组织电力网的运行方式；改善网络中的潮流分布等都能降低网络的功率损耗。对原有配电网络进行扩建和改造，也是降低网络损耗的有效措施。要了解这些技术措施的降损原理和应用条件。任一种降损措施的采用，都不应降低电能质量和供电的安全性，应以提供充足、可靠和优质的电力供应为目的。

应了解各类发电厂在负荷曲线中的位置。电力系统各发电机组按相等的能源耗量微增率运行，系统总的能源消耗为最小，运行最经济，这就是等微增率运行准则。

习　　题

5-1　用户无功负荷的增加为什么会引起电力网有功损耗的增加？

5-2　什么是均方根电流？写出用均方根电流计算电力网电能损耗的步骤。

5-3　如何用 τ 计算电力网电能损耗？

5-4　最大负荷损耗时间 τ 的意义是什么？

5-5　简述等值功率法计算电力网电能损耗的步骤。

5-6　降低电力网电能损耗的主要方法有哪些？

5-7　为什么说提高负荷率能降低电能损耗？

5-8　电力网运行电压水平的高低对不同电压等级的电力网电能损耗有什么影响？

5-9　110kV 输电线路长 120km，$r_0=0.17\Omega/km$，$x_0=0.406\Omega/km$，$b_0=2.86\times10^{-6}S/km$。线路末端最大负荷$\tilde{S}_{max}=(32+j22)$ MVA，$T_{max}=4500h$，求线路全年电能损耗。

5-10　两台型号为 SFL1-40 000/110 变压器并联运行，每台参数为：$\Delta P_0=42kW$，$I_0=0.7\%$，$\Delta P_k=200kW$，$U_k=10.5\%$。负荷$\tilde{S}_{max}=(50+j36)MVA$，$T_{max}=4000h$，求全年电能损耗。

5-11　若题 5-10 中负荷的功率因数提高到 0.92，电价为 0.20 元/(kW・h)，求电能损耗节约的费用。

5-12　两台型号为 SJL1-2000/35 变压器并联运行，每台参数为 $\Delta P_0=3.6$kW，$\Delta P_k=24$kW。试求可以切除一台变压器的临界负荷值。

5-13　变电所装设两台变压器，一台为变压器的 SJL1-2000/35 型，$\Delta P_0=3.6$kW，$\Delta P_k=24$kW；另一台 SJL1-4000/35 型，$\Delta P_0=5.9$kW，$\Delta P_k=39$kW。若两台变压器并联运行时功率分布与变压器容量成正比，为减少损耗，试根据负荷功率的变化合理安排变压器的运行方式。

第六章

电力系统运行的稳定性分析

第一节 电力系统的稳定性基本概念

一、稳定运行意义

电力系统正常运行的一个重要标志，是系统中的同步电机（主要是发电机）都处于同步运行状态。所谓同步运行状态是指所有并联运行的同步电机都有相同的电角速度。在这种情况下，表征运行状态的参数（如 I、U、S 等）具有接近于不变的数值，通常称此情况为稳定运行状态。

随着电力系统的发展和扩大，电力系统由许多大型发电厂、高压远距离输电网和大量工农业等负荷组成时，电力系统运行的稳定性问题，就成为影响整个电力系统安全、可靠运行的更为突出的重要因素，稳定问题就越来越严重。

大电力系统运行时，往往会有这样一些情况，例如，水电厂或坑口火电厂通过长距离交流输电线路将大量的电力输送到中心系统，在输送功率大到一定的数值后，电力系统稍微有点小的扰动都有可能出现电流、电压、功率等运行参数剧烈变化和振荡的现象，这表明系统中的发电机之间失去了同步，电力系统不能保持稳定运行状态。又如当电力系统受到大的扰动如个别元件发生故障时，虽然自动保护装置已将故障元件切除，但是，电力系统受到这种扰动后，也有可能出现上述运行参数剧烈变化和振荡现象；甚至运行人员的正常操作，如切除或投入较大容量的输电线路、发电机、变压器等，亦有可能导致电力系统稳定运行状态的破坏。

通常把电力系统在运行中受到微小的或大的扰动之后能否继续保持系统中同步电机（最主要的是同步发电机）间同步运行的问题，称为电力系统同步稳定性问题。电力系统同步运行的稳定性是根据扰动后系统中并联运行的同步发电机转子之间的相对位移角（或发电机电动势之间的相角差）的变化规律来判断的。因此，这种性质的稳定性又称为功角稳定性。

电力系统中电源的配置与负荷的实际分布总是不一致的，当系统通过较长距离的输电线路向负荷中心地区大量传送功率时，随着传送功率的增加，受端系统的电压将会逐渐下降。在有些情况下，可能出现不可逆转的电压持续下降，或者电压长期滞留在安全运行所不能容许的低水平上而不能恢复，这就是电力系统发生了电压失稳。它将造成局部地区的供电中断，在严重的情况下还可能导致电力系统的功角稳定丧失。

电力系统稳定性的破坏，将造成大量用户供电中断，甚至导致整个系统的瓦解，后果极为严重。因此，保持电力系统运行的稳定性，对于电力系统安全可靠运行，具有非常重要的意义。

二、稳定问题的分类及概念

根据电力系统受扰动的大小不同，稳定问题分为静态稳定性、暂态稳定性。静态稳定性包含发电并列运行的静态稳定性、电压静态稳定性、负荷静态稳定性和频率静态稳定性问题。

静态稳定性是指正常运行的电力系统受到小干扰后，不发生非周期性失步，能自动恢复到初始运行状态的能力。小干扰如负荷的微小波动，微风吹过输电线路等。

暂态稳定是指正常运行的电力系统受到大扰动后，各同步电机保持同步运行并过渡到新的或恢复到原来稳态运行方式的能力，通常指保持第一或第二个振荡周期不失步的功角稳定。

动态稳定是指电力系统受到小的或大的干扰后，在自动调节和控制装置的作用下，保持长过程的运行稳定性的能力。动态稳定的过程可能持续数十秒至几分钟。自动调节和控制装置包括锅炉，带负荷调节变压器分接头，负荷自动恢复等更长响应时间的动力系统的调整，又称为长过程动态稳定性。电压失稳问题有时与长过程动态有关。与快速励磁系统有关的负阻尼或弱阻尼低频增幅振荡可能出现在正常工况下，系统受到小扰动后的动态过程中，称之为小扰动动态稳定，或系统受到大扰动后的动态过程中，一般可持续发展10～20s后，进一步导致保护动作，使其他元件跳闸，稳定进一步恶化。

第二节　简单电力系统的机电特性

一、同步发电机的有功功率的平衡

同步发电机在运行时，原动机（汽轮机、水轮机等）的机械旋转功率，除了极少部分损耗外，大部分转变为定子输出的电功率。如果原动机输入功率 P_1 扣除损耗之后，正好等于发电机输出的电功率 P_2，发电机组的转速就维持匀速旋转。否则，发电机组的转速就会变化。当输入功率 P_1 大于输出的电功率 P_2 时，机组加速；反之，机组减速。所以同步发电机是否能同步运转，就要研究机组的功率是否能够保持平衡问题。

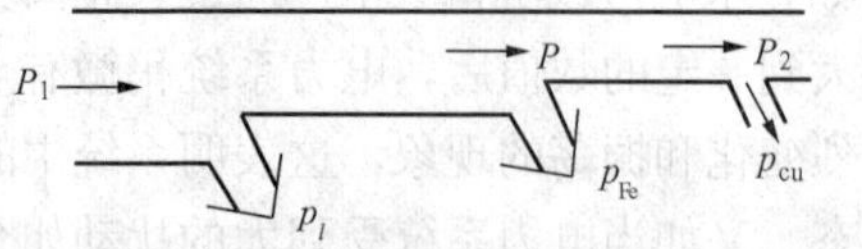

图 6-1　同步发电机的功率流程图

如图 6-1 所示，正常稳定运行时发电机电磁功率 P 平衡关系为

$$P = P_1 - (p_l + p_{Fe}) \tag{6-1}$$

式中　P——发电机电磁功率；

P_1——原动机输入功率；

p_l——发电机组机械损耗；

p_{Fe}——发电机铁心损耗。

正常稳定运行时发电机输出功率 P_2 平衡关系为

$$P_2 = P - p_{cu} \tag{6-2}$$

式中　P_2——发电机输出功率；

p_{cu}——发电机定子绕组损耗。

电力系统运行时，若有功功率平衡，系统的频率就不变。发电机输出功率或用户负荷发生变化时，系统有功功率平衡遭到破坏，系统频率发生变化。当负荷增加时，发电机组减速，系统频率下降；反之，发电机组加速，系统频率上升。

二、同步发电机组的转子运动方程式

如果发电机的极对数为 p，则实际空间的机械角 Θ、机械角速度 Ω、机械加速度 A 与电角度 δ、电角速度 ω、电角加速度 α 之间有如下关系

$$\left.\begin{aligned}\delta &= p\Theta \\ \omega &= p\Omega \\ \alpha &= pA\end{aligned}\right\} \tag{6-3}$$

发电机电磁功率 P、转矩 M 与机械角速度 Ω 关系为

$$M=\frac{P}{\Omega}$$

根据式（6-1），等号两侧除以发电机组转子机械角速度 Ω，可得

$$M_1-(m_{Fe}+m_l)=M \tag{6-4}$$

式中　M_1——原动机输入转矩，N·m；

$m_{Fe}+m_l$——发电机组转矩损耗，N·m；

M——发电机电磁转矩，N·m。

式（6-4）反映发电机组正常稳态运行时的转矩平衡关系。

从力学可知，发电机转子旋转运动的机械转矩方程可用式（6-5）表示

$$\Delta M=JA \tag{6-5}$$

式中　A——发电机组转子机械角加速度，rad/s^2；

J——发电机组转子的转动惯量，N·m·s^2；

ΔM——发电机不平衡转矩（或称净加速转矩），N·m。

对于发电机组，若输入功率与输出功率不平衡时，则式（6-5）可写为

$$\Delta M=[M_1-(m_{Fe}+m_l)]-M=M_m-M=JA$$

$$\frac{\Delta M}{J}=A \tag{6-6}$$

式中　M_m、M——分别表示原动机转矩、发电机电磁转矩，N·m。

式（6-6）的右边机械角加速度 A 可改写为

$$A=\frac{d\Omega}{dt}=\frac{1}{p}\frac{d\omega}{dt}=\frac{d^2\Theta}{dt^2}=\frac{1}{p}\frac{d^2\delta}{dt^2} \tag{6-7}$$

$$\Delta M=J\frac{d^2\Theta}{dt^2}=\frac{J}{p}\frac{d^2\delta}{dt^2}=J\frac{\Omega_N}{\omega_N}\frac{d^2\delta}{dt^2} \tag{6-8}$$

其中

$$p=\omega_N/\Omega_N$$

式中　Ω——转子机械角速度，rad/s，其额定机械角速度为 Ω_N；

ω——转子电角速度，rad/s，其额定电角速度为 ω_N；

Θ——转子机械角度，rad；

δ——转子电角度，rad；

p——发电机磁极对数。

并将式（6-8）化为标幺值形式。取转矩的基准值 $M_B=S_B/\Omega_N$，用此除式（6-8）等号的两侧，则可得

$$\frac{\Delta M}{M_B}=J\frac{\Omega_N}{\omega_N}\times\frac{d^2\delta}{dt^2}\times\frac{\Omega_N}{S_B}$$

即

$$\Delta M_*=\frac{J\Omega_N^2}{S_B}\times\frac{1}{\omega_N}\times\frac{d^2\delta}{dt^2} \tag{6-9}$$

或

$$\Delta M_*=\frac{T_J}{\omega_N}\times\frac{d^2\delta}{dt^2} \tag{6-10}$$

其中

$$T_J=J\Omega_N^2/S_B$$

式中 T_J——归算到功率基准值 S_B 的发电机组的惯性时间常数，s；

t——时间，s；

δ——角位移，rad 或（°）；

ω_N——同步电角速度，rad/s 或（°/s）；

S_B——功率基准值，MVA；

ΔM_*——不平衡转矩标幺值，其他符号意义与式（6-5）相同。

如机组的转速偏离同步转速不大，$\omega \approx \omega_N$，则 $\omega_* = 1$。又由于 $\Delta M_* \omega_* = \Delta P_*$，则 $\Delta M_* \approx \Delta P_*$，即不平衡转矩的标幺值近似等于不平衡功率的标幺值。那么，式（6-10）可变为

$$\Delta P_* \approx \frac{T_J}{\omega_N}\frac{d^2\delta}{dt^2} \tag{6-11}$$

式（6-11）就是同步发电机组转子运动的基本方程式。由于 δ 单位的不同又可有以下两种形式，当 δ 的单位为 rad 时，$\omega_N = 2\pi f_N$，它将为

$$\Delta P_* \approx \frac{T_J}{2\pi f_N}\frac{d^2\delta}{dt^2} \tag{6-12}$$

当 δ 的单位为（°）时，$\omega_N = 360° f_N$，它又为

$$\Delta P_* \approx \frac{T_J}{360° f_N}\frac{d^2\delta}{dt^2} \tag{6-13}$$

对式（6-13）可作如下变换

$$\Delta P_* \approx \Delta M_* = \frac{T_J}{\omega_N} \times \frac{d^2\delta}{dt^2} = \frac{T_J}{\omega_N} \times \frac{d\omega}{dt} = T_J\frac{d\omega_*}{dt} \tag{6-14}$$

在同步发电机机组转子运动方程式（6-13）和式（6-14）中，ΔP_* 为标幺值；T_J、t 的单位为 s，δ 的单位为（°）或 rad；f_N 的单位为 Hz。在有些场合使用时，往往还将 T_J、t、δ 的单位均化为 rad，即把式（6-13）和式（6-14）化为全标幺值的形式。如何化为全标幺值的形式，这里解释略去，读者可参考有关资料。在以后的分析讨论中，如不加说明均以标幺值表示各量，不区分线电压、相电压、单相功率、三相功率。

三、简单电力系统的隐极式发电机功角特性

图 6-2（a）所示的简单电力系统，发电机 G 通过升压变压器 T1、输电线路 L、降压变压器 T2 接到受端电力系统。假定受端系统容量相对于发电机来说是很大的（常设为无限大容量），则发电机输送任何功率时，受端母线电压的幅值和频率均不变（即所谓无限大容量母线）。当送端发电机为隐极时，可以作出系统的等值电路如图 6-2（b）所示。隐极式发电机的转子是对称的，因而它的直轴同步电抗和交轴同步电抗是相等的，即 $X_d = X_q$。

图 6-2 中受端系统可以看作为内阻抗为零、电动势为 U 的发电机。各元件的电阻及导纳均略去不计时，系统的总电抗为

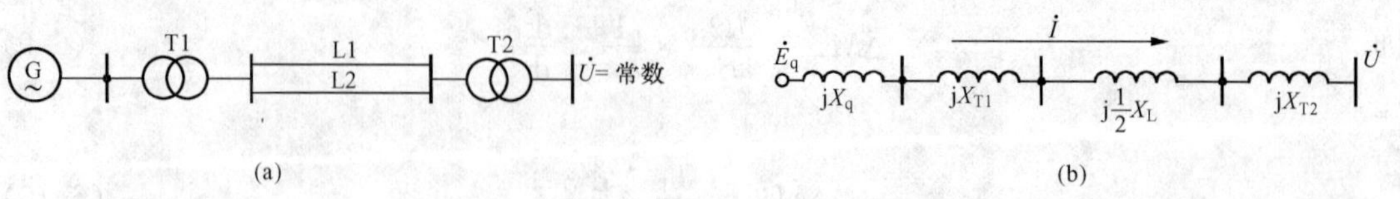

图 6-2 简单电力系统接线及其等值电路

（a）系统接线；（b）等值电路

$$X_{d\Sigma} = X_d + X_{T1} + \frac{1}{2}X_L + X_{T2}$$

由图 6-3 的相量图可知

$$I_a X_{d\Sigma} = IX_{d\Sigma}\cos\varphi = E_q\sin\delta$$

其中

$$I_a = I\cos\varphi$$

两端同时乘以电压 U，计及发电机输出功率 $P_{Eq}=P=UI\cos\varphi$ 便得功角特性方程

$$P_{Eq} = \frac{E_q U}{X_{d\Sigma}}\sin\delta \tag{6-15}$$

当发电机的空载电动势 E_q 和受端电压 U 均为恒定时，传输功率 P 与角度 δ 的正弦函数（见图 6-4）。角度 δ 为电动势 E_q 与电压 $\dot{U}$ 之间的相位角。因为传输功率的大小与相位角 δ 密切相关，因此又称 δ 为“功角”或“功率角”。传输功率与功角的关系 $P = f(\delta)$，称为“功角特性”。

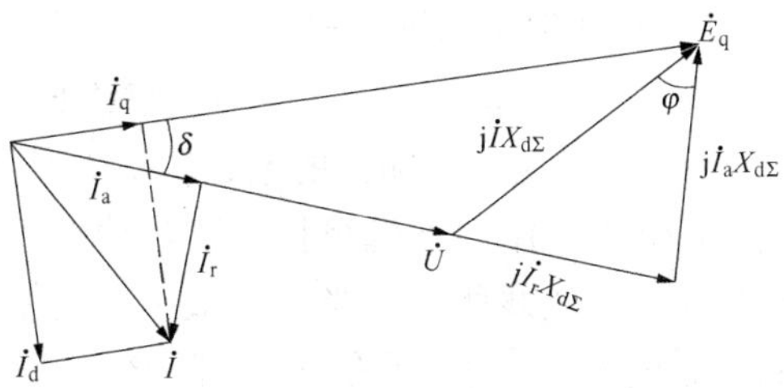

图 6-3　简单电力系统相量图

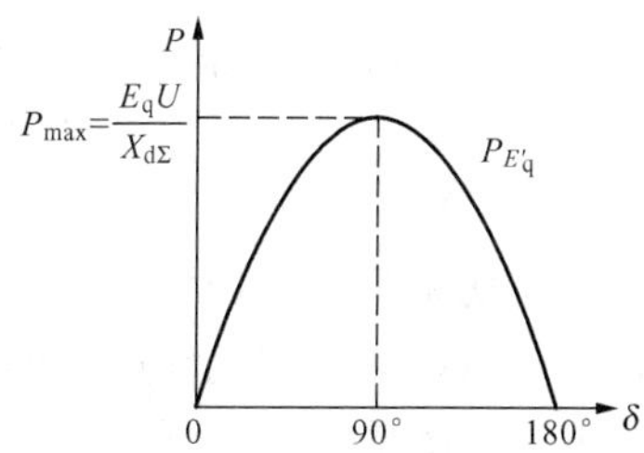

图 6-4　功角特性曲线

需要说明：

（1）$\dot{E}_q$ 发电机空载电动势因与交轴同向，故以 q 作下标。

（2）式（6-15）一般应用在电力系统静态稳定分析。

（3）分析电力系统暂态稳定时，发电机参数应取暂态电动势 E'、暂态电抗 X'_d。此时功角特性方程为

$$P_{E'} = \frac{E'U}{X'_{d\Sigma}}\sin\delta' \tag{6-16}$$

功角 δ 在电力系统稳定问题的研究中占有特别重要的地位。因为它除了表示电动势 $\dot{E}$ 和电压 $\dot{U}$ 之间的相位差，即表征系统的电磁关系之外，还表明了各发电机转子之间的相对空间位置（故又称为“位置角”）。δ 角随时间的变化描述了各发电机转子间的相对运动，是判断各发电机之间是否同步运行的依据。

第三节　简单电力系统静态稳定性

一、电力系统静态稳定的定性分析

设有简单电力系统及等值网络如图 6-2 所示，图中受端为无限大容量电力系统母线，送

端发电机为隐极式同步发电机，并略去了所有元件的电阻和导纳。如发电机的励磁不可调，即它的空载电动势 E_q 为定值，则可得出这个系统的功—角特性

$$P_{Eq}=\frac{E_q U}{X_{d\Sigma}}\sin\delta \tag{6-17}$$

$$X_{d\Sigma}=X_d+X_{T1}+\frac{1}{2}X_L+X_{T2}$$

由此可得这个系统的功—角特性曲线，如图 6-5 所示。

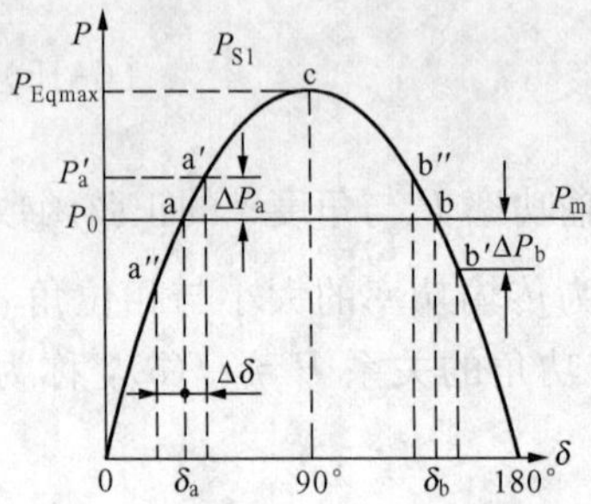

图 6-5　静态稳定分析的功—角特性曲线

设原动机的机械功率 P_m 不可调，并略去摩擦、风阻等损耗，按输入机械功率与输出电磁功率相平衡 $P_m=P_{Eq(0)}=P_0$ 的条件，在功—角特性曲线上将有两个运行点 a、b，与其相对应的功率角为 δ_a、δ_b。下面分析在这两点运行时受到微小扰动后的情况。

1. 静态稳定的分析

先分析在 a 点的运行情况，在 a 点，当系统中出现一个微小的、瞬时出现但又立即消失的扰动，使功率角 δ 增加一个微量的 $\Delta\delta$ 时，输出的电磁功率将从与 a 点相对应的值 P_0，增加到与 a' 点相对应的 $P_{a'}$。但因输入的机械功率 P_m 不可调，仍为 $P_m=P_{Eq(0)}=P_0$，在 a′点输出的电磁功率 $P_{a'}$ 将大于输入的机械功率 P_m。从而当这个扰动消失后，在制动功率作用下机组将减速，功率角 δ 将减少，运行点将渐渐回到 a 点，如图 6-5 及图 6-6（a）中实线所示。当一个微小扰动使功率角 δ 减小一个微量 $\Delta\delta$ 时，情况相反，输出功率将减小到与 a″对应的值 $P_{a''}$，且 $P_{a''}<P_m$。从而这个扰动消失后，在净加速功率的作用下机组将加速，使功率角增大，运行点渐渐地回到 a 点，如图 6-5 及图 6-6（a）中虚线所示。所以 a 点是静态稳定运行点。同理可得，在图 6-5 中 c 点以前，即 $0°<\delta<90°$ 时，为静态稳定运行区。

2. 静态不稳定的分析

再分析在 b 点的运行情况，在 b 点，当系统中出现一个微小的、瞬时出现但又立即消失的扰动，使功率角增加一个微量 $\Delta\delta$ 时，输出的电磁功率将从与 b 点对应的 $P_{Eq(0)}$ 减小到与 b″点相对应的 $P_{b''}<P_m$，且 P_m 为常数。当这个扰动消失后，在净加速功率作用下机组将加速，功率角将增大。而功率角增大时，与之对应输出的电磁功率将进一步减小。这样继续下去，运行点不再能回到 b 点，如图 6-5及图 6-6（b）中实线所示。功率角 δ 不断增大，标志着两个电源之间将失去同步，电力系统将不能并联运行而瓦解。如果这个微小扰动使功率角减小一个微量 $\Delta\delta$，情况不同，输出的电磁功率将增加到与 b′点相对应的值 $P_{b'}$，且 $P_{b'}>P_m$。从而当这个扰动消失后，在制动功率的作用下机组将减速，功率角将继续减小，一直减小到 δ_0，渐渐稳定在 a 点运行，如图 6-6（b）中虚线所示，所以 b 点不

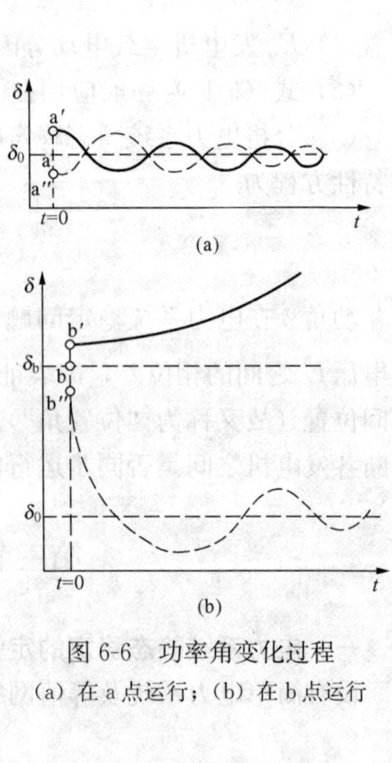

图 6-6　功率角变化过程
（a）在 a 点运行；（b）在 b 点运行

是静态稳定运行点。从而在 c 点以后，都不是静态稳定运行点。

二、电力系统静态稳定的实用判据

由以上分析可见，对上述简单电力系统，当功率角 δ 在 0°～90°时，电力系统可以保持静态稳定运行，在此范围内有 $\frac{dP}{d\delta}>0$；而 $\delta>90°$时，电力系统不能保持静态稳定运行，此时有 $\frac{dP}{d\delta}<0$。由此，可以得出电力系统静态稳定的功角判据为

$$S_{Eq}=\frac{dP}{d\delta}>0 \tag{6-18}$$

式中　S_{Eq}——整步功率系数。

根据 $\frac{dP}{d\delta}>0$，即 $S_{Eq}>0$ 可以判断电力系统中同步发电机并列运行的静态稳定性。它是历史上第一个，也是最常用的一个静态稳定判据。虽然，严格的数学分析表明，仅根据这个判据不足以最后判定电力系统的静态稳定性。因而它只能是一种实用判据，事实上，静态稳定的判据不止这一个。

根据 $\frac{dP}{d\delta}>0$ 判据，图 6-5 中功—角特性曲线上所有与 $\delta<90°$对应的运行点，是静态稳定的；所有与 $\delta>90°$对应的点是静态不稳定的，而与 $\delta=90°$对应的 c 点则是静态稳定的临界点。在 c 点 $\frac{dP}{d\delta}=0$，严格说，该点是不能保持系统静态稳定运行。

三、静态稳定的储备

在 c 点所对应的功率是系统传输的最大功率，称为静态稳定极限，以 P_{sl} 表示。在这个特殊情况下，它恰等于发电机可能输出的最大功率，即发电机的功率极限 P_{max}。

当然，电力系统不应经常在接近静态稳定极限的情况下运行，而应保持一定的储备。静态稳定储备的定义为

$$K_P(\%)=\frac{P_{sl}-P_0}{P_0}\times 100 \tag{6-19}$$

在正常运行时，$K_P\%$为 15%～20%；事故后 $K_P\%$不应小于 10%。

电力系统静态稳定性，是电力系统正常运行时起码的必备条件，是要必须保证的。

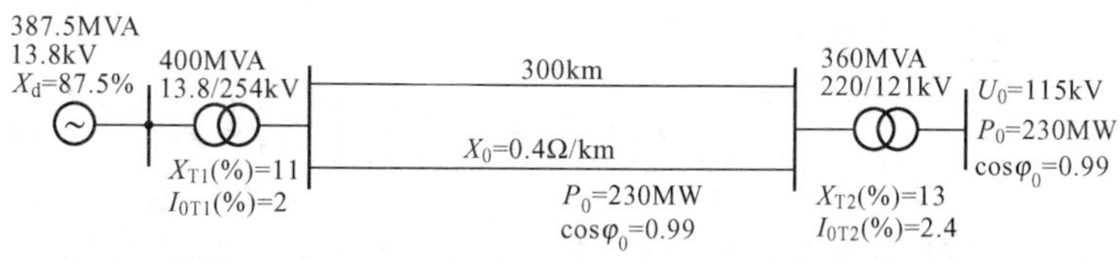

图 6-7　某电力系统的接线图

【例 6-1】　图 6-7 为某电力系统的接线图，有关参数都表示在图上，发电机的电抗值已计及磁路饱和情况，传输到受端系统的有功功率 $P_0=230$MW，功率因数 $\cos\varphi_0=0.99$，试计算发电机的静态稳定储备。

解：（1）应用标幺值进行计算。选取基值：$S_b=230$MVA，220kV 电压级的 $U_b=209$kV。各元件参数的标幺值为

$$X_d=\frac{X_d\%}{100}\frac{S_b}{S_N}\frac{U_N^2}{U_b^2}K^2=\frac{87.5}{100}\times\frac{230}{387.5}\times\frac{13.8^2}{209^2}\times\frac{254^2}{13.8^2}=0.766$$

$$X_{T1}=\frac{11}{100}\times\frac{230}{400}\times\frac{254^2}{209^2}=0.0935$$

$$X_{T2}=\frac{13}{100}\times\frac{230}{360}\times\frac{220^2}{209^2}=0.092$$

$$X=\frac{0.4}{2}\times 300\times\frac{230}{209^2}=0.315$$

所以整个系统的总电抗为

$$X_{d\Sigma}=X_d+X_{T1}+X_{T2}+X=1.2665$$

（2）计算送电端发电机的空载电动势 $\dot{E}_d$（设受电端系统的母线电压 $\dot{U}=U\angle 0°$）。受电端系统的母线电压的标幺值为

$$U=U_0K\frac{1}{U_B}=115\times\frac{220}{121}\times\frac{1}{209}=1.00$$

传输到受电端系统母线处的功率标幺值为

$$P_0=\frac{230}{230}=1.0$$

$$Q_0=P_0\tan\varphi_0=0.142$$

因为本题忽略不计各元件的电阻，所以送电端发电机的空载电动势 $\dot{E}_q$ 为

$$\dot{E}_q=U+\frac{Q_0X_{d\Sigma}}{U}+\mathrm{j}\frac{P_0X_{d\Sigma}}{U}$$

计算它的绝对值时，则

$$E_q=\sqrt{\left(U+\frac{Q_0X_{d\Sigma}}{U}\right)^2+\left(\frac{P_0X_{d\Sigma}}{U}\right)^2}$$

$$=\sqrt{(1+0.142\times 1.276)^2+1.276^2}=1.74$$

（3）计算电力系统的静态稳定储备。送电端发电机的功率极限为

$$P_{sl}=\frac{E_qU}{X_{d\Sigma}}=\frac{1.74\times 1.0}{1.276}\approx 1.363$$

所以静态稳定储备为

$$K_P(\%)=\frac{1.363-1.0}{1.0}\times 100=36.3$$

第四节 小扰动法在分析电力系统静态稳定性中的应用

一、小扰动法的基本原理

研究电力系统的静态稳定问题，一般采用小扰动法。小扰动法的基本原理是李雅普诺夫对于一般运动稳定性的理论：任何一个系统，可以用下列参数（x_1，x_2，…）的函数 $\varphi(x_1, x_2,\cdots)$ 表示时，当因某种微小的扰动使其参数发生了变化，其函数变为 $\varphi(x_1+\Delta x_1, x_2+\Delta x_2,\cdots)$；若其所有参数的微小增量能趋近于零（当微小扰动消失后），即 $\lim\limits_{t\to\infty}\Delta x\to 0$，则该系统认为是稳定的。

二、用小扰动法分析简单电力系统的静态稳定性

1. 建立发电机组转子的运动方程

简单电力系统的接线和等值电路如图 6-2（a）、（b）所示，功—角特性曲线如图 6-5 所示。该简单电力系统的功—角特性方程式为

$$P_{\mathrm{Eq}}=\frac{E_{\mathrm{q}}U}{X_{\mathrm{d\Sigma}}}\sin\delta$$

电力系统的稳定运行点 a（$P_{\mathrm{Ed(0)}}$，δ_0），为我们研究小扰动前瞬间的起始运行点，则起始运行方式的功—角特性方程式为

$$P_{\mathrm{Eq(0)}}=\frac{E_{\mathrm{q}}U}{X_{\mathrm{d\Sigma}}}\sin\delta_0 \tag{6-20}$$

假定系统受一微小的扰动，使其功率角 δ_0 有一个微小增量 $\Delta\delta$，则功率角变为 $\delta=\delta_0+\Delta\delta$。那么系统输送的有功功率变为

$$P_{\mathrm{Ed(\delta)}}=\frac{E_{\mathrm{d}}U}{X_{\mathrm{d\Sigma}}}\sin(\delta_0+\Delta\delta) \tag{6-21}$$

由于发电机的调速系统来不及动作，使发电机组输入的机械功率 P_{m} 不变。那么，该系统中发电机组的转子运动方程式变为

$$T_{\mathrm{J}}\frac{\mathrm{d}^2\delta}{\mathrm{d}t^2}=P_{\mathrm{m}}-P_{\mathrm{Eq}} \tag{6-22}$$

其中，P_{Eq}与 δ 为非线性关系。

2. 非线性方程线性化

式（6-22）是一个非线性微分方程式。而当扰动为无限小时，则 $\Delta\delta\rightarrow0$，可将微分方程式在 δ_0 附近线性化。线性化的方法就是将受扰动后的参变量 $\delta=\delta_0+\Delta\delta$ 代入微分方程式中，再在 δ_0 附近按泰勒级数展开，并略去微量的高次方项，取其一次近似式。此时，同步发电机组转子运动微分方程式为

$$T_{\mathrm{J}}\frac{\mathrm{d}^2(\delta_0+\Delta\delta)}{\mathrm{d}t^2}=P_{\mathrm{m}}-P_{\mathrm{Eq(\delta=\delta+\Delta\delta)}} \tag{6-23}$$

将式（6-23）在稳态值 δ_0 附近按泰勒级数展开后为

$$T_{\mathrm{J}}\frac{\mathrm{d}^2\Delta\delta}{\mathrm{d}t^2}=P_{\mathrm{m}}-P_{\mathrm{Eq(\delta=\delta_0)}}-\left(\frac{\mathrm{d}P_{\mathrm{Eq}}}{\mathrm{d}\delta}\right)_{(\delta=\delta_0)}\Delta\delta-\frac{1}{2}\left(\frac{\mathrm{d}^2P_{\mathrm{Eq}}}{\mathrm{d}\delta^2}\right)_{(\delta=\delta_0)}\Delta\delta^2-\frac{1}{3!}\left(\frac{\mathrm{d}^3P_{\mathrm{Eq}}}{\mathrm{d}\delta^3}\right)_{(\delta=\delta_0)}\Delta\delta^3-\cdots$$

略去微量 $\Delta\delta$ 的高次项，并计及 $P_{\mathrm{m}}=P_{\mathrm{Eq(\delta=\delta_0)}}=P_{\mathrm{Eq(0)}}$，可得

$$T_{\mathrm{J}}\frac{\mathrm{d}^2\Delta\delta}{\mathrm{d}t^2}+\left(\frac{\mathrm{d}P_{\mathrm{Eq}}}{\mathrm{d}\delta}\right)_{(\delta=\delta_0)}\Delta\delta=0 \tag{6-24}$$

这就是同步发电机组受小扰动运动的二阶线性微分方程式，也称微振荡方程式。又可写成

$$(T_{\mathrm{J}}p^2+S_{\mathrm{Eq}})\Delta\delta=0 \tag{6-25}$$

其中

$$S_{\mathrm{Eq}}=\left(\frac{\mathrm{d}P_{\mathrm{Eq}}}{\mathrm{d}\delta}\right)_{(\delta=\delta_0)}$$

$$P=\frac{\mathrm{d}}{\mathrm{d}t}$$

式中　S_{Eq}——空载电动势 E_q 为定值，$\delta=\delta_0$ 时的整步功率系数；

　　p——微分算子。

3. 解微分特征方程式

由式（6-25）可得微振荡方程式的特征方程式为

$$T_J p^2 + S_{Eq} = 0 \tag{6-26}$$

其解为

$$p_{1.2} = \pm\sqrt{-S_{Eq}/T_J} \tag{6-27}$$

而与之对应的同步发电机组线性微分方程式的解为

$$\Delta\delta = C_1 e^{p_1 t} + C_2 e^{p_2 t} \tag{6-28}$$

式中　C_1、C_2——积分常数。

4. 判断系统的静态稳定性

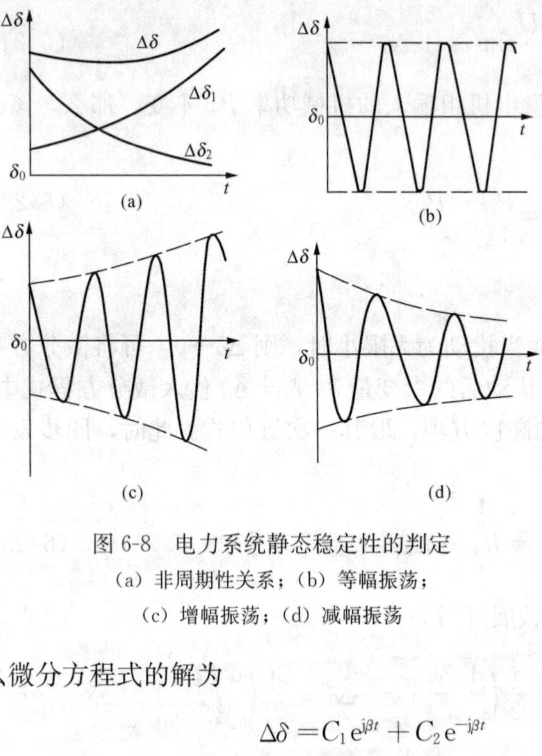

图 6-8　电力系统静态稳定性的判定

（a）非周期性关系；（b）等幅振荡；（c）增幅振荡；（d）减幅振荡

以下就利用式（6-28）来判断简单电力系统的静态稳定性。

（1）非周期性失去静态稳定性。惯性时间常数 $T_J>0$，当整步功率系数 $S_{Eq}<0$ 时，可有 $S_{Eq}/T_J<0$，特征方程式有正负实根 $p_{1.2}=\pm\alpha$，其中 $\alpha^2=|S_{Eq}/T_J|$，微分方程式的解为

$$\Delta\delta = C_1 e^{\alpha t} + C_2 e^{-\alpha t} = \Delta\delta_1 + \Delta\delta_2 \tag{6-29}$$

式（6-29）表明，当特征方程式具有正负实根时，此时 $\Delta\delta$ 随 t 增大而增大，致使系统非周期性失去静态稳定性。式（6-29）的关系曲线如图 6-8（a）所示。

（2）周期性等幅振荡。在 $T_J>0$，$S_{Eq}>0$ 时，有 $S_{Eq}/T_J>0$，则特征方程式有共轭虚根 $p_{1.2}=\pm j\beta$，其中 $\beta^2=|S_{Eq}/T_J|$，那么微分方程式的解为

$$\begin{aligned}\Delta\delta &= C_1 e^{j\beta t} + C_2 e^{-j\beta t}\\ &= C_1(\cos\beta t + j\sin\beta t) + C_2(\cos\beta t - j\sin\beta t)\\ &= (C_1 + C_2)\cos\beta t + j(C_1 - C_2)\cos\beta t\end{aligned}$$

但是，由于 $\Delta\delta$ 不可能有虚数部分，这就要求 C_1、C_2 为共轭复数。令 $C_1=A+jB$，$C_2=A-jB$，则

$$\begin{aligned}\Delta\delta &= 2A\cos\beta t - 2B\sin\beta t\\ &= 2\sqrt{A^2+B^2}\left(\frac{A}{\sqrt{A^2+B^2}}\cos\beta t - \frac{B}{\sqrt{A^2+B^2}}\sin\beta t\right)\\ &= 2\sqrt{A^2+B^2}(\sin\varphi\cos\beta t - \cos\varphi\sin\beta t)\end{aligned}$$

$$=2\sqrt{A^2+B^2}\sin(\varphi-\beta t)$$
$$=C\sin(\beta t-\varphi) \tag{6-30}$$

其中，$C=-2\sqrt{A^2+B^2},\varphi=\tan^{-1}\dfrac{A}{B}$。

从方程的解可看出为无阻尼的等幅振荡，这是一种静态稳定的临界状态，如图 6-8（b）所示。

（3）负阻尼的增幅振荡。当发电机具有阻尼时，应在同步发电机受扰动的微分方程式（6-25）中加入阻尼功率 $P_D=D_\Sigma p\Delta\delta$ 项，则式（6-25）变为

$$(T_J p^2+P_D+S_{Eq})\Delta\delta=0$$

即

$$(T_J p^2+D_\Sigma p+S_{Eq})\Delta\delta=0 \tag{6-31}$$

其特征方程式为

$$T_J p^2+D_\Sigma p+S_{Eq}=0 \tag{6-32}$$

其根为

$$p_{1.2}=-\frac{D_\Sigma}{2T_J}\pm\sqrt{\frac{D_\Sigma^2-4T_J S_{Eq}}{4T_J^2}}$$

当系统具有负阻尼时，即 $D_\Sigma<0$，且满足 $D_\Sigma^2-4T_J S_{Eq}<0$，其中 $S_{Eq}>0$。此时特征方程式的根是实部为正值的共轭复根，即 $p_{1.2}=\gamma\pm j\theta$。其中 $\gamma=-\dfrac{D_\Sigma}{2T_J}>0,\theta^2=\dfrac{D_\Sigma^2-4T_J S_{Eq}}{4T_J^2}$。那么微分方程式的解为

$$\begin{aligned}\Delta\delta&=C_1 e^{(\gamma+j\theta)t}+C_2 e^{(\gamma-j\theta)t}\\&=(C_1 e^{j\theta t}+C_2 e^{-j\theta t})e^{\gamma t}\\&=C\sin(\theta t-\varphi)e^{\gamma t}\end{aligned} \tag{6-33}$$

由式（6-33）可见，$\Delta\delta$ 随 t 的增长而增幅振荡，即周期性地推动静态稳定性，如图6-8（c）所示。可见 $D_\Sigma<0$ 具有负阻尼的电力系统是不能保持静态稳定运行的。

（4）正阻尼的减幅振荡。当系统具有正阻尼时，$D_\Sigma>0,D_\Sigma^2<4T_J S_{Eq}$，且 $S_{Eq}>0$。此时特征方程式的根是实部为负值的共轭复根，即 $p_{1.2}=-\gamma\pm j\theta$，其中 $\gamma=\dfrac{D_\Sigma}{2T_J}>0,\theta^2=\dfrac{D_\Sigma^2-4T_J S_{Eq}}{4T_J^2}$。那么微分方程式的解为

$$\begin{aligned}\Delta\delta&=C_1 e^{(-r+j\theta)t}+C_2 e^{(-r-j\theta)t}\\&=(C_1 e^{j\theta t}+C_2 e^{-j\theta t})e^{-\gamma t}\\&=C\sin(\theta t-\varphi)e^{-\gamma t}\end{aligned} \tag{6-34}$$

此时，$\Delta\delta$ 将随 t 的增大而减幅振荡，周期性地保持电力系统的静态稳定性，如图 6-8（d）所示，这是系统具有正阻尼的情况。可见只有正阻尼系统 $D_\Sigma>0$，且 $S_{Eq}>0$ 时，才能保持系统的静态稳定性。故上述两个条件为电力系统静态稳定性的判据。

三、小扰动法理论的实质

综上所述，对一个 n 阶的特征方程式

$$a_0p^n + a_1p^{n-1} + a_2p^{n-2} + \cdots + a_{n-1}p + a_n = 0$$

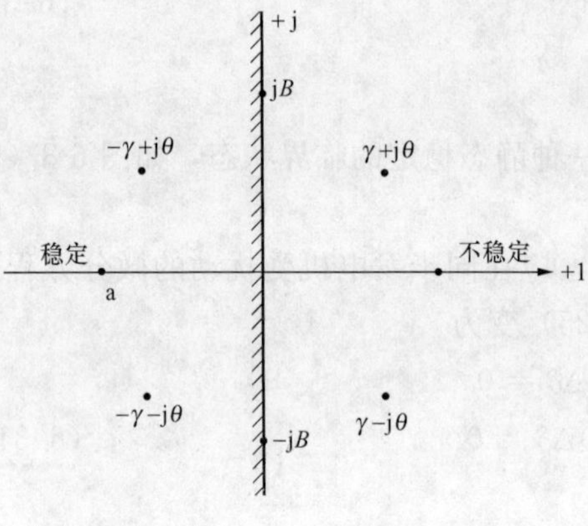

图 6-9　复数平面上的静态稳定区

只要它的 n 个根中有一个正实根或一对实数部分为正值的共轭复根［即只要有一个根位于复数平面上虚轴（j 轴）的右侧］，系统就不能保持静态稳定性。而当特征方程式只有正实根时，系统静态稳定性的丧失是非周期性的；特征方程式有实部为正的共轭复根时，系统稳定性的丧失是周期性的；特征方程只有共轭虚根时，其根在虚轴（j 轴）上，系统为等幅振荡，是静态稳定的临界状态。当特征方程式皆为负实根或实部为负的复根时，即其根位于复数平面上虚轴左侧，系统才能保持静态稳定性。其复数平面的静态稳定区如图 6-9 所示。

因此，小扰动法是根据受扰动运动的线性化微分方程式组的特征方程式的根，来判断未受扰动的运动是否稳定的方法。这种方法的理论指出：如果受扰运动的线性化微分方程式组的特征方程式仅有实数部分为负值的根，未受扰动运动是稳定运动，而且如果扰动很小，受扰动运动就趋于未受扰动的运动；如果受扰运动的线性化微分方程式组的特征方程式有实部为正的根，未受扰动的运动就是不稳定运动。

换言之，如果特征方程式的根都位于复数平面上虚轴的左侧，未受扰动的运动是稳定运动；反之，只要有一个根位于虚轴的右侧，未受扰动的运动就是不稳定运动。

对于电力系统，所谓“未受扰动的运动”可以理解为系统在稳态运行时的运动；“受扰动的运动”，对于电力系统的静态稳定而言，可以理解为系统承受了瞬时出现的微小扰动后的运动。这种瞬时出现的微小扰动，可以是系统参数或各类变量的瞬时、微小变化，如功率角的瞬时、微小变化量 $\Delta\delta$ 等。

第五节　电力系统电压、频率及负荷静态稳定性

一、电压静态稳定性

1. 电压静态稳定性分析

电压稳定是指电力系统受到小的或大的扰动后，系统电压能够保持或恢复到允许的范围内，不发生电压崩溃的能力。无功功率的分层分区供需平衡是电压稳定的基础。电压失稳可表现在静态小扰动失稳、暂态大扰动失稳及大扰动动态失稳或长过程失稳。

电压稳定性遭到破坏，将导致系统内电压“崩溃”，大量电动机失速、停转，并列运行的发电机失步，系统瓦解。因此，电压稳定性与发电机并列运行的功角稳定性同等重要，都是整个电力系统安全运行的重要方面，而且它们之间是相互联系的。对无功功率严重不足，电压水平较低的系统，很可能出现电压“崩溃”现象；同时，系统运行在较低电压水平时，将威胁发电机并列运行的稳定性。在这里将它们分开来讨论，只是为了分析方便。

设某电力系统的接线如图 6-10 所示，枢纽变电所一次侧的母线是系统的电压中枢点，它从两个电源受电，向两个负荷供电。电力系统综合负荷的无功功率电压静态特性如图6-11

的曲线 $Q_L[Q_L=f(U)]$ 所示。发电机的无功功率电压静态特性如图 6-11 曲线 $Q_G[Q_G=f(U)]$ 所示，它由 Q_{G1}、Q_{G2} 两个发电厂等值发电机的无功功率综合而成。这两条曲线有 a、b 两个交点，这两点都是电力系统无功功率的平衡点，但是这两个点在系统运行时的抗干扰能力是不一样的。

设有一个微小的、瞬时出现但又立即消失的扰动，来分析小扰动产生的后果。先分析 a 点，对应电压为 U_a 时系统的运行情况。当系统中出现一个微小扰动使电压上升一个微增量 $\Delta U'$时，负荷需求的无功功率将改变到与 a_1' 点对应的值，电源供给的无功功率将改变到与 a_2' 对应的值，因此中枢点母线处无功功率将有缺额，$\Delta Q<0$。这样迫使各发电厂向中枢点输送更多的无功功率，以平衡 ΔQ 之值。随着输送无功功率的增加，输电系统中电压降落增大，中枢点电压又自动恢复到原始值 U_a。当系统出现的微小扰动使电压下降一个微量 $\Delta U''$ 时，负荷需求的无功功率将改变到与 a_1'' 对应原值，电源供给的无功功率将改变到与 a_2'' 对应的值。这时 $\Delta Q>0$，中枢点母线处的无功功率将有过剩，各发电厂向中枢点输送的无功功率将减少，那么输电系统中的电压降落也减小，中枢点电压又恢复到原始值 U_a。

然后再分析 b 点的运行情况。在 b 点，电压为 U_b，当小扰动使电压上升一个微量 $\Delta U'$ 时，负荷需求的无功功率将改变到与 b_1' 对应的值，电源供给的无功功率改变到与 b_2' 对应的值。中枢点母线处无功功率将有过剩，$\Delta Q>0$，各发电厂向中枢点输送的无功功率减小，输电系统中电压降落也将减小，中枢点电压进一步上升，且循环不止，运行点最终会稳定在 a 点，而不会回原工作点 b。当小扰动使 U_b 电压下降一个微量 $\Delta U''$时，负荷需求的无功功率将改变到与 b''_1 对应的值，电源供给的无功功率将改变到与 b''_2 对应的值。因而中枢点母线处无功功率将有缺额，$\Delta Q<0$，迫使各发电厂向中枢点输送更多的无功功率以平衡无功缺额。并使输电系统中电压降落将增加，中枢点电压进一步下降，循环不止，顷刻之间出现了系统的“电压崩溃”现象，发电厂之间失步，系统中电压、电流和功率大幅度振荡，系统瓦解。“电压崩溃”现象如图 6-11 所示。

因此，在 a 点运行时，电压为 U_a，系统电压是静态稳定的；在 b 点运行时，电压为 U_b，系统电压不能保持静态稳定性。

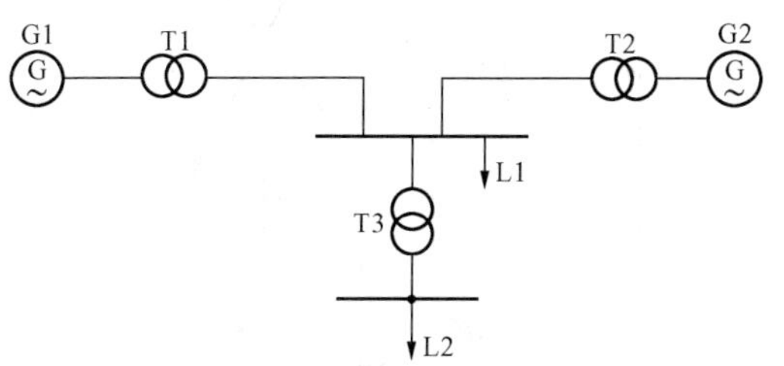

图 6-10 某电力系统接线图

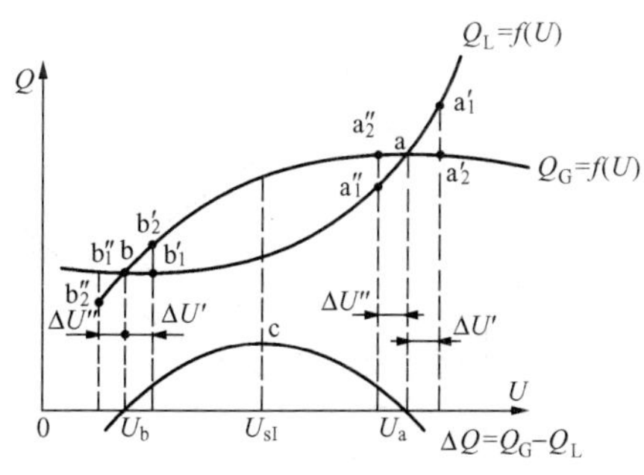

图 6-11 电力系统无功功率与电压关系曲线图

2. 电力系统电压静态稳定的实用判据

进一步观察 a 和 b 两个运行点的异同，找出判断系统电压稳定性的判据。图 6-11 上的曲线 ΔQ 代表 Q_G 与 Q_L 的差额，即 $\Delta Q=Q_G-Q_L$。在 a 点运行时，系统电压处于较高的水平，当电压升高时，ΔQ 向负方向增大；电压降低时，ΔQ 向正方向增大。也就是电压变量 ΔU 与 ΔQ 有相反的符号，也就是 $\frac{d\Delta Q}{dU}<0$。在 b 点运行时，系统电压处于较低的水平，这时电压变量 ΔU 与 Q 有相同的符号，即 $\frac{d\Delta Q}{dU}>0$。因为在 a 点运行时，系统是稳定的；在 b 点运行时，系统是不稳定的。所以可以得出结论：$\frac{d\Delta Q}{dU}<0$，是系统电压稳定性的判据。该判据也叫第二个静态稳定判据，有时候也称为负荷稳定性判据。

3. 静态稳定的储备

图 6-11 上曲线 $\Delta Q[f(U)]$ 上的 c 点，$\frac{d\Delta Q}{dU}=0$，是电压稳定的临界点，与该点对应的电压，是中枢点处允许的最低运行电压，叫做电压稳定极限，以 U_{sl} 表示。电压稳定储备百分数的表示式为

$$K_U(\%)=\frac{U_0-U_{sl}}{U_0}\times 100 \tag{6-35}$$

式中 U_0——中枢点母线的运行电压。

$K_U(\%)$ 的数值，在正常运行情况下应不小于 10～15，事故后应不小于 8。

运用判据 $\frac{d\Delta Q}{dU}<0$ 分析系统的电压稳定性时，要选择好电压中枢点，一般以该点电压的变化可以明显地反映整个系统电压水平为条件。通常都以系统内的功率集散点作为中枢点，例如枢纽变电所高压母线等。

二、频率静态稳定

设电力系统综合负荷有功功率的静态频率特性多半有如图 6-12 所示形状，图中还附带作出了无功功率的静态频率特性。

电力系统中所有电源综合的有功功率的静态特性如图 6-13 中曲线 P_G（1－2－3、3′），所有综合负荷的有功功率的静态频率特性如图 6-13 中曲线 P_L。

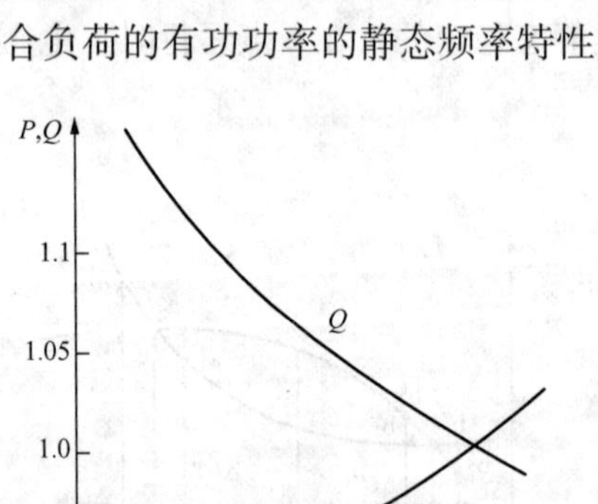

图 6-12 工业城市综合的静态频率特性

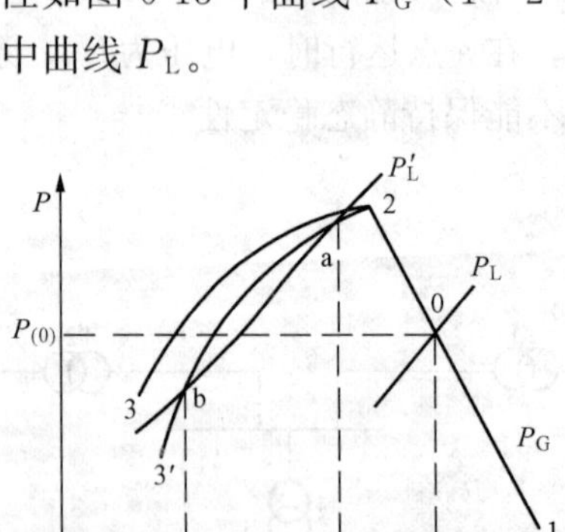

图 6-13 频率的稳定性

正常运行时，电源和负荷的有功功率应该平衡，曲线 P_L 与 P_G 应相交于 0 点，与该点相对应的频率和有功功率分别为 $f_{(0)}$、$P_{(0)}$。负荷逐渐上移增大至 P'_L；以致将与曲线 P_G 的线段 2－3′同时交于 a、b 两点。当系统中有功功率过剩，即 $\Delta P=P_G-P_L>0$ 时，频率将上

升，当有功功率不足，即 $\Delta P=P_G-P_L<0$ 时，频率则下降。则不难用分析电压稳定时动用的方法，发现 a、b 两点中只有在 a 点是可以稳定运行的，b 点则不能稳定运行。从而可以得出电力系统频率的静态稳定的判据是

$$\frac{\mathrm{d}\Delta P}{\mathrm{d}f}=\frac{\mathrm{d}\ (P_G-P_{LD})}{\mathrm{d}f}<0 \tag{6-36}$$

并且，图 6-13 中的 c 点是稳定的临界点，与 c 点对应的频率就是频率静态稳定的极限或临界频率 f_{cr}。系统运行中，如果 $f<f_{cr}$，就不能稳定运行，将会出现“频率崩溃”现象。

三、负荷的静态稳定

这里介绍应用异步电动机转矩—转差率特性来分析电力系统负荷的静态稳定性。电力系统负荷的稳定性主要是指异步电动机运行的稳定性。异步电动机转矩—转差率特性曲线示于图 6-14 中，图中还做出了电动机拖动的机械转矩特性（M_m 与 s 的关系），且假设机械转矩不随转速而变化。

如图 6-14 所示，电动机可能有两个运行点 a 和 b。首先分析 a 点运行情况：如果有小扰动使转差率 s_0 有一个很小的增量 Δs，则电动机的电磁转矩为曲线上的 a′点，这时电磁转矩大于被拖动的机械转矩，转子轴上出现正的驱动转矩，并使转子加速，s 将减小，运行点将仍回到 a 点。同样，当小扰动使转差率有一个很小的负增量时，此时电磁转矩将小于机械转矩，在制动转矩作用下转子将减速，s 便增大，电动机仍回到原来的运行点 a，可见 a 点是静态稳定运行点。与 a 点的情况相反，b 点的运行状态在受到小扰动的，或是转移到 a 点稳定运行，或是使转差率 s 不断增大，直到 $s=1$，电动机停转，失去了运行的稳定性，所以 b 点不是稳定运行点。

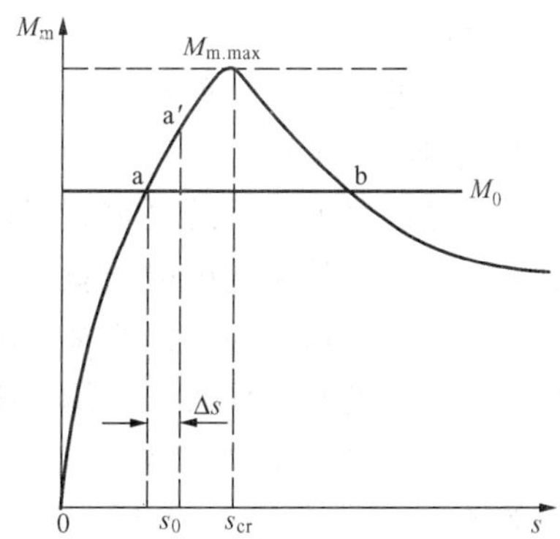

图 6-14　异步电动机的转矩特性

由此可知，电动机静态稳定运行的转矩—转差率的判据是

$$\frac{\mathrm{d}M_m}{\mathrm{d}s}>0 \tag{6-37}$$

其稳定极限与转矩极限也是一致的，即当机械转矩 $M_m=M_{m\cdot max}$ 时，其对应的转差率为临界转差率 s_{cr}。在这种情况下，只有一点小扰动，电动机就可能失去静态稳定运行状态。

第六节　提高电力系统静态稳定性的措施

一、采用自动调节励磁装置

1. 不连续调节励磁对静态稳定性的影响

手动调节或机械调节器的励磁调节过程是不连续的，如图 6-15 所示。由图可见，随着传输功率 P 的增大，功率角 δ 将增大，发电机端电压 U_G 将下降。但由于这类调节器有一定的失灵区，只有在端电压 U_G 的下降越出一定范围时，才增大发电机的励磁，从而增大它的空载电动势 E_q，运行点才从一根功—角特性曲线过渡到另一根，图 6-15 中曲线 1～4。

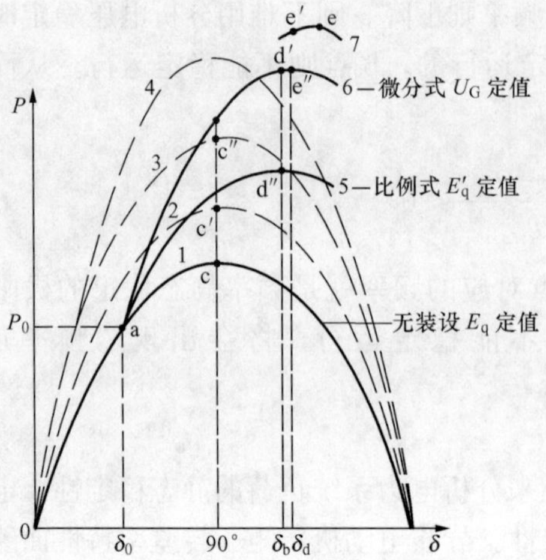

图 6-15 调节励磁对静态稳定性的影响

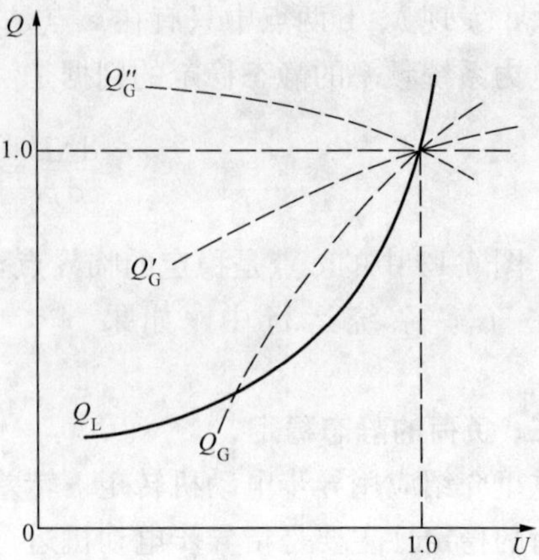

图 6-16 调节励磁对电压的影响

当传输功率增大到 P_{sl} 静态稳定极限功率，功率角 $\delta=90°$ 对应的 c 点时，这个传输功率不能再继续增大了。因 $\delta>90°$ 时，所有按 E_q 为定值条件绘制的功—角特性曲线 1、2、3、4 等都有下降的趋势，从而在 c 点运行时，功率角的微增将使发电机组的机械功率大于电磁功率，发电机组将加速。虽然与之同时，发电机端电压下降，但在还没有来得及采取措施增大发电机的励磁之前，系统已丧失了稳定。换言之，采用这一类不连续调节的、有失灵区的调节励磁方式时，静稳定的极限就是图 6-15 中 P_{sl}，与这个稳定极限相对应的功率角 $\delta_{sl}=90°$。

应该指出，这类目前已不多见的调节励磁方式虽不能使稳定运行范围越出 $\delta=90°$，但就提高稳定极限的数值而言，作用仍很显著。

2. 自动调节励磁对静态稳定性的影响

如图 6-15 中曲线 5、6 所示，采用自动调节励磁能够提高电力系统的静态稳定性。当电力系统中的同步发电机（或同期调相机）装设有自动调节励磁装置时，电力系统的静态稳定性与无自动调节励磁装置时是不同的。

（1）励磁按某一个变量偏移调节（比例式）。如按 U_G、I_G、δ 三个变量中任意一个变量的偏移调节励磁电流时，静态稳定极限一般与 $S_{Eq}=0$ 的条件相对应。其值为设暂态电动势 E'_q 为定值时所做功—角特性曲线上的最大值 $P_{Eq\cdot max}$，如图 6-15 中曲线 5 上的 d″点。在简化计算中发电机均采用 E'_q 为定值的模型。

（2）励磁按变量偏移复合调节。按几个变量的偏移复合调节时，静态稳定极限仍与 $S_{E'q}=0$ 的条件相对应。但如按电压偏移调节的单元可维持端电压恒定，则静态稳定极限为端电压 U_G 为定值时所做功—角特性曲线上与 $S_{E'q}=0$ 相对应的功率值，如图 6-15 中曲线 6 上的 d′点。

（3）励磁按变量导数调节（微分式）。按导数调节励磁时，静态稳定极限一般可与 $S_{U_G}=0$ 的条件相对应。当发电机装有强励式调节励磁装置时，可以维持发电机端电压 U_G 为定值，静态稳定极限可以提高到 $U_G=U_{G0}=$定值的功率极限 $P_{UG\cdot max}$，如图 6-15 中曲线 6 上的 e″点。在简化计算中，发电机可以用 U_G 为定值的模型。

（4）励磁按变量导数调节，但不限发电机端电压。如按功率角或定子电流的导数调节时，由于不控制发电机的端电压，在传输功率增大时，功率极限可能超过 e′点，而抵达曲线

7 上的 e 点。在简化计算中可以认为 e 点电压保持不变。

除没有调节励磁时一般只可能非周期性丧失稳定外，有了自动调节励磁后，不论它的调节方式如何，都可能非周期地、也可能周期地丧失稳定性，而且后者的可能性还相当大。

综上所述，自动调节励磁装置可以等效地减少发电机的电抗。当无调节励磁时，对于隐极式同步发电机的空载电动势 E_q 为常数，其等值电抗为 x_d。当按变量的偏移调节励磁时，可使发电机的暂态电动势 E'_q 为常数，其等值电抗为 x'_d（$x'_d \ll x_d$）。如按导数调节励磁时，且可维持发电机端电压 U_G 为常数，则发电机的等值电抗变为零。如最后可调至 e 点电压为常数，此时相当于发电机的等值电抗为负值。如果 e 为变压器高压母线上一点，则此时相当于把发电机和变压器的电抗都调为零。

发电机的自动调节励磁不仅在提高发电机并列运行的稳定性方面有显著作用，在提高系统电压稳定性方面同样有显著的作用。

发电机的无功功率电压静态特性与发电机的电抗有关，如图 6-16 所示，同步电抗较大的发电机，在其端电压下降时，输出的无功功率将减少如图 6-16 中 Q_G 曲线；同步电抗较小的发电机，在其端电压下降时，输出的无功功率减少得较缓慢，有时甚至增大，如图 6-16 中 Q'_G、Q''_G 曲线。发电机装有自动调节励磁装置时，既然可以等值地减小发电机的电抗，那么它的无功功率电压静态特性曲线也将较无自动调节励磁装置时下降得缓慢，甚至将随着它的端电压下降而上升，如图 6-16 中 Q''_G 曲线。因此，由于自动调节励磁装置的良好作用，电力系统的电压稳定极限值将减小，稳定运行范围将扩大，这就提高了系统的电压稳定性。

此外，为了保证系统的稳定性，还可以事先规定系统内某些输电线路的送电端与受电端之间功角 δ 的上限值，并通过去时遥测装置经常临视这个角度，这个 δ 角的上限值是根据稳定极限 P_{sl} 再考虑一定的稳定储备而确定的。当运行功角接近这个上限值时，系统运行人员可以采取措施，例如改变系统内的功率分布，以减轻该输电线路的负荷，防止电力系统并列运行失去稳定。

对送电端的发电机而言，也可以事先规定它们的运行功率因数最大值或输出无功功率的最小值，这相当于限制功角的最大值。

【例 6-2】 按［例 6-1］给出的电力系统及参数，发电机未装设自动调节励磁装置时，已求得系统的静态稳定储备为 36.3%。若发电机装设比例式或微分式自动调节励磁装置后，试计算系统的静态稳定储备（经归算后的发电机暂态标幺电抗为 0.263）。

解：（1）装设比例式自动调节励磁装置时

$$X'_{d\Sigma}=X'_d+X_{T1}+X+X_{T2}=0.263+0.0935+0.315+0.092=0.7635$$

$$E'=\sqrt{\left(1.0+\frac{0.142\times0.7635}{1.0}\right)^2+\left(\frac{1.0\times0.7635}{1.0}\right)^2}=1.346$$

$$P_{E'}=\frac{1.346\times1.0}{0.7635}\sin\delta'=1.76\sin\delta'$$

稳定储备为

$$K_P(\%)=\frac{1.760-1.0}{1.0}\times100=76.0$$

（2）设微分式自动调节励磁装置时

$$X_C = X_{T1} + X + X_{T2} = 0.0935 + 0.315 + 0.092 = 0.5005$$

$$U_G = \sqrt{(1.0 + 0.142 \times 0.5005)^2 + 0.5005^2} = 1.182$$

$$P_{U_G} = \frac{U_G U}{X_C}\sin\delta_c = \frac{1.182 \times 1.0}{0.5005} \times \sin\delta_c = 2.33\sin\delta_c$$

稳定储备为

$$K_P\ (\%) = \frac{2.33 - 1.0}{1.0} \times 100 = 136$$

从以上计算结果可见，自动调节励磁装置对于提高静态稳定性起到了良好的作用。

二、减小线路电抗

从功角特性可知，提高电力系统静态稳定性的基本措施之一就是缩短“电气距离”。

缩短“电气距离”，即减小系统各元件的阻抗，主要是减小发电机、变压器和输电线路的感抗。现分别简要说明如下。

（1）发电机的电抗在整个系统工程的电抗中所占比重较大，所以，在没有自动调节励磁装置的系统中，发电机的同步电抗对其功率极限有较大影响。

发电机的同步电抗由两部分组成：一是代表电枢反应的电抗；另一个是由定子绕组的漏磁所决定的漏抗。前者要比后者大得多，所以降低前者以显著地降低同步电抗。在电枢反应磁势一定的情况下加大电机与转子之间的间隙，就可增大磁阻，减小电枢反应磁通，从而降低电枢反应电抗。但是，当气隙加大后，为保持发电机原有的电动势和容量，势必要增加励磁绕组的安匝数。所以，为了减小发电机的同步电抗，将会增加发电机每千瓦容量的制造成本。

应该指出，汽轮发电机通常是按标准化大批量生产的，在建设火力发电厂时，实际上不可能任意选择发电机的参数。但在水力发电厂方面，则因水力条件不同，常常需根据具体情况订制发电机组，所以可根据需要选择适当的参数。

（2）变压器的电抗仅为发电机电抗的10%～12%，所以，借减少变压器电抗来提高静态稳定性，它的意义是很有限的。

（3）输电线路的电抗是关系到电力系统输电能力的一个重要因素，特别在大容量远距离输电时，这个因素更显得突出。

在远距离输电中，采用分裂导线以减少线路电抗，提高输电容量，是很有成效的。因为在这种情况下，线路电抗占系统总电抗的比重很大。远距离输电采用分裂导线，不单是为了稳定问题，同时也是为了减少或避免电晕所引起的有功功率损耗以及无线电干扰等。

对于电压为330kV及以上的输电线路，一般均采用分裂导线。这样既可减小线路电抗，又加强了系统之间的联系，从而提高了电力系统的静态稳定性。

（4）采用“串联电容补偿”，是大幅度减少线路电抗的另一个有效办法。这样，线路的部分电抗被容抗抵消，使系统的总电抗减少。

三、提高电力线路的额定电压

（1）在现有的电力网中，电压运行在较高的水平，可以提高电力系统的静态稳定性。

（2）提高电力线路的额定电压等级，可以大大地提高电力系统的静态稳定性。合理地选用高一级的电压等级作为输电线路的额定电压，以提高输送功率极限，这不论在设计新线路或改造旧线路方面，都是经常被考虑到的。在电力线路始末端电压间相位角 δ 保持不变的前提下，沿电力线路传输的有功功率将近似地与电力线路额定电压的平方成正比。换言之，提高电力线路的额定电压相当于减小电力线路的电抗。

对于同一结构的输电线路，额定电压越高，线路电抗的标幺值就越小，功率极限值也就越高，实际工程中是经常用到。此外，合理地选择发电厂的主接线，使大型发电机组直接与较高电压的电网相联，也有助于系统的稳定性。

四、改善电力系统的结构

改善电力系统结构的方法较多，对于提高电力系统静态稳定性作用较明显的有以下几个方面：

（1）增加电力线路的回路数，减小电力线路的电抗加强系统的联系，使电力系统有坚强的网架，从而提高了电力系统的静态稳定性；

（2）加强电力线路两端系统各自内部的联系；

（3）在电力系统中间接入中间调相机或接入中间电力系统，避免远距离送电。

第七节 简单电力系统的暂态稳定性分析等值电路

分析暂态稳定问题的基本前提条件是电力系统受大的扰动。电力系统暂态稳定性是研究电力系统受到大的扰动后各发电机是否能继续保持同步运行的问题。引起电力系统大扰动的原因很多，归纳起来大致有三类。

一、引起电力系统大扰动的主要原因

（1）负荷的突然变化。例如切除或投入大容量的用户引起较大的扰动。

（2）切除或投入系统的大型元件。例如切除或投入较大容量的发电机、变压器和较重要的线路等引起了大的扰动。

（3）电力系统的短路故障。它对电力系统的扰动最为严重。

在短路故障中，其中以三相短路最为危险，特别是高电压等级发生三相故障，引起电力系统的扰动最大，于是系统的暂态稳定性常常遭受破坏。但此种严重故障发生的次数最少，据统计，在高压电力系统中发生三相短路的次数一般占总短路次数的6%～7%。

两相接地短路和两相短路对于电力系统的扰动也较大，其中两相接地短路的危害程度仅次于三相短路。但在一般高压系统中发生两相短路的次数为23%～24%，比三相短路发生的次数要多。

单相短路在高压系统中发生的次数最多，一般可占70%左右。但单相短路对系统的扰动在短路故障中是最小的，其中瞬时性雷击单相短路又占单相短路的70%左右，它对系统的影响就更小了。

除短路故障的类型外，短路点的位置对暂态稳定的威胁也是有很大的关系。若短路点对系统内的各发电机对称性好，故障的严重性就会轻些。相反地，若短路点对各发电机对称不好，电力系统失去暂态稳定的可能性就会增大。对发电厂的暂态稳定而言，发电机母线上直接短路最为危险。

另一方面，系统的暂态稳定性和短路点距系统主要工业负荷的远近也有关系。在庞大的负荷中心附近发生短路时，经常会危及系统的稳定运行。

对于输送负荷大、距离长的输电线路，在线路的送电端发生短路故障时，情况最为严重。因此，电力系统如能经受住三相短路的扰动，则该系统的暂态稳定性是不成问题的，但以三相短路作为暂态稳定的条件是很不经济的。因而我国电力系统目前是以不对称短路作为暂态稳定研究的基础，逐步把暂态稳定的水平提高到三相短路上来。

当电力系统受到大扰动时，表征系统运行状态的各种电磁参数，如线路的电流、节点电压、发电机输出的功率等都要发生急剧的变化。但是原动机的调速系统是具有相当大的惯性的，它必须经过一定时间后，才能改变原动机的功率。这样作用在发电机转子轴上输出的电磁功率与输入的机械功率之间的平衡遭到破坏，使发电机组转子轴上作用一个不平衡转矩。在这个转矩作用下，发电机组转子开始改变其速度，使发电机的功率角改变，从而使发电机组各转子间产生了相对运动，即发电机组间产生了摇摆或振荡。发电机组转子相对角度的变化，反过来又将影响到电力系统中电流、电压及发电机输出功率的变化。所以，由大扰动引起的电力系统暂态过程是一个由电磁暂态过程和发电机组转子机械运动暂态过程交织在一起的复杂过程，即机电暂态过程。

精确地确定电力系统所有电磁变量和机械运动变量在暂态过程中的变化，是非常复杂和困难的，从解决实际工程问题来说，往往是不必要的。而暂态稳定性分析计算的目的在于确定电力系统在给定的大扰动下各发电机组能否继续保持同步运行，因此我们只需要确定表征发电机间是否同步的发电机组转子运动特性便可以了。抓住这个要点之后，我们就可以对暂态过程中各种复杂的现象进行具体的分析，找出其中对机组转子运动起主要影响的因素，在分析计算中加以考虑，而对于影响不大的因素加以忽略或作近似考虑。这样做，不仅大大地简化了分析计算工作，而且也便于获得有关研究对象的更加明确清晰的概念。事实上，在忽略某些次要因素后，计算所得结果与实际结果很接近，其误差在允许范围内。

二、暂态稳定计算中的基本假设

（1）忽略发电机定子电流的非周期分量。首先是因为定子电流的非周期分量衰减的时间常数 T_a 是很小的，一般只有百分之几秒，因此它很快就衰减到零。其次，定于电流的非周期分量产生的磁场在空间是静止不动的，由于转子是旋转的，这个不动的磁场与转子绕组的直流电流所产生的转矩，是以同步频率做周期性的变化，而其平均值接近于零。

（2）忽略暂态过程中发电机的附加损耗。发电机中的附加损耗对机组转子的加速运动有一定的制动作用，忽略这些附加损耗的影响，使计算结果偏于保守和可靠，并且不改变功率角 δ 随时间变化的性质，也即不影响系统受大扰动后是否能保持暂态稳定的结论。

（3）当发生不对称短路时，不计负序和零序分量电流对机组转子运动的影响。输电线路上发生的不对称短路，利用对称分量法，可以将不对称时的电流和电压分解成正序、负序和零序分量。对于零序分量电流，由于它们在发电机气隙内产生的合成磁场为零，不会对转子产生制动转矩，因此在分析暂态稳定问题时，可以略去不计。负序分量电流在发电机定子绕组中流过时，对发电机转子产生的转矩是以两倍同步频率做周期性变化的，它的平均值近于零，这对暂态稳定问题几乎没有影响。

所以在不对称短路时，可以不考虑负序和零序电流的影响，而只局限于正序电流和正序电压对系统影响的讨论。这是一个重要结论，它简化了不对称短路故障的暂态稳定的分析。

此时，发电机输出的电磁功率，仅由正序分量确定。不对称故障时，网络中正序分量的计算，可以应用复合序网和正序等效定则。故障时确定正序分量的等值电路与正常运行时的等值电路不同之处，仅在于故障处接入由故障类型确定的附加阻抗。

（4）不考虑频率变化对电力系统参数的影响。由于在暂态的过程中，发电机转速的变化偏离同步速度很少，因而可以不考虑频率变化对电力系统参数的影响，元件参数仍按额定频率计算。

（5）不考虑原动机自动调速系统的作用。由于原动机的自动调速系统，一般需要在发电机转速变化才能起作用，加上调速器本身的惯性非常大，所以一般在暂态稳定计算中，假定原动机输入的机械功率为恒定不变，即 P_m 为常数（或 M_m 为常数）。

除了上述基本假设之外，根据所研究问题的性质和对计算精度要求的不同，有时还可以作一些简化规定。

三、有关参数的计算简化

1. $\dot{E}'_q$、X'_d 作为发电机等值电路的参数

在暂态稳定过程中，发电机的空载电动势 $\dot{E}_q$ 是变化的，如果计算中采用 $\dot{E}_q$ 和同步电抗 X_d 作为发电机等值电路的参数，显然会给计算带来很大的复杂性。

从物理意义上来说，纵轴暂态电动势 $\dot{E}'_q$ 虽不在短路的一瞬间突变，但是随着转子电流的自由分量的衰减，电枢反应逐渐表现出来，因而 $\dot{E}'_q$ 也从短路故障时开始逐渐衰减。但是，转子励磁绕组的电抗高、电阻低，其电流的自由分量的存在可达几秒之久，而近代的快速继电保护装置和断路器能保证在十分之几秒内切除故障。在这一短暂的时间内，转子内电流的自由分量的衰减很少，考虑到自动调节励磁装置，特别是强行励磁的作用，人为地补偿了自由分量的衰减，使暂态电动势的衰减进一步减缓。所以在近似计算中完全可以用 $\dot{E}'_q$ 和 X'_d 作为发电机等值电路的参数。发电机的功—角特性方程式为 $P_{E'q}=\dfrac{E'_qU}{X'_{d\Sigma}}\sin\delta$。

2. 不计次暂态分量电流的影响

由于阻尼绕组的时间常数很小，只有百分之几秒，形成的次暂态分量电流迅速衰减，所以可以不计阻尼绕组的作用。

3. E' 代替 $\dot{E}'_q$、δ' 代替 δ

上述的简化，在计算上仍较复杂，因此还可以进一步简化。在一般的暂态稳定计算中，在自动调节励磁的作用下，可以近似地认为 E' 恒定，并以这个电动势的相位角 δ' 取代发电机的实际功率角 δ。发电机的电抗用直轴暂态电抗表示，此时，发电机的功—角特性方程式为式（6-38），即

$$P_{E'}=\frac{E'U}{X'_{d\Sigma}}\sin\delta' \tag{6-38}$$

式中　E'——对应暂态电抗 X'_d 的电动势。

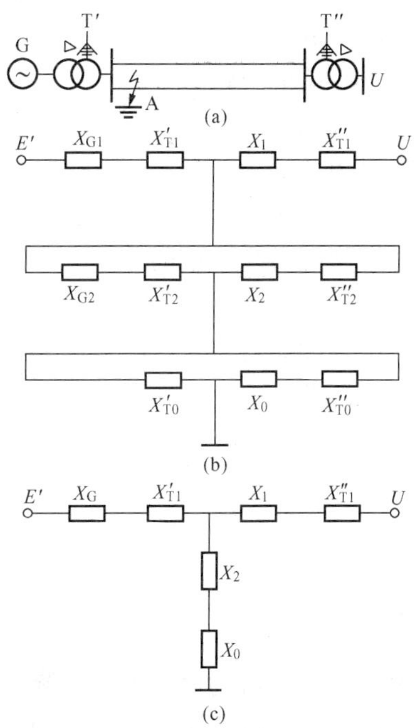

图 6-17　简单电力系统序网

（a）简单电力系统；（b）复合序网；（c）简化等值电路

4. 电力系统负荷简化的数学模型

一般负荷可以用随端电压而变化的功率来表示，

并且用负荷的静态电压特性代替负荷的动态电压特性。在进一步简化计算中负荷简化的数学模型可以用恒定阻抗或导纳表示。

四、分析电力系统暂态稳定时的等值电路

如图 6-17（a）所示为当送电端 A 点发生单相接地短路时的电力系统；图 6-17（b）代表它的复合序网，其中正序、负序和零序网络在短路点串联起来；图 6-17（c）代表简化后的复合序网等值电路，其中 X_2 和 X_0 分别表示组合的负序和零序电抗。可用附加电抗 X_D 表示，$X_D=X_2+X_0$。不同的故障类型有不同的附加电抗，如图 6-18 所示。

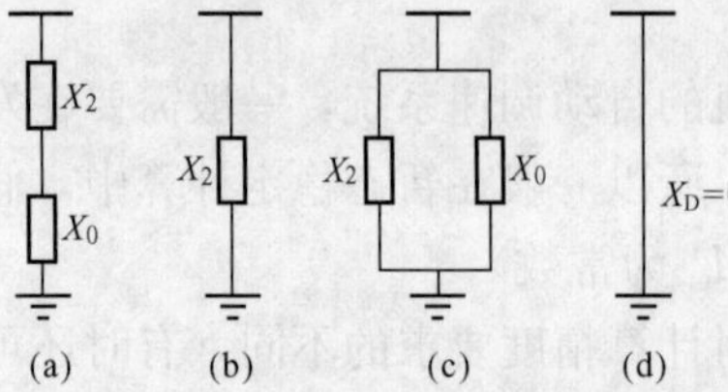

图 6-18 故障类型与序网附加电抗

（a）单相短路；（b）两相短路；（c）两相接地短路；（d）三相短路

由此可见，在发生单相接地短路故障时系统的等值电路与正常运行情况下系统的等值电路不同之处，是在短路点接上其数值等于负序组合电抗与零序组合电抗之和的附加电抗 X_D，如图 6-19（c）所示。

第八节 简单电力系统暂态稳定性的定性分析

一、电力系统暂态稳定性分析

电力系统运行的暂态稳定性是讨论系统在正常运行情况下受到大干扰后的稳定问题。下面以图 6-19（a）所示的简单电力系统为例，分析当输电线路因短路故障切除一回线路后的系统暂态稳定性问题。

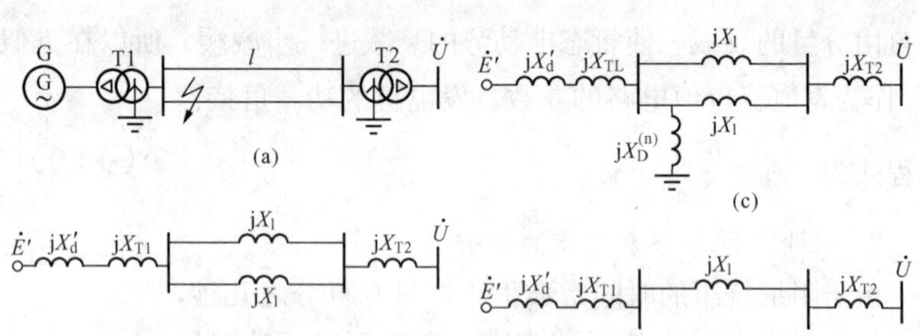

图 6-19 简单电力系统及其等值网络

（a）简单电力系统；（b）正常运行时等值电路；（c）短路时等值电路；（d）短路切除时等值电路

1. 正常运行时功—角特性方程

如图 6-19（b）所示，系统总的电抗为

$$X'_{d\Sigma}=X'_d+X_{T1}+\frac{1}{2}X_L+X_{T2} \tag{6-39}$$

或

$$X'_{d\Sigma}=X'_d+X_C$$

其中

$$X_C=X_{T1}+\frac{1}{2}X_L+X_{T2}$$

式中 X_C——称为简单电力系统外电抗。

根据给定的运行条件和正常的潮流计算，可以计算出短路瞬间暂态电抗 X'_d 后的电动势 E'，并假定 E' 恒定，于是正常运行时的功—角特性方程式为

$$P_{\mathrm{I}}=\frac{E'U}{X'_{d\Sigma}}\sin\delta' \tag{6-40}$$

做功—角特性曲线如图 6-20 中 P_{I} 所示。

2. 故障时功—角特性方程

当一回输线路在 A 点发生短路故障时，相当于在短路点接入一个短路附加阻抗 Z_D（或附加电抗 X_D），此时系统的等值网络如图 6-19（c）所示。那么送电端$\dot{E}'$到受电端$\dot{U}$之间的转移电抗为

$$X'_{\Sigma}=X'_d+X_{T1}+\frac{1}{2}X_L+X_{T2}+\frac{(X'_d+X_{T1})\left(\frac{1}{2}X+X_{T2}\right)}{X_D}$$

功角方程为

$$P_{\mathrm{II}}=\frac{E'U}{X'_{\Sigma}}\sin\delta'$$

做功—角特性曲线如图 6-20 中 P_{II} 所示。

3. 故障线路被切除以后功—角特性方程

继保动作切除故障线路，此时系统的等值网络如图 6-19（d）所示，系统的总电抗为

$$X''_{\Sigma}=X'_d+X_{T1}+X_L+X_{T2}$$

相应的功—角特性方程为

$$P_{\mathrm{III}}=\frac{E'U}{X''_{\Sigma}}\sin\delta'$$

做功—角特性曲线如图 6-20 中 P_{III} 所示。

4. 电力系统暂态稳定性分析

在正常运行情况下，若原动机输入的机械功率为 P_m，发电机输出的电磁功率就与原动机输入的机械功率相平衡，发电机的工作点应由 P_{I} 和 P_m 线的交点确定，即为 a 点，与此对应的功率为 δ_0，如图 6-20 所示。图 6-20 中虚线所示为不计阻尼作用的曲线，实线所示为计及阻尼作用的曲线。

在发生短路瞬间，由于发电机组转子机械运动的惯性所致，功率角 δ 不可能突变，仍为 δ_0。那么运行点由 a 点跃降到短路时功—角特性曲线 P_{II} 上的 b 点。达 b 点后，输入的机械功率 P_m 大于输出的电磁功率 $P_{\mathrm{II}b}$，过剩功率使转子开始加速，即 $\Delta\omega>0$，功率角 δ 开始增大，$\Delta\delta>0$，运行点将沿功—角特性曲线 P_{II} 移动，设经过一段时间，当功率增大至 δ_c 时，此时运行在 c 点，速度达最大 ω_c。若在 c 点时切除线路故障，在切除故障线路瞬间，δ 仍为 δ_c，运行点从 P_{II} 上的 c 点突升到 P_{III} 上的 e 点，此时速度仍为 ω_c。在达到 e 点后，机械功率 $P_m<P_{\mathrm{III}e}$（电磁功率），转子开始减速。由于 $\omega_e>\omega_N$ 及机组转子的惯性作用，则功率角 δ 还在增大，运行点沿 P_{III} 由 e 点向 f 点移动，当达 f 点时，其转速 $\omega_e=\omega_N$（同步转速），功率角 δ 不再继续增大，这时的功率角为最大功率角 δ_{max}。从 f 点向 e、

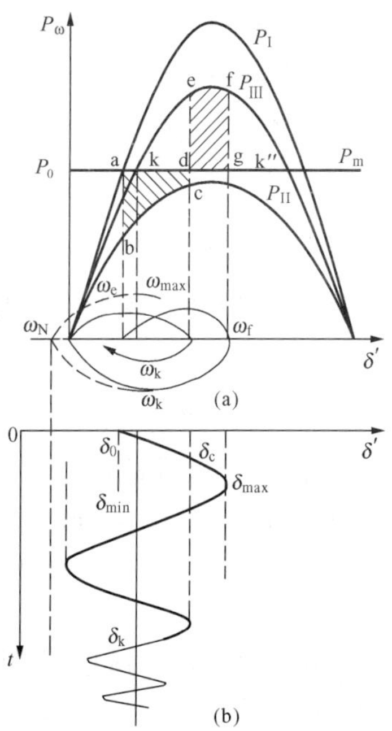

图 6-20　电力系统暂态稳定

(a) 功—角特性曲线；(b) 发电机摇摆曲线

k 点移动，功率角 δ 开始减小，在 k 点时有 $P_m = P_{\mathrm{III}k}$，加速度为 0。但由于转子机械惯性作用，功率角 δ 将继续减小，当过 k 点 $P_m > P_{\mathrm{III}}$，在不平衡功率为正值的作用下，转子开始加速，功率角 δ 由小到大，运行点沿功—角特性曲线 P_{III} 越过 k 点又达 f 点。如果振荡过程中没有任何阻尼作用，这种振荡将一直振荡下去。但事实上振荡过程中总有一定的阻尼作用，振荡逐步衰减，系统最后终于停留在一个新的运行点 k 继续同步运行，即为系统在大的扰动后可保持暂态稳定性。电力系统暂态稳定的过程如图 6-20 所示。

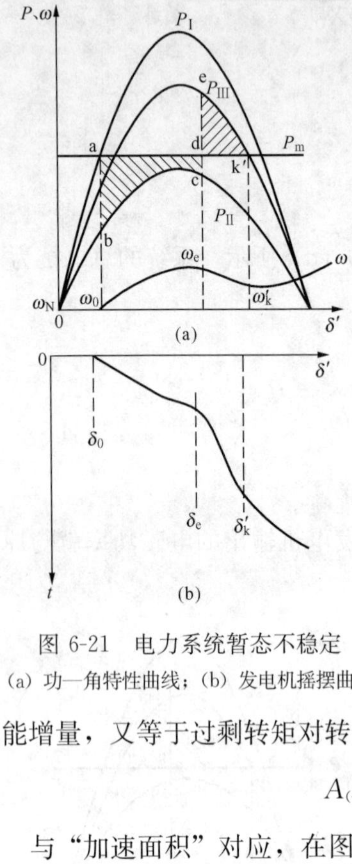

图 6-21　电力系统暂态不稳定

(a) 功—角特性曲线；(b) 发电机摇摆曲线

当短路故障切除的迟些，δ_c 更大时，在故障切除后，运行点沿曲线 P_{III} 不断向功率角增大的方向移动过程中，虽然转子在不断减速，但运行点到达曲线 P_{III} 上的 k′点时，转子的转速仍大于同步转速。于是，运行点就要越过 k′点，过了 k′点后，情况发生了逆转。由于 $P_m > P_{\mathrm{III}}$，发电机组转子又开始加速，而且加速度越来越大，功率角 δ 无限增大，发电机与系统之间将失去同步，系统暂态不稳定，其情况如图 6-21 所示。

二、等面积定则

图 6-20 中，在转子的角度从 δ_0 摇摆至 δ_c 的过程中，转子动能的增加是由于过剩功率的存在，它在数值上等于过剩功率对功角的积分，即图 6-20 中由 a—b—c—d 所围成的面积，通常称为“加速面积”，用算式表示为

$$F_{(+)} = \int_{\delta_0}^{\delta_c} (P_0 - P_{E'\max\mathrm{II}} \sin\delta') \mathrm{d}\delta'$$

由于转矩对角度的积分即等于此转矩所做的功，故上式的加速面积 $F_{(+)}$ 既代表转子在加速期间储存的动能增量，又等于过剩转矩对转子所做的功。如以 $A_{(+)}$ 表示这个功，则有

$$A_{(+)} = \int_{\delta_0}^{\delta_c} (P_0 - P_{E'\max\mathrm{II}} \sin\delta) \mathrm{d}\delta'$$

与“加速面积”对应，在图 6-20 中由 d—e—f—g 所围成的面积称为“减速面积”，以 $A_{(-)}$ 表示，或转子在减速期间所消耗的动能，因此

$$F_{(-)} = A_{(-)} = \int_{\delta_c}^{\delta_{\max}} (P_0 - P_{E'\max\mathrm{III}} \sin\delta) \mathrm{d}\delta'$$

式中　$P_{E'\max\mathrm{III}}$——短路故障切除后，功—角特性曲线的幅值。

在减速期间，当发电机转子耗尽了它在加速期间所储存的全部动能增量时，转子的相对转速 $\Delta\omega$ 等于零，这时转子停止相对运动，它的功角达到最大值 $\delta_{\max}$。所以在图 6-20 上可以应用下列算式来决定 $\delta_{\max}$ 之值，即 $F_{(+)} + F_{(-)} = 0$。

在图 6-20 上，最大减速面积显然等于 d—e—f—g 所围成的面积。如果这块面积小于加速面积，那么系统必定要失去稳定。所以，根据最大减速面积 $F_{(-)\max}$ 必须大于加速面积 $F_{(+)}$ 原则，即

$$F_{(-)\max} > F_{(+)} \tag{6-41}$$

可以判断电力系统是否具有暂态稳定性。或用加速面积 $F_{(+)}$ 等于减速面积 $F_{(-)}$ 判断电力系统是否具有暂态稳定性，即

$$F_{(+)}=F_{(-)} \tag{6-42}$$

式（6-42）称为等面积定则。

第九节　极限切除角与极限切除时间

从图 6-20 可以看出，切除角 δ_c 越小，加速面积就越小，最大减速面积就越大，保持稳定的可能性也就越大。反之，切除短路故障越迟缓，δ_c 越大，加速面积就增大，最大减速面积最小，保持稳定就越困难。因此，总可以找到一个 $\delta_{\rm clim}$，当在 $\delta_{\rm clim}$时切除短路故障，恰好能使最大减速面积同加速面积相等，也就是发电机组的相对转速刚好在功角抵达临界摇摆角 $\delta_{\rm cr}$时降到零值。这就是稳定的极限情况，故将 $\delta_{\rm clim}$叫做极限切除角。如图 6-22 所示，它可以根据等面积定则求得

$$F_{(+)}+F_{(-)}=F=\int_{\delta_0}^{\delta_{\rm clim}}(P_0-P_{{\rm E'max}\,\rm II}\sin\delta)\mathrm{d}\delta+\int_{\delta_{\rm clim}}^{\delta_{\rm cr}}(P_0-P_{{\rm E'max}\,\rm III}\sin\delta)\mathrm{d}\delta=0$$

解上式后可得

$$\cos\delta_{\rm clim}=\frac{P_0\ (\delta_{\rm cr}-\delta_0)\ +P_{{\rm E'max}\,\rm III}\cos\delta_{\rm cr}-P_{{\rm E'max}\,\rm II}\cos\delta_0}{P_{{\rm E'max}\,\rm III}-P_{{\rm E'max}\,\rm II}} \tag{6-43}$$

其中

$$\delta_0=\sin^{-1}\left(\frac{P_0}{P_{{\rm E'max}\,\rm I}}\right),\ \delta_{\rm cr}=\pi-\sin^{-1}\left(\frac{P_0}{P_{{\rm E'max}\,\rm III}}\right)$$

式（6-43）中的角度以弧度为单位。

根据式（6-43）求得极限切除角 $\delta_{\rm clim}$，但是并没有真正解决问题，因为对实用而言，需要知道的是：与这个极限切除角对应的时间——极限切除时间 $t_{\rm clim}$。

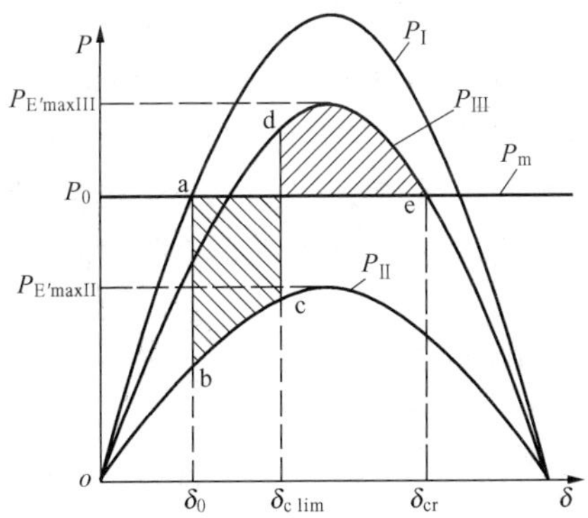

图 6-22　极限切除角

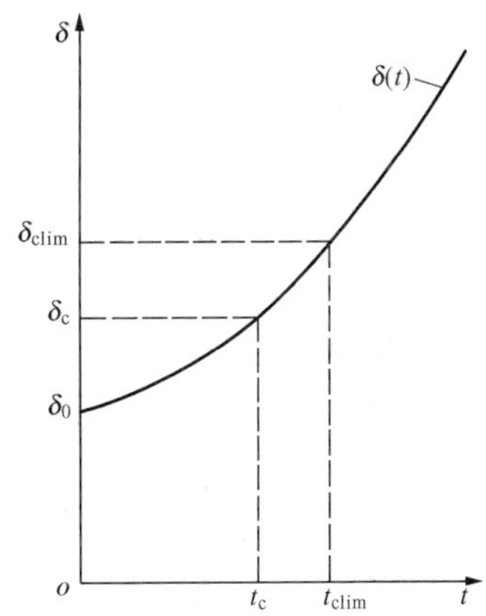

图 6-23　$\delta_{\rm clim}$与 $t_{\rm clim}$关系曲线

根据同步发电机组转子的运动方程

$$P_{\rm m}-P=\frac{T_{\rm J}}{360f}\frac{\mathrm{d}^2\delta}{\mathrm{d}t^2}$$

因为在分析稳定性问题时，近似假设原动机输入的机械功率是不变的，即 $P_{\rm m}=P_0$；发电机输出电功率则为 $P=P_{\rm E'max}\sin\delta$，于是

$$P_0-P_{E'max}\sin\delta=\frac{T_J}{360f}\times\frac{d^2\delta}{dt^2}$$

上式为非线性微分方程。应用“分段计算法”或“改进欧拉法”等方法求解该方程（这里不再进一步介绍），可得到功角对时间的变化曲线，如图 6-23 所示。在图 6-23 上，对应于极限切除角 δ_{clim} 的时间即为待求的极限切除的时间 t_{clim}。所以，极限切除时间即发电机组转子的角度从故障瞬间的起始角 δ_0 增大到极限切除角 δ_{clim} 所需的时间。这个极限切除时间 t_{clim} 对于选择或整定继电保护装置、选择开关电器等是十分重要的数据。

第十节　提高暂态稳定运行的措施

提高电力系统暂态稳定性的措施比提高电力系统静态稳定性的措施更多。对于同一个电力系统，保持急剧扰动下的暂态稳定总比保持微小扰动下的静态稳定更困难。提高电力系统暂态稳定的措施和提高静态稳定时不同，不是首先考虑缩短电气距离，而是首先考虑如何减少功率或能量差额的临时性措施。急剧扰动下系统的机械与电磁、负荷与电源的功率或能量差额比微小扰动大得多，而且这种扰动往往是暂时性的。如何采取措施以克服这种功率或能量平衡差额，是提高暂态稳定性的首要问题。

对于某一电力系统，究竟选择哪一种或哪几种措施较好，有时可能是明显的，或者为条件所限，并无选择余地；但一般来说，应该通过技术经济比较，找到合理的措施。

以下介绍提高暂态稳定的几种常用措施。

一、快速切除故障和自动重合闸

这是两种常常配合在一起使用的借减少功率或能量的差额提高暂态稳定性的措施，经济而有效，应首先考虑。

1. 快速切除故障

快速切除故障在提高暂态稳定性方面起着首要的、决定性的作用。由于快速切除故障，减少了加速面积，增加了减速面积，提高了发电厂之间并列运行的稳定性，如图 6-24 所示。另外，由于快速切除故障，使电动机的端电压迅速回升，减少了电动机失速、停顿的危险，提高了负荷的稳定性，如图 6-25 所示。图 6-25 中，M_I 为正常运行时异步电动机的电磁转矩，M_{II} 为故障时异步电动机的电磁转矩，M_m 为电动机所带负载的机械转矩。目前，已知能做到在短路发生后 0.06s 切除故障，其中 0.02s 为保护装置动作时间，0.04s 为断路器动作时间。

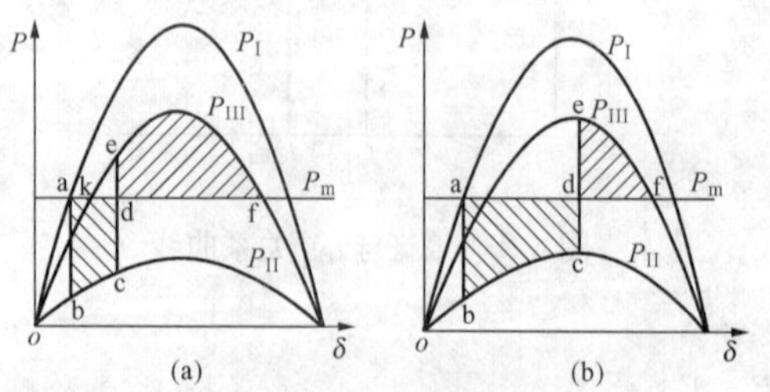

图 6-24　快速切除故障提高发电厂之间并列运行的稳定性

(a) 快速切除—稳定；(b) 慢速切除—不稳定

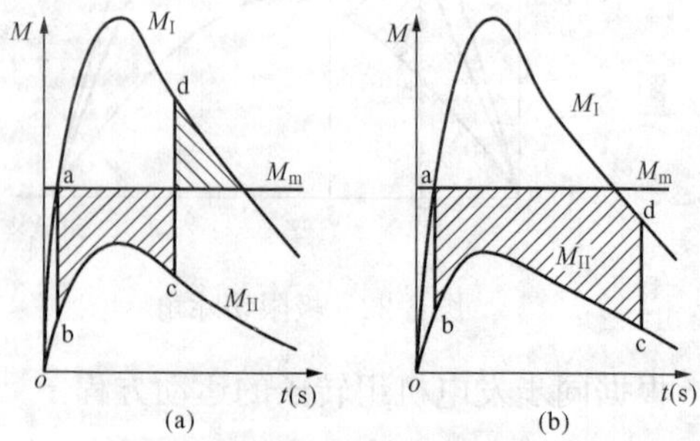

图 6-25　快速切除故障提高电动机负荷的稳定性

(a) 快速切除—稳定；(b) 慢速切除—不稳定

2. 自动重合闸

电力系统中的故障，特别是高压电力线路的故障，大多是瞬时性短路故障。采用自动重合闸装置不仅可以提高系统供电的可靠性，而且可以大大地提高系统的暂态稳定性。下面介绍双回路的三相重合闸和单回线路的单相重合闸，在提高电力系统暂态稳定方面的作用。

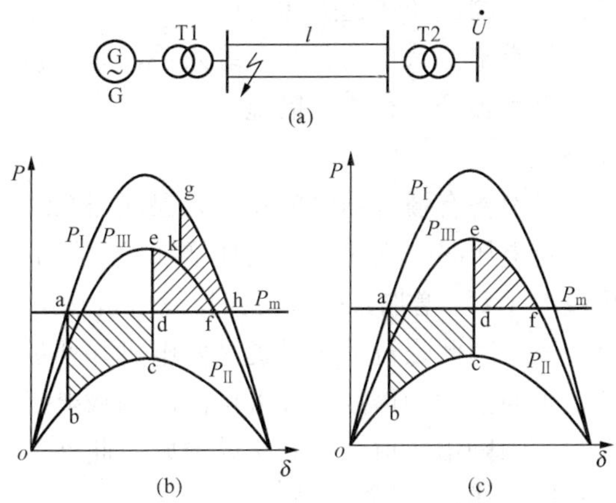

图 6-26　自动重合闸提高发电厂之间并列运行的稳定性

（a）接线图；（b）有三相重合闸；（c）无重合闸

（1）双回线路的三相重合闸。图 6-26（a）为简单电力系统的接线图，设这个系统中双回线路中的一回线路发生了瞬时性短路故障，有无三相自动重合闸运行情况的变化分别如图 6-26（b）、（c）所示。由图 6-26 可见，不装三相自动重合闸时，系统不能保持暂态稳定；而装设三相自动重合闸装置后，在运行点运行到 k 点时，如三相重合闸成功，则运行点将从 P_{III} 上的 k 点跃升到 P_{I} 上的 g 点，增加了减速面积 kghfk，很可能使最大减速面积大于加速面积，而保持电力系统的暂态稳定性。

重合闸的时间决定于故障点去游离的时间。如果在故障点的气体仍处在游离状态下，过早地重合，将引起再度燃弧，使重合不会成功，甚至还会扩大故障。这个去游离时间主要取决于线路的额定电压等级和故障电流的大小，电压愈高，故障电流愈大，去游离时间愈长。

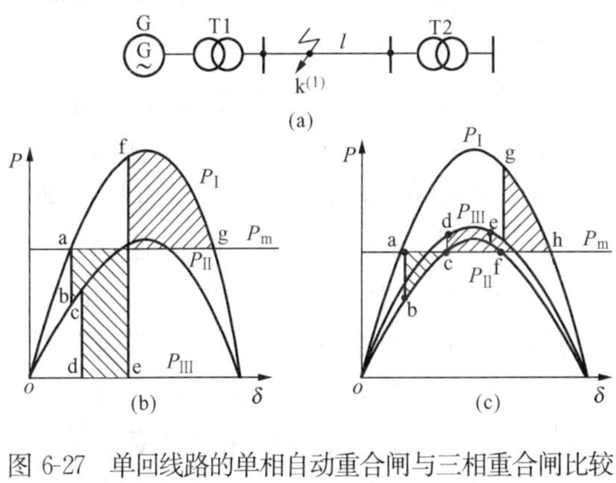

图 6-27　单回线路的单相自动重合闸与三相重合闸比较

（a）接线图；（b）三相重合闸；（c）单相重合闸

（2）单回线路的单相重合闸。对于超高压电力线路故障、90%以上是单相接地短路，而且大多为瞬时性的单相接地短路。对此可采用按相断开和按相重合的单相重合闸。这种自动重合闸装置可以自动地选择出故障相、切除故障，并完成重合闸。由于是切除了故障相而非三相，因此在切除故障至重合闸前的一段时间里，即使是单回线路，送端发电厂和受端系统也没有完全失去联系。因而就大大地减少了加速面积，如图 6-27（c）所示。图 6-27 中 P_{III} 为切除一相线路时功—角特性曲线。

根据实测数据，对于 220kV 输电线路，采用三相重合闸时，从故障切除到重合闸之间的时间间隙在 0.3s 以上时，不至于引起再燃弧；但采用按相重合闸时，由于故障切除后，带电的两相仍将通过导线之间的耦合向故障点继续供给电流，维持电弧继续燃烧，因此这个时间间隙就要长得多。

显然，单相重合闸对提高负荷的稳定性也是有利的。因重合成功会使系统电源充足，易满足负荷的要求，从而保证了负荷运行的稳定。

二、强行励磁和快速关闭汽门

这两种措施是从自动调节系统入手，通过减少功率或能量的差额来提高电力系统的暂态稳定性，也是很经济有效的措施。

1. 强行励磁

发电机都备有强行励磁装置，以保证当系统发生故障而使发电机端电压 U_G 低于 85%～90%的额定电压时，迅速大幅度地增加发电机的励磁电流 i_f，从而使发电机空载电动势 E_q、发电机端电压 U_G 增加，一般可保持发电机端电压 U_G 为恒定值。这样也增加了发电机输出的电磁功率。因此强行励磁对提高发电机并列运行和负荷的暂态稳定性都是很有利的。强行励磁的效果与强励的倍数（最大可能的励磁电压与发电机在额定条件下运行时的励磁电压之比）有关，强励倍数愈大，效果就愈好。此外，强行励磁的效果还与强行励磁的速度有关，强励磁速度愈快，效果就愈好。

由于强行励磁作用，可使发电机的励磁电流 i_f 增大 3～5 倍，时间长了会使发电机转子励磁绕组过热。此外强励时还增大了短路电流。这些都应给予足够的重视。

2. 快速关闭原动机汽门

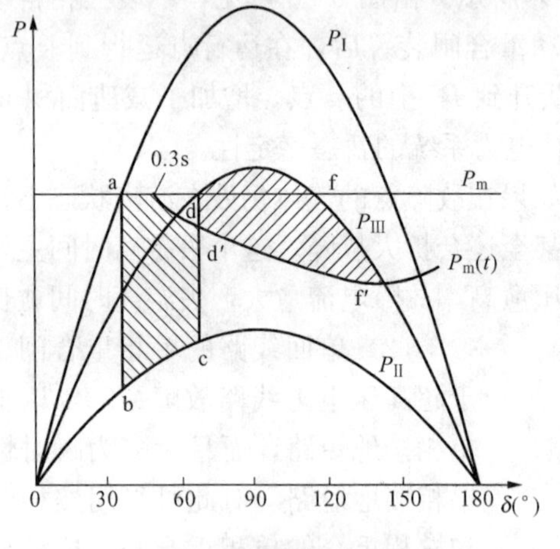

图 6-28 快速控制调节汽门可以提高暂态稳定

快速关闭汽门可提高电力系统的暂态稳定性。由于快速改变原动机的功率对提高暂态稳定性有良好的作用，而现在调节器又很难满足要求，因此，提出了原动机的故障调节。所谓故障调节，就是利用一些特殊设备，在系统故障时，根据故障的情况，快速地调节原动机的功率。目前已在使用汽轮发电机的快速动作汽门（汽门动作可有 0.3s 内关闭 50%以上的功率，主要在大型机组中应用）。快速动作汽门对暂态稳定的影响如图 6-28 所示。从图 6-28 可以看到，没有快速动作汽门时，系统是不稳定的。有快速动作汽门时，如果发生短路，保护装置或专门的检测控制装置使快速汽门动作，则原动机的功率迅速下降，以减小加速面积，增大了减速面积，从而保持暂态稳定。为了减小发电机振荡幅度，可以在功角开始减小时重新开放汽门。

必须指出，水轮机在迅速关闭或打开导水叶片时，导管中水压迅速上升或下降而产生的水锤（水锤即骤然升高的水击现象）影响比较突出，因此水轮发电机组借调速系统以提高系统的暂态稳定中可认为机械功率 P_m 为定值。

三、电气制动和变压器中性点经小电阻接地

这些都是用消耗能量的办法减少能量的不平衡，以提高电力系统暂态稳定性的措施，但要增加投资。

1. 电气制动

当电力系统中发生短路时，发电机输出的有功功率急剧减少，发电机组因功率过剩而加速，如能迅速投入制动电阻，消耗发电机组的有功功率以制动发电机，使发电机不失步，仍能同步运行，从而提高了电力系统的暂态稳定性。

电气制动的接线如图6-29（a)所示。正常运行时断路器QF处于断开状态，当短路故障发生后，立即闭合QF而投入制动电阻R。这样就可以消耗发电机组中过剩的有功功率，从而限制发电机组的加速，使其能同步运行，从而提高了发电机并列运行的暂态稳定性。电气制动的作用也可用等面积定则来解释。图6-29(b)、(c）比较了有无电气制动的情况。在作此图时，认为短路故障发生后瞬时投入制动电阻，切除故障时，也即切除电阻。

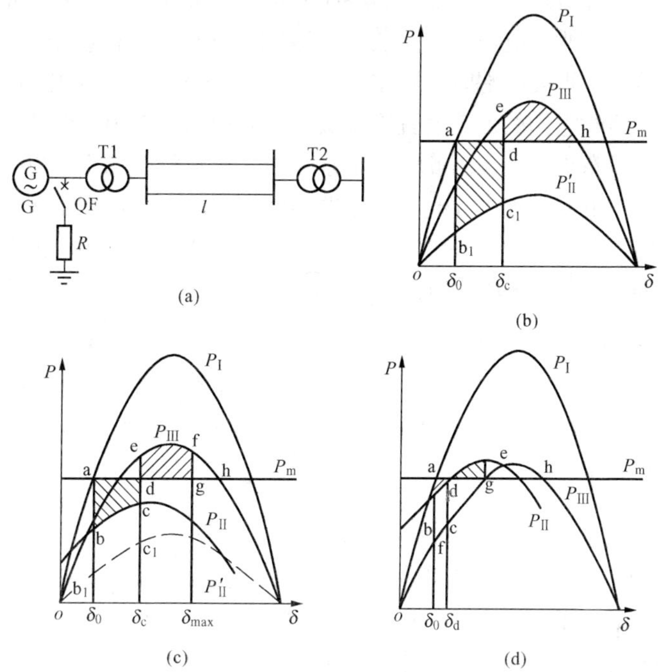

图6-29　电气制动提高发电机并列运行的稳定性

（a）接线图；（b）无电气制动；（c）有电气制动；（d）过制动

由图6-29（b）、（c）可见，在切除故障角δ_c不变时，由于有了电气制动，减少了加速面积bb_1c_1cb，使原来不能保持的暂态稳定性，变为可以保持暂态稳定性。在图6-29（c)中P_{II}为有制动时故障后功—角特性曲线，是将P'_{II}向上移动一个距离，向左移动一个相位角的结果。

运用电气制动提高暂态稳定性时，制动电阻的大小及其投切时间要选择得恰当。否则，或者会发生所谓的欠制动，即制动作用过小，发电机仍要失步；或者会发生过制动，却制动过大，发电机虽在第一次振荡中没有失步，却在切除故障和切除制动电阻后的第二次振荡中或以后失步了。过制动现象也可用等面积定则解释。因此在考虑某个具体电力系统中如何使用电气制动时，应通过一系列计算，求出不同输送功率下制动电阻的上下限和投切时间，然后选择一个恰当的方案。

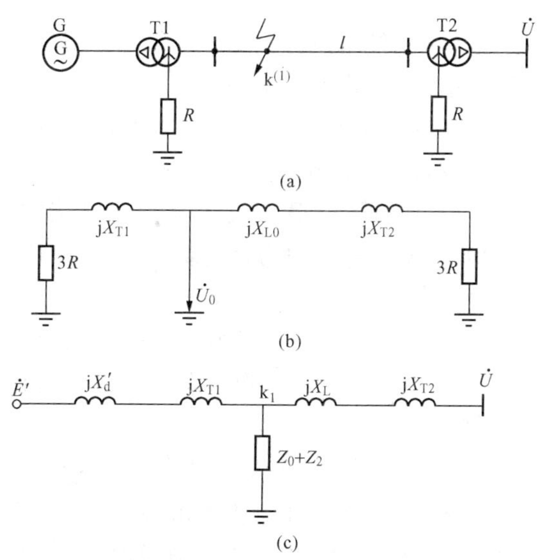

图6-30　变压器中性点经小电阻接地接线图

（a）接线图；（b）零序网络；（c）短路时的复合网络

2．变压器中性点经小电阻接地

变压器中性点经小电阻接地就是对接地性短路故障的电气制动。变压器中性点经小电阻接地的接线图，如图6-30（a）所示，在k点发生了接地性不对称短路，短路电流的零序分量回路如图 6-30（b）所示。短路电流的零序分量通过变压器中性点所接电阻 R 时，将产生有功功率损耗。在短路靠近送电端时，它主要由送电端发电厂供给；接近受电端时，则主要由受电端系统供给。送电端发电机由于要供给这部分功率损耗，短路时它们的加速度就要减缓，或者说这些电阻中的功率损耗起了制动作用，因而提高了系统的暂态稳定性。因此对于不是无限大容量母线的实际电力系统，一般只在送端变压器中性点接入小电阻。如果在受端变压器中性点接小电阻，则由于电阻上的功率消耗，大部分将由受端发电机负担，使本来处于减速的受端发电机加重负担，恶化了系统的暂态稳定性。

对于不同类型短路时附加阻抗如下。

$k^{(1)}$时 $$Z_D^{(1)}=Z_2+Z_0=jX_{2\Sigma}+R_{0\Sigma}+jX_{0\Sigma}$$

$k^{(1,1)}$时 $$Z_D^{(1,1)}=\frac{jX_{2\Sigma}\ (R_{0\Sigma}+jX_{0\Sigma})}{jX_{2\Sigma}+\ (R_{0\Sigma}+jX_{0\Sigma})}$$

$k^{(2)}$时 $$Z_D^{(2)}=Z_2=jX_{2\Sigma}$$

$k^{(3)}$时 $$Z_D^{(3)}=0$$

由上可见，R 只在 $k^{(1)}$、$k^{(1,1)}$时才起制动作用。

此方法在故障时，功—角特性曲线将向上向左移动，功率极限提高了，有利于提高系统暂态稳定性，其情况类似图 6-29（c）所示。

中性点连接的小电阻和连接三相上的制动电阻不完全相同，它的制动作用因短路点距送、受端的远近及短路的种类而异。因此在考虑某个具体系统中如何使用这一个措施，也应通过一系列计算方能确定适当的电阻值。

变压器中性点所接的用以提高系统暂态稳定性的小电阻或小电抗的数值很小，若以变压器的额定容量为基准，其电阻或电抗百分数一般不超过百分之几，因此并不改变电力系统中性点工作方式的性质。

四、合理选择电力系统的运行接线

电力系统运行接线的确定，与许多因素有关，如系统本身的结构、运行的经济性、安全可靠性等。接线方式对电力系统运行的稳定性也有很大的影响，必须合理选择。

在电力系统中，远方发电厂向系统中心输电常常采用多回路输电方式。但运行中，可以选择并联接线和分组接线两种方式。如图 6-31 所示，当开关 QF1 、QF2 投入时为并联接线方式；QF1、QF2 断开时为分组接线方式。

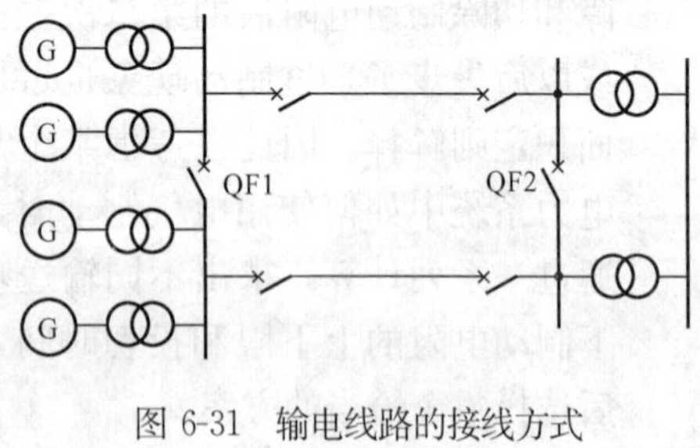

图 6-31 输电线路的接线方式

如果两种接线方式下发电机输出的功率相同，则从静态稳定来说，两种接线方式是一样的。但从故障和暂态稳定方面来说，两种接线方式各有特点。

并联接线方式的主要优点是，一回路因故障被切除后，仍能通过另一回路把功率送到系统中去，系统不会失去电源。它的主要缺点在于，线路送端发生短路故障时所有发电机都要受到很大的扰动，大大地增加了保持暂态稳定的困难，而且还可能因非故障线路的过负荷而导致事故的扩大，都会使系统出现较大的功率缺额，从而导致对部分用户的中断供电。

分组接线的优缺点正好与并联接线相反。当线路送端发生故障时，对无故障组的影响很小，可以大大改善暂态稳定，甚至可以按静态稳定条件来确定正常输送的功率。但分组接线在线路故障之后，由于线路被切除系统因而失去部分电源。如果系统有功容量备用不足，会使系统出现较大功率缺额，从而导致对部分用户的中断供电。上述两种接线方式的选择，应根据具体情况合理决定。也可以根据运行方式及输送功率的大小，在不同时间采用不同的接线方式。

五、连锁切机和切除部分负荷

连锁切机是简单易行的提高稳定运行的措施，但连锁切除发电厂的部分发电机组，意味着系统内暂时丧失了部分能源，如果受端系统备用电源不足，会引起系统的频率下降。因此，使用时应考虑同时要连锁切除受端系统的部分负荷，以维持系统频率的相对稳定。

所谓连锁切机，就是在输电线路发生事故跳闸或重合闸不成功时，连锁切除线路送电端发电厂的部分发电机组。图 6-32（a）表示某一电力系统的接线图，图 6-32（b）为该系统在各种运行情况的功—角特性曲线。正常运行时，发电机运行点在功角特性曲线 P_{I} 上的1 点；当线路的送电端 A 点发生短路故障时，运行点从 1 点转移到功—角特性曲线 P_{II} 上的 2 点；当故障延续 t_1s 后，故障线路被切除，运行点从 3 点转移到功—角特性曲线 P_{III} 上的 5 点；再延迟某一时间段后，连锁切除发电厂内一台或几台机组，此时由于发电机的等效电抗增大，切机后的功—角特性曲线下降为 P'_{III}，运行点从 6 点转移到 7 点，但由于切除了发电机组，原动机的输入功率也从 P_{m} 降到 P'_{m}，结果使减速面积反而增大，从而提高了系统的暂态稳定性。

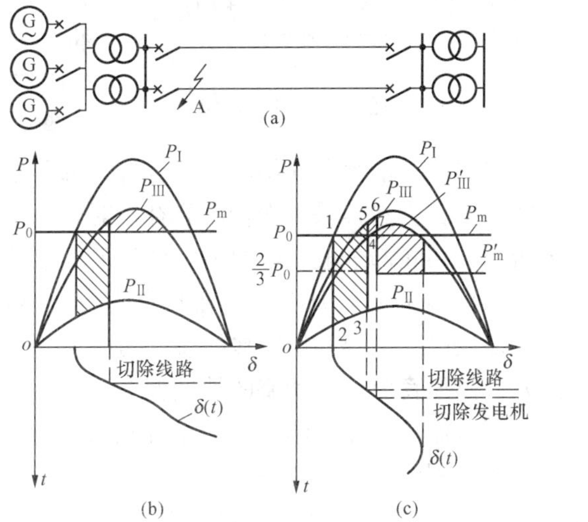

图 6-32 连锁切机提高发电厂并列运行暂态稳定

（a）接线图；（b）不切除发电机；（c）切除一台发电机

六、设置开关站

对双回路的输电线路，故障切除一回路后，线路阻抗增大一倍，故障后的功率极限要降低很多。这种情况，对暂态稳定和故障后的静态稳定都是不利的。超高压远距离输电线的阻抗占系统总阻抗的比例很大，这种影响就更大了。如果在线路中间设置开关站，把线路分成两段，故障时仅切除一段线路，如图 6-33 所示，则线路阻抗就增加得较少。不仅提高了发生故障时的暂态稳定性，而且能提高故障后的静态稳定性，改善故障后的电压质量。

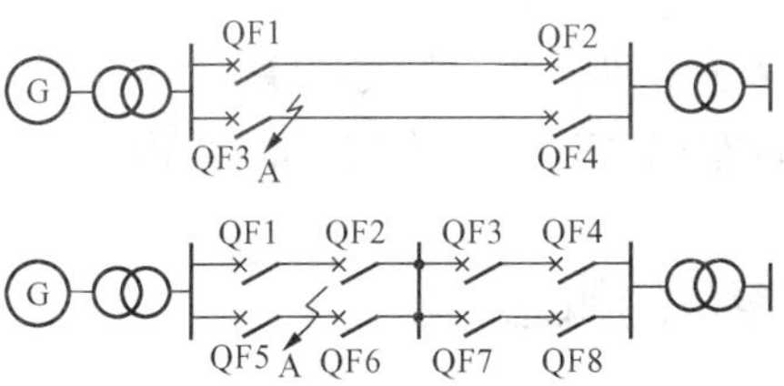

图 6-33 输电线路设置开关站

设置开关站增加了电力网的投资费用和运行费用，因此，应从技术与经济两方面综合确定开关站的数目。过多地建设开关站在经济上是不合理的。一般对于长度为 300～500km 的输电线路，开关站以一个为宜。开关站的数目及分布位置，还可以结合串联电容补偿、并联电抗补偿的分布统一考虑。

设置开关站的地点，还应考虑到沿线路负荷的发展，尽可能设置在远景规划中拟建中间变电所的地方；开关站的接线、布置应兼顾到便于扩建为变电所的可能性。

七、采用强行串联电容补偿

为了提高电力系统正常运行时的静态稳定性，改善正常运行时的电压质量，如果已经在输电线路上设置串联电容补偿，那么为了系统的暂态稳定性和故障后的静态稳定性，以及改善故障后的电压质量，可以考虑采用强行串联电容补偿。所谓强行串联电容补偿，就是在切除故障线段的同时切除部分并联着的电容器组，如图 6-34 所示。部分并联电容器后，增大了补偿电容的容抗，部分地甚至全部地补偿了由于切除故障线段而增加的线路感抗。当然，采用强行串联补偿时，电容器组的额定电流应比不采用强行串联补偿时大，否则，切除部分电容器组后，留下的电容器将过负荷。

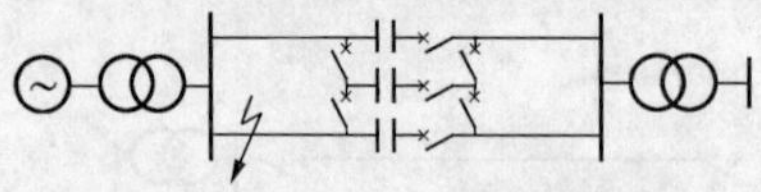

图 6-34 强行串联电容补偿

由图 6-34 可见，从节约设备投资出发，强行串联电容补偿的接线，应与开关站或中间变电所以及串联电容补偿的接线统一考虑。

八、高压直流输电功率的快速调节

高压直流输电作为两大电力系统互联的重要手段，在我国已逐步地得到应用，如华中电网与华东电网的 500kV 超高压直流联络。高压直流输电的传输功率，可以通过阀控快速地调节（增大或减小）。当交流电力系统发生故障时，利用高压直流传输功率的快速调节，对提高非同步（指两系统间仅通过高压直流线路互联）和同步（指两系统间既有高压直流线路，又有高压交流线路互联）互联电力系统的稳定性，具有良好的效果。

调控信号（包括功率调节量的大小、方向、持续时间等）的选择是至关重要的，应由故障发生的地点、类型等信息综合后得出。

对于非同步互联系统，当送端发生交流系统短路故障，为确保送端系统的稳定性而进行高压直流输电功率快速调节，若为增大传输功率，即受端系统相当于负荷增加，则对送端系统来说相当于电气制动；若为减小传输功率，即受端系统相当于负荷减少，则对送端系统来说相当于切除有功负荷。当然，高压直流输电功率快速调节，将对无故障的受端电力系统的频率产生影响，频率波动的大小由受端系统的动态频率特性确定。

对于同步的互联系统，当交流电力系统发生故障，特别是两系统间的交流联络线发生故障时，采用高压直流输电功率快速调节，对保持整个互联系统的暂态稳定性，将会有更重要的作用。

第十一节 电力系统振荡的概念

这里讲的振荡是指系统失去稳定后引起的剧烈振荡。本节主要讲失步运行情况、振荡现象、振荡的处理即再同步条件、措施。

一、发电机失步后的运行情况

如果电力系统由于某种原因，稳定运行的条件不满足，使系统的稳定运行破坏以后，系统内的发电机将失步而转入异步运行状态，引起系统剧烈振荡。

当发电机转速偏离同步转速时，它的转子相对于定子磁场就要产生相对运动，转子上所有闭合绕组便要感生电流。感生电流所建立的磁场与定子磁场相互作用，产生了一定的附加转矩。这部分转矩（或功率）称为异步转矩（或功率）。

图 6-35（a）所示为一简单电力系统，当输电线路送电端一回线发生瞬时性接地故障时，假设断路器跳闸并重合成功，但因故障切除时间较长，减速面积(c′defg)小于加速面积(abcc′a)，如图 6-35（b）所示，该系统仍将失去暂态稳定。当送电端发电机的运行点越过 g 点以后，即由同步运行状态过渡到异步运行状态。在转入异步运行状态过程中，当 $s>0$，$P_{as\cdot av}>0$，发电机向系统送出异步功率 $P_{as\cdot av}$。转差率 s 逐渐增大$\left[s\ (\%)=\dfrac{\omega-\omega_0}{\omega_0}\times100=\dfrac{\upsilon}{\omega_0}\times100\right]$，发电机的异步功率 $P_{as.av}$ 也逐渐增大，同时，由于转差率 s 的增大，即原动机的转速增大，调速器开始动作，原动机的输入功率 P_m 逐渐减少。

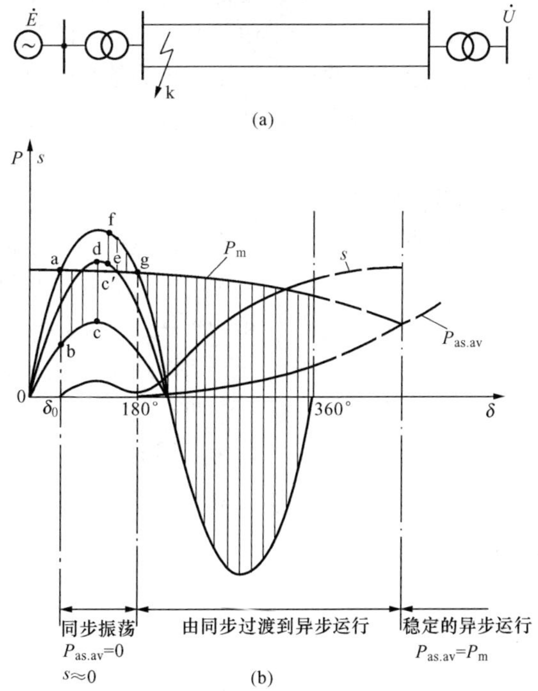

图 6-35　稳定破坏后同步发电机转入异步运行的情况

（a）系统接线图；（b）异步运行情况

当 $s=s_\infty$ 时（s_∞ 代表稳定异步运行的转差率），原动机输入的功率 P_m 等于发电机输出的异步功率 $P_{as.av}$，发电机便进入了异步运行的稳定状态，如图 6-35（b）和图 6-36 所示。

发电机转入异步运行时，其输出除异步功率 $P_{as.av}$ 外，还有同步功率 $P_{syn}=\dfrac{E'U}{X_\Sigma}\sin\ (\omega t+\delta_0)$。同步功率 P_{syn} 与隐极发电机的功率 P_{Eq} 表达式（6-15）不同之处是表达式中以转差为角频率做周期变化，它的平均值为零。因此，它不能向系统输送能量。但是，这种幅值很大的交变功率将对系统产生强烈的扰动，并使发电机转子受到很大的扭矩，这就是它的危害性。

由于转差率 s 不为零，功角 δ 将不断地改变，因而同步功率 P_{syn} 随着 δ 做周期性变化，如图 6-37（a）所示。这样，发电机总的输出功率为一脉动功率（$P_{syn}+P_{as.av}$），因而机组的

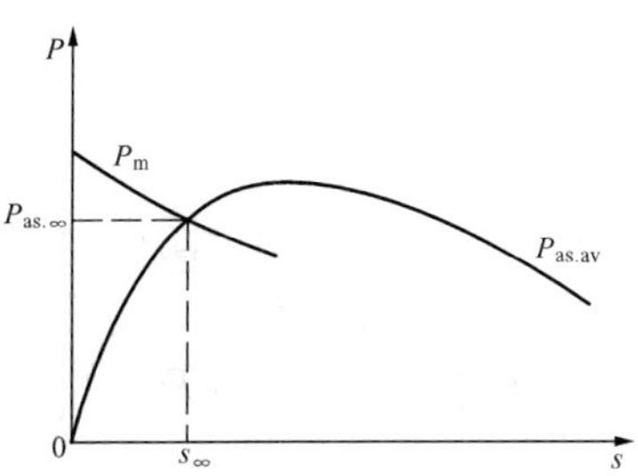

图 6-36　发电机输入功率与其异步功率平衡

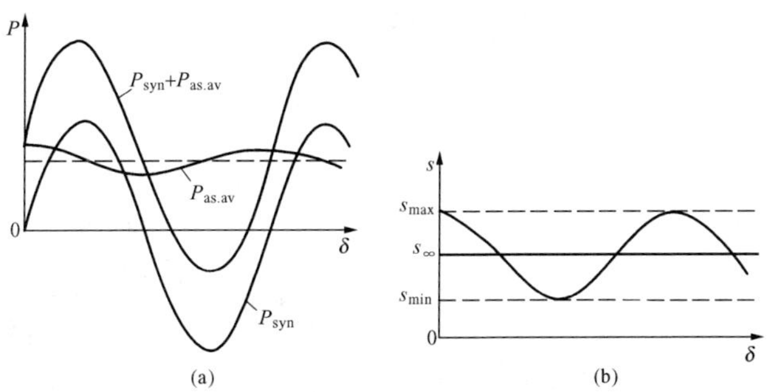

图 6-37　$P-\delta$ 曲线与 $s-\delta$ 曲线

（a）$P-\delta$ 曲线；（b）$s-\delta$ 曲线

转速也不会恒定，其转差 s 将随功角 δ 在 s_{max} 和 s_{min} 之间变化，如图 6-37（b）所示。

试验结果表明：大多数汽轮发电机可带 70%～80%的额定容量的负荷在异步情况下运行 15～30min 。这是由于发电机异步运行时转差率不大，转子中感应电流引起的损耗不会明显超过同步运行时的额定损耗，排除了转子过热的危险。这样，当汽轮发电机失步，转入异步运行后，就不必将发电机立即解列，而可以由值班人员采取适当措施，将发电机再拉入同步。

二、振荡的特征

由以上分析可知，当电力系统因发电机失步而发生剧烈振荡时，各发电机和系统联络线上的功率、电流以及某些节点的电压将有不同程度的周期性变化。连接于失去同步的发电厂或系统的联络线上的电流表和功率表指针摆动得最厉害，振荡中心的电压周期性地降到零值，对于发电机来说，相当于周期性地承受三相短路的冲击，发电机将发出不正常的、有节奏的鸣声，其节奏与上述摆动周期相同。

为了阐明上述振荡特性，现以图 6-35 所示的简单电力系统为例来分析。为了简明扼要突出问题的本质，在此假设 $\dot{U}=U\angle 0°$，$\dot{E}=E\angle\delta$，且 $E=U$。发生振荡时，作用于整个回路的电动势为

$$\Delta\dot{E}=\dot{E}-\dot{U}=E\ (\angle\delta-\angle 0°)\ =2\mathrm{j}E\sin\frac{1}{2}\delta\angle 0.5\delta \tag{6-44}$$

在这一电动势作用下，电力系统内的平衡电流为

$$\dot{I}=\frac{\Delta\dot{E}}{\mathrm{j}X_{\Sigma}}=2\left(\frac{E}{X_{\Sigma}}\right)\sin\frac{1}{2}\delta\angle 0.5\delta \tag{6-45}$$

此时，系统内任一点 p 的电压为

$$\begin{aligned}\dot{U}_{\mathrm{p}}&=E\angle\delta-\dot{I}\ (\mathrm{j}X_{\Sigma}-\mathrm{j}X_{\mathrm{PU}})\ =E\angle\delta-\mathrm{j}\ \dot{I}\left(\frac{1}{2}X_{\Sigma}-X_{\mathrm{Pk}}\right)\\&=E\left(\cos\frac{1}{2}\delta+\mathrm{j}2\frac{X_{\mathrm{pk}}}{X_{\Sigma}}\sin\frac{1}{2}\delta\right)\angle 0.5\delta\end{aligned} \tag{6-46}$$

在图 6-36 中 k 点为振荡中心，它位于$\frac{1}{2}X_{\Sigma}$处。如果从式（6-46）求振荡中心 k 点的电压，则应使 $X_{\mathrm{pk}}=0$，于是得

$$\dot{U}_{\mathrm{k}}=E\cos\frac{1}{2}\delta\angle 0.5\delta \tag{6-47}$$

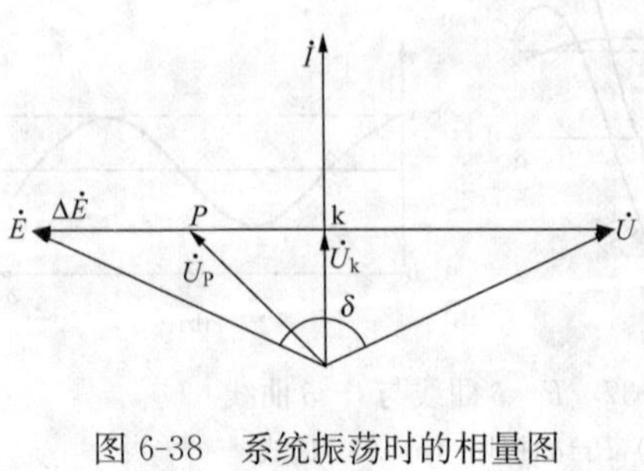

图 6-38　系统振荡时的相量图

与以上各电量的表达式对应的相量图如图 6-38 所示。从这些电气量的表达式可以看到，当系统发生振荡时，系统内任一点的电压、电流及其相位角均发生振荡。

如果只要求计算系统振荡时各电气量的绝对值，则式（6-44）～式（6-47）可简化为

$$\left.\begin{aligned}\Delta E&=2E\sin\frac{1}{2}\delta\\ I&=2\left(\frac{E}{X_{\Sigma}}\right)\sin\frac{1}{2}\delta\\ U_{p}&=E\sqrt{\cos^{2}\frac{1}{2}\delta+\left(2\frac{X_{pk}}{X_{\Sigma}}\sin\frac{1}{2}\delta\right)^{2}}\\ U_{k}&=E\cos\frac{1}{2}\delta\end{aligned}\right\}\tag{6-48}$$

从式（6-48）可知，系统振荡时，最严重的时刻是 $\delta=(2n+1)\pi$ 时，此时 $\Delta E=2E$、$I=\frac{2E}{X_{\Sigma}}$、$U_{p}=2E\left(\frac{X_{pk}}{X_{\Sigma}}\right)$、$U_{k}=0$，这相当于在振荡中心发生三相短路，该点的电压为零，电流为最大；当 $\delta=2n\pi$ 时，则 $\Delta E=0$、$I=0$、$U_{p}=U_{k}=E$。所以，振荡中心处的电压在 $0\sim E$ 之间周期性的变动，这对附近的用户威胁是很大的。

在振荡时，电力系统内没有统一的频率，系统原来的送电端频率高，受电端频率低，设送电端频率 f_1，受电端频率为 f_0，则送电端和受电端的等值发电机的角速度分别为 $\omega_1=2\pi f_1$ 和 $\omega_0=2\pi f_0$，角速度之差为（$\omega_1-\omega_0$）。

若设 $\omega_1-\omega_0=\frac{2\pi}{T}$，则振荡周期 T 为

$$T=\frac{2\pi}{\omega_1-\omega_0}=\frac{1}{f_1-f_0}$$

或

$$T=\frac{1}{\Delta f}\tag{6-49}$$

式中　Δf——振荡时，送电端与受电端的频率差。

电力系统振荡时，电流、功率等表计的指针做周期性的摆动，如果数出某一时间 Δt（s）内表计摆动的周次数 N，则可由式（6-50）求出振荡周期

$$T=\frac{\Delta t}{N}=\frac{1}{\Delta f}\tag{6-50}$$

三、振荡的处理

1. 再同步

系统发生振荡以后，必须采取措施尽快恢复同步。恢复再同步的必要条件是：第一，发电机能否抵达同步速度，即发电机的转差瞬间时值能否经过零值；第二，在抵达同步速度之后，能否不失步地过渡到稳定的同步运行状态。

这样就要设法使两端系统的频率相同，即设法使转差率 s 过零值。因此，送端系统应尽快减小发电机的出力，同时增加受端发电机的出力。降低送端系统的频率时，应不低于48～49Hz,即要高于系统内低频率减负荷装置最高一级的定值。当受端系统没有备用容量可用来提高频率时，切除部分负荷，使受端系统的频率回升，同时应尽量增加发电机的励磁电流和系统电压，使 E_q、U 增大，使发电机的同步功率的幅值增大，从而使转差率的瞬时值的幅值增大。振荡系统内转差率的平均值 s_w 尽量减小，并增大转差率的脉动幅值，就有可能使转差率 s 过零值，如图 6-37 所示。这就有了拉入再同步的条件。

实际运行经验证明，当转差率达零值时，一般都能再同步成功，不会较长时间停留在异步运行状态。

2. 解列

当系统发生振荡后，在一定时间内不能使之再同步时，则应考虑采用系统解列的措施。实际运行经验证明，在顺利的条件下，仅需 1～2min 甚至更短的时间就能实现从人工再同步。因此，一般规定：3～4min 如仍未实现人工再同步时，就应在事先规定的解列点将系统解列。解列点的选择，应使振荡的系统完全分离，并保证解列后各部分系统的功率尽量平衡，以防止解列各部分系统的频率和电压发生大幅值度变化；同时，要考虑便于进行恢复同步的并列操作。

小　　结

电力系统正常运行的必要条件是，所有同步电机必须同步运转，即具有相同的电角速度。电力系统稳定性，通常是指电力系统受到小的或大的扰动后，所有的同步电机能否继续保持同步运行的问题。

随着电力系统的发展和扩大，电能的远距离输送，电力系统运行的稳定性问题，就成为影响整个电力系统安全、可靠运行的更为突出的重要因素，稳定问题愈来愈严重。当系统发生三相短路时，其对系统稳定运行威胁最大。

在电力系统的规划和实际运行中，都必须进行稳定性校验，在不满足要求时，应采取必要的措施，确保系统具有符合规定的稳定性。

功角 δ 在电力系统稳定性的分析中具有十分重要的意义。它既是两台发电机电动势间的相位差，又是用电角度表示的两台发电机转子间的相对位移角。δ 角随时间变化的规律反映了同步发电机转子间相对运动的特征，是判断电力系统同步运行稳定性的依据。

发电机转子运动方程是研究电力系统稳定性的一个基本方程。当输入功率大于输出的电功率时，机组加速；反之，机组减速。转子运动方程 $P_m - P_{Eq} \approx T_J \dfrac{d^2\delta}{dt^2}$ 或 $\Delta P_* \approx \dfrac{T_J}{360 f_N} \dfrac{d^2\delta}{dt^2}$ 是用于定量分析稳定性问题的重要方程。

隐极机功角特性方程：

（1）$P_{Eq} = \dfrac{E_q U}{X_{d\Sigma}} \sin\delta$，此方程用于静态稳定性的分析；

（2）$P_{E'q} = \dfrac{E'_q U}{X'_{d\Sigma}} \sin\delta$，此方程用于自动调节励磁作用时提高稳定性的分析及暂态稳定性的分析；

（3）$P_{U_G} = \dfrac{U_G U}{X_{T.L}} \sin\delta$，此方程用于自动调节励磁作用时提高稳定性的分析；

（4）$P_{E'} = \dfrac{E' U}{X'_{d\Sigma}} \sin\delta'$，此方程用于暂态稳定性的分析。

其中电动势、电抗及角度的对应关系是：

$$E' \to X'_{d\Sigma} \to \delta',\quad E_{E'q} \to X_{d\Sigma} \to \delta$$

$$E'_q \to X'_{d\Sigma} \to \delta,\quad U_G \to X_{T.L} \to \delta$$

静态稳定性是指电力系统在运行中受到微小扰动后，能够恢复到它原来运行状态的能力。对于简单电力系统，可以用 $dP/d\delta > 0$ 作为此运行状态具有静态稳定的判据，是第一个静态稳定判据。$\frac{d\Delta Q}{dU}<0$，是系统电压稳定性的判据，是第二个静态稳定判据。

功率极限是指发电机功率特性的最大值；稳定极限是指保持静态稳定下发电机所能输送的最大功率，必须严格区分这两个重要的概念。

自动励磁调节器可以提高功率极限和稳定运行范围。由于调节器的某些环节会产生负阻尼作用，当发电机输出功率增大（或运行状态改变）到一定程度，调节器的负阻尼完全抵消并超过系统固有的正阻尼，使系统等效阻尼为负值时，系统将自发振荡而失去静态稳定，这使励磁调节器提高稳定性的效果受到限制。由此得出，改进和发展励磁调节器的重要目标之一是尽可能地削弱和消除励磁调节器产生的负阻尼效应。

缩短“电气距离”、提高输电线路电压及改善电力线路结构都是提高静态稳定的措施。

暂态稳定性是指电力系统受到大扰动时，能过渡到新的或恢复到它原有的运行状况能力。

等面积定则是基于能量守恒原理导出的。发电机受大扰动后转子将产生相对运动，当代表动能增量的加速面积与减速面积相等时，转子的相对速度达到零值。应用等面积定则，可以确定发电机受扰动后转子相对角的振荡幅度，即确定最大和最小摇摆角 δ_{max} 和 δ_{min}，可以判断发电机能否保持暂态稳定。

极限切除时间 t_{clim} 对于选择或整定继电保护装置，选择开关、电器等，是十分重要的数据。

提高电力系统暂态稳定性的措施比提高电力系统静态稳定性的措施更多，首先考虑如何减少功率或能量差额的临时性措施。

发电机失步而进入异步运行后发生剧烈振荡时，振荡中心相当于三相短路，且是周期性的。系统发生振荡时，可采取措施拉入同步，不必马上解列。无法同步时，应按事先安排好的解列点解列。

习　　题

6-1　为什么大型电力系统运行的稳定性成问题，而小型电力系统运行的稳定性问题则不成为问题？

6-2　什么叫电力系统的静态稳定性？电力系统静态稳定的实用判据是什么？

6-3　电力系统静态稳定的储备系数和整步功率系数是什么？

6-4　什么是小扰动法的基本理论？其实质是什么？

6-5　简述用小扰动法如何分析简单电力系统的静态稳定性的步骤。

6-6　如何利用线性化后转子运动方程特征方程的根的特点，判断系统的静态稳定性？

6-7　具有负阻尼的电力系统为什么不能稳定运行？

6-8　什么是电力系统的电压稳定性？其判据是什么？

6-9　什么是电力系统的频率稳定性？其判据是什么？

6-10　异步电动机稳定运行的转矩—转差率的判据是什么？为什么？

6-11　自动调节励磁对电力系统的静态稳定性有何影响？

6-12　试求切除［例 6-1］所述的电力系统的一回线路时，静态稳定储备系数 k_P（%）。

6-13　发电机采用自动调节励磁装置，对电力系统运行的稳定性有何作用？

6-14　电力系统在缺乏功率的情况下，对其稳定性有何影响？

6-15　什么叫人工稳定区？

6-16　为什么说系统电压提高，系统的稳定就提高，输送容量就提高？

6-17　保证和提高电力系统静态稳定性的措施有哪些？

6-18　什么叫电力系统暂态稳定性？

6-19　引起电力系统产生较大扰动的原因是什么？

6-20　在电力系统暂态稳定性的分析和计算中采用了哪些基本假设？

6-21　分析电力系统运行的暂态稳定性时，为什么可以忽略不计短路电流的负序分量和零序分量？

6-22　简单电力系统发生不同类型不对称短路时，附加电抗、转移电抗及输送功率极限大小有何不同？

6-23　试对简单电力系统的暂态稳定性进行定性分析。

6-24　什么叫加速面积、减速面积和等面积定则？为什么用等面积定则可以判断系统的暂态稳定性？

6-25　什么叫极限切除角？什么叫极限切除时间？它是如何确定的？

6-26　哪种短路故障对电力系统运行的暂态稳定性威胁最严重？为什么？

6-27　切除短路故障的速度与电力系统运行的暂态稳定性有何关系？为什么？

6-28　快速重合闸，是否越快越好？为什么？

6-29　当电力系统发生短路故障时，切除故障元件的同时，在其送电端切除部分发电机，对系统的暂态稳定性有何用？为什么？

6-30　稳定性遭到破坏，电力系统发生振荡时，会出现哪些振荡特征？对发电机本身来说，可能有什么危险？

6-31　电力系统发生振荡时，应怎样采取措施，使其恢复同步运行？

6-32　简述提高电力系统暂态稳定运行的措施。

6-33　电力系统接线图如图 6-7 所示，已知各元件参数的标幺值。发电机 G：$x'_d=0.29$，$x_2=0.23$，$T_J=11s$。变压器 T1：$x=0.13$。变压器 T2：$x=0.11$。线路 L：双回 $x_{L1}=0.29$，$x_{L0}=3x_{L1}$。运行初始状态：$U_0=1.0$，$P_0=1.0$，$Q_0=0.2$。在输电线路首端 f1 点发生两相短路接地，试用等面积定则确定极限切除角 δ_{clim}。

6-34　在［例 6-1］系统中，如果变压器 T1 中性点接地异常断开，此时在 f1 点发生单相接地短路。试问，能否确定极限切除角？为什么？

6-35　简单电力系统接线图如图 6-7 所示，在线路首端和末端分别发生三相短路，故障切除时间相同。试判断计及输电线路的电阻对哪处短路更有利于保持暂态稳定性？为什么？

第七章

远距离输电

随着生产的发展和生活水平的提高，人们对于电能的需求量愈来愈大。这就要逐步建立500、750kV以及更高电压的输电线路，将更巨大的电能从一次能源产地的坑口电厂及大型水电厂送往距离数百甚至数千千米以上的负荷中心，或者用超高压的输电线路将数个大区的电力系统联合成更大的电力系统，从而达到减少备用，提高供电的可靠性与经济性等目的。这样的线路，称为远距离输电线路。

由于远距离输电线路的电压高、距离长，沿线路均匀分布的阻抗、容纳、漏电导等参数就不能再看成是集中的参数。考虑到交流远距离输电线路参数的分布性，在具有分布参数的远距离输电线路中，电压和电流既与时间有关，也与线路的距离有关。

由于远距离输电线路电压高，由电晕引起的功率损耗、无线电干扰、噪声干扰以及高压静电影响等问题就十分突出。近年来，高压直流输电技术日趋完善，世界上许多国家已先后建成数十条高压直流输电线路，这为不断扩大电力系统，实现开发远方能源，远距离输送大功率电能，同时提高并联稳定运行能力，开辟了新的途径。

第一节　交流远距离输电线路的输电方程

一、均匀分布参数电路的基本方程

图7-1所示为长线路的均匀分布参数电路图，图中 $z=r+jx$、$y=g+jb$ 为单位长度线路的阻抗和导纳；由图7-1可见，因为沿线路均匀分布着阻抗，长度为 dx 的线路，串联阻抗中的电压降落为

$$d\dot{U}=\dot{I}z dx \text{ 或 } \frac{d\dot{U}}{dx}=\dot{I}z \tag{7-1}$$

同样，因为沿线路均匀分布着导纳，长度为 dx 的线路，并联导纳中的支路电流为

$$d\dot{I}=\dot{U}y dx \text{ 或 } \frac{d\dot{I}}{dx}=\dot{U}y \tag{7-2}$$

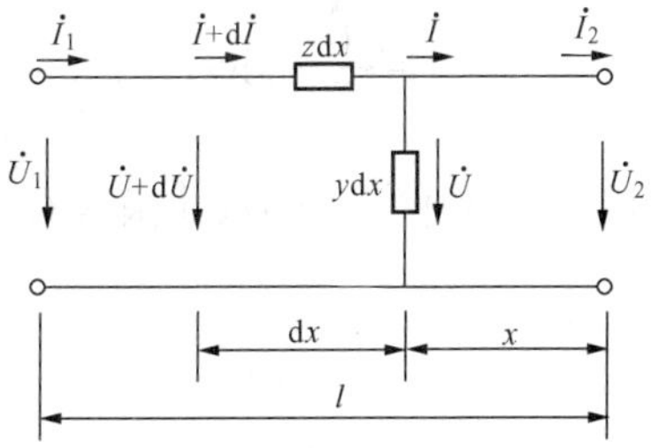

图7-1　长线路的均匀分布参数电路

将式(7-1)、式(7-2)分别对 x 的导数，可得

$$\frac{d^2\dot{U}}{dx^2}=z\frac{d\dot{I}}{dx} \tag{7-3}$$

$$\frac{d^2\dot{I}}{dx^2}=y\frac{d\dot{U}}{dx} \tag{7-4}$$

分别将式(7-1)、式(7-2)代入式(7-3)、式(7-4)，又可得

$$\frac{d^2\dot{U}}{dx^2}=zy\dot{U} \tag{7-5}$$

$$\frac{\mathrm{d}^2 \dot{I}}{\mathrm{d}x^2}=zy\dot{I} \tag{7-6}$$

式（7-5）和式（7-6）为常系数二阶线性微分方程。以线路末端电压、电流表示，可解得输电方程为

$$\dot{U}=\frac{1}{2}(\dot{U}_2+\sqrt{3}Z_c\dot{I}_2)\mathrm{e}^{\gamma x}+\frac{1}{2}(\dot{U}_2-\sqrt{3}Z_c\dot{I}_2)\mathrm{e}^{-\gamma x} \tag{7-7}$$

$$\dot{I}=\frac{1}{2}\left(\frac{\dot{U}_2}{\sqrt{3}Z_c}+\dot{I}_2\right)\mathrm{e}^{\gamma x}-\frac{1}{2}\left(\frac{\dot{U}_2}{\sqrt{3}Z_c}-\dot{I}_2\right)\mathrm{e}^{-\gamma x} \tag{7-8}$$

其中
$$\gamma=\sqrt{zy}$$

$$Z_c=\sqrt{\frac{z}{y}}$$

式中 $\dot{U}$、$\dot{I}$——分别表示距线路末端长度为 x 处的线电压、线电流；

$\dot{U}_2$、$\dot{I}_2$——分别表示距线路末端的线电压、线电流；

γ——电磁波传播系数；

Z_c——线路特性阻抗（波阻抗）；

x——从线路末端到线路中任意点的距离。

二、交流远距离输电线路的等值电路

将输电方程式（7-7）、式（7-8）整理可得到

$$\begin{aligned}\dot{U}&=\frac{1}{2}(\mathrm{e}^{\gamma x}+\mathrm{e}^{-\gamma x})\dot{U}_2+\frac{1}{2}(\mathrm{e}^{\gamma x}-\mathrm{e}^{-\gamma x})\sqrt{3}Z_c\dot{I}_2\\&=\dot{U}_2\mathrm{ch}\gamma x+\sqrt{3}Z_c\dot{I}_2\mathrm{sh}\gamma x\end{aligned} \tag{7-9}$$

$$\begin{aligned}\dot{I}&=\frac{1}{2}(\mathrm{e}^{\gamma x}-\mathrm{e}^{-\gamma x})\frac{\dot{U}_2}{\sqrt{3}Z_c}+\frac{1}{2}(\mathrm{e}^{\gamma x}+\mathrm{e}^{-\gamma x})\dot{I}_2\\&=\frac{\dot{U}_2}{\sqrt{3}Z_c}\mathrm{sh}\gamma x+\dot{I}_2\mathrm{ch}\gamma x\end{aligned} \tag{7-10}$$

以上两式中考虑到双曲函数有如下定义

$$\mathrm{sh}rx=\frac{1}{2}(\mathrm{e}^{\gamma x}-\mathrm{e}^{-\gamma x})$$

$$\mathrm{ch}rx=\frac{1}{2}(\mathrm{e}^{\gamma x}+\mathrm{e}^{-\gamma x})$$

式（7-9）、式（7-10）称为远距离输电线路基本方程双曲函数表达式。运用这两个公式，可在已知末端电压$\dot{U}_2$、电流$\dot{I}_2$ 时，计算任意点的电压、电流。当 $x=l$ 时，可得到首端电压$\dot{U}_1$、电流$\dot{I}_1$ 的表达式

$$\dot{U}_1=\dot{U}_2\text{ch}\gamma l+\sqrt{3}Z_c\ \dot{I}_2\text{sh}\gamma l \tag{7-11}$$

$$\dot{I}_1=\frac{\dot{U}_2}{\sqrt{3}Z_c}\text{sh}\gamma l+\dot{I}_2\text{ch}\gamma l \tag{7-12}$$

由式（7-12）可见，这种长线路的两端口网络通用常数分别为

$$\left.\begin{aligned}A&=\text{ch}\gamma l\\B&=Z_c\text{sh}\gamma l\\C&=\frac{\text{sh}\gamma l}{Z_c}\\D&=\text{ch}\gamma l\end{aligned}\right\} \tag{7-13}$$

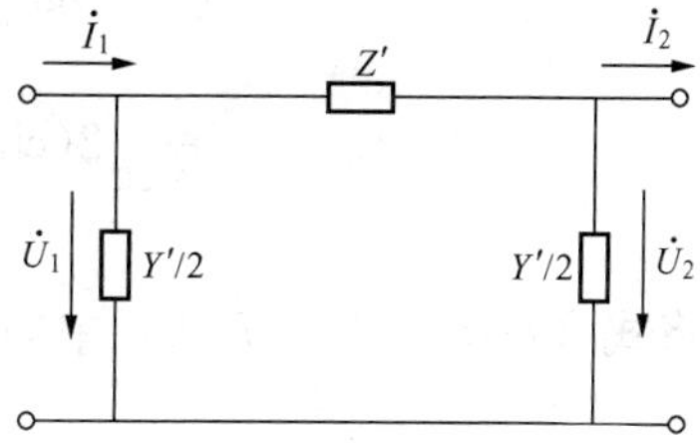

图 7-2 长线路的 Π 型等值电路

如果只要求计算长线路始末端电压、电流、功率等，可以作长线路的 Π 型等值电路，如图 7-2 所示。图 7-2 中，分别以 Z'、Y'表示它们集中参数的阻抗、导纳。在图 7-2 中，设图中首端相电压为$\dot{U}_1$，首端电流为$\dot{I}_1$；末端相电压为$\dot{U}_2$，末端电流为$\dot{I}_2$，则可列出首末端电压与电流的关系时为

$$\dot{U}_1=\dot{U}_2+\left(\dot{I}_2+\dot{U}_2\frac{Y'}{2}\right)Z'=\dot{U}_2\left(1+\frac{Z'Y'}{2}\right)+\dot{I}_2Z' \tag{7-14}$$

$$\dot{I}_1=\frac{Y'}{2}\dot{U}_1+\frac{Y'}{2}\dot{U}_2+\dot{I}_2=\dot{U}_2\left(Y'+\frac{Z'Y'^2}{4}\right)+\dot{I}_2\left(1+\frac{Z'Y'}{2}\right) \tag{7-15}$$

并计及式（7-13），可得 Π 型等值电路的通用常数为

$$\begin{gathered}A=1+\frac{1}{2}Z'Y'=\text{ch}\gamma l\\B=Z'=Z_c\text{sh}\gamma l\\C=Y'\left(1+\frac{Z'Y'}{4}\right)=\frac{1}{Z'}\text{sh}\gamma l\\D=\frac{1}{2}Z'Y'+1=\text{ch}\gamma l\end{gathered} \tag{7-16}$$

由式（7-16）解得

$$\left.\begin{aligned}Z'&=Z_c\text{sh}\gamma l\\Y'&=\frac{1}{Z_c}\ \frac{2\ (\text{ch}\gamma l-1)}{\text{sh}\gamma l}\end{aligned}\right\} \tag{7-17}$$

在 Z'、Y'的表达式中，由于 Z_c、γ 都是复数，仍然不便于使用，为此将 Z'、Y'做以下变化。对于 Π 型等值电路，将式（7-17）改写为

$$Z'=Z_c\text{sh}\gamma l=\sqrt{\frac{z}{y}}\text{sh}\sqrt{zy}l=\sqrt{\frac{zl}{yl}}\text{sh}\sqrt{zy}l$$

$$=\sqrt{\frac{Z}{Y}}\text{sh}\sqrt{ZY}=Z\frac{\text{sh}\sqrt{ZY}}{\sqrt{ZY}} \tag{7-18}$$

$$Y'=\frac{1}{Z_c}\frac{2(\text{ch}\gamma l-1)}{\text{sh}\gamma l}=\frac{1}{\sqrt{z/y}}\frac{2(\text{ch}\sqrt{zy}l-1)}{\text{sh}\sqrt{zy}l}$$

$$=\sqrt{y/z}\frac{2(\text{ch}\sqrt{ZY}-1)}{\text{sh}\sqrt{ZY}}=Y\frac{2(\text{ch}\sqrt{ZY}-1)}{\sqrt{ZY}\text{sh}\sqrt{ZY}} \tag{7-19}$$

将式（7-18）、式（7-19）中的双曲函数展开为级数

$$\text{sh}\sqrt{ZY}=\sqrt{ZY}+\frac{(\sqrt{ZY})^3}{3!}+\frac{(\sqrt{ZY})^5}{5!}+\frac{(\sqrt{ZY})^7}{7!}+\cdots$$

$$\text{ch}\sqrt{ZY}=1+\frac{(\sqrt{ZY})^2}{2!}+\frac{(\sqrt{ZY})^4}{4!}+\frac{(\sqrt{ZY})^6}{6!}+\cdots$$

对于不十分长的电力线路，这些级数收敛很快，因此可只取它们的前三项代入式(7-18)、式（7-19）中，经过不太复杂的运算，可得

$$\left.\begin{aligned}Z'&\approx Z\left(1+\frac{1}{6}ZY\right)\\Y'&\approx Y\left(1-\frac{1}{12}ZY\right)\end{aligned}\right\} \tag{7-20}$$

将 $Z=R+\text{j}X=rl+\text{j}xl$，$Y=G+\text{j}B=gl+\text{j}bl$，以及 $G=gl=0$ 代入式（7-20）中展开后可得到

$$\left.\begin{aligned}Z'&\approx rl\left(1-xb\frac{l^2}{3}\right)+\text{j}xl\left[1-\left(xb-\frac{r^2b}{x}\right)\frac{l^2}{6}\right]\\Y'&\approx blrb\frac{l^2}{12}+\text{j}bl\left(1+xb\frac{l^2}{12}\right)\end{aligned}\right\} \tag{7-21}$$

由式（7-21）可见，如将长线路的总电阻、总电抗、总电纳分别乘以适当的修正系数，就可作为其简化Π型等值电路，如图 7-3 所示，图 7-3 中的修正系数分别为

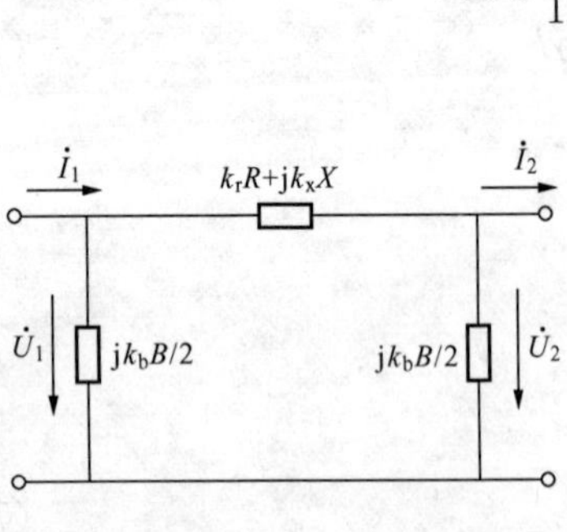

图 7-3　长线路的简化等值电路

$$\left.\begin{aligned}k_r&=1-xb\frac{l^2}{3}\\k_x&=1-\left(xb-\frac{r^2b}{x}\right)\frac{l^2}{6}\\k_b&=1+xb\frac{l^2}{12}\end{aligned}\right\} \tag{7-22}$$

但是应注意，由于推导式（7-22）时，只用了双曲函数的前三项，在电力线路很长时，该式就不适用了，应直接使用式（7-18）、式（7-19）。反之，电力线路不长时，这些修正系

数都接近于 1，就不必修正了。

【例 7-1】 设 500kV 电力线路有如下导线结构：使用 LGJ-4×300 分裂导线，直径 24.4mm，分裂间距 450mm。三相导线水平排列，相间距离 13m，如图 7-4 所示。设电力线路长 600km，试做该电力线路的等值电路。要求：

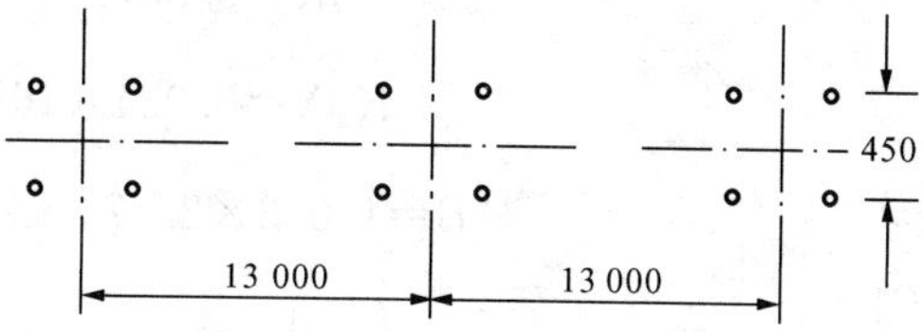

图 7-4　500kV 导线排列方式

（1）不考虑电力线路的分布参数特性；

（2）近似考虑电力线路的分布参数特性；

（3）精确地考虑电力线路的分布参数特性。

解： 先计算该电力线路每千米的电阻、电抗、电导和电纳。

$$r=\frac{\rho}{S}=\frac{31.5}{4\times300}=0.026\,25\ (\Omega/\text{km})$$

$$D_{eq}=\sqrt[3]{D_{ab}D_{ac}D_{bc}}=\sqrt[3]{13\,000\times(2\times13\,000)\times13\,000}=16\,380\ (\text{mm})$$

$$r_{eq}=\sqrt[4]{rd_{12}d_{13}d_{14}}=\sqrt[4]{12.1\times450\times450\times\sqrt{2}\times450}=198.7\ (\text{mm})$$

$$x=0.114\,5\lg\frac{D_{eq}}{r_{eq}}+\frac{0.015\,7}{n}=0.114\,5\lg\frac{16\,380}{198.7}+\frac{0.015\,7}{4}=0.281\ (\Omega/\text{km})$$

$$b=\frac{7.58}{\lg\frac{D_{eq}}{r_{eq}}}\times10^{-6}=\frac{7.58}{\lg\frac{16\,380}{198.7}}\times10^{-6}=3.956\times10^{-6}\ (\text{S/km})$$

由表 2-1 得知，使用 LGJ-4×300 分裂导线刚好等于表中 500kV 的导线截面，线路不会发生电晕，所以每千米的电导为零，即 $g=0$。

（1）不考虑电力线路的分布参数特性

$$R=rl=0.026\,25\times600=15.75\ (\Omega)$$

$$X=xl=0.281\times600=168.6\ (\Omega)$$

$$B=bl=3.956\times10^{-6}\times600=2.374\times10^{-3}\ (\text{S})$$

$$G=gl=0\ (\text{S})$$

由此可做出等值电路图 7-5（a）。

（2）近似考虑电力线路的分布参数特性

$$k_r=1-xb\frac{l^2}{3}=1-0.281\times3.956\times10^{-6}\times\frac{600^2}{3}=0.876$$

$$k_x=1-\left(xb-\frac{r^2b}{x}\right)\frac{l^2}{6}=1-\left(0.281\times3.956\times10^{-6}-\frac{0.026\,25^2\times3.956\times10^{-6}}{0.281}\right)\times\frac{600^2}{6}=0.934$$

$$k_b=1+xb\frac{l^2}{12}=1+0.281\times3.956\times10^{-6}\times\frac{600^2}{12}=1.033$$

于是 $k_rR=0.867\times15.75=13.65$（Ω）

$$K_xX=0.934\times168.6=157.50\ (\Omega)$$

$$k_bB=1.033\times2.374\times10^{-3}=2.452\times10^{-3}\ (\mathrm{S})$$

$$\frac{1}{2}k_bB=\frac{1}{2}\times2.452\times10^{-3}=1.226\times10^{-3}\ (\mathrm{S})$$

由此可做出其等值电路图 7-5（b）。

（3）精确地考虑电力线路的分布参数特性。首先求电力线路单位长度的阻抗和导纳

$$z=r+\mathrm{j}x=0.026\,25+\mathrm{j}0.281=0.282\mathrm{e}^{\mathrm{j}84.66^\circ}\ (\Omega/\mathrm{km})$$

$$y=\mathrm{j}b=\mathrm{j}3.956\times10^{-6}=3.956\times10^{-6}\mathrm{e}^{\mathrm{j}90^\circ}\ (\mathrm{S/km})$$

由此可得电力线路的特性阻抗为

$$Z_c=\sqrt{z/y}=\sqrt{\frac{0.282\mathrm{e}^{\mathrm{j}84.66^\circ}}{3.956\times10^{-6}\mathrm{e}^{\mathrm{j}90^\circ}}}=267.1\mathrm{e}^{-\mathrm{j}2.67^\circ}\ (\Omega)$$

以及

$$\gamma l=\sqrt{zy}\times l=\sqrt{0.282\mathrm{e}^{\mathrm{j}84.66^\circ}\times3.956\times10^{-6}\mathrm{e}^{\mathrm{j}90^\circ}}\times600$$

$$=0.634\mathrm{e}^{\mathrm{j}87.33^\circ}$$

$$=0.029\,5+0.633$$

将 $\mathrm{sh}\gamma l$、$\mathrm{ch}\gamma l$ 展开

$$\mathrm{sh}\gamma l=\mathrm{sh}\ (0.029\,5+\mathrm{j}0.633)$$

$$=\mathrm{sh}0.029\,5\cos0.633+\mathrm{jch}0.029\,5\sin0.633$$

$$=0.029\,5\times0.806+\mathrm{j}1.000\,4\times0.592$$

$$=0.593\mathrm{e}^{\mathrm{j}87.7^\circ}$$

$$\mathrm{ch}\gamma l=\mathrm{ch}\ (0.029\,5+\mathrm{j}0.633)$$

$$=\mathrm{ch}0.029\,5\cos0.633+\mathrm{jsh}0.029\,5\sin0.633$$

$$=1.000\,4\times0.806+\mathrm{j}0.029\,5\times0.592$$

$$=0.806\mathrm{e}^{\mathrm{j}1.24^\circ}$$

修正系数精确值可通过以下公式求出

$$k_z=\frac{\mathrm{sh}\sqrt{zy}}{\sqrt{zy}}=\frac{0.593\mathrm{e}^{\mathrm{j}87.7}}{0.634\mathrm{e}^{\mathrm{j}87.33}}=0.935\mathrm{e}^{\mathrm{j}0.37}$$

$$k_y=\frac{2\ (\mathrm{ch}\sqrt{zy}-1)}{\sqrt{zy}\mathrm{sh}\sqrt{zy}}=\frac{2\ (0.806\mathrm{e}^{\mathrm{j}1.24-1})}{0.634\mathrm{e}^{\mathrm{j}87.33}0.593\mathrm{e}^{87.7}}=4.29\mathrm{e}^{-\mathrm{j}174.79}$$

$$Z'=K_zZ=0.935\mathrm{e}^{\mathrm{j}0.37}\ (15.75+\mathrm{j}168.6)=13.72+\mathrm{j}157.8$$

$$Y'' = K_y Y = 4.29e^{-j174.79} j2.374\times10^{-3} = j1.230\times10^{-3}$$

由此做出等值电路如图 7-5（c）所示。

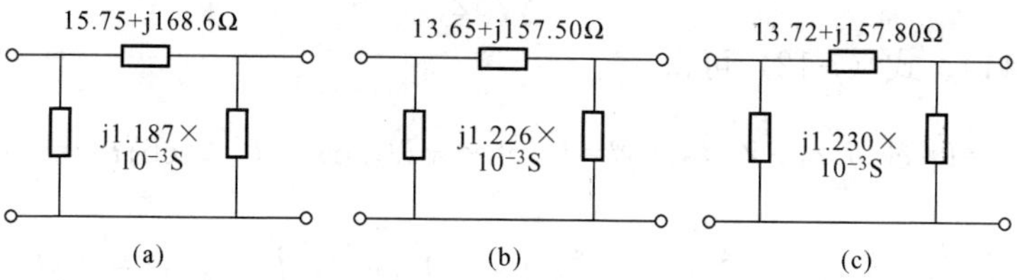

图 7-5　[例 7-1] 的等值电路
（a）最粗略；（b）经修正；（c）精确

比较这三种等值电路可见，对于超过 500km 的长线路，如不考虑其分布参数特性，将给计算结果带来相当大的误差。其中以电阻值的误差最大（误差大于 10%），电抗次之，电纳最小。如能近似考虑其分布参数特性，是可以满足准确度的要求。而这种近似考虑仅需要做简单的算术运算，不必像精确考虑时那样要进行复数和双曲函数的复杂计算，因此使计算大为简化。

第二节　交流远距离输电线路的自然功率

一、输电线路的波阻抗

分布参数电路的特性阻抗 Z_c 和传播系数 γ 常被用以估计超高压线路的运行特性。由于超高压线路的电阻往往远小于电抗，而电导可以忽略不计，即可以设 $r=0$，$g=0$。显然，采用这些假设就相当于设线路上没有有功功率损耗。对于这种无损耗线路，特性阻抗和传播系数将分别为

$$Z_c = \sqrt{l_0/c_0}$$
$$\gamma = j\omega\sqrt{l_0 c_0} \tag{7-23}$$

式中　l_0——线路单位长度的电感；

c_0——线路单位长度的电容。

可见，这时的特性阻抗将是一个纯电阻，称为波阻抗。由于无损耗线路的传播系数 $\gamma=\alpha+j\beta=j\omega\sqrt{l_0c_0}$，式中衰减系数 $\alpha=0$，因此，无损耗线路上的电压、电流的入射波与反射波的振幅值不衰减。波速度为

$$v = \frac{\omega}{\beta} = \frac{1}{\sqrt{l_0 c_0}} \tag{7-24}$$

从式（7-24）可知，无损耗线路的波速度与频率无关，在真空中与光速相同。

二、输电线路的自然功率

1. 自然功率

自然功率（也称波阻抗负荷）是指负荷为波阻抗时，该负荷消耗的功率。如负荷端电压为线路额定电压，则相应的自然功率为

$$S_n = P_n = U_N^2/Z_c \tag{7-25}$$

如果无损耗线路末端连接的负荷阻抗为波阻抗时，则负荷电流为

$$\dot{I}_2=\frac{\dot{U}_2}{\sqrt{3}Z_c} \tag{7-26}$$

代入式（7-11）、式（7-12）可得

$$\dot{U}_1=\dot{U}_2\mathrm{ch}\gamma l+\sqrt{3}Z_c\dot{I}_2\mathrm{sh}\gamma l=\dot{U}_2\mathrm{ch}\gamma l+\dot{U}_2\mathrm{sh}\gamma l=\dot{U}_2(\mathrm{ch}\gamma l+\mathrm{sh}\gamma l) \tag{7-27}$$

$$\dot{I}_1=\frac{\dot{U}_2}{\sqrt{3}Z_c}\mathrm{sh}\gamma l+\dot{I}_2\mathrm{ch}\gamma l=\dot{I}_2\mathrm{sh}\gamma l+\dot{I}_2\mathrm{ch}\gamma l=\dot{I}_2(\mathrm{sh}\gamma l+\mathrm{ch}\gamma l) \tag{7-28}$$

当 $r=0$，$g=0$ 时，输电线路基本方程就可以由式（7-27）、式（7-28）的双曲函数式简化为如下的三角函数式

$$\dot{U}_1=\dot{U}_2(\cos\gamma l+\mathrm{j}\sin\gamma l)=\dot{U}_2\mathrm{e}^{\mathrm{j}\gamma l} \tag{7-29}$$

$$\dot{I}_1=\dot{I}_2(\mathrm{j}\sin\gamma l+\cos\gamma l)=\dot{I}_2\mathrm{e}^{\mathrm{j}\gamma l} \tag{7-30}$$

由式（7-29）和式（7-30）可见，这时线路始端、末端乃至线路上任何一点的电压大小都相等，功率因数则都等于1。而线路两端电压的相位差则正比于线路长度，相应的比例系数就是相位系数 β。

2. 自然功率的特征

当线路输送的功率等于自然功率时，电力传输具有如下的特征：

（1）线路上只有电压、电流的入射波而没有反射波。这是因为输电线路末端接上的负荷阻抗等于波阻抗时，就相当于入射波进入了无限长的输电线路，自然也就没有反射波了。这是线路输送的功率等于自然功率时的一种很重要的现象。线路中没有反射波时，由入射波送到线路末端的功率将被负荷完全吸收，这种情况称为阻抗匹配。

（2）线路首端电压与末端电压的相位差等于 γl；首端电流与末端电流的相位差也等于 γl。电压的相位差由线路电抗所引起；电流的相位差由线路容性电纳所引起。对于 $l=500$km 的输电线路，$\gamma l=\frac{\pi}{6}$；对于 $l=1000$km 的输电线路，$\gamma l=\frac{\pi}{3}$。

（3）无损耗线路传输自然功率时，单位长度感抗吸收的无功功率，恰好等于单位长度容纳发出的无功功率。线路各处无功功率达到平衡。

需要指出，线路在传输自然功率时，如果不能忽略线路的电阻与电导，也要引起电压沿线路的逐渐变化。

第三节　交流远距离输电线路的参数补偿

交流远距离输电线路，由于线路长、线路感抗及导线间容纳较大，这些参数在线路运行时要进行无功功率交换，尤其在正常操作及线路故障时，可能影响线路的运行安全。因此采取补偿这些参数的措施就十分必要。通常我们采用并联电抗补偿导线间容纳，采用串联电容补偿线路的感抗。下面简要介绍一些补偿措施。

一、并联电抗补偿

并联电抗是吸收无功功率的设备，在我国330kV及500kV线路上都装设并联电抗器。

装设并联电抗器具有如下主要作用：

（1）补偿输电线路的电容效应引起的电压升高。电力系统线路处在空载或轻载运行状态时，线路容性电纳中的电容电流，通过线路电感时，引起电压升高的现象，称为线路的电容效应。

例如当线路空载时，如没有并联电抗补偿，线路长度超过 500km 时，电容效应引起的空载线路末端电压升高 10%以上，这是不允许的。因此，对于远距离线路需要装设并联电抗器，以吸收电容充电功率，降低电压。

（2）补偿发电机的自励磁。在交流远距离输电线路投入系统运行时，如果遇到单机带空载长线的特殊情况，由于长线很大的电容电流通过发电机，发电机就会产生自励磁。这种自励磁电动势可能达到很大的数值而危及设备绝缘。因此，在交流远距离输电线路上，需要采用接入高压并联电抗器补偿的方法，以改变发电机端点的出口阻抗，限制发电机自励磁的产生。

（3）消除线路的潜供电流。在交流远距离输电线路上，发生单相瞬时接地故障时，由于非故障相相间电容向故障点提供容性电流，加上非故障相向故障点提供互感电流，称为潜供电流。由于潜供电流流过故障点，使故障点弧光不能熄灭，影响单相快速自动重合闸的重合成功率，并可能扩大事故范围。为了消除潜供电流，可在线路上装置并联电抗器，并采用良导体架空地线。装置并联电抗器后，可以利用相间电抗及相对地电抗补偿相间电容及相对地电容，以减小或消除潜供电流的横分量。利用良导体架空地线的分流作用，以减小潜供电流的纵分量，从而加速电弧的熄灭。

二、串联电容补偿

串联电补偿在输电线路中得到了广泛的应用，根据其作用的不同，归纳起来有如下几个方面的作用：

（1）在 220kV 以下的中、低压电网，由于负荷的增长，线路的延伸，使得线路阻抗增加，造成电压损耗增大，电压质量下降。采用串联电路补偿，主要用以提高电压，改善电压质量。

（2）在不均一的闭式网中，采用串联电容补偿，可以改变电网的阻抗，使闭式网均一，从而功率分布符合线路有功功率损耗最小的条件，以达到经济运行的目的。

（3）在交流远距离输电线路上，采用串联电容补偿部分线路感抗，缩短电气距离，以增加线路输送的功率，提高系统并联运行的稳定性。

第四节　高 压 直 流 输 电

随着生产建设的发展，交流输电线路的送电距离愈来愈长，输送容量愈来愈大。随着线路距离的延伸，感抗也就随之增大。这就限制了线路输送容量的增加，造成了电力系统并联运行的稳定困难。另一方面，远距离交流输电线路感抗与容抗所引起的电压在很大范围内变化，需要装设大量的补偿设备，以解决无功、稳定、操作过电压等一系列问题。使得线路的投资增大，运行复杂。这些都限制了交流输电的进一步发展。因此，利用直流输电的一些显著优点，采用高压直流输电，已逐渐受到人们的重视。同时，现代高压大容量换流设备可控汞弧阀、晶闸管整流装置的出现，为实现高压直流输电创造了必要的条件。

一、高压直流输电的接线

高压直流输电，简称为直流输电。一般由整流站、直流线路、逆变站等三个主要部分组成。整流站与逆变站合称为换流站。在输送功率的过程中，整流站的作用是把送端三相交流电整为直流电，通过直流输电线路送到受端。在受端逆变站的作用是把直流电反变为三相交流电。通过调节，整流站与逆变站的作用可以反转。

二、两端直流输电系统的构成方式

两端直流输电系统主要可分为单极、双极、无直流线路联络站三类。

1. 单极系统

单极系统可利用大地或海水作为回流电路，线路投资较为节省，单极线路往往以负极性运行，因为负极性架空线路的电晕无线电干扰较小，而且遭受雷击的概率较小。这种系统称为单极一线制或单极一线一地制系统。

为了避免回流电流流经大地或海水引起的金属物电解腐蚀问题，有的工程采用低绝缘导线作为回流电路，形成单极两线制系统。这种系统只有一端换流站接地，以固定直流输电系统中线路和设备对地电位。

2. 双极系统

用大地或海水作为回流电路称为双极两线一地制。它在正常运行时，两个极的电流方向相反、大小相等，大地回路中无直流电流。

在双极系统中，换流站的接地点一般是换流器的中性点，两极和地之间的电位差相等，所以也称为中性点。

为了避免大地回路引起的问题，取消一端换流站的接地点就成为双极两线制。如果再增设一条低绝缘导线作为回流电路，即为三线制，它们的接地点仅作为固定对地电位之用。

当双极系统中一个极的线路发生故障时，双极两线一地制和双极三线制可用健全极线路分别以单极一线一地制或单极两线制继续运行，但此时回流电路中的电流增大，其值与极导线电流相等。双极两线制的系统则必须在原来不接地的一个换流站中暂时增加接地点，否则一个极发生故障时不能运行。

当一个极的换流器故障或检修时，也可将这个极的线路改接，作为回流电路，以单极两线制运行，避免大地回路有大电流通过。

在双极系统分期建设过程中，可先建成单极系统运行。如果两个极的线路都采用同一极性则称为同极系统。同极性的线路敷设在同一杆塔上，电晕损耗比双极性的小，但这种系统的回流电路中电流较大，等于极导线电流的两倍。

3. 非同步联络站

非同步联络站实际上是无直流线路的直流系统。因为没有线路，直流系统可选用较低的额定电压。这时，有色金属的消耗和电能损耗的增加很有限，对于换流器和其中元件也不过将原来的串联连接改为并联而已，但是整个直流系统的费用可降低。

对于短的直流联络线（即所谓短耦合），也同样可以考虑采用较低的电压。

三、高压直流输电与交流输电的比较

直流输电有很多不同于交流输电的特性，这些特性法定了在交流输电广泛应用、技术发展比较成熟的今天，在某些场合应用直流输电更为合理。因此，将直流输电与我们熟悉的交流输电进行比较，有助于我们对直流输电概况和特性的了解。

1. 经济性

（1）线路。直流输电一般用两个导线，而三相交流线路则要用三根导线。如果交、直流输电线路的导线具有相同的截面和绝缘水平，则直流线路每根导线输送的功率为

$$P_d = U_d I_d \tag{7-31}$$

式中 U_d——直流线路对地电压；

I_d——直流线路电流。

交流线路每根导线输送的功率为

$$P_a = U_a I_a \cos\varphi \tag{7-32}$$

式中 U_a——交流线路对地电压；

I_a——交流线路电流；

$\cos\varphi$——交流线路的功率因数。

若两种线路采用相同的电流密度时，并且导线材料消耗量相等，则每根导线的电流有效值相等，即

$$I_d = I_a \tag{7-33}$$

一般线路的绝缘水平按过电压倍数而定，交、直流分别为$\sqrt{2}K_a U_a$ 和 $K_d U_d$，其中 K_a、K_d 分别为计及交、直流线路过电压倍数及绝缘裕度所需的系数。对于超高压架空线路，交流过电压倍数 K_a 取 2～2.5，直流线路过电压倍数 K_d 为 2。假定取 $K_a = K_d$，当交、直流线路具有相同绝缘水平时，则有

$$U_d = \sqrt{2} U_a \tag{7-34}$$

所以，直流线路每根导线与交流线路每根导线输送的功率的比值为

$$\frac{P_d}{P_a} = \frac{U_d I_d}{U_a I_a \cos\varphi} = \frac{\sqrt{2} U_a I_a}{U_a I_a \cos\varphi} = \frac{\sqrt{2}}{\cos\varphi} \tag{7-35}$$

在交流远距离输电情况下，$\cos\varphi$ 较高，约为 0.95，因此

$$\frac{P_d}{P_a} = \frac{\sqrt{2}}{0.95} = 1.5 \tag{7-36}$$

或考虑交、直输送总功率之比

$$\frac{\Sigma P_d}{\Sigma P_a} = \frac{2P_d}{3P_a} = 1 \tag{7-37}$$

从式（7-37）可看到，两根导线的直流输电线路和三根导线的交流输电线路输送的功率大致相等。因此，单位长度的直流输电线路所需的有色金属、绝缘材料和占地走廊的总费用可比交流输电线路节省 1/3 左右。在需要应用电缆的场合，如跨海输电、向大城市人口密集区输电等，直流输电线路的费用仅为交流线路费用的一半甚至更低。

（2）两端设备。直流输电系统的两端是换流站。换流站中有很多设备是交流变电所所没有的，因而换流站要比交流变电所复杂，造价也较高。

换流站的主要设备有换流变压器、换流器、滤波器、无功补偿设备等，其中换流器和滤波器是直流输电所特有的，换流变压器由于直流输电的特点，其造价也比交流变电所中的变压器为高。换流器主要由晶闸管元件构成，随着电子工业的发展，晶闸管元件的价格不断

下降。

（3）总费用与等价距离。直流输电两端设备的费用较交流输电要高得多，而线路造价较低。当输电距离增加到一定值时，直流线路所节省的费用恰好抵偿了换流站所增加的费用，此时交、直流输电的总费用正好相等，这个距离就称为交、直流输电的等价距离，如果仅从直接的经济性考虑，当输电距离大于等价距离时，宜采用直流输电，反之则采用交流输电。

由于换流站的造价逐年下降，等价距离也在逐年缩短。1968 年，采用架空线输送 540～2160MW 功率时，等价距离为 640～960km。到 1978 年，等价距离降到 500km 以下，而 1988 年已降到 300km 以下。由于直流电缆的造价比交流电缆低得多，电缆输电的等价距离要比架空线的等价距离小得多，1968 年时约为 80km，1978 年约为 50km，而 1988 年已降到 30km 以下。因此，在必须采用电缆输电的场合，采用直流输电是较为适宜的。

2. 技术性

直流输电之所以能得到迅速发展，除了经济上的原因外，更主要的是由于技术上的先进性。

（1）运行的稳定性。当采用交流输电线路进行远距离输电时，输送容量受到稳定极限的限制，交流输电的稳定问题可用输送功率的功角特性来作简单说明，输送有功功率的功—角特性方程为

$$P=\frac{E_1E_2}{X_\Sigma}\sin\delta \tag{7-38}$$

式中 E_1、E_2——送端、受端相同等值电动势；

δ——E_1、E_2 之间的相角差；

X_Σ——E_1、E_2 之间的总等值电抗。

从式（7-38）可知，$\delta=90°$时，输送功率达到最大值。如果 $\delta>90°$，则同步功率$\frac{dP}{d\delta}<0$，失去保持同步能力，从而使相同解列，造成事故。因此，$P_m=\frac{E_1E_2}{X_\Sigma}$是交流输电相同的静态稳定极限。为了保证系统运行稳定性和可靠性，输送功率应小于这个极限，并留有一定储备，即

$$PX_\Sigma\leqslant(1-K)E_1E_2 \tag{7-39}$$

式中 K——静态稳定储备系数。

由于 X_Σ 基本上与线路长度成正比，式（7-39）表明，为了保证电力系统稳定安全地运行，输送容量与输送距离的乘积必须小于一定值。即当输送距离增加时，线路所能够输送的最大容量将下降。

如果采用直流输电线路来输送功率，将不存在交流输电系统的稳定性问题。也就是说，线路所能输送的容量仅受导线截面限制，而不受稳定性限制。不仅如此，在交、直流输电系统并列运行的场合，直流输电系统还可以提高交流输电系统的稳定性。由于直流输电系统具有快速调节输送功率的能力，因此当交流输电线因扰动引起输送功率变化时，直流输电系统可按要求迅速调节功率，抵消交流系统的变化，减小由于发电机输出的电功率与输入的机械功率之间的不平衡引起的转子转速摇摆，从而提高了交流输电系统的稳定性。

（2）非同步联络线。当用交流联络线连接两个系统为一个较大系统时，被连接的两个系统必须具有相同频率、两端系统的电压和相位也必须保持一定关系。由于交流联络线是一种“刚性”连接，因此两端系统相互牵制，两系统的短路容量也因联网而增大，一端系统发生故障时，有可能对另一端系统产生不利影响。而用直流输电线路作为两个交流系统之间的联络线时，两端系统以各自独立的频率、电压、相位运行，两系统是一种“弹性”连接，可发挥联网带来的效益，又可避免联网带来的不利影响。由于直流输电联络线的电流能够快速调节，两系统的短路容量不因联网而明显增大。

由于直流输电系统能够将不同频率的交流系统连接起来，世界上已出现了几个用于连接50Hz与60Hz交流系统的交—直—交变频站。交—直—交变频站实质是输电距离为零的直流输电系统。这种不同频率的电力系统之间的连接，用交流输电是不可能的。

（3）新发电方式与系统的连接。许多很有前途的新的发电方式，如磁流体发电、电气体发电、燃料电池发电、太阳能电池发电等，发出的都是直流电。此外还存在着将原子能直接传换成高压直流电能的可能性。采用直流输电技术将这些发电方式产生的电能与交流电力系统连接，是一种技术上经济上都较为合理的方式。

四、高压直流输电主要优缺点及适用场合

通过交、直流输电比较，可将直流输电的主要优缺点概括如下。

1. 优点

（1）线路造价低。当输送相同的功率时，直流输电线路造价比交流线路低。

（2）无系统稳定问题。被直流输电线路连接的两交流系统可非同步运行，输送容量不受同步运行稳定性限制。

（3）限制短路电流。例如用交流输电线连接两个交流系统，短路容量增大，甚至需要更换断路器或增设限流装置。然而用直流输电线路连接两个交流系统，直流系统的“定电流控制”将快速把短路电流限制在额定功率附近，短路容量不因互联而增大。

（4）线路电晕干扰小。

（5）线路基本上不存在电容电流，沿线电压分布均匀，线路无需无功补偿。

（6）调节快速，运行可靠。直流输电通过晶闸管换流器能快速调整有功功率，实现“潮流翻转”(功率流动方向的改变)。

2. 缺点

（1）换流站造价高于变电所，这主要是由于换流器较贵，且由于换流器运行时需要较多的无功并产生大量谐波，换流站中需装设滤波器和无功补偿设备。

（2）换流站产生谐波。换流器在交流和直流侧都产生谐波电压和谐波电流，使电容器和发电机过热、换流器的控制不稳定，对通信系统产生干扰。

（3）直流开关目前还需进口，费用较高。

3. 直流输电主要适用于以下场合

（1）远距离大功率输电。

（2）用于海底电缆，跨海峡向岛屿送电。

（3）向电密度高的大城市供电，需要限制短路容量，以及架空输电线路空中走廊有困难，必须采用地下电缆的场合。

（4）联系多个不同额定频率或要求非同步运行的交流电力系统。

小　结

对于超过500km的长线路，如不考虑其分布参数特性，将给计算结果带来相当大的误差。其中以电阻值的误差最大（误差大于10%），电抗次之，电纳最小。如能近似考虑其分布参数特性，是可以满足准确度的要求。近似计算修正系数分别为

$$\left.\begin{aligned}k_{\mathrm{r}}&=1-xb\frac{l^2}{3}\\k_{\mathrm{x}}&=1-\left(xb-\frac{r^2b}{x}\right)\frac{l^2}{6}\\k_{\mathrm{b}}&=1+xb\frac{l^2}{12}\end{aligned}\right\}$$

当线路输送的功率等于自然功率时，单位长度感抗吸收的无功功率，恰好等于单位长度容纳发出的无功功率。线路各处无功功率达到平衡。

当线路输送的功率小于自然功率时，单位长度感抗吸收的无功功率小于单位长度容纳发出的无功功率，线路本身无功自给有余。多余的无功，会造成线路末端电压升高。

交流远距离输电线路，由于线路长，线路感抗及导线间容纳较大，这些参数在线路运行时要进行无功功率交换，尤其在正常操作及线路故障时，可能影响线路的运行安全。通常我们采用并联电抗补偿导线间容纳，采用串联电容补偿线路的感抗。

随着生产建设的发展，交流输电线路的送电距离愈来愈长，输送容量愈来愈大。随着线路距离的延伸，感抗也就随之增大。这就限制了线路输送容量的增加，造成了电力系统并联运行的稳定困难。因此，利用直流输电的一些显著优点，采用高压直流输电，已逐渐受到人们的重视。

高压直流输电，简称为直流输电。一般由整流站、直流线路、逆变站等三个主要部分组成。在输送功率的过程中，整流站的作用是把送端三相交流电整为直流电，通过直流输电线路送到受端。在受端逆变站的作用是把直流电反变为三相交流电。

习　题

7-1　交流远距离输电线路的Π型等值电路参数的修正系数的计算式是什么？在什么情况下应用参数修正系数精确值？在什么情况下应用参数修正系数近似值？

7-2　有一额定电压为330kV的远距离交流输电线路，长为500km，双回路架设，三相水平排列，相间距离为8m。每相采用双分裂导线，次导线为LGJQ-300，次导线间距为40cm，双回线路末端负荷为600MW，$\cos\varphi=0.98$，若线路末端实际电压为320kV，试求：

（1）未装串联电容补偿装置时，线路首端电压及功率；

（2）双回线路中各装有补偿度k_{c}（%）＝50的串联电容补偿站，线路首端电压及功率。

7-3　什么叫做线路的自然功率？输送自然功率时有什么特征？

7-4　有一条额定电压为500kV的无损耗线路，三相水平排列，相间距离为13m。每相

四分裂，次导线为 LGJQ-300，次导线间距为 40cm。试求自然功率等于多少？

7-5　远距离交流输电线路，采用并联电抗、串联电容补偿的目的是什么？

7-6　高压直流输电的接线方式有哪些类型？

7-7　高压直流输电线路比交流输电线路有什么优点？

7-8　高压直流输电适用于什么场合？

第八章

电网结构和典型事故分析

发展电网是当前世界各国电业发展的共同趋势，电网结构直接影响电力系统安全和稳定运行。多年来，随着电力系统的不断发展，电网日益扩大，电网最高运行电压增高，发电机组容量增大，不但出现了一些新的系统性电网问题，而且一些过去没有被重视的问题也突出了出来。现在，我国电网已进入高电压、大电网、大机组的新阶段。大电网比小电网具有很多明显的优越性，但是大电网对可靠性要求更高，若发生恶性连锁反应，可能造成严重的社会影响和经济损失。电网愈大，波及的范围愈大，造成的损失愈大。国外发生过多起电网大停电事故，损失都上亿美元。因此，大电网的运行是否安全可靠，是它能否发挥积极作用的前提条件。

第一节 电 网 结 构

一、概述

电网结构的优劣，直接影响电力系统的技术经济运行。DL/T 755—2001《电力系统安全稳定导则》和 SD 131—1984《电力系统技术导则》（试行）中，规定了为建设一个结构合理的电网，应当执行的基本方针，其主要包括以下几个方面：

（1）加强受端系统建设。这主要是指配电网络。

（2）实现分层和分区供电的原则。主电源一般应直接接入高压主电网，避免电源过于集中，防止因负荷转移引起恶性连锁反应。

（3）按不同给定任务，区别对待联络线的建设要求。

（4）在贯彻上述建设原则的前提下，按受端系统、电源的接入，联络线等不同组成部分，分别提出不同的安全标准。

（5）电网无功功率基本按最高级电压输电网分层补偿，并按供电网分区就地平衡。

（6）简化和改造超高压以下各级电力网络（包括城网）。

（7）电网结构与技术措施相互协调配合，保证电网与电力设备的安全稳定运行。

（8）调度通信自动化与电网相适应发展。

上述原则是结合了我国的实际情况和条件，根据多年国内外电力系统发展趋势及当前发展中的问题，有针对性提出的。

二、国外一些电网的结构

根据世界各国电网多年的发展，国外电网结构有如下几种典型方式。

1. 电源送电线路集中并联的远距离输电方式

比较典型的是瑞典 400kV 电网与加拿大魁北克 735kV 电网，它们有一共同的特点是水电资源比较集中，且电容量占全网负荷的极大比重，又远离负荷中心，势必通过多回超高压线路接入系统。

这种结构方式对承受多重性故障的能力很差，难以防止全网性大停电事故。例如 1982 年 12 月 14 日魁北克电网大停电。当时由于一个 735kV 变电所的电流互感器爆炸，扩大为两条 735kV 母线故障而全停。瑞典 1983 年 12 月 27 日也发生类似的事故，一个 400kV 变电所在操作时，因电流互感器与断路器间的隔离开关损坏接地而造成全停，相当于长距离的南北送电线断了两回，53s 后剩下的电网也因电压崩溃，保护跳闸。接着核电站跳闸，损失 11 400MW电力，停电 7h。

这两次大停电事故，除了事故本身的直接起因外，扩大为系统大停电的根本因素，均可归结为电网结构的问题，即接于同一输电多回路上的主要供电电源容量过于集中。当因线路故障失去了较大的传输能力时，势必引起仍然保留在运行中的其他主要输电线路严重过负荷，引起这些线路继电保护的误动作，以致整个断开这个主要电源。主要电源的容量占全系统负荷的比重过大，它的断开势必连锁地引起其他的电源线路严重地过电流和受端系统枢纽变电所母线的严重低电压，甚至引起其他的主要电源的继电保护动作，进一步扩大系统事故。

2. 外轮形结构方式

比较典型的是日本 DJ 电力系统与 GX 电力系统，分别如图 8-1、图 8-2 所示。

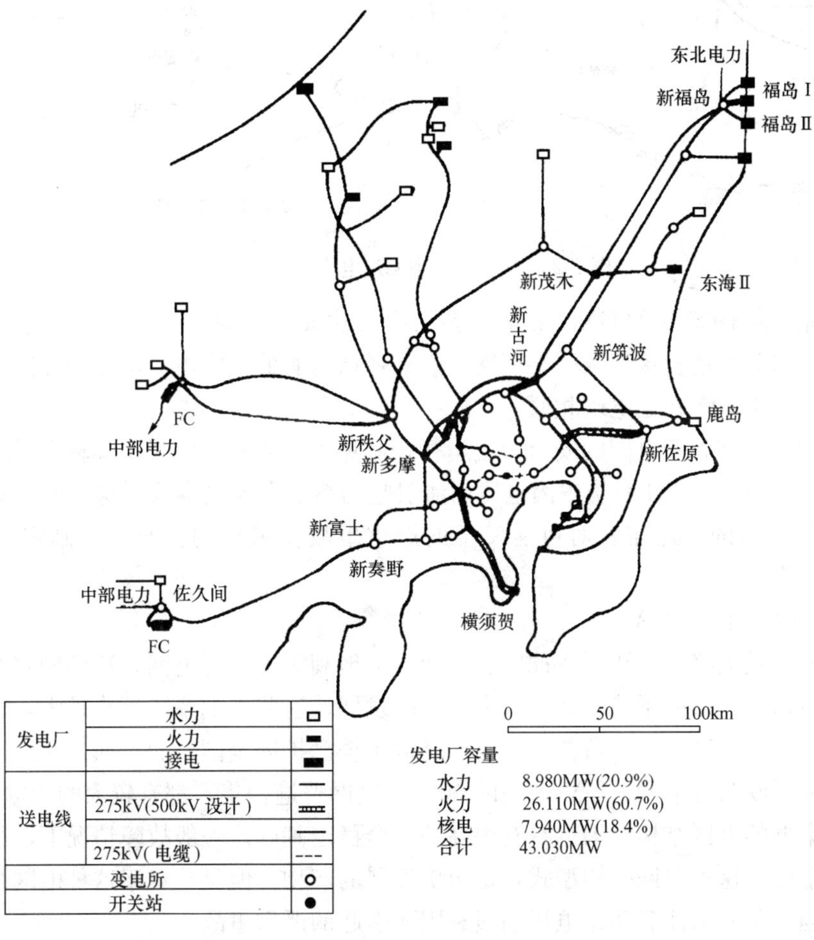

图 8-1 1985 年日本 DJ 电力系统结构

DJ 电力系统早在 1955 年最高电压还是 154kV 时，就在 DJ 外围建了一个 154kV 外轮线（都是双回路），远方的 7 个主力电厂几乎都是分散地接入，受端的外轮线有若干个火电厂作为电压支持。到 1975 年升压为 275kV，并在外轮线外又建了 500kV 外轮双回路（图 8-1），相当于不断提高这些外轮线（作为大母线）的通过容量，而且不断扩展它的范围。

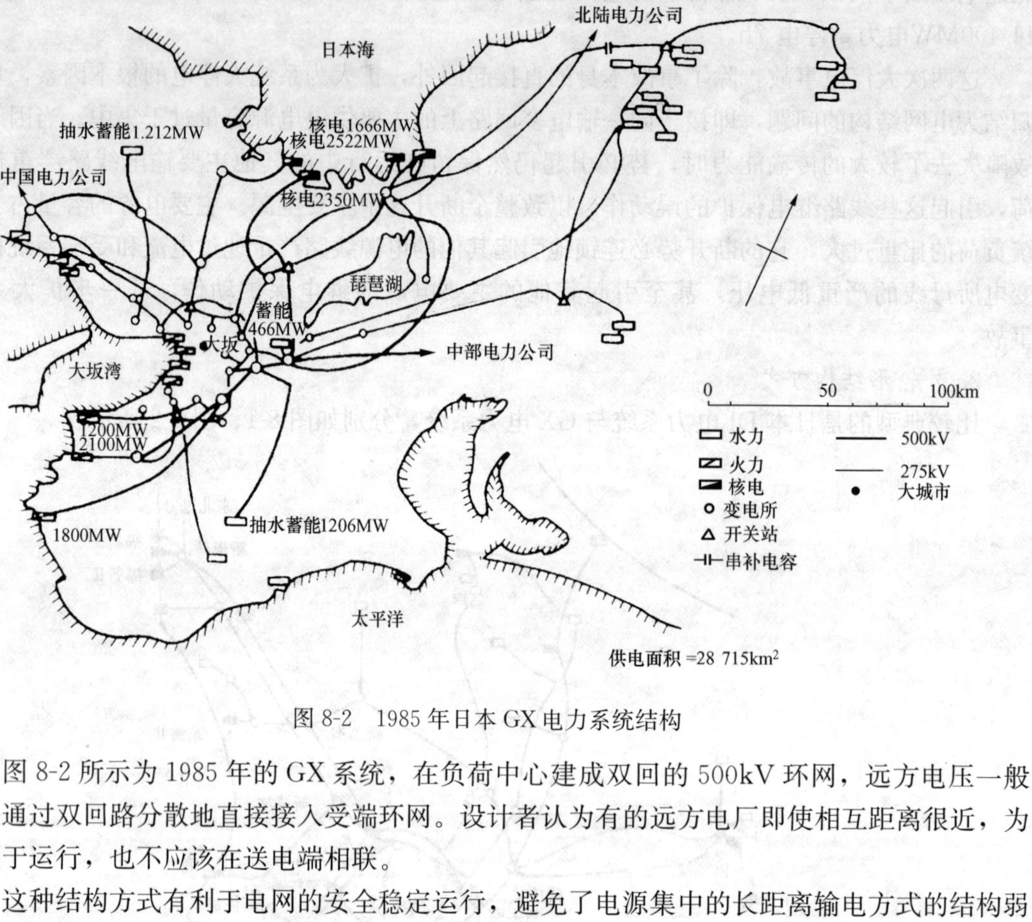

图 8-2 1985 年日本 GX 电力系统结构

图 8-2 所示为 1985 年的 GX 系统，在负荷中心建成双回的 500kV 环网，远方电压一般都是通过双回路分散地直接接入受端环网。设计者认为有的远方电厂即使相互距离很近，为了便于运行，也不应该在送电端相联。

这种结构方式有利于电网的安全稳定运行，避免了电源集中的长距离输电方式的结构弱点。但是，1978 年 7 月 DJ 系统曾因电压崩溃引起的系统大停电事故。这说明，只有一个好的电网结构是不够的，还需要对可能发生的严重事故作最坏的打算，并制定事先设定的对策。

3. 普遍密集型结构方式

比较典型的是英格兰、法国、德国、瑞士、奥地利等国家的电网，这些国家在过去都是首先围绕大城市各自形成系统。随着电力工业的发展，这些受端系统逐步扩大，其中有些国家面积较小，工业高度发达，负荷密度大，受端系统已扩展全国，而且通过联络线与邻近国家相联，形成西欧联合电网。所以他们的 400kV 电网普遍密集，都有较大的传输能力。

这种密集型的电网结构，天然具有很高的安全稳定基础。一般故障情况下，很少可能出现全网的大事故。这种电网结构型式，是历史发展的产物。但是，对于这种电网结构的一个重要安全问题，是要求注意防止电压崩溃和因而引起的严重事故。

4. 其他结构方式

世界各国根据自己的客观情况和对输电的要求，形成了各种特殊的结构方式，不在一一列举。之所以形成多种多样的电网结构，大多是缺乏全面的统筹规划，顺其自然而成的。例如，北美西部 WSCC 电网（美国和加拿大的联合电网，包括了加拿大的 B. C. 省在内）从整个结构形式看来像个面包圈，其中经常有较大的环流，由北到南输送电力要经许多电力公司的电网。这种电网结构本身在客观上存在着不稳定因素，因而被迫采取各种的特殊稳定措施予以弥补，包括 1400MW 制动电阻，快速切除 3000MW 铝厂负荷，交直流并联线路中的直流线路负荷调制等措施，在世界上是有名的。但系统部分停电事故却不断发生。

分析国外的许多系统事故发生的扩大，往往和电网结构未尽合理有关。不在统一的规划下有目的地建设电网，是很难使电网结构合理。我国在这方面应是具有优越条件的。

三、我国电网结构

自 1882 年我国有了第一台发电机组，到目前全国已经形成了七大跨省区域性电网，近年来区域性电网之间也实现了联网，如华中与华东、华北与东北的联网。在电网主网架形成初期，电网结构相对比较薄弱，单回大环网、弱电磁环网、大机小网并存的现象普遍存在，系统稳定问题比较突出，振荡失稳、电网瓦解等较大事故多次发生。近些年来，由于加大了电网改造的力度，因电网结构引发的稳定事故减少，但自然灾害、设备故障、人员责任、继电保护不正确动作等引发的电网事故比例居高不下。

1. 事故统计分析

表 8-1 列出了我国发生电网稳定破坏与电压崩溃事故在各种电网结构中的次数与所占的比例，这些故障与电网的结构有很大关系。

表 8-1　按电网结构分析的电网事故

序　号	结　构　方　式	1970～1980 年		1981～1987 年	
		次　数	百分比（%）	次　数	百分比（%）
1	距离过长或联系阻抗过大的单回路	81	28.6	13	27.7
2	高低压电磁环网	40	19.0	13	27.7
3	弱联系的特大环网	12	5.7	1	2.1
4	受端联系过弱的多回路	6	2.9	4	8.5
5	线路 T 接	1	0.5	2	4.2
6	小　结	140	66.7	33	70.2

1988～1998 年，全国各电网发生大面积停电事故共 10 多起，造成了电网区域性的大面积停电，据统计资料分析，事故原因多为人为或天气等因素有关，如 1993 年 3 月 14 日新疆乌鲁木齐电网大面积雾闪，系统损失负荷 41.6%；1994 年 1 月 10 日甘肃刘家峡水电厂发生了一起习惯性违章操作，造成系统稳定破坏、电网瓦解；1997 年 8 月 18 日浙江电网因受 11 号台风影响造成大面积停电等。

2. 我国早期几种典型电网结构

典型的联系阻抗过大的单回路，如黑龙江省东部电网，它从北到南，长达 908km，由 220、154、110、66、35kV 等多级电压串联构成，仅 1970～1980 年就发生 39 次事故。以后对其主干部分进行升压改造，从而一改过去稳定事故频发的局面。

高低压电磁网方式，在1981年大连召开的全国电网稳定会议后大多都得到了改变。如吉林7个220/60kV环网解环后，简化了调度运行及继电保护，取得了成功经验。但尚有部分地区未改，以致在1981～1985年中，这种结构方式的电网中所发生的稳定破坏事故仍居首位。

沪、杭、常（苏南）是华东电网的主要受端系统。1972年当时为三角单220kV环网，由于环网内一回线故障，联网系统通过另一回线发生稳定破坏，结果造成了浙江电网瓦解。华东电网接受这次教训，重点加强这个环网，建设成为三角双环结构。在这个受端系统内，电源较集中，负荷占全网的60%，成为该电网的核心。以后华东电网再也没有发生过全网性的大事故。

东北电网在新中国成立初期［见图8-3（a)］，不到3年时间就发生了35次稳定破坏事故，平均12次/年。以后发展为双回路的Y形结构［见图8-3（b)］，且全部升压为220kV，同类事故减少到1.2次/年。当时由于受端系统仍缺乏电压支持，1964年还发生过一次全网性稳定破坏事故。以后受端又建设了鞍山电厂、清河电厂，加装了大容量调相机，受端系统在网络及电压支持上都大大加强，近年虽发生了一些稳定破坏事故，都限于局部，没有扩大为全网性大事故。

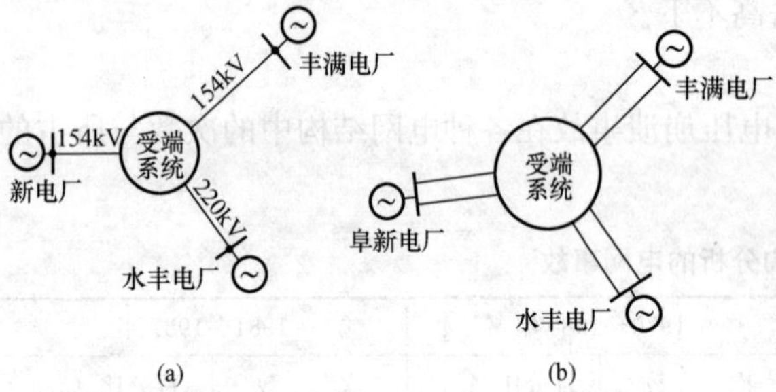

图8-3 东北初期电网结构
(a) 1950～1953年时期的电网结构；(b) 1954～1969年时期的电网结构

京津唐电网1978～1985年虽然发生过7次稳定破坏，但由于京津唐内部以10组以220kV双回路形成一个整体，只是通过边缘线路与远处的电厂作为另一方面振荡，所以在振荡时振荡中心远离220kV主网，主网一直维持较高电压水平，因而影响不大。

作为华中电网的主要部分，湖北电网结构正好与华东、东北、华北电网相反，它是头重（远方主力电厂在送电侧联系较强、相对容量大）、脚轻（受端系统弱）。由于在结构上先不足，前些年发生过全网性的稳定破坏事故。500kV线路投入后，受端系统弱的现实又带来新的问题，由于500kV线路充电功率大，一旦跳闸后，除损失充电功率外，由于负荷转移将引起无功损耗大量增大，受端系统缺少足够电源，难以支持电压，易于造成电压崩溃。

第二节 国内外典型大停电事故分析

我国电力工业的发展，前几十年一直是发电工程落后于负荷增长的需要，近几年这一矛盾得到了缓解。但是，目前输变电工程建设落后于发电工程建设的矛盾还非常突出，电网结构相对比较薄弱。所以，近期仍然要发展超高压、建设大电网。自1981年我国第一条超高压500kV输电线路投入运行以来，超高压输电线路已迅速建设和发展，可以说超高压输电线路已经成为我国区域大电网顶骨架。由葛洲坝到上海的500kV直流输电线路，将华中和华东两大区域电网联系起来，华北与东北通过500kV交流输电线路也联系在一起，形成更强大的电力系统。与此同时，电力系统的容量不断增长，如何保证日益发展的大容量电力系统的安全稳定运行，是一项紧急而又重大的任务。因此，下面对国内外一些具体的大停电事故进行分析，总结经验、吸取教训，这对电力系统的今后发展有着非常现实的意义。

一、国内典型大停电事故实例分析

下面以 1982 年 8 月 7 日华中电网稳定破坏事故为例进行分析。

1. 概况

1982 年 8 月 7 日，华中电网 JM 电厂到 HJ 变电所 220kV 联络线 A 相导线对树放电，保护动作跳闸，联络线断开 4s 后，系统稳定被破坏，系统发生振荡。使湖北电网失去电源近 900MW，占湖北电网发电出力的 55%，湖北地区大面积停电，武钢、冶钢等重要用户受很大损害，部分设备损坏，经 10h 左右恢复正常。自动减负荷和自动拉闸共甩负荷584.5MW。

2. 事故前电网情况

HB 电网与 HN 电网联网运行（当时湖南、江西尚未接入）。全网发电 3151MW，其中 HN1525MW，HB1626MW，系统频率 49.62～49.75Hz。HN 电网通过二回 220kV 线路向 HB 送电 25MW。500kV 姚双线断开，500kV 双凤线与 220kV 双河—荆门—潜江—关山—凤凰山高低压环网运行。系统接线及潮流如图 8-4 所示。

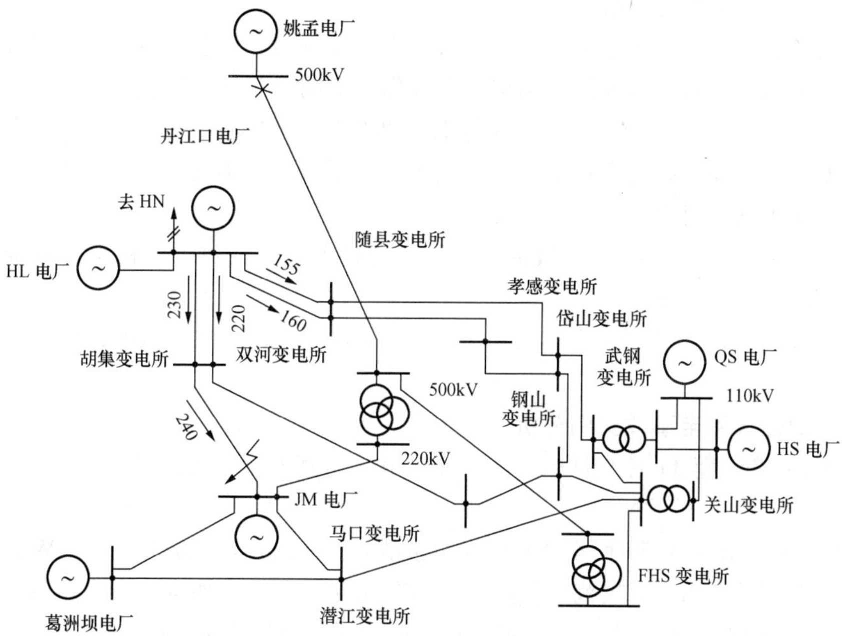

图 8-4 华中电网 1982 年 8 月 7 日事故前系统运行接线及潮流

——→ 潮流方向，MW

事故前 G 电厂一台 125MW 机运行，鄂东地区 QS、HS 等电厂由于缺少燃料减发，与小水电厂总共发电 450MW，由于负荷中心在鄂东及武汉，大量功率由丹江电厂经丹汉

220kV 双回线东送 765MW，超过了 740MW 暂态稳定极限。网调通知 HB 中调限电，中调通知 QS 增出力 30MW，HL 水电减 60MW 后，丹汉线功率下降到 730MW。

3. 事故经过

事故前瞬间丹汉线功率又突增到 800～820MW。网调再次通知中调拉路限电，中调要求减丹江出力，并且两次令 QS 电厂增加出力。正联系时，13 时 16 分荆胡线单相接地故障跳闸，系统稳定破坏发生振荡，持续约 1min。各厂站发电机有功、无功，各级母线电压及联络线上潮流均大幅度周期性摆动。QS 电厂 11 号机因失步停机，丹江因电话不通与网调失去联系，自动将出力从 850MW 降到 270MW。G、H 减少出力 110MW，JM 3 号机手动解列。鄂东电网失去大量电源后频率从 49.76Hz 降到 46.1Hz，低频减载切掉 238MW，鄂东地区大面积停电，丹江与 HN 电网（送端）频率由 49.76Hz 升至 50.67Hz。系统振荡时，各发电厂和 220kV 变电所电压大幅度下降，一些调相机、主变压器跳闸，500kV 双河变电所与系统解环；FHS 变电所 2 号静止补偿装置的固定电容器低电压保护动作跳闸，使电网又失去大量无功电源，从而加剧了系统电压下降。

4. 事故扩大原因

（1）荆胡线对树放电引起跳闸是事故的起因，但该线高频保护及单相自动重合闸装置因有缺陷未投，因而线路单相接地故障切除后未能重合。

（2）荆胡线远方切机因故障而退出运行，远方切负荷数量不够，岱山变电所切负荷装置未投，降低了丹江线的暂稳极限。

（3）未按《电力系统安全稳定导则》要求，事先计算出各种运行方式下丹汉线输送功率的数据及相应的稳定措施，也未制定系统运行规程，电网处于极不安全情况下运行。

（4）G 电厂和 500kV 线路投运，HB 与 HN 两省以 500kV 联网后，尚未制定出合乎电网实际的调度运行规程，高度管理不统一，纪律不严明，职责不清。丹汉线起负荷时两方意见不一致，延误了处理时间。

（5）G、JM 电厂对处理振荡事故缺乏经验，处理不当，或将发电机出力减少或拉闸解列导致系统情况进一步恶化。

（6）胡双线未上，使荆胡线成为 220kV 和 500kV 电网间的唯一咽喉；姚双线未投，降低了稳定水平。

二、国外典型大停电事故实例分析

下面以美国 1965 年 11 月 9 日东北部大停电事故为例进行分析。

1. 概况

1965 年 11 月 9 日下午 5 时 16 分开始发生事故，经 12min，造成 21 000MW 用电负荷停电，最长停电时间达 13h，影响范围包括美国和东北部 6 个州及加拿大安大略省，停电区域 20 万 km^2，影响居民 3000 万人，经济损失达 1 亿美元，纽约市 1000、335、137MW 机组各一台均因失去油压而损坏轴承。

2. 事故前电网情况

如图 8-5 所示，美国东北部电网共由 25 家美国电力公司和加拿大安大略水电局分区经营。各公司电网间有 345、230、138kV 联络线，其南部与 PJM 系统以 6 条 230kV 及 115kV 线路相连，但无联营组织，各单位互不通气，各自为政。事故前美国向加拿大共送电 310MW（西部送 500MW，东部送 190MW），负荷及出力见表 8-2。

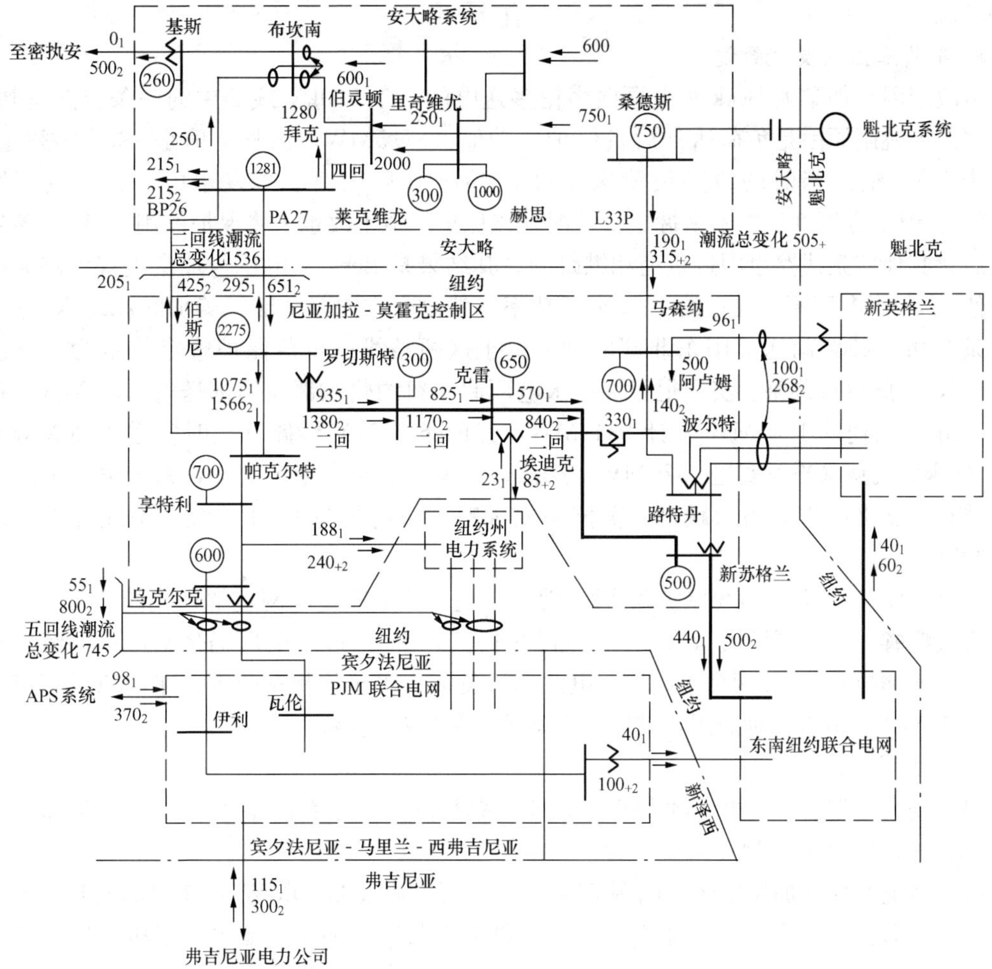

图 8-5　1965 年 11 月 9 日美国东北部大停电时的电流潮流

图例

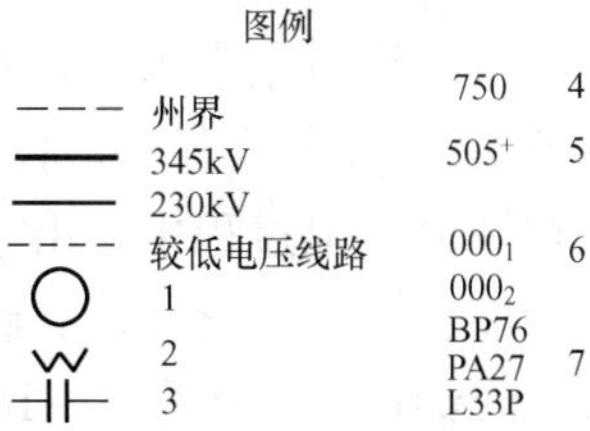

注：图中数据为潮流变化情况。

表 8-2　　1965 年 11 月 9 日事故前出力及负荷

地　　区	负　荷（MW）	实发出力（MW）	装机容量（MW）
美国东北六州	18 230	18 500	21 760
加拿大安大略省	6400	6100	6750
合　　计	24 630	24 650	28 510

系统中水电比重占 26%，最大水电厂为美国尼亚加拉（Niagara）水电厂（2520MW），加拿大的 Beck 水电厂（1830MW），各地区发电及负荷基本平衡，当时电网频率为

59.98Hz。

3. 事故起因及发展经过

事故起因是加拿大Beck水电厂向多伦多送电的5条230kV线路中的一条突然跳闸（5时16分），跳闸原因是负荷达到后备保护启动值（37.5MW，该整定值是1963年整定的，一直未改）。整定当时的线路负荷未超过300MW，后来由于多发水电，线路负荷增到360MW，但加方调度员并不掌握定值情况（该保护定值未改也未将保护停用）。第一条线路跳闸后，其他四条线路也因过负荷相继跳闸。其结果是Beck水电厂与加拿大安大略系统解列，使Beck水电厂原来北送的1530MW功率突然改变方向，全部经美加间原北送500MW的两条230kV线路南送美国东北部电网。由于这两条线过负荷保护整定值定为每条线是860MW，因此没有跳闸。美国尼亚加拉水电厂原向纽约州东部及南部送电1800MW，加上Beck水电厂南送的1540MW合计3340MW，经两条345kV线路（当时实送1300MW）及若干230kV线路（当时实送1570MW）送出。结果造成暂态稳定破坏，系统电压和功率大幅度波动，联络线先后纷纷跳闸。美国与安大略，纽约州与PJM系统联络线都先后跳闸(见图8-6)。

总之，Beck水电厂出线保护动作跳闸后4s整个美加联合电网就解列成四个部分：①加拿大安大略省——解列后大量缺电；②纽约州北部Massena水电厂仍带铝厂；③纽约州西南部有尼亚加拉和Beck两个水电厂，电源超过负荷；④纽约州东南部、纽约市及新英格兰缺电1170MW。由于种种原因，缺电及多电地区最后都全停。

4. 事故扩大原因

（1）安大略省由于缺电1530MW，系统频率猛降，由于系统中未装设按频率降低自动减负荷装置，最后3800MW负荷全停。

（2）多电的尼亚加拉地区，电源5100MW，而负荷仅2550MW系统频率上升，火电厂因频率过高而自动停机。Beck水电厂因调速器油泵故障，油压过低也停了机。这样负荷又超过电源，系统频率下降到58.5Hz以下，由于未及时拉掉负荷，最后造成本地区全停。

（3）纽约州东南部、纽约市、新英格兰共缺电1100MW，由于当时未装按频率降低自动减负荷装置，频率下降火电厂辅机不能维持正常出力，机组出力下降，形成恶性循环，最后火电厂先后被迫解列，造成地区全停。从事故开始，仅经过12min就扩大为美国东北部及加拿大安大略全面积停电事故。在恢复供电过程中，由于缺乏备用电源，而火电厂启动又慢，辅机需靠外来电源供电，只得顺序进行，恢复较慢。纽约市因电缆线路多，必须带一定负荷后才能送电，因此恢复过程长。纽约市用户停电8～13h后才恢复供电。

（4）美国联邦电力委员会对这次事故组织进行了调查并提出了防止大面积停电的19条建议，现归纳如下9条。

1）联合电网内各单位要尽快成立联营协调组织，协调全网内的电网规划、建设、调度、运行问题，避免各自为政，互不配合（根据这条建议在1966年1月成立了东北电力协调委员会）。

2）联合电网的联络线，要从初期的薄弱联系，有计划地逐步向强联系过渡。要对系统稳定性进行计算分析，要加强电网结构（实现多回联络线和输电线或环网），并从全网观点研究大电源合理布局。

3）要不断研究改进继电保护配置及整定方案，要从全网观点来决定各继电保护整定方案。

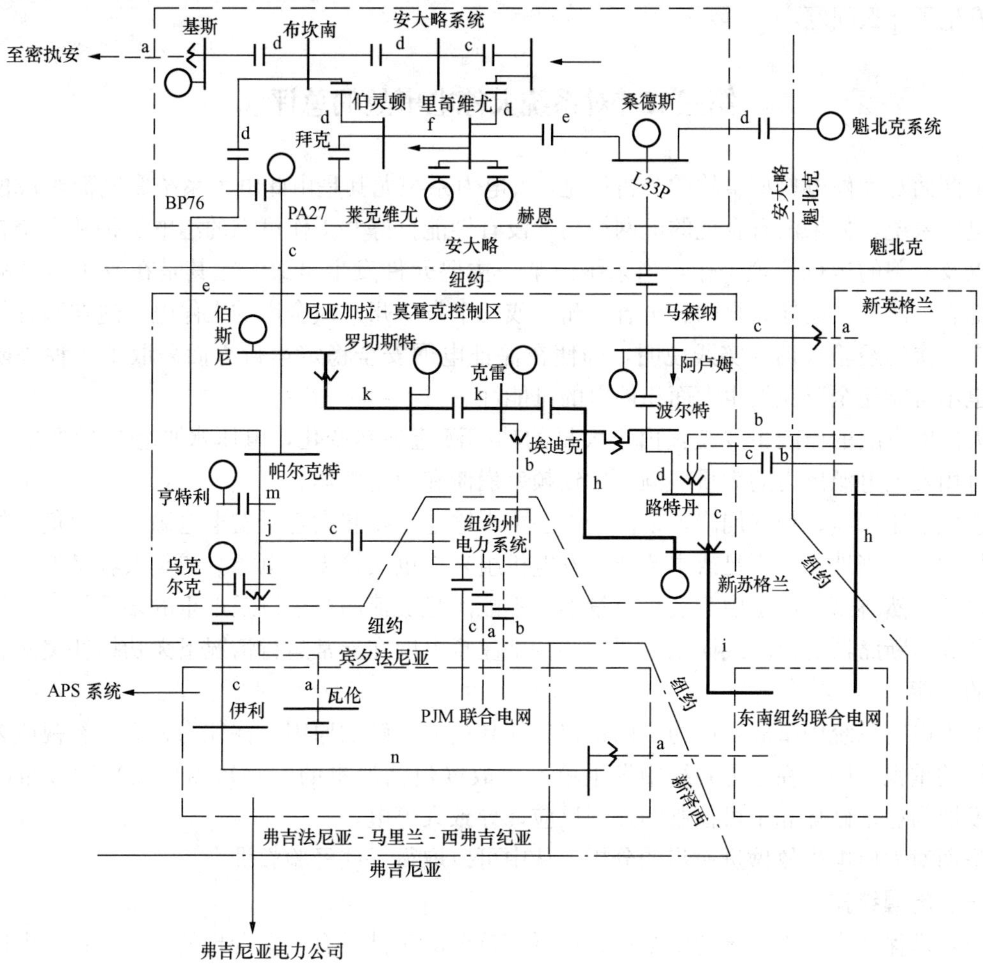

图 8-6　美加电网停电事故分析图

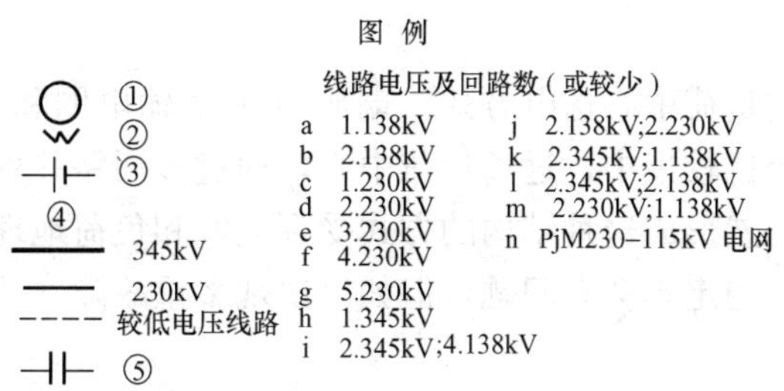

4）发电和输电均要有备用容量。要制定电源和输电设计安全准则及备用容量配置原则，当经济和安全供电发生矛盾时，要服从供电健全和可靠性的要求。

5）要注重发电旋转备用容量是否足够，如何配置，以及是否能迅速发挥作用。

6）全面改善各种自动装置以及通信、遥信、遥测等装置。

7）要配置按频率低自动减负荷装置，调度应有紧急拉闸顺序表，为防止频率严重下降和系统崩溃的重要措施。

8）火电厂及核电厂应配备专门的厂用机组。

9）要改善通信系统并应有独立的备用电源，这次事故中通信不灵，调度员不能判断电网中发生了什么问题。

第三节　对系统大停电事故的总评

由前面对大停电典型事故的分析可见，大电力系统尤其是由此电力系统联网而组成的大联合电力系统，如果没有合理的电网结构，没有性能良好并工作可靠的继电保护和安全自动装置以及完善的运行管理工作，当系统内某一主要元件发生事故，尤其是在发生多重故障时，都有可能扩展而导致全国、全省（州）或几个省（州）或全市的大停电。这在国外、国内已有多次的经验教训。实践说明，即使在保证电网安全稳定运行方面采取了各种预防措施，也不可能完全避免发生大面积停电的可能性。

大停电事故的原因主要是：由于大量的功率潮流突然变化，电压水平恶化导致电压崩溃；可用发电电源出力的大量缺额，导致频率崩溃和稳定破坏。

造成电压崩溃、频率崩溃，是由于失去主干输电线路和大容量发电电源，用户负荷的突然大量增长，当地无功不足或主要依靠发电机组来提供大量无功电源，或是大容量发电机组或发电厂突然跳闸，或是由于装机容量不足不能满足负荷的要求以及严重的多重故障的继电保护和高压断路器的拒动或误动。还需要特别注意电网在异常运行情况下无功损耗突然急骤增加的可能。

对大电力系统中事故发展为全网稳定破坏和崩溃瓦解的原因，往往为人们所忽视或未加以足够的重视，因而在电力系统中发生单一事故（包括严重的三相短路事故）和多重故障时，发展为稳定破坏和不可控制的连锁反应，导致大停电。

下面对大停电事故做进一步的分析，从中可以取得一些经验教训。

一、电网结构

要合理保证大电力系统的安全稳定运行，首要的条件是有一个合理的电网结构。电网的结构是否合理，既是规划设计的问题，也是近期运行计划的重要问题，即电网结构的设计和运行方式的编制两个方面。

1. 电网结构本身不合理

（1）大电源远距离向负荷中心送电方式。瑞典 400kV 输电网和加拿大魁北克 735kV 电网的共同特点是水电资源比较集中，远离负荷中心，通过多回路并列的超高压输电线由集中电源向负荷中心送电。当然形成这种结构的方式受到电源和负荷地理条件的限制，实践证明这种结构在单一故障时，稳定不会有问题，但如果出现多重故障，就有发生全网性大停电事故的可能。

（2）电力系统的大环网结构。美国的 WSCC 大环网，整个像一个大面包圈，其中经常有较大的环流，由西北到南部和由东部到西部传输电力容量很大，而且要经过很多电力公司的电网，西部太平洋±500kV 直流输电与 500kV 双回交流输电线并联送电，电网结构上存在许多问题，不得不采取在±500kV 直流或交流输电线跳闸时采取各种稳定措施，包括切机、切负荷、投入制动电阻和从预定点解列的措施以保持系统的稳定。但其稳定性还是很脆弱的，曾发生过多次由于 500kV 输电线路故障而控制装置又不正确动作，造成系统稳定破坏的大停电事故。

(3) 单回线大环网结构。我国东北DL、YK、SF、AS的800km单回大环网结构稳定性非常差，过去曾多次发生开环运行时静稳性破坏事故，以及闭环运行时单相接地就可能造成暂态稳定破坏事故。

(4) 高低压电磁环网。高低压电磁环网也是造成大停电事故的隐患，这种电网结构在国内外都曾多次出现系统稳定的破坏事故。

2. 电网结构不合理或不健全

由于发输电设施不足或不能如期投产，造成电网结构不合理或不健全。例如，美国1977年7月纽约大停电事故；法国1978年12月大停电事故；瑞典1979年1月13日事故等。纽约长期的管理和环保问题，使纽约长期在相当大程度上依赖远距离电源，并且由集中在狭窄输电走廊的345kV线路将电力送至纽约，而且继电保护很复杂。在法国过多的火力发电机组停运，所缺大量电力由远离负荷中心的联邦德国、比利时等国输入，造成输电线路的过负荷。当然大停电还有其他因素，如纽约电力公司控制中心调度员未能掌握事故发展过程和法国电力系统中无功电缺少造成系统电压非常低。瑞典大停电的主要原因是瑞典北部和中南部间的输电容量不足，因而最后系统解列为南北两部分，南部缺少发电出力，频率下降，北部电力过剩，频率上升，这导致瑞典和丹麦、挪威间的联络线跳闸而解列。

由以上的分析可见，一个规划和运行得好的电网结构是保证电力系统安全稳定运行的物质基础，而一个结构上不健全或不合理的电网是很难保证不发生稳定破坏事故的。

所谓好的电网结构应包括两个方面的内容：一是，为了适应负荷的需要，配置足够的、布置合理的、单机容量和电厂容量不过分集中的电源；二是，建立与输电容量和负荷水平相适应的、有足够传输能力的电网结构，在正常运行时具有必要的灵活性，并足以应付运行中各种偶然情况，特别是事故情况。

二、可靠的继电保护和自动装置

具备合适的可靠的继电保护和安全的自动装置，是抗大干扰的技术措施。《电力系统安全稳定导则》要求建立的三道防线，是要靠继电保护和安全自动装置来防守。因此必须强调，继电保护和安全自动装置问题都是涉及全面的系统问题。继电保护和安全自动装置的动作是否正确，是否能满足系统要求，是能否防止系统崩溃瓦解的一个重要因素。

国内外的重大系统事故，绝大多数是由于继电保护和安全自动装置的不符合要求的动作而扩大的。如果故障切除的过慢，则任何坚强的电网结构也不可能保证电力系统的稳定。此外，继电保护的效果如何，又有赖于电网结构是否合理。

从系统安全稳定的观点出发，对继电保护和安全自动装置的基本要求是：第一，在正常的电网结构和运行条件下，当系统发生单一故障时（包括三相短路），迅速切除故障保持系统的稳定运行；第二，当系统发生多重故障或其他原因不能保持系统的稳定运行时，尽可能缩小事故范围，缩短影响持续时间，防止发展扩大为失去控制的恶性连锁反应，而最后导致电网的崩溃和大面积停电（包括同步稳定的破坏、电压或频率的崩溃）；第三，事故后迅速恢复对用户的供电和电力系统的正常运行。

1. 快速切除故障

采用快速保护，加快保护切除故障时间。加快保护动作时间是保证系统安全稳定运行的最基本、最有效措施。要保证三相短路故障不失稳，首先要加快保护动作时间。

国内几大系统的大量计算和实践证明，保护切除故障时间降低到线路近端为0.1s（对

220kV：保护 0.04s，断路器 0.06s)，远端为 0.12～0.15s。这样对结构较合理的系统，是能保证三相短路故障不失稳，而一般不需采取任何其他措施，对提高稳定的效果是非常明显的。

2. 合适的重合闸时间

选用较佳的重合闸时间，以提高抗御重合于永久性接地故障的能力。实践证明，如果重合闸能选择在较佳时机合闸，可以利用发电机储存的减速能量，部分地抵消重合于故障时的加速能量，对系统暂态稳定是十分有利的。

例如东北电网中，由 SF 向 DD 送电的水东线，在 SF 电厂出口发生单相永久性接地故障，当单相重合闸时间为 1.4s 时，即使 SF 厂四台 100MW 机组只发 360MW，仍需重合后连一台机组才能保持稳定；当重合闸时间改为 1.1s（尚非最佳重合闸时间）时，SF 厂发电增加到 380MW，无需切机就能保持系统稳定。

可见，选取较佳重合闸时闸效果是显著的。

3. 自动减负荷和人为切负荷

按频率降低自动减负荷、按电压降低自动减负荷和人为切负荷。按频率降低自动减负荷是防止系统频率崩溃的基本措施。在联合电力系统中整定各级频率继电器的动作值与时限时，要考虑到与相邻的系统的联络线在频率降低情况下，可能串动的负荷和联络线的稳定情况，还要与系统中大机组的低频率保护的整定值配合。在缺少发电出力的系统中，减负荷的目的是恢复发电出力与负荷之间的平衡，使系统频率恢复到正常值。

美国 1965 年东北部大停电事故中，被解列并缺电的纽约州和安大略省，都因未装设按频率降低自动减负荷而扩大为全停电事故。但是一些大停电事故说明，如果系统的稳定破坏导致电压下降过大、过快可是发生电压崩溃，按频率自动减负荷往往不能动作。国内外大停电事故都说明了这一点。例如 1978 年法国大停电事故中，由于电压崩溃，大部分频率降低自动减负荷没有动作，没有装设按电压降低自动减负荷和按频率下降速度减负荷，同时调度员又没有果断的立即切除一部分负荷，导致巴黎、法国西部全停。1983 年瑞典南部大停电事故中由于电压崩溃，瑞典南部也因同样原因有一半按频率降低自动减负荷装置不能动作。

事实说明，按频率降低自动减负荷在没有造成频率下降的事故情况中，或是当电压出现缓慢持续下降时可能不动作。果断地进行切除部分负荷，才能成功地制止地区频率和电压的崩溃。安装按电压降低自动减负荷装置，是严重缺乏无功地区必备的安全自动装置，同时也必须制定手动减负荷顺序表，列入调度操作规程。

4. 加强和重视运行管理工作

加强和重视继电保护和安全自动装置的运行管理工作，防止继电保护和安全自动装置的误动作，尤其是人员造成的误动作。

国内外的重大停电事故，很大一部分和继电保护及安全自动装置的不正确动作（包括拒绝动、误动）有关。HB1972 年 7 月 27 日大停电事故，是由于继电保护试验人员错误造成距离保护误动作引起的。美国 1965 年东北部大停电事故，是由于继电保护整定值未根据输送功率的变化及时改变。法国 1978 年大停电事故的起因，就是输电线保护误动跳闸。而且往往在一次系统事故中，有多次自动装置的误动或拒动。尤其是系统稳定控制装置的不正确动作，会导致系统事故的扩大和发展为大停电事故，这在美国 WSCC 系统中曾连续发生多次。我国 1970～1986 年 257 次稳定破坏事故中，由于继电保护装置不正确动作直接引起或因保护不健全和拒动、误动而造成事故扩大的共 114 次，占 44.4%。美国 62 次系统大事故的分析中，有 44 次与继电保护有关，占 71%。

除了继电保护和安全自动装置本身的问题外，运行管理和试验维护人员的技术水平和管理制度也是一个十分重要的问题。因此，对继电保护人员要进行专门的培训，以提高其技术和业务水平。

三、无功电源和电压控制

无功电源和电压控制在系统规划和运行中，必须重视无功电源和枢纽点电压的控制，以防止电压崩溃。

法国 1978 年 12 月发生的全网性电压崩溃事故，就是因为没有重视无功问题。日本东京电力系统 1987 年 7 月的电压崩溃大停电事故，也是由于负荷增长过快、过高，系统中无功备用电源不足。这主要是由于在系统设计阶段对系统的无功问题没有进行深入研究，在运行中对无功和电压的问题没有给予充分的注意。

由于发生了多起系统电压崩溃事故，国际大电网会议专门成立了一个工作组，研究在系统规划中，如何考虑防止系统出现这种恶性事故问题。建议在系统无功中采用（$n-2$）的安全准则，并在必要时采用按电压降低自动减负荷装置，作为抵消变压器带负荷调压所产生的影响的紧急措施，和限制局部扰动发展为全网或主网的电压崩溃事故。

总之，对无功电源应当有充足备用，这是总结长期的经验提出的要求。无功缺乏和无功过多而无控制调节手段，都会使运行发生很大困难，甚至造成设备损坏和导致系统发生电压崩溃事故。

四、防止负荷大量转移

在规划设计电网结构时，还应特别注意当发生严重故障时，要防止因大量负荷转移引起的恶性连锁反应。在国内外发生的大停电事故中，多次是因事故过程中大量负荷转移引起恶性连锁反应而扩大，最后导致电网崩溃的。

1965 年美国东北部大停电事故就很典型。这个联合系统在事故当时总装机容量为 28 000MW以上，总负荷有 25 000MW，而拜克水电站全部电源仅 1200MW。按理，即使突然全部切去拜克水电站，也不能给联合系统带来严重影响，问题恰是出在保留了这个电源引起了大量的负荷转移。对全系统来讲，从而又诱发了其他一系列问题，最终使系统崩溃瓦解。因此，必须从电网的运行结构上、自动装置的配置上保证在任何时候、任何情况下，任一输电线路的传输能力都能够大于需要它传输的电源容量。此外，为了防止在严重的事故情况下，由于某些预计不到的原因而造成某一电源支路断开时，不致使系统其余部分因失去的电源比重过大而造成频率崩溃。这就必须使任一支路输送的功率，占包括受端系统在内的系统其余部分的总功率的比重不能过大。也就是说，要分散外接电源功率。在高低压环的高压线路断开时，负荷转移的问题更为严重。

在我国 500kV 电网建设初期，电网结构还很薄弱，500kV 和 220kV 线路高低压环网运行的情况在很多地区存在，当一条 500kV 线路故障断开后，不但会产生由于有功功率转移引起的同步运行稳定问题，也会带来无功功率损耗突增而产生的电压崩溃问题。

五、建立好最后一道防线

要建立好最后一道防线，防止长时间大面积停电和对重要用户的破坏性停电。大电力系统可靠性的最重要问题，是防止电力系统崩溃瓦解造成大面积停电的问题。因此考虑电力系统可能出现的最坏情况，采取预防措施，对任何大电力系统是一项保证电力系统安全稳定运行的长期方针。

由前述的大停电事故分析可见，电力系统往往因各种不利因素的组合而导致稳定的破坏，即失去同步稳定性、电压崩溃和频率崩溃，最后酿成长时间大面积停电。防止对策是现成的，关键问题要有对最坏情况的考虑，事先有充分的准备。事先缺乏准备，可能是造成电力系统大停电事故的根本原因。

习　题

8-1　简述电源送电线路集中并联的远距离输电方式的特点。

8-2　简述日本东京电力系统的接线特点，解释事故停电的原因。

8-3　以 1982 年 8 月 7 日华中电网稳定破坏事故为例分析事故停电的原因。

8-4　对大停电事故分析中可以取得哪些经验教训？

第九章

架空线路机械计算

第一节 线路设计采用的气象条件

线路设计采用的气象条件一般有九种，即最高气温、最低气温、年平均气温、最大风速、最大覆冰、内过电压、外过电压、安装、断线。设计采用的气象条件，广义说是指与架空线路电气强度和机械强度有关的气象参数。实际在架空线路机械计算中采用的气象参数为风速、覆冰厚度和气温，它们被称为气象条件的三要素。

一、设计用气象条件的组合

设计用气象条件的组合，就是线路设计采用的九种气象条件。每种气象条件中，风速、覆冰厚度和气温如何组合，除要反映一定程度的客观规律外，还应适合整条线路结构的技术经济合理性及计算的方便性要求。一般在进行气象条件组合时，应满足以下条件：

(1) 线路在大风、覆冰及最高、最低气温时，仍能正常运行；

(2) 在线路发生断线事故情况下，不应使事故范围扩大；

(3) 在线路安装过程中，不应发生人身或设备损坏事故；

(4) 在线路正常运行任何季节中，导线对地面及其被跨越物均应保持足够的安全距离；

(5) 在线路长期运行中，导、地线应有足够的耐振性能。

根据上述要求提出的气象条件的组合列举如下。

1. 正常运行情况下的气象条件组合

线路在正常运行中，使导线及杆塔受力最严重的气象条件有大风、覆冰及最低气温三种情况。这三种最严重的情况不应组合在一起。因为最大风速的出现是冷热气流的热量交换加速所致，一般多在夏秋季节发生，最高气温在夏季无风时出现，最低气温则在冬季无风时出现。架空线的覆冰是在空气中有“过冷却”水滴降落碰到低于0℃的架空线后出现的。大风或最低气温时，空气中无“过冷却”水滴存在，不可能发生覆冰。根据以上分析，结合以往的设计经验，提出线路在正常情况下的气象条件组合如下：

(1) 最高气温时，无风、无冰；

(2) 最低气温时，无风、无冰；

(3) 最大风速时，气温为大风季节最冷月的平均气温，无冰；

(4) 覆冰时，根据“过冷却”水滴由雾凇和雨凇形成的规律，一般取风速10m/s。若地区最大风速在35m/s以上，可取15m/s。覆冰时的气温取－5℃。

2. 耐振计算的气象条件

风振动的危害在于其长期性，因为只有发生常年不断的风振动，才会使导、地线在线夹出口处不断发生拗折，引起材料疲劳，导致断股、断线的事故。架空线的应力越大，风振动越严重，因此需将振动的应力控制在一定的限度内。架空线的应力还随气象变化着，为了概括出经常引起风振动的应力平均值，需要归纳出计算年平均运行应力的组合气象条件来。架空线多在微风且气温较低时产生较大的综合应力，故耐振计算的气象条件组合是年平均气温、无风、无冰。

3. 事故情况下的气象条件组合

线路事故指的是断线情况，不包括杆塔倾覆或其他停电事故。断线在多数情况下由外力引起，无明显规律。计算断线的目的，从某种意义上只是为了计算杆塔强度。断线的气象条件是根据设计和运行经验逐渐演变得到的。断线气象条件组合如下：

（1）覆冰厚度 10mm 及以下地区——无风、无冰、温度为历年最低气温月的最低平均气温；

（2）覆冰厚度 10mm 以上地区——无风、有冰、气温为－5℃。

4. 安装、检修情况下的气象条件组合

线路在一年四季中均有安装检修的可能，但遇严重的气象情况时则应暂停。有六级（风速 10.8～13.8m/s）以上大风，禁止高空作业。故安装检修情况下的气象条件组合是：风速 10m/s、无冰、气温为最低气温月的平均气温。

5. 内、外过电压情况的气象条件组合

外过电压是指雷电引起的过电压，也称大气过电压。外过电压的气象条件组合是根据历年雷电活动季节的气象情况和雷电活动规律并结合设计运行经验确定的。一般，外过电压的气象组合是：气温＋15℃、无冰、风速 10～15m/s。内过电压是指电力系统内部的操作过电压。内过电压的气象条件组合，是根据历年设计运行经验确定的。一般取气温为年平均气温、无冰、风速为最大风速的一半且不低于 15m/s。

二、典型气象区

为了线路设计、设备制造的标准化和统一性，规程将我国各主要地区组合后的气象条件归纳为九个典型气象区，见附表 D-1。

由于我国幅员辽阔，九个典型气象区不能完全包括，各大区又根据本区的气象特点划分了各地区的典型气象区，华东电力设计院搜集整理后，于 1964 年推荐出 16 个全国典型气象区，见附表 D-2。

当所设计线路经过地区的气象情况与某一典型气象区的气象情况接近时，可直接套用该典型气象区的气象条件进行组合设计；若所设计线路经过地区的气象条件与各典型气象区的气象条件相差较为悬殊时，则应按实际搜集的气象资料经过换算后，组合为设计气象条件进行设计。

第二节 架空线比载的计算

在架空线的机械计算中，定义比载为每米长度上，每平方毫米截面上所受的力。比载的符号用 g 表示，单位为 N/（m·mm²）。架空线的比载有自重比载、冰重比载和风压比载等七种，分别用 g_1～g_7 表示。

一、自重比载 g_1

我国制造的各种规格的架空线均给出每千米质量，见附表 A-1、附表 A-2。自重比载计算公式为

$$g_1 = 9.8\frac{m_1}{A}\times 10^{-3} \tag{9-1}$$

式中　m_1——每千米架空线的质量，kg/km；

A——架空线的计算截面，mm^2。

二、冰重比载 g_2

当导线上覆有冰层时，冰筒的重量由架空线承受。如图 9-1 所示，取一米长的冰筒，其体积 V（$m \cdot mm^2$）为

$$V = \frac{\pi}{4}[(d+2\delta)^2 - d^2] = \pi\delta(d+\delta)$$

式中　δ——覆冰厚度，mm；

d——架空线的计算直径，mm。

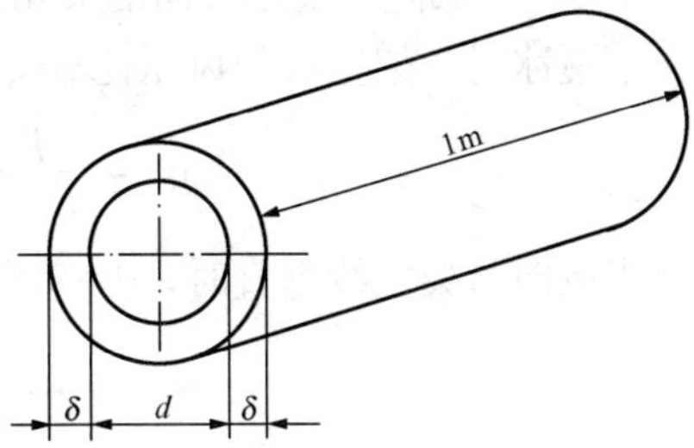

图 9-1　覆冰的体积

1m 长冰筒的质量 m_2（kg/m）

$$m_2 = V\rho = \pi\delta(d+\delta) \times 0.9 \times 10^{-3}$$

式中　V——1m 长冰筒的体积，$m \cdot mm^2$；

ρ——冰的密度，取 $\rho = 0.9g/cm^3 = 0.9 \times 10^{-6} kg/mm^3$。

故冰重比载计算公式为

$$g_2 = 9.8\frac{m_2}{A} = 9.8\frac{\pi\delta(d+\delta) \times 0.9 \times 10^{-3}}{A} \tag{9-2}$$

三、垂直总比载 g_3

自重比载和冰重比载之和称为垂直总比载

$$g_3 = g_1 + g_2 \tag{9-3}$$

四、无冰时的风压比载 g_4

根据空气动力学原理，架空线单位面积的理论风压为 P_0（N/m^2）

$$P_0 = 9.8\frac{v^2}{16}$$

在计算架空线实际所受风压时，还应考虑以下三个方面的因素：

（1）整个档距的风速不可能都相同，应计入风速不均匀系数；

（2）架空线所受风压与体型有关，应计入体型系数（也称空气动力系数）；

（3）风向不可能在任何情况下都与架空线垂直，应计入风向与架空线轴线之间夹角 θ 的正弦值。

架空线实际风压按下式计算

$$P = 9.8\frac{v^2}{16}dl_{sh}\alpha C\sin^2\theta \times 10^{-3}$$

式中　P——水平风荷载，N；

v——设计风速，m/s；

d——架空线的计算外径，mm；

l_{sh}——水平档距，m；

α——风速不均匀系数，可从表 9-1 查出；

C——体型系数，可采用下列数值

$$\begin{cases}\text{线径 } d<17\text{mm 时，取 } C=1.2\\ \text{线径 } d\geqslant 17\text{mm 时，取 } C=1.1\\ \text{覆冰时，无论线径大小，取 } C=1.2\end{cases}$$

θ——风向与线路方向的夹角，°。

不覆冰时，架空线的风压比载 g_4 为

$$g_4=\frac{P}{Al_{\rm sh}}=9.8\frac{v^2}{16A}d\alpha C\sin^2\theta\times10^{-3}$$

当风向与架空线垂直时，$\theta=90°$，$\sin\theta=1$，架空线的比载 g_4 为

$$g_4=9.8\frac{v^2}{16A}d\alpha C\times10^{-3}\tag{9-4}$$

表 9-1 风速不均匀系数

设计风速（m/s）	20 以下	20～30 以下	30～35 以下	35 及以上
α	1.0	0.85	0.75	0.7

五、覆冰时的风压比载 g_5

覆冰时，架空线受风面积 $A=(d+2\delta)l_{\rm sh}$，故覆冰时的风压比载 g_5 为

$$g_5=9.8\frac{v^2}{16A}(d+2\delta)\alpha C\times10^{-3}\tag{9-5}$$

式中 δ——覆冰厚度，mm。

六、不覆冰的综合总比载 g_6

如图 9-2（a）所示，不覆冰的综合总比载为

$$g_6=\sqrt{g_1^2+g_4^2}\tag{9-6}$$

七、覆冰的综合总比载 g_7

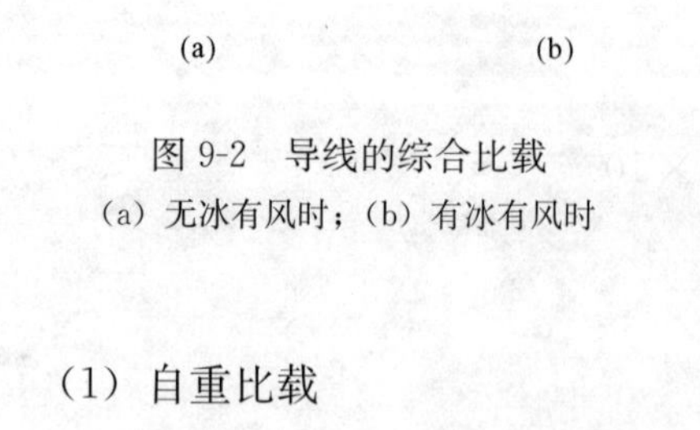

图 9-2 导线的综合比载

（a）无冰有风时；（b）有冰有风时

如图 9-2（b）所示，覆冰的综合总比载为

$$g_7=\sqrt{g_3^2+g_5^2}\tag{9-7}$$

【例 9-1】 线路额定电压为 110kV，通过Ⅴ级气象区，导线采用 LGJ-120/25 型，试计算其比载（在工程中我国标准重力加速度规定为 $g_n=9.807\text{m/s}^2$）。

解： 由附表 A-2，查得：LGJ-120/25 型导线的计算截面 $A=146.73\text{mm}^2$，计算直径 $d=15.74\text{mm}$，计算质量 $m_1=526.6\text{kg/km}$。

查附表 D-1 得知：Ⅴ级气象区覆冰厚度 $\delta=10\text{mm}$ 时，风速 v 有 30、15、10m/s 三种。

（1）自重比载

$$g_1=\frac{9.807m_1}{A}\times10^{-3}=\frac{9.807\times526.6}{146.73}\times10^{-3}=35.195\times10^{-3}\ [\text{N/(m}\cdot\text{mm}^2)]$$

（2）冰重比载

$$g_2=\frac{9.807\pi\delta(d+\delta)\times 0.9\times 10^{-3}}{A}$$

$$=\frac{9.807\times 3.14\times 10\times(15.74+10)\times 0.9}{146.73}\times 10^{-3}=48.642\times 10^{-3}[\mathrm{N/(m\cdot mm^2)}]$$

(3) 垂直总比载

$$g_3=g_1+g_2=(35.195+48.641)\times 10^{-3}=83.837\times 10^{-3}[\mathrm{N/(m\cdot mm^2)}]$$

(4) 无冰风压比载

$$g_4=\frac{9.807v^2}{16A}d\alpha C\times 10^{-3}[\mathrm{N/(m\cdot mm^2)}]$$

1) 当风速为10m/s时

$$g_{4(10)}=\frac{9.807\times 10^2}{16\times 146.73}\times 15.74\times 1.0\times 1.2\times 10^{-3}=7.890\times 10^{-3}[\mathrm{N/(m\cdot mm^2)}]$$

2) 当风速为15m/s时

$$g_{4(15)}=\frac{9.807\times 15^2}{16\times 146.73}\times 15.74\times 1.0\times 1.2\times 10^{-3}=17.752\times 10^{-3}[\mathrm{N/(m\cdot mm^2)}]$$

3) 当风速为30m/s时

$$g_{4(30)}=\frac{9.807\times 30^2}{16\times 146.73}\times 15.74\times 0.75\times 1.2\times 10^{-3}=53.255\times 10^{-3}[\mathrm{N/(m\cdot mm^2)}]$$

(5) 有冰风压比载

$$g_5=\frac{9.807v^2}{16A}(d+2\delta)\alpha C\times 10^{-3}$$

$$g_{5(10,10)}=\frac{9.807\times 10^2}{16\times 146.73}\times(15.74+2\times 10)\times 1.0\times 1.2\times 10^{-3}$$

$$=17.915\times 10^{-3}[\mathrm{N/(m\cdot mm^2)}]$$

(6) 无冰综合比载

$$g_{6(10)}=\sqrt{g_1^2+g_{4(10)}^2}=\sqrt{35.195^2+7.890^2}\times 10^{-3}=36.069\times 10^{-3}[\mathrm{N/(m\cdot mm^2)}]$$

$$g_{6(15)}=\sqrt{g_1^2+g_{4(15)}^2}=\sqrt{35.195^2+17.752^2}\times 10^{-3}=39.419\times 10^{-3}[\mathrm{N/(m\cdot mm^2)}]$$

$$g_{6(30)}=\sqrt{g_1^2+g_{4(30)}^2}=\sqrt{35.195^2+53.255^2}\times 10^{-3}=63.835\times 10^{-3}[\mathrm{N/(m\cdot mm^2)}]$$

(7) 有冰综合比载

$$g_{7(10,10)}=\sqrt{g_{3(10)}^2+g_{5(10,10)}^2}=\sqrt{83.837^2+17.915^2}\times 10^{-3}$$

$$=85.729\times 10^{-3}[\mathrm{N/(m\cdot mm^2)}]$$

有了比载 g，就可以方便地计算架空线的荷载 P。档距中架空线的荷载计算公式为

$$P=gAl \tag{9-8}$$

式中 P——架空线的荷载，N；

g——架空线的比载，N/（m·mm²）；

A——架空线的截面，mm²；

l——架空线的长度，m。

第三节 架空线的振动和防振

一、概述

当稳定的微风吹过架空线时，将使架空线产生风振动。风振动使架空线在悬挂点处反复被拗折，引起材料疲劳，造成断股、断线的事故。

引起风振动的原因是当稳定的微风吹过架空线时，在架空线的背风面产生交替变化的气流旋涡，从而使架空线受到上下交替的脉冲力的作用，当这个脉冲力的频率与架空线的固有频率相等时，在架空线的垂直面内产生共振称之为风振动，如图 9-3 所示。

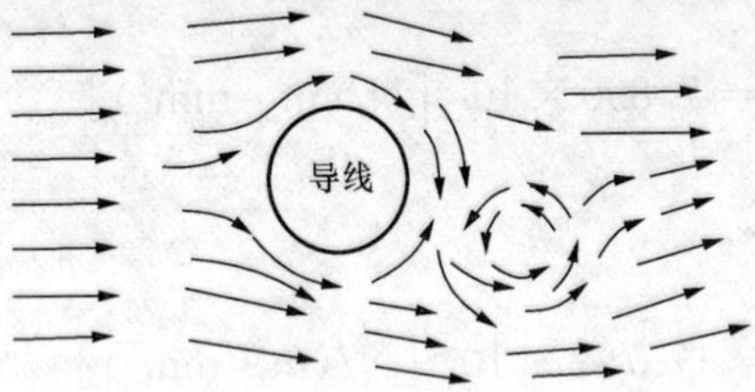

图 9-3 导线风振动的形式

风振动的频率可高达 10～120Hz，振幅很少超过导线的直径。一年中风振动的时间常达全年时间的 30%～50%。由于风振动的危害性很大，所以要研究风振动的规律及其防护措施。

二、风振动的特性

当架空线受稳定微风作用时，风振动的频率可用下式计算

$$f_F = 200\frac{v}{d}$$

式中 f_F——风振动的频率，Hz；

v——风速，m/s；

d——架空线的直径，mm。

架空线的固有频率为

$$f_D = \frac{1}{\lambda}v_D = \frac{1}{\lambda}\sqrt{\frac{9.8\sigma}{g_1}}$$

式中 f_D——固有振动的频率，Hz；

λ——振动波的波长，m；

v_D——振动波的波速，m/s。

波速为

$$v_D = \sqrt{\frac{9.8\sigma}{g_1}}$$

式中 σ——架空线的应力，kg/mm²；

g_1——架空线的自重比载，N/（m・mm²）。

当 $f_F = f_D$ 时，由上两式可导出振动波的半波长

$$\frac{\lambda}{2} = \frac{d}{v400}\sqrt{\frac{9.8\sigma}{g_1}} \tag{9-9}$$

图 9-4 架空线振动的波形图

架空线振动的波形如图 9-4 所示。振动波为驻波，可写出如下位移方程

$$r(x \cdot t) = r_0 \sin\frac{2\pi x}{\lambda}\sin 2\pi ft$$

式中 r——位移，mm；

r_0——振幅，mm；

f——振动频率，Hz；

x——悬挂点到被测点的水平距离，m；

t——计算时间，s；

λ——波长，m。

当 $\sin\omega t=1$ 时，振幅 r 最大，此时

$$r(x \cdot t) = r_0 \sin \frac{2\pi x}{\lambda}$$

在最大波腹上过任一点切线的斜率为

$$\tan\alpha = \frac{\mathrm{d}r}{\mathrm{d}x} = \frac{2\pi r_0}{\lambda}\cos\frac{2\pi x}{\lambda}$$

在线夹出口处 $x=0$ 的振动角最大，其值为

$$\alpha_{max} = \tan^{-1}\left(\frac{2\pi r_0}{\lambda}\right)$$

实际振动角一般在 30′～50′之间，振动角接近 1°时，不需要很长时间就会使导线断股，故有关规程规定：架空线紧线后应立即安装防振器具，决不能拖过夜间。线路设计中一般要求 $\sigma_{max} \leqslant 10'$，对采用扩径导线和铝合金导线等易于振动的导线或者运行应力较大及大跨越处，要求 $\sigma_{max} \leqslant 5'$，这就是防振设计应达到的标准。

稳定的微风是引起风振动的基本因素。风速太小时，气流旋涡冲击力不足以推动导线上下振动；风速太大时，不形成架空线背风面的气流旋涡，也不会产生风振动。稳定微风的下限为 $v_{min}=0.5$m/s，而风速的上限则与架空线挂点高度及地形地物等有关。风速上限的取值见表 9-2。

表 9-2　　平坦开阔地区引起风振动的风速范围

档　距（m）	架空线悬点高度（m）	引起振动的风速范围（m/s）
150～250	12	0.5～4.0
300～450	25	0.5～5.0
500～700	40	0.5～6.0
700～1000	70	0.5～8.0

实践证明：一般开阔地区易产生平稳、均匀的气流，凡线路通过平原、沼地、漫岗、横跨河流和平坦的风道，认为是易振区；而靠近高山、树林、建筑物等屏蔽物时，近地面风的均匀性被破坏，被认为是不易振区。

架空线的应力是风振动产生的主要因素。架空线在长期运行中最有代表性的静态应力，被称为年平均运行应力。规程规定，架空线年平均运行应力的上限和相应的防振措施，应符合表 9-3 的规定。

表 9-3　　架空线年平均运行应力的上限与防振措施

情　况	防振措施	年平均运行应力的上限（瞬时破坏应力的%）	
		LGJ	GJ
档距不超过 500m 的开阔地区	不需要	16	12
档距不超过 500m 的非开阔地区	不需要	18	18
档距不超过 200m	不需要	18	18
不论档距大小	护线条	22	—
不论档距大小	防振锤（阻尼线）或另加护线条	25	25

三、导线的防振措施

在风速改变时，无论振动频率和波长如何变化，在线夹出口处均是一个波节点（即只有角位移），故导线线夹出口处往往发生断股现象。此外，导线的振动还会引起杆塔和金具螺栓松动或金具零件损坏，因而必须考虑对导线采取防振措施，以提高架空线的耐振性能。

目前，架空线路的导线和避雷线主要的防振措施是安装防振锤，也有的线路安装阻尼线或护线条。安装防振锤是一种施工简单、防振效果显著的防振措施。运行实践表明，安装防振锤与不安装防振锤相比，最大振幅可降低至原来的6.7%，振动持续时间减少至原来的45%。

1. 防振锤型号的选择

防振锤是由一段短的钢绞线和装在两端的空心锤组成，通过中间夹板固定于导线上。当导线（或避雷线）振动时，防振锤的夹板也随导线做上下运动，由于两个重锤具有较大的惯性，不能与夹板同步移动，致使防振锤的钢绞线不断上下弯曲，造成钢绞线股间不断摩擦，衰减了导线振动的能量。钢绞线上下弯曲挠度越大，耗能量越多，消振效果越好。因此，防振锤的型号必须与导线（或避雷线）型号相匹配。根据试验和运行经验，一般可根据架空线路的导线（或避雷线）的牌号，从表9-4选择出相应的防振锤型号。

表 9-4　　　　　　　　　　防振锤型号

防振锤型号	适用导线、避雷线型号	总长（mm）	质量（kg/个）	钢绞线规格
FD-1	LGJ-35～50	300	1.5	7/2.6
FD-2	LGJ-70～95	370	2.4	7/3.0
FD-3	LGJ-120～150	450	4.5	19/2.2
FD-4	LGJ-185～240	500	5.6	19/2.2
FD-5	LGJ、LG、JF-300～400	550	7.2	19/2.6
FD-6	LGJ-500～630	550	8.6	19/2.6
FG-35	GL-35	300	1.8	7/3.0
FG-50	GJ-50	350	2.4	7/3.0
FG-70	GJ-70	400	4.2	19/2.2
FG-100	GJ-100	500	5.9	19/2.2

2. 防振锤安装距离的计算

为了最大限度的消耗振动的能量，取得最佳的防振效果，防振锤安装的最佳位置，应在波腹点。因为在波腹点能使防振锤扰动最大，可最大限度地消耗振动的能量。然而导线振动的频率和波长是在一定范围内变化的，为了使防振锤对可能出现的各种频率都能起到防振作用，防振锤安装位置应对最大波长和最小波长均能起到一定的抑制作用。这样，对其他的波长也就能够起到防振作用了。

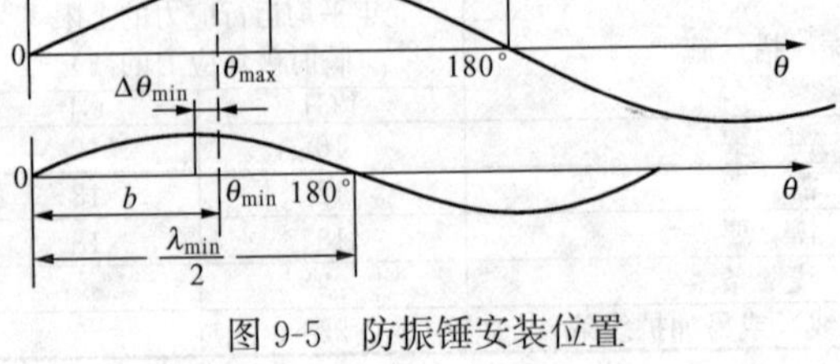

图 9-5　防振锤安装位置

当安装一个防振锤时，其安装位置应在线夹出口处的第一个半波长内，原因是线夹出口处是各种波长的节点，也是导线（或避雷线）遭受振动最严重的部位。为使防振锤对各种可能出现的波长均起到良好的防振效果，应使防振锤安装点距最大和最小两种波长的波腹点的相角的正弦绝对值相等，如图

9-5 所示，即

$$|\sin\theta_{max}|=|\sin\theta_{min}|$$

式中　θ_{max}——最大波长时，防振锤安装处导线的振动相角，(°)；

θ_{min}——最小波长时，防振锤安装处导线的振动相角，(°)。

从图 9-5 可看出

$$\theta_{max}=\pi-\theta_{min}$$

由于

$$\theta_{max}=\frac{S\pi}{\frac{1}{2}\lambda_{max}}=\frac{2\pi S}{\lambda_{max}}$$

$$\theta_{min}=\frac{S\pi}{\frac{1}{2}\lambda_{min}}=\frac{2\pi S}{\lambda_{min}}$$

将其代入式 $\theta_{max}=\pi-\theta_{min}$ 中，可得

$$S=\left(\frac{\lambda_{max}}{2}\times\frac{\lambda_{min}}{2}\right)\Bigg/\left(\frac{\lambda_{max}}{2}+\frac{\lambda_{min}}{2}\right) \tag{9-10}$$

式中　S——防振锤安装的距离，m；

$\frac{\lambda_{max}}{2}$——导线振动波最大半波长，m。

最大半波长为

$$\frac{\lambda_{max}}{2}=\frac{d}{400v_{min}}\sqrt{\frac{\sigma_{max}}{g_1}} \tag{9-11}$$

最小半波长为

$$\frac{\lambda_{min}}{2}=\frac{d}{400v_{max}}\sqrt{\frac{\sigma_{min}}{g_1}} \tag{9-12}$$

上两式中　σ_{min}、σ_{max}——分别为最低气温和最高气温时的架空线应力，N。

防振锤的安装图如图 9-6 所示。

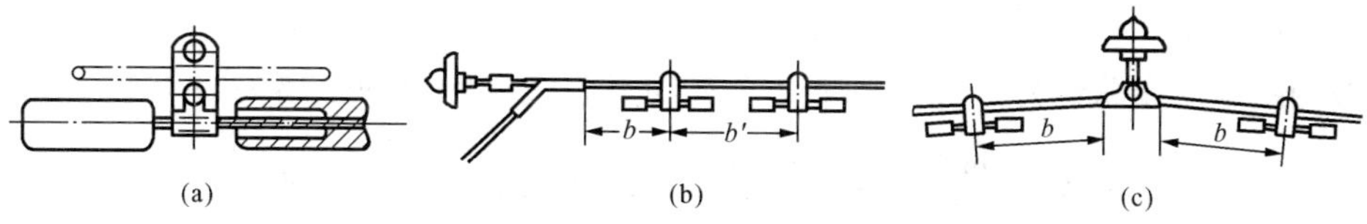

图 9-6　防振锤安装图

(a) 防振锤；(b) 耐张杆上的安装；(c) 直线杆上的安装

3. 防振锤的安装数量

当导线档距较大，悬挂点较高及风对振动传递能量较大时，用 1 个防振锤难以达到消振的目的，这时可以安装 2 个或最大限度不超过 3 个的防振锤。具体安装个数，取决于导线直径和档距的大小，见表 9-5。

安装多个防振锤时，可以是等距离，也可以是不等距离的。采用等距安装，第一个安装在距线夹出口 S 处，第二个为 $2S$，第三个为 $3S$。安装距离的计算方法与安装 1 个防振锤的

计算方法完全相同。但是，如杆塔两侧各在架空线上安装 2 个防振锤，则防振锤最好不按等距安装，以免在某种振动波长下两个防振锤的防振效果都不好。一般第二个防振锤安装距离（指距线夹出口处）为第一个防振锤安装距离的 1.75 倍。

表 9-5　　防振锤安装个数

防振锤的安装个数	1	2	3
导线直径	档距（mm）		
$d<12$	<300	300～600	600～900
$12<d<22$	<350	350～700	700～1000
$22<d<37.1$	<450	450～800	800～1200

4. 阻尼线的安装

阻尼线是用一种挠性较好的钢绞线或同型号的导线按花边状扎固在悬挂点两侧的架空线上，如图 9-7 所示。阻尼线的防振原理是转移线夹出口处波反射点的位置，其花边可将档距中的振动波以及其能量传递到线夹附近，经过阻尼线的自阻尼消耗振动波的能量，使振动大幅度减弱，达到消振的效果。阻尼线的特点是取材方便，阻尼频带特性较宽，尤其对高频率振动防振效果更显著，主要用于小截面导线或大跨越档距的防振。

采用阻尼线防振，还有利于减小或消除导线和避雷线的不平衡张力。有关规程 SDGJ94—1992《架空送电线路杆塔设计技术规定》做了明确的规定，重冰区的线路防振宜采用阻尼线。

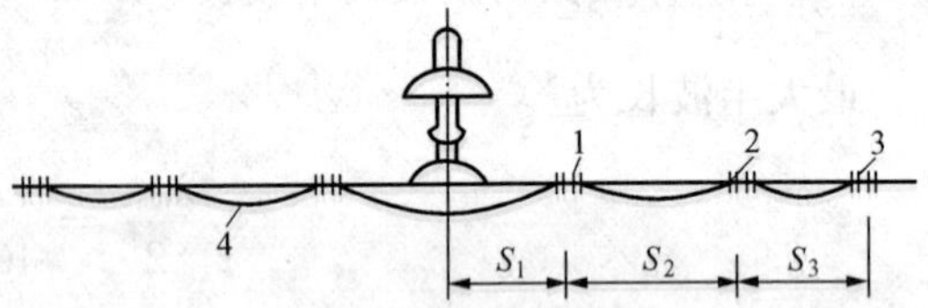

图 9-7　阻尼线安装示意图
1、2、3—扎固点；4—阻尼线

阻尼线的安装原则与防振锤一致，每个花边的长度和扎固位置，均应考虑架空线振动时对发生最大和最小波长时有相等或接近的防振效果。花边的个数一般根据档距大小而定，对于一般档距悬点每侧采用一个半、两个半花边；500m 以上档距采用三个半至五个半花边。阻尼线花边的弧垂大小对防振效果影响不大，一般可取 50～100mm。也有较大的，均为花边长度的 1/10。

一般档距阻尼线总长为 7～8m，第一个扎固点距线夹中心的距离为 S_1，位于第一个最小半波长的波腹上，即 $S_1=\dfrac{\lambda_{\min}}{4}$；第三个扎固点距线夹中心的距离为 $\left(\dfrac{1}{4}\sim\dfrac{1}{6}\right)\lambda_{\max}$，即位于最大半波长的波腹点附近；第二个扎固点位于第一个与第三个扎固点中央。

按照上述原则，扎固点到线夹的中心距离，可按下式计算

$$S_1=\frac{1}{4}\lambda_{\max}=\frac{d}{800v_{\max}}\sqrt{\frac{\sigma_{\min}}{g_1}}$$

$$S_1+S_2+S_3=\left(\frac{1}{4}-\frac{1}{6}\right)\frac{d}{200v_{\min}}\sqrt{\frac{\sigma_{\max}}{g_1}}$$

$$S_2=S_3$$

第四节　架空线的强度许用应力

一、架空线的机械物理特性

架空线的机械物理特性主要有瞬时破坏应力、弹性伸长系数和线膨胀系数三种。它是架空线力学计算的主要依据。

1. 瞬时破坏应力

架空线计算拉断力与计算截面积的比值称为瞬时破坏应力，可看作是架空线机械强度的极限值。计算公式如下

$$\sigma_P = \frac{T_P}{A} \tag{9-13}$$

式中　σ_P——瞬时破坏应力，N/mm^2；

T_P——计算拉断应力，N；

A——计算截面，mm^2。

2. 弹性系数

弹性系数是指在弹性范围内，单位截面上作用一单位应力时，导线单位长度伸长值的倒数值，用字母 E 表示

$$E = \frac{\sigma}{\varepsilon} \tag{9-14}$$

式中　E——架空线的弹性系数，N/mm^2；

σ——架空线的应力，N/mm^2；

ε——架空线的相对伸长值。

弹性系数的倒数称为弹性伸长系数，用字母 β（mm^2/N）表示

$$\beta = \frac{1}{E} = \frac{\varepsilon}{\sigma} \tag{9-15}$$

由式（9-15）知，弹性伸长系数在数值上就等于单位应力引起的相对变形，它表示导线受拉后易于伸长的程度。采用弹性伸长系数 β，比采用弹性系数 E 计算更加简便。

3. 线膨胀系数（温度膨胀系数）

导线温度升高 1℃时，导线单位长度的伸长值称为导线的线膨胀系数，用字母 α（1/℃）表示。

$$\alpha = \frac{\varepsilon}{t} \tag{9-16}$$

架空线的机械物理特性见表 9-6。

表 9-6　架空线的机械物理特性

架空线种类		瞬时破坏应力（kg/mm^2）	弹性系数（kg/mm^2）	线膨胀系数	密　度
钢芯铝线	LGJ-70 及以下 LGJ-95～400	27 29	8000	19×10^{-6}	—
轻型钢芯铝线	LGJQ-150～300 LGJQ-400～700	25 24	7400	20×10^{-6}	—
加强型钢芯铝线	LGJJ-150～240 LGJJ-300～400	31 32	8300	18×10^{-6}	

续表

架空线种类			瞬时破坏应力（kg/mm²）	弹性系数（kg/mm²）	线膨胀系数	密　度
铝绞线	7 股	股径≤3.5mm	15	5700	23×10^{-6}	2.7
		股径>3.5mm	14			
	19 股	股径≤3.5mm	15	5700		
		股径>3.5mm	14			
	37 股		14	5700		
	61 股		13.5	5500		
镀锌钢绞线			120	18 500	11.5×10^{-6}	7.8

从式（9-16）知，线膨胀系数在数值上就等于单位温度引起的相对变形，它表示导线受热后易于伸长的程度。

二、架空线设计安全系数

对已确定型号规格的架空线，其机械强度的极限值是瞬时破坏应力，它是一个常数定量。但架空线的运行应力却是随着气象条件变化而变化，是一个变数、变量。为了保证线路运行的安全，对架空线可能出现的最大运行应力必须加以控制。

架空线的设计安全系数可写成

$$K=\frac{\sigma_{\mathrm{P}}}{\sigma_{\max}} \tag{9-17}$$

式中　K——安全系数；

σ_{P}——瞬时破坏应力，$\mathrm{N/mm^2}$；

$\sigma_{\max}$——最大使用应力，$\mathrm{N/mm^2}$。

规程规定：送电线路导线的设计安全系数不应小于 2.5；架线安装时不应小于 2.0。避雷线的安全系数宜大于导线的安全系数，配电线路的设计安全系数不应小于表 9-7 所列数值。

在跨越档距中，按稀有气象条件和重冰区较少出现的覆冰情况验算时，架空线最低点的最大应力不应超过瞬时破坏应力的 60%，即此时的最小安全系数不应小于 1/0.6=1.67。

表 9-7　配电线路导线的设计安全系数

导线种类	单股	多股	
		一般地区	重要地区
铝绞线、钢芯铝线	—	2.5	3.0
铝合金线			
钢　线	2.5	2.0	2.5

三、架空线的设计应力

架空线应力计算的控制条件有以下四种：

（1）最大使用应力和最低气温；

（2）最大使用应力和覆冰；

（3）最大使用应力和最大风速；

（4）年平均运行应力和年平均气温。

其中，（1）、（2）、（3）称强度控制条件，（4）称耐振控制条件。紧线时，观测得到的弧垂点为应力的控制点。在挂点等高时，弧垂点即为架空线的最低点，它发生在档距中央。

从机械强度的角度考虑，对各种气象条件中可能出现的最大应力加以控制，这就是架空线强度设计应力（亦称架空线的最大使用应力），用 σ_{m} 表示，可写成

$$\sigma_m=\frac{\sigma_P}{K}=\frac{T_P}{KA}\tag{9-18}$$

式中　σ_m——架空线弧垂点的最大使用应力，N/mm²；

K——架空线的强度安全系数。

工程中，一般导线的设计安全系数均取规程规定的最小值2.5。当$K=2.5$时，$\sigma_m=[\sigma]$为最大，$[\sigma]$称为导线的强度许用应力，我们称导线按正常应力架设。它一方面可最大限度地利用导线的机械强度；另一方面，导线的应力大，弧垂就小，可充分利用杆塔的高度。但由于地形或其他条件的限制，有时需要将线路的导线应力控制在$\sigma_m<[\sigma]$的某一水平上，即$K>2.5$，$\sigma_m<[\sigma]$。这时导线应力的最大设计值称最大使用应力，我们称导线按松弛应力架设。例如，进出变电所的进出线档、受进出线构架强度的控制。孤立档、受紧线施工允许过牵引长度的控制、地形高差很大时、受导线挂点应力的控制等，均需要放松导线的设计应力。配电线路的档距很小时，也需要导线按松弛应力架设。

从导线的防振角度考虑，规程规定：导线在年平均气温气象条件下，年平均运行应力的上限σ_{CP}不应超过瞬时破坏应力σ_P的25%，可写成

$$\sigma_{CP}=25\%\sigma_P\tag{9-19}$$

第五节　架空线的应力弧垂和线长

一、基本方程

由于架空线的档距很大，导线材料的刚性对悬挂于空中导线的几何形状影响很小，导线可看成是一条柔软的悬链线。在架空线的最低点建立直角坐标，纵坐标y和横坐标x通过力学分析建立的函数关系，称为架空线的基本方程。均布荷载架空线的基本方程有悬链线方程、平抛物线方程和斜抛物线方程。

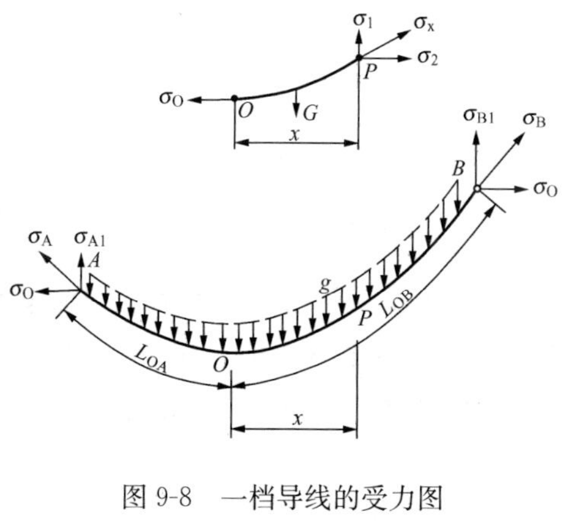

图9-8　一档导线的受力图

1. 悬链线方程

如果不考虑耐张绝缘子串、检修滑车等集中荷载对架空线应力、弧垂的影响，架空线的荷载可看作是沿线长均匀分布如图9-8所示，则有如下方程式

$$y=\frac{\sigma_0}{g}\left(\operatorname{ch}\frac{gx}{\sigma_0}-1\right)\tag{9-20}$$

式中　y——任意点P的纵坐标，m；

x——任意点P到导线最低点的水平距离，m；

σ_0——架空线最低点的水平应力，N/mm²；

g——架空线的比载，均布荷载，N/（m·mm²）。

式（9-20）称之为悬链线方程，是精确计算架空线机械特性的基本方程。悬链线方程包含双曲函数，公式推导过程略。它适合于线路高差$\frac{h}{l}>25\%$或特殊档距需要精确计算的场合。

2. 平抛物线方程

平抛物线方程是将荷载近似看作是沿档距均匀分布，如图 9-9（b）所示。公式推导过程如下。

过导线最低点 O 建立直角坐标，任意点 P 的切向应力为 σ_x，导线截面为 A，则 OP 段导线在三个力作用下处于平衡状态：

作用于 O 点，水平向左的张力 $T_0=\sigma_0 A$；

作用于 P 点，切线方向的张力 $T=\sigma_x A$；

作用于 OP 段导线，导线的总荷载 $W=gxA$，作用点在$\frac{x}{2}$处。

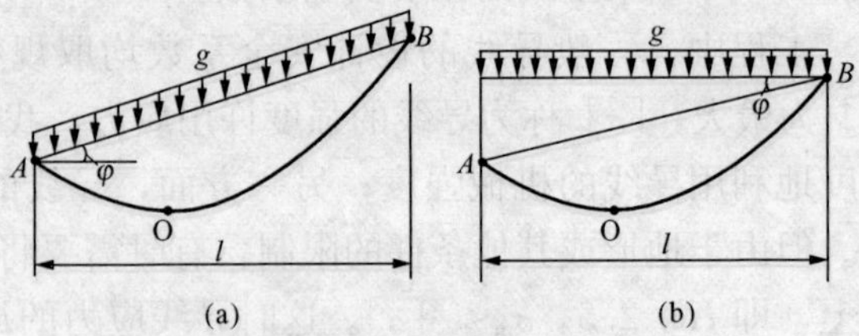

图 9-9　计算方法的简化原则

（a）近似为斜抛物线；（b）近似为平抛物线

根据静力平衡条件：$\Sigma M_P=0$，有

$$T_0 y=\frac{1}{2}Wx$$

$$y=\frac{W}{T_0}\frac{1}{2}x=\frac{gxA}{\sigma_0 A}\frac{1}{2}x=\frac{g}{2\sigma_0}x^2 \tag{9-21}$$

由式（9-21）知，该方程是一个平抛物线方程，适用于高差 $h/l<10\%$的计算。

3. 斜抛物线公式

斜抛物线方程是将荷载近似看作沿斜档距均匀分布，如图 9-9（a）所示。上述静力平衡条件中，斜长应为$\frac{x}{\cos\varphi}$，所以

$$y=\frac{W}{T_0}\times\frac{1}{2}x=\frac{g\frac{x}{\cos\varphi}A}{\sigma_0 A}\times\frac{1}{2}x=\frac{g}{2\sigma_0\cos\varphi}x^2 \tag{9-22}$$

由式（9-22）知，该方程是一个斜抛物线公式，适用于线长高差 $10\%\leqslant h/l<25\%$的计算。

二、架空线的应力、弧垂和线长

1. 弧垂

架空线悬挂曲线上任意一点至两悬挂点连线的垂直距离，称为该点的弧垂，如图 9-10 所示。档距中央的弧垂，则称为中点弧垂。挂点等高时，其连线是水平的，相应各点的弧垂称为水平弧垂。挂点不等高时，其连线是倾斜的，相应的弧垂称为斜弧垂，如图 9-11 所示。

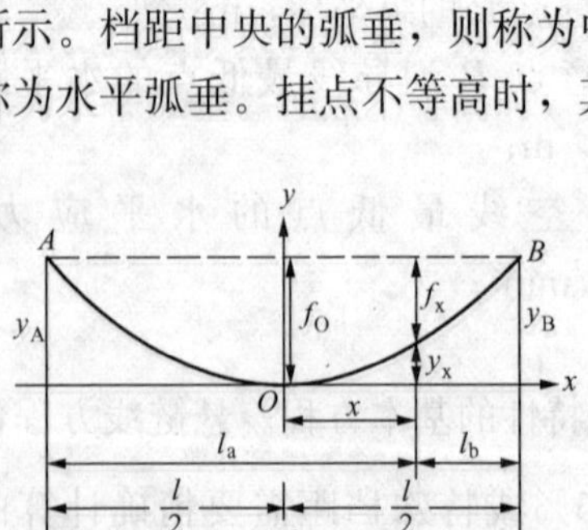

图 9-10　导线的弧垂

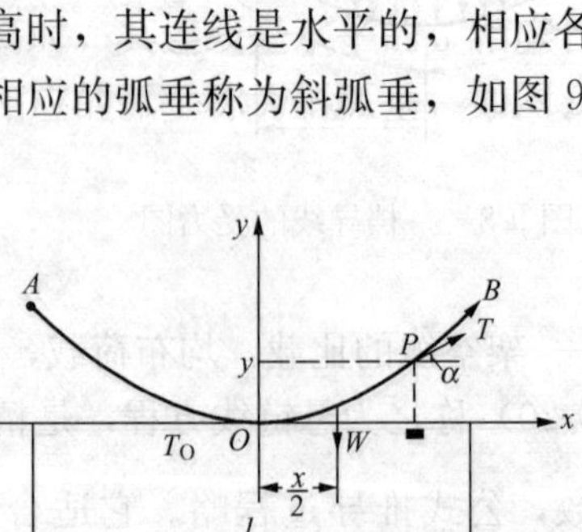

图 9-11　悬点等高点时的受力分析

可以证明，水平弧垂和斜弧垂近似相等，且档距中点的弧垂最大，如图 9-12 所示。故工程上，如无特别说明，所指弧垂系指档距中点的弧垂。

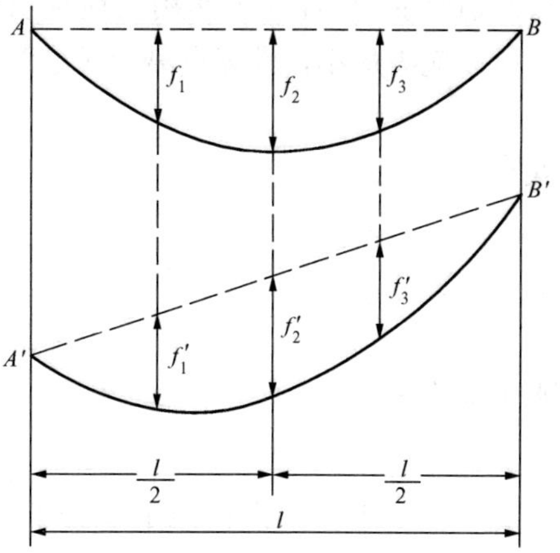

图 9-12　斜弧垂和水平弧垂的关系

任意点的弧垂 f_x

$$f_x = y_B - y_x$$

采用平抛公式

$$y_B = \frac{g}{2\sigma_0}\left(\frac{l}{2}\right)^2 = \frac{gl^2}{8\sigma_0}$$

$$y_x = \frac{g}{2\sigma_0}x^2$$

将 y_B、y_x 代入 f_x 计算式，整理后可得

$$f_x = \frac{g}{2\sigma_0}\left(\frac{l}{2}+x\right)\left(\frac{l}{2}-x\right)$$

令 $$l_a = \frac{l}{2}+x, l_b = \frac{l}{2}-x$$

则 $$f_x = \frac{g}{2\sigma_0}l_a l_b \tag{9-23}$$

档距中点的弧垂 $$f_0 = \frac{gl^2}{8\sigma_0} \tag{9-24}$$

由式（9-24）知，导线弧垂和应力成反比，和档距平方成正比。

2. 任意点应力

由图 9-9（b）知

$$T_0 = \sigma_0 A$$
$$T = \sigma_x A$$
$$W = gxA$$

将 T 分解为水平分量 T_1 和垂直分量 T_2，则 $T=\sqrt{T_1^2+T_2^2}$。

根据静力平衡条件

$$\Sigma x=0，T_1=T_0=\sigma_0 A$$
$$\Sigma y=0，T_2=W=gxA$$
$$T = \sigma_x A = \sqrt{T_1^2+T_2^2} = \sqrt{(\sigma_0 A)^2+(gxA)^2}$$
$$\sigma_x = \sqrt{\sigma_0^2+(gx)^2} = \left[\sigma_0^2+(gx)^2\right]^{\frac{1}{2}}$$

将上式按二项式定理展开

$$(a^2+b^2)^{\frac{1}{2}} = a+\frac{b^2}{2a}+\cdots$$

近似地取前两项得到

$$\sigma_x = \sigma_0+\frac{g^2x^2}{2\sigma_0}$$

又因为 $$y_x=\frac{g}{2\sigma_0}x^2$$

所以 $$\sigma_x = \sigma_0+gy_x \tag{9-25}$$

由式（9-25）知：

（1）一档导线中，各点应力是不相等的，但若将任意点应力 σ_x 分解成水平和垂直两个分量σ_1和σ_2，则由$T_1=T_0=\sigma_0 A$知：各点应力的水平分量均相等，且等于导线最低点的水平应力σ_0。

(2) 任意点应力的垂直分量σ_2是由计算点至导线最低点间一段导线上作用的荷载引起的，因此是变化的。导线最低点应力的垂直分量为零，所以应力最小，计算点离导线最低点越远，应力垂直分量越大，导线应力也越大。

(3) 悬挂点等高时，导线最低点在档距中央。因此有

$$\sigma_A=\sigma_B=\sigma_0+gf_0$$

式中 σ_A、σ_B——导线挂点应力，N/mm²；

f_0——档距中点弧垂，m。

(4) 如无特别说明，导线应力系指导线最低点的水平应力σ_0。

3. 线长

一档导线的线长，可根据线长的长度微分$\mathrm{d}L=\sqrt{(\mathrm{d}y)^2+(\mathrm{d}x)^2}$，沿档距定积分求得。对悬点等高档距，有

$$L=2\int_0^{\frac{l}{2}}\sqrt{1+\left(\frac{\mathrm{d}y}{\mathrm{d}x}\right)^2}\mathrm{d}x$$

因为
$$y=\frac{g}{2\sigma_0}x^2$$

所以
$$\frac{\mathrm{d}y}{\mathrm{d}x}=\frac{gx}{\sigma_0}$$

将其代入上式，得

$$L=2\int_0^{\frac{l}{2}}\sqrt{1+\left(\frac{gx}{\sigma_0}\right)^2}\mathrm{d}x$$

利用式$\sqrt{1+x}\approx1+\frac{x}{2}$，对上式进行简化，可得

$$L=2\int_0^{\frac{l}{2}}\left(1+\frac{g^2}{2\sigma_0^2}x^2\right)\mathrm{d}x=2\left[x+\frac{g^2x^3}{6\sigma_0^2}\right]_0^{\frac{l}{2}}$$

整理得到

$$L=l+\frac{g^2l^3}{24\sigma_0^2}=l+\frac{8f_0^2}{3l} \tag{9-26}$$

式中 L——一档导线的线长，m；

l——档距，m。

线长较档距的增量

$$\Delta L=L-l=\frac{g^2l^3}{24\sigma_0^2} \tag{9-27}$$

由式（9-27）知，线长增量和应力σ_0的平方成反比。在一定档距l时，当线长发生很小的变化时，而导线应力将随线长增量成平方倍变化，弧垂也将成平方倍变化。这一点，在导线施工中应特别注意。

第六节 导线的状态方程及其解法

状态方程可用来计算架空线当气象条件变化后的应力，因此它也是架空线机械计算的基本方程。

一、状态方程

设档距为 l，气象条件为 m 时，线长为 L_m；当气象条件变为 n 时，线长为 L_n。根据架空线的物理特性，变化过程可分为两步。

第一步，气温由 t_m 变化到 t_n 时，线长由 L_m 变化到 L_t，可写成

$$L_t = [1 + \alpha(t_n - t_m)]L_m$$

第二步，当线长变化时，将引起应力的变化，应力由 σ_m 变化到 σ_n，线长由 L_t 变化为 L_n，可写成

$$L_n = [1 + \beta(\sigma_n - \sigma_m)]L_t$$

将 L_t 式代入到 L_n 式中，可得到

$$L_n = [1 + \beta(\sigma_n - \sigma_m)][1 + \alpha(t_n - t_m)]L_m$$

将上式展开可出现 $\alpha\beta$（$t_n - t_m$）（$\sigma_n - \sigma_m$）项，考虑到 α、β 的数值都很小，它们的乘积更小，可略去不计，则上式可简化成

$$L_n = [1 + \alpha(t_n - t_m) + \beta(\sigma_n - \sigma_m)]L_m \tag{9-28}$$

又根据线长公式

$$L = l + \frac{g^2 l^3}{24\sigma_0^2}$$

对应的 m 和 n 两种气象条件、导线线长分别表示为

$$L_m = l + \frac{g_m^2 l^3}{24\sigma_m^2}$$

$$L_n = l + \frac{g_n^2 l^3}{24\sigma_n^2}$$

代入式（9-28），得到

$$l + \frac{g_n^2 l^3}{24\sigma_n^2} = [1 + \alpha(t_n - t_m) + \beta(\sigma_n - \sigma_m)]\left(l + \frac{g_m^2 l^3}{24\sigma_m^2}\right)$$

$$= l + \frac{g_m^2 l^3}{24\sigma_m^2} + [\alpha(t_n - t_m) + \beta(\sigma_n - \sigma_m)]\left(l + \frac{g_m^2 l^3}{24\sigma_m^2}\right)$$

上式中，$\frac{g_m^2 l^3}{24\sigma_m^2}$数值较小（线长增量），其与方括号中 α、β 二项的乘积均很小，可舍去，故上式可写成

$$l + \frac{g_n^2 l^3}{24\sigma_n^2} = l + \frac{g_m^2 l^3}{24\sigma_m^2} + [\alpha(t_n - t_m) + \beta(\sigma_n - \sigma_m)]l$$

两边同乘以$\frac{1}{\beta l}$，整理后可得到

$$\sigma_n-\frac{g_n^2l^2}{24\beta\sigma_n^2}=\sigma_m-\frac{g_m^2l^2}{24\beta\sigma_m^2}-\frac{\alpha}{\beta}(t_n-t_m) \tag{9-29}$$

式中　g_m、g_n——分别为已知气象条件和待求气象条件时比载，N/（m·mm²）；

t_m、t_n——分别为已知气象条件和待求气象条件时气温，℃；

σ_m、σ_n——分别为已知气象条件和待求气象条件时导线应力，MPa；

α、β——分别为架空线温度膨胀系数和弹性伸长系数，（1/℃，mm²/N）。

式（9-29）即为架空线的状态方程式。当某一气象条件 m（比载 g_m、气温 t_m）的应力 σ_m 已知时，利用该式可求得另一气象条件 n（比载 g_n、气温 t_n）下的应力 σ_n。

架空线路通常用耐张段分段，便于施工和检修，发生事故时，可起隔离作用。耐张段长度一般为 3～5km。耐张段中，无直线杆塔形成的档距称孤立档距。耐张段中，有直线杆塔形成的档距称为连续档距。

对耐张段内有多个连续档距，虽然因地形条件不同，档距和悬挂点高度都不一样，但各档距架空线的水平应力均相等，对应此应力的档距称代表档距。可用下式计算

$$l_r=\sqrt{\frac{\Sigma l_i^3}{\Sigma l_i}}$$

式中　l_r——耐张段的代表档距，m；

l_i——耐张段中各档的档距，m。

若将代表档距 l_r 代入式（9-29），就可得到连续档距的状态方程。

二、状态方程的解法

状态方程是一个一元三次方程，在式（9-29）中，只有 σ_n 一个变量，其他均为常数项。

令
$$CA=\frac{g_m^2l^2}{24\beta\sigma_m^2}+\frac{\alpha}{\beta}(t_n-t_m)-\sigma_m \tag{9-30}$$

$$A=\left|\frac{g_m^2l^2}{24\beta\sigma_m^2}+\frac{\alpha}{\beta}(t_n-t_m)-\sigma_m\right|$$

当 $CA\geqslant0$ 时，$C=1$；当 $CA\leqslant0$ 时，$C=-1$。

$$B=\frac{g_n^2l^2}{24\beta}$$

则式（9-30）可写成一元三次方程的标准形式

$$\sigma_n^3-CA\sigma_n^2-B=0 \tag{9-31}$$

该方程式仅 σ_n^2 项的系数有正负。根据笛卡尔定理知，其正实根只有一个，其他两根为负实根、虚根或共轭复根，均无实际物理意义。

令判别式
$$\Delta=\frac{13.5B}{A^3}-C$$

当判别式 $\Delta\geqslant1$ 时，设 $\Delta=\mathrm{ch}\theta$，则 $\theta=\mathrm{ch}^{-1}\Delta$

$$\sigma_n=\frac{A}{3}\left(2\mathrm{ch}\,\frac{\theta}{3}-C\right)\quad(\mathrm{N/mm^2}) \tag{9-32}$$

当判别式 $\Delta<1$ 时，设 $\Delta=\cos\theta$，则 $\theta=\cos^{-1}\Delta$

$$\sigma_n = \frac{A}{3}\left(2\cos\frac{\theta}{3} - C\right) \quad (\text{N/mm}^2) \tag{9-33}$$

【例 9-2】 有一 110 kV 输电线路中，某耐张段各档档距分别为 250、300、280、260m，各档悬点高差 h/l 均小于 10%。导线为 LGJ-150/25 型，经过气象区为全国第Ⅱ气象区，已知该耐张段最低气温时导线应力为 125MPa。试求最高气温时的导线应力及覆冰无风时的导线应力。

解：(1) 首先从附表 D-1 中查得气象参数为：

覆冰无风时，$v=0$，$\delta=5\text{mm}$，$t=-5$℃；

最低气温时，$v=0$，$\delta=0$，$t=-10$℃；

最高气温时，$v=0$，$\delta=0$，$t=+40$℃。

由附表 A-1、附表 A-2 查得：导线截面 $A=173.11\text{mm}^2$，直径 $d=17.10\text{mm}$，计算质量 $m_1=601.1\text{kg/km}$，热膨胀系数 $\alpha=18.9\times10^{-6}$ 1/℃，弹性系数 $E=76\ 000\text{MPa}$，导线比载 $g_1=34.047\times10^{-3}\text{N/mm}^2$，$g_2=17.699\times10^{-3}\text{N/mm}^2$，$g_3=51.746\times10^{-3}\text{N/mm}^2$。

(2) 计算耐张段的代表档距

$$l_r=\sqrt{\frac{\Sigma l_i^3}{\Sigma l_i}}=\sqrt{\frac{250^3+300^3+280^3+260^3}{250+300+280+260}}=274.54(\text{m})$$

(3) 已知最低气温 $t_m=-10$℃时

$$g_m=g_1=34.047\times10^{-3}\text{N/(m}\cdot\text{mm}^2)$$

$$\sigma_m=125\text{MPa}=125\text{N/mm}^2,\ \beta=\frac{1}{E}=\frac{1}{76\ 000}=13.158\times10^{-6}(\text{mm}^2/\text{N})$$

求最高气温 $t_n=40$℃，$g_n=g_1=34.047\times10^{-3}\text{N/（m}\cdot\text{mm}^2)$ 时的应力 σ_n。将代表档距 l_r 代入式 (9-30)

$$\begin{aligned} CA &= \frac{l_r^2 g_m^2}{24\beta\sigma_m^2}+\frac{\alpha}{\beta}(t_n-t_m)-\sigma_m \\ &= \frac{274.54^2\times(34.047\times10^{-3})^2}{24\times13.158\times10^{-6}\times125^2}+\frac{18.9\times10^{-6}}{13.158\times10^{-6}}\times(40+10)-125 \\ &= 17.702+71.819-125=-35.479 \end{aligned}$$

$$|A|=35.479$$

$$C=-1$$

$$B=\frac{l_r^2 g_n^2}{24\beta}=\frac{274.54^2\times34.047^2}{24\times13.157}=27.667\times10^4$$

$$\Delta=\frac{13.5B}{A^3}-C=\frac{13.5\times27.667\times10^4}{35.479^3}+1=84.642>1$$

设 $\Delta=\text{ch}\theta$，则

$$\theta=\text{ch}^{-1}84.642=5.132$$

$$\sigma_n=\frac{A}{3}\left(2\text{ch}\frac{\theta}{3}-C\right)=\frac{35.479}{3}\left(2\text{ch}\frac{5.132}{3}+1\right)=79.393(\text{MPa})$$

所以，最高气温时的导线应力为 79.393MPa。

(4) 求覆冰无风 [$t_n=-5$℃，$g_n=g_3=51.746\times10^{-3}\text{N/（m}\cdot\text{mm}^2)$] 时的应力 σ_n

$$CA=\frac{274.54^2\times34.047^2}{24\times13.158\times125^2}+\frac{18.9}{13.158}\times(-5-10)-125$$

$$=17.702+21.546-125=128.84$$

$$|A|=128.84$$

$$C=-1$$

$$B=\frac{274.54^2\times51.746^2}{24\times13.158}=63.909\times10$$

$$\Delta=\frac{13.5\times63.909\times10}{128.84^3}+1=1.004>1$$

$$\theta=\mathrm{ch}^{-1}1.004=0.09$$

$$\sigma_n=\frac{128.84}{3}\left(2\mathrm{ch}\frac{0.09}{3}+1\right)=128.88\ (\mathrm{MPa})$$

所以，覆冰无风时的导线应力为128.88MPa。

第七节 临界档距

一、第一类气象区的临界档距

架空线能产生最大应力的气象情况有三种：①最低气温；②最大覆冰；③最大风速。凡最大风速时的气温和最大覆冰时的气温相同的气象区，称其为第一类气象区，如典型气象区第Ⅲ、Ⅳ、Ⅵ、Ⅶ、Ⅷ、Ⅸ等。在第一类气象区中，架空线的最大应力只可能在下列两种情况下产生：比载最大时和气温最低时。以下分析两种极端的情况。

（1）当档距很大时，将状态方程除以 l^2，可得

$$\frac{\sigma_n}{l^2}-\frac{g_n^2}{24\beta\sigma_n^2}=\frac{\sigma_m}{l^2}-\frac{g_m^2}{24\beta\sigma_m^2}-\frac{\alpha}{\beta l}(t_n-t_m)$$

令 $l\to\infty$ 时，可得到

$$\frac{g_n^2}{24\beta\sigma_n^2}=\frac{g_m^2}{24\beta\sigma_m^2}\quad 或\quad \frac{g_n}{\sigma_n}=\frac{g_m}{\sigma_m}$$

上式表明，档距很大时，架空线应力变化决定的因素是比载，而温度的因素可舍去，架空线的最大应力将在最大比载时出现。

（2）当档距很小时，将状态方程取极限情况，$l\to0$ 时，得到

$$\sigma_n=\sigma_m-\frac{\alpha}{\beta l}(t_n-t_m)$$

上式表明，当档距很小时，架空线应力变化决定的因素是温度，而荷载因素可舍去。此时，架空线应力的最大值仅在最低气温时出现。

上述两种极限情况可用图9-13来表示。当档距很小时，应力受温度控制，随着档距的增大，温度的控制在减弱。当档距很大时，应力受比载控制。随着档距的减小，比载的控制在减弱。在档距

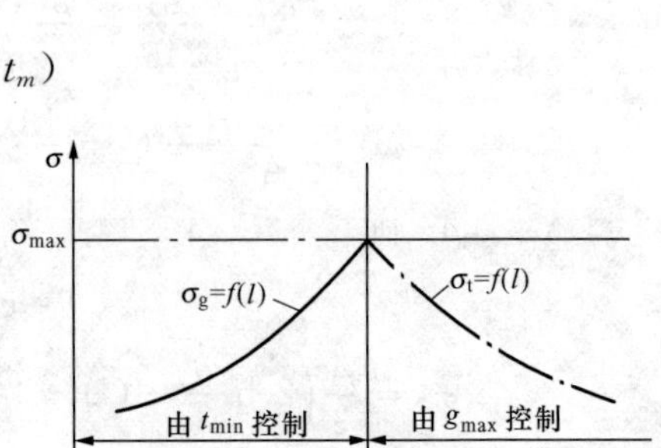

图9-13 临界档距

变化的过程中，必然存在这样一个档距，在此档距下，温度和比载均对应力起控制作用，这个档距就称做临界档距，用 l_{ij} 表示。令 $l=l_{ij}$，将 $\sigma_n=\sigma_m=[\sigma]$ 代入状态方程，可得

$$[\sigma]-\frac{g_n^2 l_{ij}^2}{24\beta[\sigma]^2}=[\sigma]-\frac{g_m^2 l_{ij}^2}{24\beta[\sigma]^2}-\frac{\alpha}{\beta}(t_n-t_m)$$

由上式可解得

$$l_{ij}=[\sigma]\sqrt{\frac{24\alpha(t_n-t_m)}{g_n^2-g_m^2}}$$

这就是第一类气象区的临界档距，可用来判定最大应力出现的气象情况。当 $l>l_{ij}$ 时，最大应力在最大比载时出现；当 $l<l_{ij}$ 时，最大应力在最低气温时出现。

二、第二类气象区的临界档距

凡最大风速的气温与覆冰的气温不相同的气象区，称第二类气象区，如典型气象区的第Ⅱ、Ⅴ气象区。这类气象区，架空线的最大应力可能在最低气温、覆冰或最大风速三种情况之一出现。根据临界档距的概念，每两种控制气象情况可有一个临界档距。因此，第二类气象区将有三个临界档距出现。

如果考虑架空线的耐振条件，在第Ⅰ类气象区里，共有三个临界档距：

（1）最低气温和最大比载的临界档距；

（2）最大比载和年平均气温的临界档距；

（3）年平均气温和最低气温的临界档距。

而在第二类气象区里，由于最大风速时气温和覆冰气温不相等，将有六个临界档距。

由于耐振条件控制应力和强度条件的控制应力不同，临界档距应按式（9-34）计算

$$l_{ij}=\sqrt{\frac{24\beta(\sigma_n-\sigma_m)+24\alpha(t_n-t_m)}{\left(\frac{g_n}{\sigma_n}\right)^2-\left(\frac{g_m}{\sigma_m}\right)^2}} \tag{9-34}$$

综上所述，对临界档距的认识有：

（1）两种控制气象条件的温度、比载、控制应力不相同时，在这两种控制气象条件间存在着一个临界档距。档距小于临界档距时，由气温低的气象条件控制；档距大于临界档距时，由比载大的气象条件控制。在临界档距处，两种控制气象条件均对架空线应力起控制作用。

（2）控制应力相同、气温相同时，两种控制气象条件间不存在临界档距。架空线的应力由比载大的控制气象条件控制。

第八节　最大垂直弧垂气象条件的判定

最大垂直弧垂可能在最高气温或最大垂直比载（覆冰、无风）的气象条件时出现，判定最大垂直弧垂出现的气象条件对杆塔定位和定位校验有实际意义。判定最大垂直弧垂的方法有临界温度法和临界比载法。

一、临界温度法

若在某一温度导线自重产生的弧垂与覆冰无风时的弧垂相等，则此温度称为临界温度。根据弧垂公式可写出

$$f_3=\frac{l^2g_1}{8\sigma_l}=\frac{l^2g_3}{8\sigma_3}$$

式中　σ_l——临界温度时的应力，N/mm^2。

由上式可得到$\frac{g_1}{\sigma_l}=\frac{g_3}{\sigma_3}$，则 $\sigma_l=\frac{g_1}{g_3}\sigma_3$。

将临界温度（t_l，g_1，σ_l）和最大垂直比载（t_3，g_3，σ_3）两种情况代入状态方程，可得

$$\sigma_l-\frac{l^2g_1^2}{24\beta\sigma_l^2}=\sigma_3-\frac{l^2g_3^2}{24\beta\sigma_3^2}-\frac{\alpha}{\beta}(t_l-t_3)$$

再将 $\sigma_l=\frac{g_1}{g_3}\sigma_3$ 代入，可得到

$$\frac{g_1}{g_3}\sigma_3-\frac{l^2g_1^2g_3^2}{24\beta g_1^2\sigma_3^2}=\sigma_3-\frac{l^2g_3^2}{24\beta\sigma_3^2}-\frac{\alpha}{\beta}(t_1-t_3)$$

由上式可解得临界温度

$$t_l=t_3+\sigma_3\frac{\beta}{\alpha}\left(1-\frac{g_1}{g_3}\right)\tag{9-35}$$

将计算出的临界温度和最高温度进行比较，温度高者即为控制最大垂直弧垂气象条件，即当 $t_l>t_{max}$，由覆冰无风控制；当 $t_l<t_{max}$，由最高气温控制。

二、临界比载法

若覆冰时，在某一比载下的弧垂与最高气温时的弧垂相等，则称该比载为临界比载。根据弧垂公式可写出

$$f_1=\frac{l^2g_1}{8\sigma_1}=\frac{l^2g_l}{8\sigma_l}$$

由此可得

$$\sigma_l=\frac{g_l}{g_1}\sigma_1$$

将临界比载（t_3，g_l，σ_l）和最高气温（t_1，g_1，σ_1）两种气象条件代入状态方程，可得

$$\sigma_l-\frac{l^2g_l^2}{24\beta\sigma_l^2}=\sigma_1-\frac{l^2g_1^2}{24\sigma_1^2}-\frac{\alpha}{\beta}(t_3-t_1)$$

再将 $\sigma_l=\frac{g_l}{g_1}\sigma_1$ 代入上式，可得

$$\frac{g_l}{g_1}\sigma_1-\frac{l^2g_l^2g_1^2}{24\beta g_l^2\sigma_1^2}=\sigma_1-\frac{l^2g_1^2}{24\beta\sigma_1^2}-\frac{\alpha}{\beta}(t_3-t_1)$$

$$g_l=\frac{g_1}{\sigma_1}\left[\sigma_1-\frac{\alpha}{\beta}(t_3-t_1)\right]=g_1-\frac{g_1}{\sigma_1}\frac{\alpha}{\beta}(t_3-t_1)=g_1+\frac{g_1}{\sigma_1}\frac{\alpha}{\beta}(t_1-t_3)\tag{9-36}$$

因为最大垂直比载等于自重比载和冰重比载之和，即 $g_3=g_1+g_2$，与式（9-36）对照看出，只要将冰重比载与式中的后一项比较，即可作为最大垂直弧垂出现气象的判据。故式（9-36）中的后一项称为临界冰重比载。即

$$g_{2l}=\frac{g_1}{\sigma_1}\frac{\alpha}{\beta}(t_1-t_3)\tag{9-37}$$

将临界冰重比载 g_{2l} 与冰重比载 g_2 进行比较，若 $g_{2l}>g_2$，由最高气温控制；若 $g_{2l}<$

g_2，由覆冰无风控制。

【例 9-3】　从［例 9-2］中，已知：$\alpha=18.9\times10^{-6}1/℃$，$\beta=13.158\times10^{-6}\text{mm/N}$；最高气温时，$g_1=34.047\times10^{-3}\text{N/(m·mm}^2)$，$\sigma_1=79.393\text{MPa}$，$t_1=t_{max}=+40℃$；覆冰无风时，$g_3=g_1+g_2=34.047\times10^{-3}+17.699\times10^{-3}=51.746\times10^{-3}\ [\text{N/(m·mm}^2)]$，$\sigma_3=128.883\text{MPa}$，$t_3=-5℃$。试用临界温度法和临界比载法判定最大垂直弧垂出现的气象条件。

解：(1) 用临界温度法

$$t_l=t_3+\sigma_3\frac{\beta}{\alpha}\left(1-\frac{g_1}{g_3}\right)=-5+128.883\times\frac{131.58}{18.9}\times\left(1-\frac{34.047}{51.746}\right)$$
$$=25.69℃<t_{max}$$

可见，最大弧垂由最高气温控制。

(2) 用临界比载法

$$g_{2l}=\frac{g_1}{\sigma_1}\frac{\alpha}{\beta}(t_1-t_3)=\frac{34.047\times10^{-3}}{79.393}\times\frac{18.9}{13.158}\times(40+5)$$
$$=27.72\times10^{-3}[\text{N/(m·mm}^2)]>g_2=17.699\times10^{-3}[\text{N/(m·mm}^2)]$$

可见，最大弧垂由最高气温控制。

(3) 计算法

最高气温时

$$f_1=\frac{g_1l_r^2}{8\sigma_1}=\frac{34.047\times10^{-3}\times274.54^2}{8\times79.393}=4.04\ (\text{m})$$

覆冰无风时

$$f_3=\frac{g_3l_r^2}{8\sigma_3}=\frac{51.746\times10^{-3}\times274.54^2}{8\times128.883}=3.78\ (\text{m})$$

显然，用临界温度法和临界比载法得出的判定结论与实际弧垂计算结果相符。

第九节　架空线机械计算的步骤

架空线机械计算最重要的一个环节就是要事先判断出在哪一个档距范围内，架空线的应力是受什么气象条件控制，给这个受控的气象条件赋予架空线的设计应力值，则根据状态方程，可解出其他设计气象条件的应力值。这样，架空线应力的变化无论在什么气象条件下都不会超过设计应力值。当强度条件和耐振条件同时考虑时，判定架空线最大使用应力的控制气象条件，可采用有效临界档距法。

一、有效临界档距判断

(1) 考虑强度条件和耐振条件，控制气象条件对应的强度条件有最低气温、最大风速和最大覆冰，其设计控制应力为［σ］。耐振条件有年平均气温，设计控制应力为 $\sigma_m=\sigma_{CP}$。将以上四种控制气象条件的 $\frac{g}{\sigma}$ 按由小到大的顺序编为 A、B、C、D。如果 $\frac{g}{\sigma}$ 相同时，可取 $\left(\sigma+\frac{\alpha}{\beta}t\right)$ 较小者编入序号，而舍去较大者，列表见表 9-8。

表 9-8 计算数据表

气象条件	风速 (m/s)	覆冰 (mm)	气温 (℃)	控制应力 (MPa)	比载 [N/（m·mm²）]	g/σ (l/m)	编号
最低气温							
年平均气温							
最大风速							
最大覆冰							

（2）计算出临界档距 l_{AB}、l_{AC}、l_{AD}、l_{BC}、l_{BD}、l_{CD}，填入表 9-9 中。

（3）从 $\frac{g}{\sigma}$ 最小的 A 栏开始判别，首先查看本栏内有无为零或虚数者，如有说明该栏中没有有效临界档距。可越过该栏查看下一栏。

若 A 栏无零值或虚数值的临界档距，则该栏中最小的一个正实数临界档距为第一个有效临界档距，该栏其余临界档距，即为无效临界档距，可舍去。

（4）紧接着查看第一个有效临界档距，下标第一个字母所代表的栏，用同样方法判别有效临界档距，直至判别出全部有效临界档距。例如，第一个有效临界档距为 l_{AB}，即紧接着对 B 栏进行判别。若为 l_{AC}，则越过 B 栏，对 C 栏进行判别（B 栏的临界档距全部舍去）。若为 l_{AD}，则可越过 B 栏和 C 栏，即 B 栏和 C 栏均无有效临界档距。

（5）将判定的有效临界档距，以其数值大小填入坐标图的横轴上，如图 9-14 所示。每一个有效临界档距下标两个字母分别为左右两档距区间的控制气象。

表 9-9 有效临界档距判别表

A	B	C
$l_{AB}=$	$l_{BC}=$	$l_{CD}=$
$l_{AC}=$	$l_{BD}=$	
$l_{AD}=$		

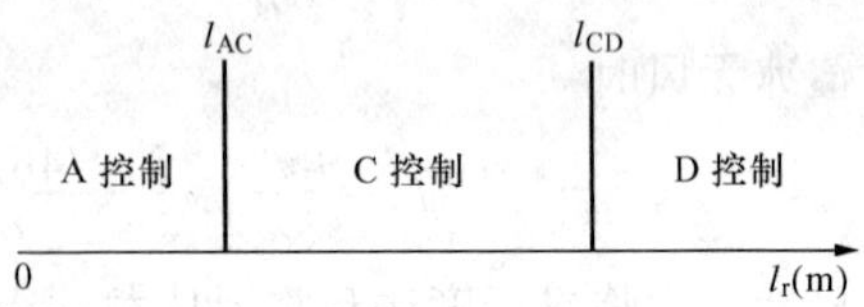

图 9-14 有效临界档距的判别结果

二、架空线机械计算的步骤

（1）根据架空线型号及气象条件，计算比载 $g_1 \sim g_7$。

（2）根据架空线型号查出 T_P 和 A，计算 σ_P。

（3）选择合适的安全系数，计算架空线的最大使用应力 σ_m 和 σ_{CP}。

（4）计算临界档距 l_{ij}，并判定档距中有效临界档距的控制气象条件。

（5）将档距中控制气象条件作为已知的气象条件代入状态方程，求出档距中其他设计条件的架空线应力。

（6）将求出的各种设计气象条件的应力代入弧垂和线长公式，计算出各种计算条件下的架空线的弧垂和线长。

【例 9-4】 某 110kV 输电线路，导线为 LGJ-120/25 型，经过全国第Ⅴ气象区，导线强度安全系数为 2.5，防振锤防振，试确定该线路导线应力控制条件。

解：（1）计算数据。首先从附表 C-2 中查取有关数据：

导线截面积 $A=146.73\text{mm}^2$，热膨胀系数 $\alpha=18.5\times10^{-6}1/℃$

弹性系数 E=76 000MPa，弹性伸长系数 $\beta=\frac{1}{E}=13.158\times10^{-6}$ (1/MPa)

计算拉断力

$$T_P=47\ 880\text{N}$$

导线最大使用应力

$$\sigma_m=\frac{T_P}{KA}=\frac{47\ 880}{2.5\times146.73}=130.53(\text{MPa})$$

年平均运行应力

$$\sigma_{CP}=\frac{0.25T_P}{A}=81.58\ (\text{MPa})$$

其他应用数据列于表 9-10。

表 9-10　　　　计算数据表

气象条件	风　速 (m/s)	覆　冰 (mm)	气　温 (℃)	控制应力 (MPa)	比　载 [N/(m·mm²)]	g/σ (l/m)	编　号
最低气温	0	0	−10	130.53	35.195×10^{-3}	2.696×10^{-4}	A
年平均气温	0	0	15	81.58	35.195×10^{-3}	4.314×10^{-4}	B
最大风速	30	0	10	130.53	63.835×10^{-3}	4.891×10^{-4}	C
最大覆冰	10	10	−5	130.53	85.729×10^{-3}	6.568×10^{-4}	D

(2) 临界档距计算。计算式为

$$l_{ij\min}=\sqrt{\frac{24\beta(\sigma_m-\sigma_n)+24\sigma(t_m-t_n)}{\left(\frac{g_m}{\sigma_m}\right)^2-\left(\frac{g_n}{\sigma_n}\right)^2}}$$

将有关数据代入公式进行计算

$$l_{ij\text{AB}}=\sqrt{\frac{24\times13.158\times10^{-6}\times(130.53-81.58)+24\times18.5\times10^{-6}\times(-10-15)}{\left(\frac{35.195\times10^{-3}}{130.53}\right)^2-\left(\frac{35.195\times10^{-3}}{81.58}\right)^2}}=\text{虚数}$$

$$l_{ij\text{AC}}=130.53\sqrt{\frac{24\times18.5\times10^{-6}\times(-10-10)}{(35.195\times10^{-3})^2-(63.835\times10^{-3})^2}}=230.96\ (\text{m})$$

$$l_{ij\text{AD}}=130.53\times\sqrt{\frac{24\times18.5\times10^{-6}\times(-10+5)}{(35.195\times10^{-3})^2-(85.729\times10^{-3})^2}}=78.67\ (\text{m})$$

$$l_{ij\text{BC}}=\sqrt{\frac{24\times13.158\times10^{-3}\times(81.58-130.53)+24\times18.5\times10^{-6}\times(15-10)}{\left(\frac{35.195\times10^{-3}}{81.58}\right)^2-\left(\frac{63.835\times10^{-3}}{130.53}\right)^2}}=499.5\ (\text{m})$$

$$l_{ij\text{BD}}=\sqrt{\frac{24\times13.158\times10^{-3}\times(81.58-130.53)+24\times18.5\times10^{-6}\times(15+5)}{\left(\frac{35.195\times10^{-3}}{81.58}\right)^2-\left(\frac{85.729\times10^{-3}}{130.53}\right)^2}}=163.76\ (\text{m})$$

$$l_{ij\mathrm{CD}}=130.53\times\sqrt{\frac{24\times18.5\times10^{-6}\times(10+5)}{(63.835\times10^{-3})^2-(85.729\times10^{-3})^2}}=\text{虚数}$$

（3）有效临界档距判别（见表9-11），判别结果如图9-15所示。将计算出的各种临界档距列表如下，由表知A有虚数档距，故A栏无有效临界档距；B栏最小为 $l_{ij\mathrm{BD}}$，下标第二字母为D；C栏无有效临界档距。全部临界档距中，只有一个有效临界档距，为 $l_{ij\mathrm{BD}}$。

表9-11　有效临界档距判别表（m）

A	B	C
$l_{ij\mathrm{AB}}$=虚数	$l_{ij\mathrm{BC}}=499.50$	$l_{ij\mathrm{CD}}$=虚数
$l_{ij\mathrm{AC}}=230.96$	$l_{ij\mathrm{BD}}=163.76$	
$l_{ij\mathrm{AD}}=78.67$		

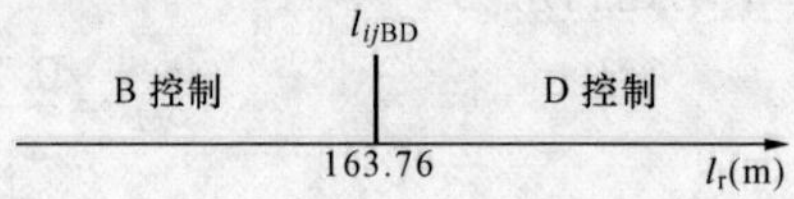

图9-15　［例9-4］的判别结果图

（4）结论。

1）当 $l_r\leqslant163.76$m，控制气象条件为年平均气温，控制应力为 $\sigma_{CP}=81.558$MPa；

2）当 $l_r\geqslant163.76$m，控制气象条件为最大覆冰，控制应力为 $\sigma_m=130.53$MPa。

第十节　避雷线最大使用应力的计算

避雷线计算和导线计算之不同点，在于最大使用应力的确定。除此之外，完全相同。避雷线的使用应力，主要是根据防雷的要求即按大气过电压、无风时必须满足档距中央导线与避雷线的最小距离 $S\geqslant(0.012l+1)$ m的条件决定的。

从图9-16可看出导线与避雷线之间的距离（一般指垂直距离，略去水平距离）为

$$S=\Delta h+f_\mathrm{D}-f_\mathrm{B}=\Delta h+\frac{l^2}{8}\left(\frac{g_\mathrm{D}}{\sigma_\mathrm{D}}-\frac{g_\mathrm{B}}{\sigma_\mathrm{B}}\right)$$

所以　　$S\geqslant0.012l+1$

因此经整理得

$$\sigma_\mathrm{B}\geqslant\frac{g_\mathrm{B}}{\dfrac{g_\mathrm{D}}{\sigma_\mathrm{D}}-\left[\dfrac{0.096}{l}-\dfrac{8(\Delta h-1)}{l^2}\right]}\tag{9-38}$$

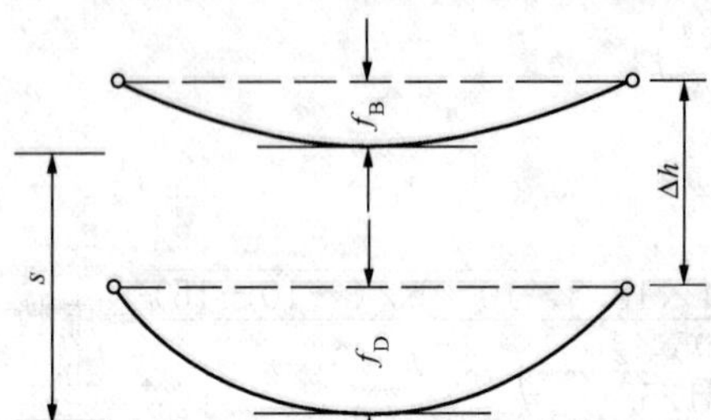

图9-16　档距中央导线与避雷线的最小距离

由式（9-38）可看出，分母中方括号里的值越大，σ_B 就越大。将方括号中的值用［Δ］来表示，为了找出在档距变化时［Δ］的最大值，取 $\frac{\mathrm{d}[\Delta]}{\mathrm{d}l}=0$，可解得［Δ］为最大值时的档距，此档距称为控制档距，用 l_k 表示，即

$$l_\mathrm{k}=166.6(\Delta h-1)\tag{9-39}$$

将 l_k 代入［Δ］可得 $[\Delta]_{\max}=\frac{2.88\times10^{-4}}{\Delta h-1}$，此时的避雷线应力为

$$\sigma_\mathrm{B}\geqslant\frac{g_\mathrm{B}}{\dfrac{g_\mathrm{D}}{\sigma_\mathrm{D}}-\dfrac{2.88\times10^{-4}}{\Delta h-1}}\tag{9-40}$$

式中　g_D、g_B——导线、避雷线的自重比载，N/（m·mm²）；

σ_D、σ_B——导线、避雷线在大气过电压时的应力，N/mm²；

Δh——导线与避雷线悬挂点的高差，m，其值与避雷线的保护角有关，如图9-17所示。

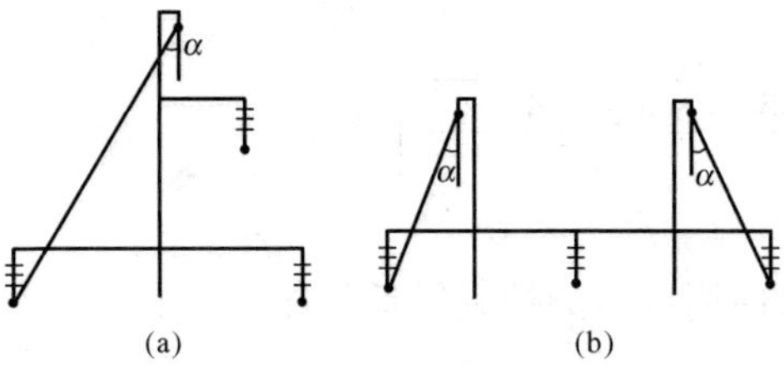

图 9-17　避雷线对导线的保护角
（*a*）单杆；（*b*）双杆

在实际工程中，若 l_k 介于耐张段中最大档距和最小档距之间，即 $l_{max}>l_k>l_{min}$ 时，用式（9-40）计算的 σ_B 能保证所有档距中导线与避雷线在档距中央的距离满足规程要求。若耐张段中的最大档距 $l_{max}\leqslant l_k$ 时，为了降低 σ_B 以避免避雷线不必要的过紧及减少杆塔起见，可将 l_{max} 代入式（9-38）计算 σ_B；若耐张段中的最小档距 $l_{min}>l_k$ 时，则可用最小档距 l_{min} 代入式（9-38）计算 σ_B。

上面所求得的 σ_B 为大气过电压时的避雷线应力，为了求得避雷线的最大使用应力，可将此 σ_B 和大气过电压时的气象条件作为已知数据代入状态方程式，分别求出最低气温、最大比载时的应力，选其中的大者作为避雷线的最大使用应力。对于导线受平均运行应力控制的地区，还须据此应力计算年平均气温时的应力，其值不得超过瞬时破坏应力的25%，若超过时，即说明年平均运行应力应为最大使用应力。

实际工程中，一条线路各耐张段一般取用统一的避雷线最大使用应力，这样比较简便。但是，当各耐张段的代表档距变化范围较大时，则可能出现：最大的代表档距大于临界档距，或最小的代表档距小于临界档距的情况。这时，前者可用最大的代表档距和临界档距分别代入状态方程式求避雷线的最大使用应力，并选用其大者；后者则用最小的代表档距和临界档距分别代入状态方程式求其最大使用应力，亦选其大者。

如果全线路代表档距变化很大时，选用统一的避雷线最大使用应力，可能不是经济合理的。这时可将全线路各个耐张段的代表档距按大小分为几组，用上面的方法选取几个不同的最大使用应力。

【例 9-5】　试计算通过Ⅶ级气象区的某110kV线路避雷线的最大使用应力。已知该线路导线采用LGJ-120型，杆塔为环形截面圆锥形水泥单杆，导线与避雷线的悬点高差 $\Delta h=7.3$m，代表档距 $l_r=300\sim350$m。

解：（1）查相关数据。根据表9-3选得避雷线线号为GJ-35钢绞线。通过计算得知导线和避雷线的自重比载为

$g_{D1}=35.182\times10^{-3}$ N/(m·mm²)，$g_{B1}=79.032\times10^{-3}$ N/(m·mm²)，$g_{Bmax}=g_{B7}=218.74\times10^{-3}$ N/(m·mm²)

大气过电压（+15℃、无风）条件下的导线应力为 $\sigma_D=50.225$（N/mm²）；避雷线的强度许用应力 $[\sigma_B]=\dfrac{9.8\times120}{3.5}=336.14$（N/mm²）。

又知避雷线温度膨胀系数 $\alpha_B=12\times10^{-6}$（1/℃）；避雷线弹性伸长数 $\beta_B=5.102\times10^{-6}$（mm²/N）。

（2）按大气过电压条件计算避雷线的最大使用应力。

因为 $l_k=166.6(\Delta h-1)=166.6\times(7.3-1)=1049.58\text{(m)}>l_r=300\sim500\text{m}$

所以用式（9-38）计算 σ_B，可得

$$\sigma_B \geqslant \frac{g_B}{\dfrac{g_D}{\sigma_D}-\left[\dfrac{0.096}{l}-\dfrac{8(\Delta h-1)}{l^2}\right]}$$

$$=\frac{79.032\times10^{-3}}{\dfrac{35.182\times10^{-3}}{50.225}-\left[\dfrac{0.096}{350}-\dfrac{8\times(7.3-1)}{350^2}\right]}$$

$$=94.352(\text{N/mm}^2)$$

计算临界档距以判定该线路档距范围内的最大使用应力的控制气象条件。为了突出下面一步计算，这步未考虑耐振条件以求简化。

（3）按式（9-38）计算临界档距。第Ⅶ气象区为Ⅰ类气象区，最大应力由最低气温和最大比载控制。比较覆冰和最大风的比载知，覆冰的比载大于最大风的比载，故最大比载的气象条件为覆冰

$$l_{ij}=[\sigma_B]\sqrt{\frac{24\alpha_B(t_n-t_m)}{g_n^2-g_m^2}}$$

$$=336.14\sqrt{\frac{24\times12\times10^{-6}\times(-5+40)}{(218.74^2-79.032^2)\times10^{-6}}}=166(\text{m})$$

（4）将 σ_B 换算到控制气象条件下的应力，该110kV线路的代表档距大于临界档距，故最大使用应力受覆冰条件控制。将最大的代表档距 $l_r=350\text{m}$ 和临界档距 $l_{ij}=166\text{m}$ 分别代入状态方程中进行换算

$$\sigma_{B1}-\frac{166^2\times218.74^2\times10^{-6}}{24\times5.102\times10^{-6}\times\sigma_{B1}^2}=94.352-\frac{166^2\times79.032^2\times10^{-6}}{24\times5.102\times10^{-6}\times94.352^2}-\frac{12}{5.102}\times(-5-15)$$

$$\sigma_{B1}^3-16.503\sigma_{B1}^2=10.767\times10^6$$

解得 $\sigma_{B1}=215.45(\text{N/mm}^2)$。

$$\sigma_{B2}-\frac{350^2\times218.74^2\times10^{-6}}{24\times5.102\times10^{-6}\times\sigma_{B2}^2}=94.352-\frac{350^2\times79.032^2\times10^{-6}}{24\times5.102\times10^{-6}\times94.352^2}-\frac{12}{5.102}\times(-5-15)$$

$$\sigma_{B2}^3-560.53\sigma_{B2}^2=47.866\times10^6$$

解得 $\sigma_{B2}=344.77(\text{N/mm}^2)$。

取其大者为避雷线的最大使用应力，即

$$\sigma_{B\max}=\sigma_{B2}=344.8\ (\text{N/mm}^2)$$

则安全系数为 $$K=\frac{\sigma_P}{\sigma_{B\max}}=\frac{120\times9.8}{344.8}=3.41>2.5$$

第十一节 安装曲线与应力弧垂曲线

架空线的机械计算，就是根据强度条件和耐振条件，应用状态方程，求出计算各种设计

气象条件的架空线应力和弧垂。为了使运行线路的应力与设计值相等，首先必须使架空线在安装时的安装应力与设计值相等。这就需要绘制安装曲线。

一、安装曲线

所谓安装曲线，就是在一定的气象条件下，架空线的弧垂张力和代表档距间的关系曲线。如图9-18所示，制作安装曲线时，安装气象条件按无风、无冰、气温为最低气温至最高气温，其间隔可取5℃或10℃。安装条件下的架空线张力，可按式（9-41）计算

$$T=\sigma_0 A \tag{9-41}$$

式中　T——架空线张力，N；

σ_0——架空线水平张力，MPa；

A——架空线截面，mm^2。

在绘制安装曲线时，还要考虑导线的“初伸长”。

前面讲的架空线机械计算和其他金属材料的力学计算一样，只考虑弹性变形。实际上金属绞线不是完全弹性体，因此，安装后除产生弹性伸长外，还将产生塑性伸长和蠕变伸长，综称为塑蠕伸长。塑蠕伸长使导线、避雷线产生永久性变形，即拉力除去后这两部分伸长仍不消失，在线路工程上称之为“初伸长”。

初伸长将造成弧垂的永久性增大，而且运行时间越长，此永久性伸长也越大，最终在5～10年后才趋于一稳定值。此弧垂的永久性增大，使导线对地和被跨越物的安全距离变小。因此，在使用新导线架线时，必须对架空线预作补偿或施行预拉，使其在长期运行后不致因塑蠕伸长而增大弧垂。

补偿初伸长最常用的方法有降温法和减弧垂法等。

1. 减弧垂法

导线和避雷线的初伸长率应通过试验确定。如无资料，一般可采用下列数值：

钢芯铝线　$3\times10^{-4}\sim4\times10^{-4}$；

轻型钢芯铝线　3×10^{-4}；

钢绞线　1×10^{-4}。

这一方法是以实际的应变特性曲线为基础的。根据不同的架空线应力的初伸长 ε_0，可根据式（9-42）计算架空线应力 σ_n

$$\sigma_n-\frac{l_D^2 g_n^2}{24\beta_k\sigma_n^2}=\sigma_m-\frac{l_D^2 g_m^2}{24\beta_k\sigma_m^2}-\frac{\alpha}{\beta_k}(t_n-t_m)-\frac{\varepsilon_0}{\beta_k} \tag{9-42}$$

其中

$$\beta_k=\frac{1}{E_k}$$

式中　β_k——架空线经长期运行后的最终状态的弹性伸长系数，对LGJ-95～400型，$E_k=78\ 400$（N/mm^2），对LGJ-150～700型，$E_k=72\ 520$（N/mm^2）；

σ_m、g_m、t_m——架空线的最大使用应力及其相应控制情况下的比载和气温；

σ_n、g_n、t_n——架空线安装紧线时的应力、比载和气温。

由于计入了$\dfrac{\varepsilon_0}{\beta_k}$，用状态方程计算的架线应力 σ_n 相应增大了，因而架线弧垂 f_n 相应减小了，恰可抵偿线路运行后由初伸长所造成的弧垂增大。根据上面各种导线的初伸长率也可求出相应的弧垂减少量。

配电线路导线初伸长对弧垂的影响，一般采用减少弧垂法补偿，弧垂减少的百分数为：

铝绞线：20%；

钢芯铝线：12%；

铜绞线：7%～8%。

2. 降温法

设架线安装时的温度为 t℃，为了补偿初伸长，可用（$t-\Delta t$）代替 t 代入状态方程式计算应力，此时状态方程为

$$\sigma_n-\frac{l_r^2g_n^2}{24\beta_k\sigma_n^2}=\sigma_m-\frac{l_r^2g_m^2}{24\beta_k\sigma_m^2}-\frac{\alpha}{\beta_k}[(t_n-\Delta t)-t_m] \tag{9-43}$$

式中　Δt——架空线补偿初伸长的等效降温量。

用式（9-43）计算的 σ_n 求出的弧垂 f_n 可恰好补偿长期运行后的塑蠕伸长。

送电线路架空线初伸长对弧垂的影响，一般用降温法补偿。如各种架空线的初伸长率采用上面的数值，则相应的等效降温量 Δt℃，可采用下列数值：

钢芯铝线：15～20℃；加强型钢芯铝线：15℃；

轻型钢芯铝线：20～25℃；钢绞型：10℃。

在施工中所使用的安装曲线，若未考虑初伸长时，可用架线温度 t 与等效降温量 Δt 之差，即用（$t-\Delta t$）查安装曲线，所得弧垂即为补偿后的弧垂值。

在连续档距中架线时，若各档距不相等，则需选择观测档距，以便架线后进行弧垂的测定。观察档距一般选择耐张段中的最大档距。

线路施工单位在编制施工手册时，常常根据各个耐张段的代表档距，分别从安装曲线上查出各种施工温度下的弧垂，再换算到观测档距的值，然后列成安装表格，以便安装紧线时使用。

若观测档距与代表档距不等时，则应按式（9-44）将对应于代表档距的弧垂换算为观测档距下的弧垂，即

$$f_C=f\left(\frac{l_C}{l_r}\right)^2 \tag{9-44}$$

其中

$$f_C=\frac{l_C^2g}{8\sigma}$$

$$f=\frac{l_r^2g}{8\sigma}$$

式中　f_C——观测档距下的弧垂，m；

f——代表档距所对应的弧垂，m；

l_C——观测档距，m；

l_r——代表档距，m。

【例 9-6】　线路通过Ⅴ级气象区，导线采用 LGJ-120/25 型，防振锤防振。根据[例 9-4] 判定的控制气象条件，从－10℃至＋40℃，每隔10℃绘制出一条弧垂曲线。档距的取值范围为50～500m。

解：（1）当代表档距 l_r 分别为 50、100、163.76、200、300、400、500m时，其各档距

表 9-12　各档距范围的控制气象条件和最大使用应力及比载

档距距离 l_r（m）	50～163.76	163.76～500
控制气象情况	年平均气温	最大覆冰
最大使用应力 σ_m（MPa）	81.58	130.53
比载 g_m [N/（m·mm²）]	35.195×10^{-3}	85.729×10^{-3}
气温 t_m（℃）	＋15	－5

范围的控制气象条件和最大使用应力见表 9-12。

（2）根据架空线机械计算的步骤，将各档距中控制气象条件（t_m、g_m）和最大使用应力 σ_m 作为已知条件代入状态方程的右端，将各种安装气温（无风、无冰）下的比载 g_n 和气温 t_n，代入状态方程的左端，由 $\sigma_n-\frac{l_r^2g_n^2}{24\beta\sigma_n^2}=\sigma_m-\frac{l_r^2g_m^2}{24\beta\sigma_m^2}-\frac{\alpha}{\beta}$（$t_n-t_m$）解出各种安装气温 t_n 下的安装应力 σ_n。将安装应力 σ_n 的计算结果，列入表 9-13。

表 9-13　　各安装气温下的安装应力

应力 σ_n（MPa）＼代表档距 l_r（m）		50	100	163.76	200	300	400	500
温度（℃）	40	40.02	53.99	59.92	58.49	56.18	55.14	54.61
	30	61.60	64.13	67.66	64.45	59.18	56.86	55.72
	20	74.83	75.53	76.65	71.47	62.58	58.74	56.89
	10	88.39	87.80	86.77	79.58	66.45	60.78	58.13
	0	102.14	100.65	97.85	88.77	70.88	63.01	59.45
	−10	115.99	113.86	109.67	98.92	75.90	65.46	60.86

（3）将表 9-13 中各代表档距的安装应力 σ_n 代入张力公式 $T=\sigma_0A$ 和弧垂公式 $f=\frac{l_r^2g_1}{8\sigma_0}$，就可得各安装气温下导线的张力和安装弧垂。现将安装弧垂的计算结果列入表 9-14 中。

表 9-14　　导线安装弧垂计算结果表（m）

控制气象条件	代表档距 l_r（m）＼气温（℃）	−10	0	10	20	30	40
年平均气温 $g_m=35.195\times10^{-3}$N/（m·mm^2） $\sigma_m=81.58$MPa $t_m=15$℃	50	0.09	0.11	0.12	0.15	0.18	0.22
	100	0.39	0.44	0.50	0.58	0.69	0.81
	163.76	1.08	1.21	1.36	1.54	1.74	1.97
最大覆冰 $g_m=85.729\times10^{-3}$N/（m·mm^2） $\sigma_m=130.53$MPa $t_m=-5$℃	200	1.78	1.98	2.21	2.46	2.73	3.01
	300	5.22	5.59	5.96	6.33	6.69	7.05
	400	10.75	11.17	11.58	11.98	12.38	12.77
	500	18.07	18.50	18.92	19.33	19.74	20.14

（4）按表 9-14 中的弧垂数据绘制 40℃～−10℃共六条安装曲线，如图 9-18 所示。

【例 9-7】 试根据上例绘制的安装曲线求某耐张段的观测档距的观测弧垂。已知该耐张段的代表档距为 185m，观测档距为 245m，观测时的温度为 20℃。

解： 在图 9-18 上查 20℃时 $l_r=185$m 的安装曲线，得该耐张段代表档距所对应的弧垂档距 $f=2.1$m，利用式（9-44）换算为观测档距 $l_C=245$m 时的观测弧垂 f_C。

$$f_C=f\left(\frac{l_C}{l_r}\right)^2=2.1\times\left(\frac{245}{185}\right)^2=3.68\text{（m）}$$

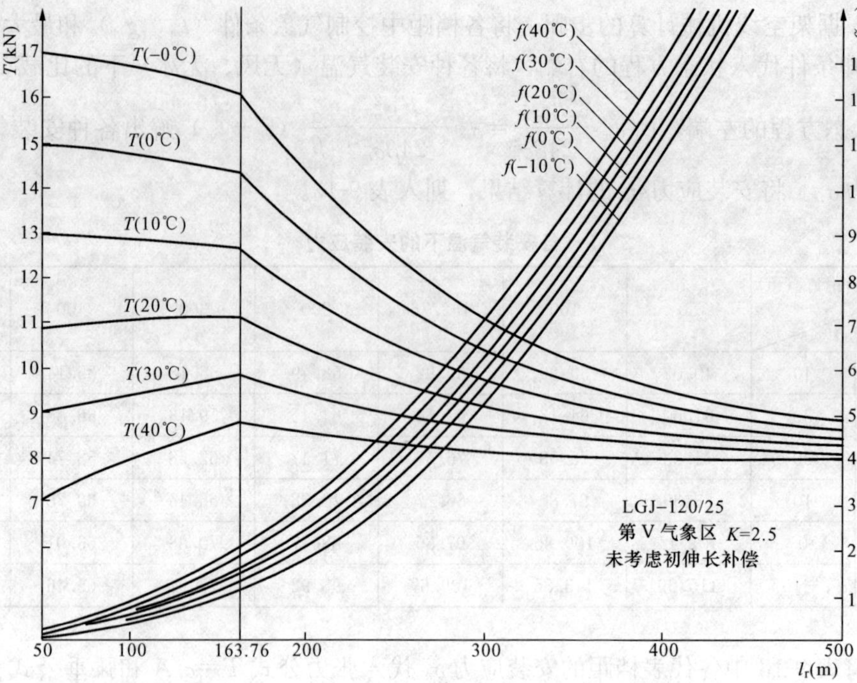

图 9-18　LGJ-120/25 型导线的弧垂安装曲线

二、应力弧垂曲线

架空线计算的任务，除为安装架设线路提供资料外，并为杆塔设计、定位、施工计算及线路在运行中的各种机械计算提供所需的技术数据（各种气象条件下的应力和弧垂）。为了使用的方便，通常是将机械计算中所遇到的各种气象条件下的应力和弧垂分别按代表档距画成曲线（图 9-19）叫做架空线的应力弧垂曲线或称机械特性曲线。

导线和避雷线的应力弧垂曲线的计算项目见表 9-15。

表 9-15　　导线和避雷线的应力弧垂曲线的计算项目表

计算项目		大风	覆冰	安装	事故断线	最低气温	最高气温	大气过电压（有风）	大气过电压（无风）	操作过电压	平均运行应力	验算条件（稀有覆冰或稀有大风）
应力曲线	导线	△	△	△	△	△	△	△	△	△	△	△
	避雷线	△	△	△	△	△			△		△	△
弧垂曲线	导线	△			*		△		△			
	避雷线								△			

注　1. 有△者为需要绘制的曲线；无△者为不需要绘制的曲线。

2. 有＊者是在导线最大弧垂出现在最大垂直比载时，应计算覆冰、无风时和稀有覆冰无风时的弧垂曲线。

【例 9-8】　试计算并绘制 LGJ-120/25 型导线，经过第Ⅴ气象区中的机械特性曲线。导线强度安全系数 $K=2.5$，防振锤防振。

解：（1）根据附表 D-1 确定出第Ⅴ类气象区的各种气象条件参数及比载，其数据列在表 9-16 中。

表 9-16　第Ⅴ类气象区的各种气象条件参数及比载

编号	气象条件	风速（m/s）	气温（℃）	冰厚（mm）	比载［N/（m·mm²）］
1	最低气温	0	−10	0	35.195×10^{-3}
2	平均气温	0	15	0	35.195×10^{-3}
3	最大风速	30	10	0	63.835×10^{-3}
4	最大覆冰	10	−5	10	85.729×10^{-3}
5	最高气温	0	40	0	35.195×10^{-3}
6	安　装	10	−5	0	36.069×10^{-3}
7	事　故	0	−5	0	35.195×10^{-3}
8	外过电压	10	15	0	36.069×10^{-3}
9	内过电压	15	15	0	39.419×10^{-3}

（2）临界档距的计算及判别方法同［例 9-5］。

（3）逐一计算各种气象条件时的应力特性。在此以一种气象条件为例：最高气温 $t_n=40℃$，$g_n=35.195\times10^{-3}$N/（m·mm²），将计算结果列入表 9-17。

表 9-17　LGJ-120/25 型导线在最高气温下应力特性计算结果表

控制条件	l_r (m)	l_r^2 (mm²)	CA	B	Δ	θ	σ_n (MPa)	f_n (m)
年平均气温 $g_m=35.195\times10^{-3}$N/(m·mm²) $\sigma_m=81.58$MPa $t_m=15℃$	50	2500	−44.957	9806.28	2.457	1.548	49.04	0.22
	100	10 000	−40.536	39 225.12	8.950	2.881 7	53.99	0.81
	163.76	26 871.34	−30.624	105 191.3	4.614	4.613 9	59.92	1.97
最大覆冰 $g_m=85.729\times10^{-3}$N/（m·mm²） $\sigma_m=130.53$MPa $t_m=-5℃$	200	40 000	−12.622	156 900.5	1054.355	7.653 8	58.49	3.01
	250	62 500	18.112	245 157.0	56.030	7.014	57.09	4.82
	300	90 000	55.676	353 026.1	26.614 4	3.974	56.18	7.05
	350	122 500	100.07	480 507.7	5.473 2	2.384	55.56	9.70
	400	160 000	151.293	627 601.9	1.446 6	0.913 0	55.14	12.77
	450	202 500	209.346	794 308.6	0.168 8<1	80.284	54.83	16.25
	500	250 000	274.229	980 627.9	−0.358 0	110.877	54.61	20.14

（4）绘制导线机械特性曲线，如图 9-19 所示。

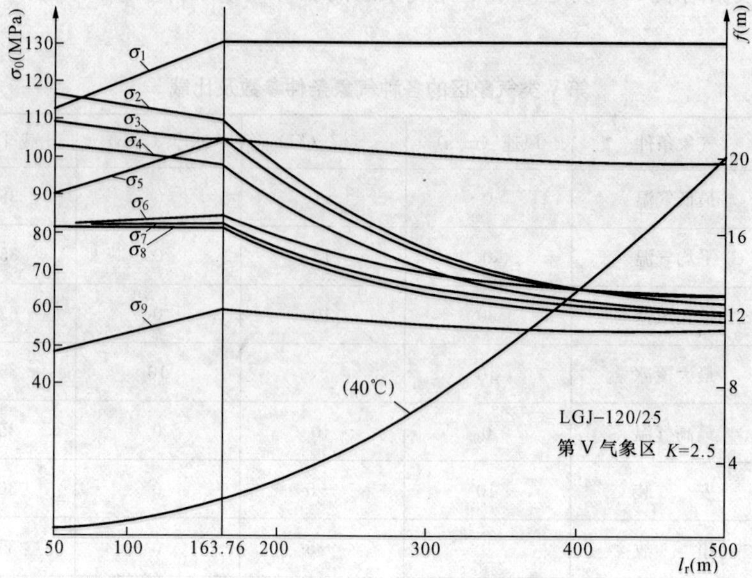

图 9-19　导线机械特性曲线

第十二节　输电线路的路径和杆位

一、输电线路的路径选择

输电线路的路径选择的目的，就是要在线路起讫点之间选出一个即安全可靠，又经济合理，符合国家各项方针政策和设计技术条件的线路路径。因此，路径选择必须建立在对线路沿线进行广泛细致的调查研究的基础上。路径的选择一般分两步进行，即图上选择和现场选择。

1. 图上选择

图上选线在十万分之一或五万分之一的地形图上进行，从地形图上我们可以明确一个区域内的地形特征和房屋、道路、河流、已有架空线路及其他各种建筑物的分布情况。

图上选线时，将图形拼贴在平整的大图板或墙上，先将线路的起止点、中间必经点（如T接点）标在图上。然后根据地形图和已有地形、地质、水文等资料逐段分析，分别标出一切可能走线方案的转角点。再沿每个可能方案的走向，将转角点用不同颜色的线分别连接起来，即构成数个路径方案。对这些方案，再结合已有资料做进一步认真分析，淘汰明显不合理的方案，留下 2～3 个较优方案待野外踏勘后决定取舍。

由于地形图的局限性和地形地貌的变迁，且图上选线时所掌握资料未必齐全，因此对图上所选路径还必须到现场踏勘核对，并沿线进一步广泛搜集有关资料，野外踏勘一般分三种情况。

(1) 对较长的线路一般采用重点踏勘，即在图上选线时进行认真分析，明确全线地形地质概况，列出对线路通道和转角点位置有限制、地形地质条件复杂，跨河流、铁路、公路、重要通信线等重要交叉跨越点，交通运输有困难等地段，作为野外踏勘的重点，而对地形地质条件较好，线路通道较开阔的地段可不踏勘。

（2）对较短的线路一般采用全线踏勘。

（3）对沿线情况较复杂，如重要交叉跨越段、村庄密集地段、地形地质条件较复杂地段等，这些地段对线路走向限制较严，此时需用仪器进行初测，将线路走向基本确定下来。通过野外踏勘，对图上所选路径方案进行必要的修改，并根据搜集到的沿线工矿企业、邮电通信、城镇建筑、交通运输以及军事设施等详尽资料，弄清相互影响情况，从全国整体利益出发，经过与有关方面共同协商，提出一个较合理的路径方案作为推荐方案。

2. 现场选线

图上选线在输电线路的初步设计阶段进行，现场选线一般在定线定位工作（施工图设计阶段）之前进行，也可与定线测量工作合并进行，需视线路条件的复杂程度而定。现场选线的目的是将图上最后选定，并经上级有关部门批准的线路路径在现场具体落实，为定线、定位测量工作确定线路的实际走向，并检验、纠正和补足图上选线的不完全性。

现场选线的方法有越角选线法、角度修正法、交角法和趋近法等。

（1）越角选线法。在选线人员确定了某一转角点位置后，线路前进方向地势较高，此时可在已选定的转角点设立标志，然后到线路前进方向选一线路路径上的制高点架设仪器。用经纬仪后视转角点，同时观察该段路径的地形、地物、交叉跨越及线路与建筑物的接近距离等情况。随后倒转望远镜，又可观察线路前进方向的路径情况，如前后无特殊障碍，结合已掌握的地形资料，即可确定这段路径。

（2）角度修正法。如图 9-20 所示，从转角点 Y 测到 A 处碰到房屋建筑等障碍物，此时可修正转角点 Y 的转角度数，取新的路径方案。如图 9-20 所示，在现场取一点 B，使新路径 YB 能避开障碍物。然后垂直原路径 YA 量取 BA 的长度，并从地形图上量取 YA 的长度，则可用式（9-45）计算出修正角 α 的数值为

$$\alpha=\frac{BA}{YA}\rho \tag{9-45}$$

其中　$\rho=3438'$

式中　α——线路转角修正值，（$'$）。

在具体修正线路转角时，应视实际情况在原转角度数上加上或减去修正值。

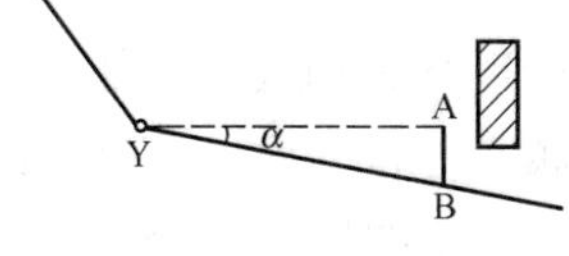

图 9-20　转角度数的修正

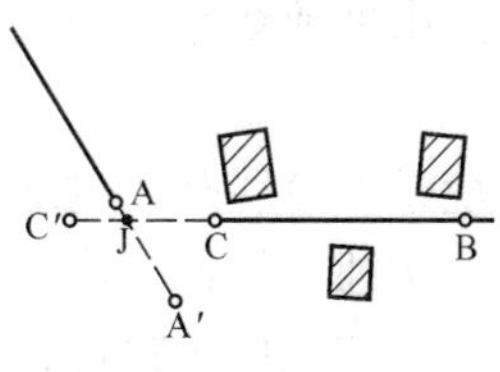

图 9-21　交角法选线

（3）交角法。当线路通过山区、房屋建筑或架空线路拥挤地段，大跨越或其他限制条件较多的复杂地段，如选线人员对前面一段路径走向没有把握，或者为避开大批建筑物，选线人员可先到前面踏勘，然后从前面复杂的地段往回定直线，再与已选定的路径交会出转角点 J，如图 9-21 所示，这种选线方法就称为交角法。采用交角法选线时，应注意转角点应选在平原开阔地带，这样可使交会点有足够的活动余地，同时便于施工组立杆塔。

（4）趋近法。当线路在山区通过，如图 9-22 所示，若 A、B 两控制点相距较远又互不通视，此时可在 AB 地势较高处试选一点 C1，尽量使其接近在 AB 直线上，且与 A、B 都能

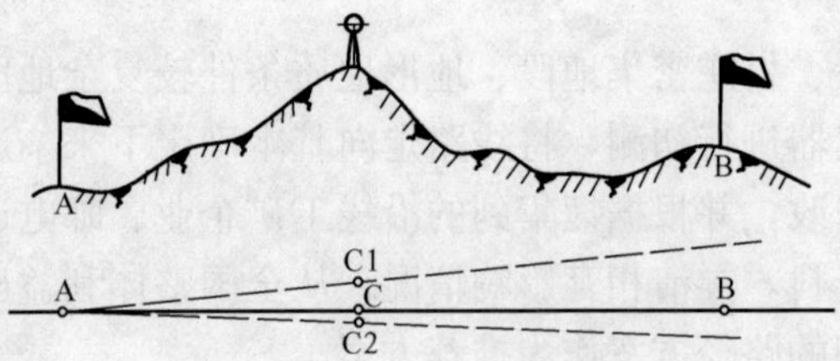

图 9-22　趋近法选线

通视。这时，安置经纬仪位于 C1 点，对准后视 A，固定水平度盘后倒转望远镜看前视目标 B。如果目标 B 不与望远镜中的中丝重合，说明 C1 不在 AB 直线，需移动经纬仪重新选择一点 C2，再对准后视 A，倒转望远镜看前视目标 B，如图 9-22 所示则表示移得太多，需将经纬仪往回移。如此反复，直至经纬仪移到 AB 直线上，即可在经纬仪旁指挥打桩，以标定路径方向。

采用这种方法是一逐步趋近的过程，要注意当目标 B 已在望远镜筒内后，因望远镜内所见是一倒像，所以经纬仪移动方向恰与镜筒中所见相反。比如从望远镜中所见目标在中丝左侧，则经纬仪应向右移，反之则向左移。当中丝已接近目标后，可松开经纬仪底座螺栓，在仪架上移动经纬仪以精确对准目标。

3. 路径选择的技术要求

路径选择的优劣直接关系到线路建设和运行的经济、技术指标和安全可靠性，因此在选线过程中要全面地分析各影响因数间的关系并做出正确处理，以求选出一条既经济合理，又便于施工运行、安全可靠的线路路径。在一般情况下，对所选择的路径除了符合现行各种规程的要求外，应尽量选取长度短、跨越小、拆迁少、交通运输和施工运行方便及地形地质好的方案，这是选择线路路径时总的原则。在现场选线时还应考虑以下几方面的要求。

（1）地形地貌。在选线过程中应“线位结合”，即在选择路径走向时就要考虑到杆塔布置及档距的大小分布。特别对山区线路，杆塔位往往受地形控制，既要尽量避免出现相邻档距差过大，也应避免出现档距过小的现象，以便有效地利用杆塔，还应避免出现相邻档距差过大，以减少顺线路方向的不平衡张力。线路穿过山脊时，为保证有足够的施工基础面和施工条件，减少土石方量，应选在低凹处，且山脊较宽的地方通过。

平原地区线路通过河网地带，路径应尽量与河道、沟渠垂直交叉，避免斜平行接近交叉，以保证杆塔基础距河道、沟渠边缘的安全距离，并要结合档距分布，尽量少用加高杆塔。线路经过山坡或线路中心线一侧有高坝等突出物时，要结合边导线的风偏影响以考虑路径走向。

（2）环境条件。线路经过地区的环境条件对线路的安全运行影响较大。如线路与生产过程中排出的有腐蚀气体或液体的工厂接近时，线路上的金属元件将受腐蚀；又如线路经过化工厂、水泥厂、砖瓦厂等附近，绝缘子串污秽将加剧，从而危及线路的安全运行。因此，当线路从污源附近经过时，要查明其有害范围，分析其危害程度，应尽量远离或避开这些地区，并尽量使线路在这些污源的上风方向通过，以减少或避开其影响，沿海地区线路则要考虑盐污的影响。

在平原开阔地区，线路应尽量避免靠近湖泊且位于结冰季节的下风侧走线，以免由于湿度大，大量过冷却水滴吹向导线，造成严重覆冰现象。

雷电活动的强弱也与环境条件有关，应对沿线附近已有架空输电线路进行调查，了解沿线雷电活动情况，尽量避开雷电活动强烈地段，以减少雷害事故。

（3）水文地质。线路经过地区水文地质条件的好坏，直接影响到杆塔基础的稳定性和线路的安全运行，所以在路径选择时应尽量避开下述地带。

1）山区线路应避免通过陡坡、悬崖峭壁、崩塌、岩堆、滑坡冲沟等不稳定地带。

2）山区河流多为间歇性河流，一旦山洪暴发，则流速大、冲刷力强，对线路危害力极大。因此应避免在山洪口、泥石流附近通过，亦应远离山沟的枯干河道，以免遭受山洪冲刷，如必须通过时，杆塔位应设在最高洪水位以上不受冲刷的地方。

3）在平原地区应尽量避免沼泽地、水草地、已积水或易积水及盐碱地带。

4）在黄土地区应尽量避开冲沟、陷穴及受地表水作用后产生强烈湿陷性地带。

5）当线路在矿区附近通过时，除考虑爆破开采及火药库事故爆炸的影响范围外，还应考虑地下开采区或采空区的地表稳定状况，并尽量避开矿区。

6）线路在水库放水口下游通过时，应注意放水的淹没范围和冲刷情况对杆塔可能造成的危害程度。

（4）各种交叉跨越、接近物的影响。输电线路应避免与具有爆炸物、易燃物或可燃液体的生产厂房、仓库、储藏器等交叉跨越，必须接近时，应按有关部门的规定或通过协商办理。禁止架空输电线路跨越易燃材料为屋顶的建筑物，对其他建筑亦应尽量不跨越，如必须跨越时，应取得当地政府的同意，并满足导线对建筑物的最小垂直距离要求。在平原地区，房屋建筑密集，特别要注意线路与建筑物接近时，边导线在最大风偏时和建筑物的最凸出部分之间的距离必须满足规程要求。

输电线路与通信等弱电线路交叉跨越时，首先交叉角必须满足表9-18的要求，而且不得在弱电线路杆顶或配电线路的变压器上方跨越，以便于被跨越物的检修。线路与无线电设备接近时，应满足表9-19所列最小距离的要求。弱电线路系指电报、电话、有线广播、铁道闭塞装置与信号、遥控、遥测等弱电流线路。

表9-18　　输电线路与弱电线路的交叉角

弱电线路等级	一级	二级	三级
交叉角	＞45°	＞30°	不限制

表9-19　　输电线路与无线电设备的最小距离

一、收信台	
输电线路电压（kV）	离输电线路距离（km）
35以下	1
35～110	1～2
110以上	2
二、发信台	
天　线　名　称	离架空输电线路距离（不论电压大小，m）
中长波天线发射电力在150kW及以下时	500
中长波天线发射电力在150kW以上时	1000
短波天线（在发射方向上）	300
短波天线（在其他方向上）	50
短波弱天线或无方向性天线	200

输电线路跨越铁路的位置应选在铁路进出站的信号装置及车站界范围以外，否则应取得有关部门同意。

输电线路应避开山林地带和大面积的果林和经济作物区。特别应避开大片竹林，因竹林年年都有大批新竹长出且高度高，对线路的安全运行威胁很大，给运行维护带来较大困难。

（5）转角点选择。转角点应尽量选在开阔平坦地带，除考虑拉线布置和拉线基础稳定等要求外，还应考虑转角杆塔在施工紧线时作为锚塔或紧线操作所必需的场地面积和便于施工机械的到达。

转角点选择应和耐张段长度（一般采用 3～5km）结合在一起考虑。山区线路的转角点可选在山谷低处，以便杆塔上拔时兼做耐张杆塔使用。高山顶或深沟、河岸、堤坝、悬崖的边缘以及坡度大的山坡，或易被洪水淹没冲刷和低洼积水之处不宜选作转角点。转角点也不得选在相邻两侧档距相差较大的地方，以免承受过大的不平衡张力。

为了避开村庄等障碍物需要转角时，其转角点 B（图 9-23）的角度 θ 不宜大于 15°，以免过大的增加线路长度和杆塔材料。图 9-23 中，实线表示合理的路径和转角，而虚线则表示不合理的路径和转角。

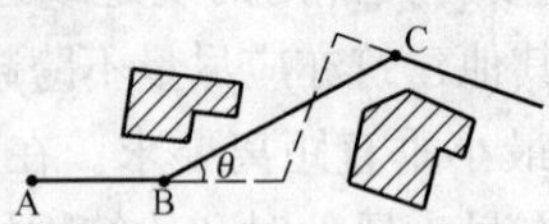

图 9-23　避障碍物时的转角布置

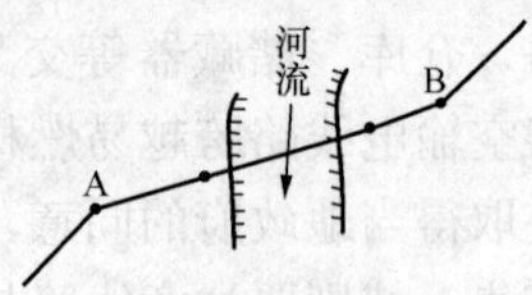

图 9-24　大跨越档距的耐张段布置

（6）跨河点选择。线路与河流交叉跨越时，档距受河面宽度和河流两侧的立杆塔条件控制。因而跨河点应选在河面最窄、河道顺直、河岸稳固且不受洪水冲刷、两岸地质条件较好的地方，并尽量靠近摆渡和公路桥梁，以便施工和运行检修人员通行。在山区和丘陵地区线路，应尽量选择两岸地形较高的地方通过，以降低杆塔高度。

跨河点应避开码头和泊船地区、支流入口处及河道弯曲处，亦应尽量避开旧河道或排洪道在洪水期改为主河道的地方。输电线路不得在摆渡和桥梁上方跨越。跨河点选择时应特别注意立杆塔位置的地质条件，特别在必须利用江心岛、河漫滩及河床架设杆塔时，需要进行详细的工程地质勘探、水文调查及河床断面测量。

输电线路跨越河流或其他档距较大的交叉跨越，一般可采用如图 9-24 所示形式布置杆塔，以便降低跨越杆塔的荷载。

二、输电线路的平断面图

输电线路的路径选定后，即进行详细的勘测工作，一般称为终勘测量，其工作的内容主要为线路纵断面和平面测量。

纵断面测量主要是沿线路中心线测量各断面点的高程和平距并绘制成线路纵断面图；平面测量是测量沿线路中心线左右各 20～50m 的带状区域的地物地貌并绘制成线路平面图。同一条线路的平面图和纵面图以相同的横向比例尺画在同一张图纸上，即称为输电线路的平断面图，如图 9-25 所示。图中杆型代号、杆位、档距、耐张段长度、代表档距等是由设计人员在线路平断面图上确定的，其他各种数据均由现场测量工作中完成。平断面图是杆塔定位的主要依据，也是日后施工、运行工作中的重要技术资料。

1. 输电线路终勘测量

线路的终勘测量在施工图设计阶段进行，为施工图设计提供依据，终勘测量一般通过定

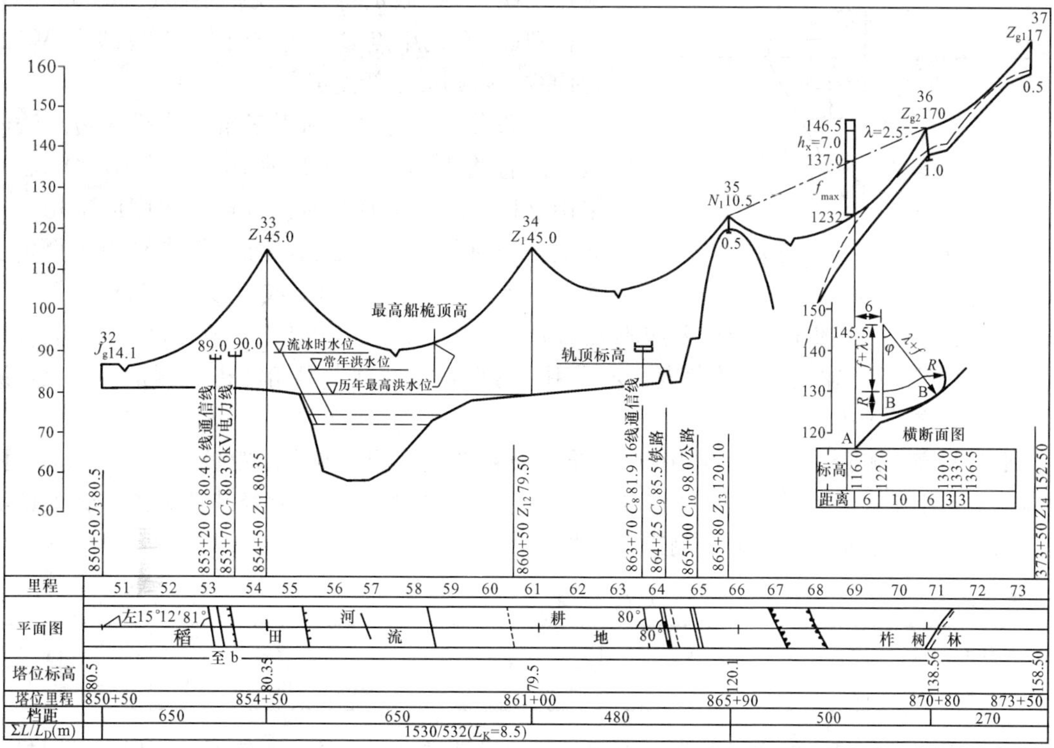

图 9-25　输电线路的平断面图

线测量和平断面测量两道工序来完成。

(1) 定线测量。定线测量的主要工作是按现场选线所选定的路径，将线路走向以每隔一定距离在地上标定一个方向桩的形式精确地予以确定，同时测出各方向桩间的水平距离和各方向桩的高程，以及转角点的转角度数，线路的路径到这时才真正确定，所以称之为“定线”。

定线测量所得数据将作为平断面测量的控制数据，因此对定线测量要求有较高的准确度。测量时常用如下方法和措施以保证准确度。

1) 定直线。如果相邻两转角点 A 和 B 已定且互相通视，可用插入法定出直线桩，如图 9-26 所示，经纬仪置于 A，前视对准 B，然后指挥司尺人员定出直线桩 1 和 2。采用这种方法时，前视目标 B 必须为花杆等能精确对准的标志，且在每确定一个直线桩都应重新校核望远镜是否偏离目标。

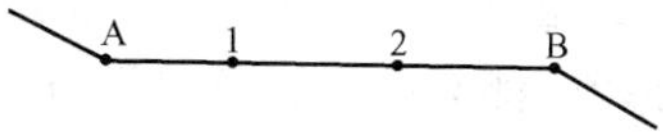

图 9-26　插入法

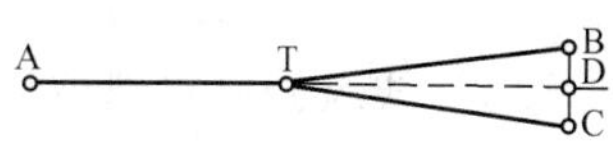

图 9-27　分中法

在一般情况下，延伸直线均采用分中法，即如图 9-27 所示，AT 为已定直线，经纬仪架于 T 点，以 A 为后视目标，正倒镜两次观测，如果经纬仪视准轴与横轴不垂直或横轴不水平，则两次观测的 AT 直线的延伸线不重合，如图 9-27 中 TB、TC 所示，此时若两次观

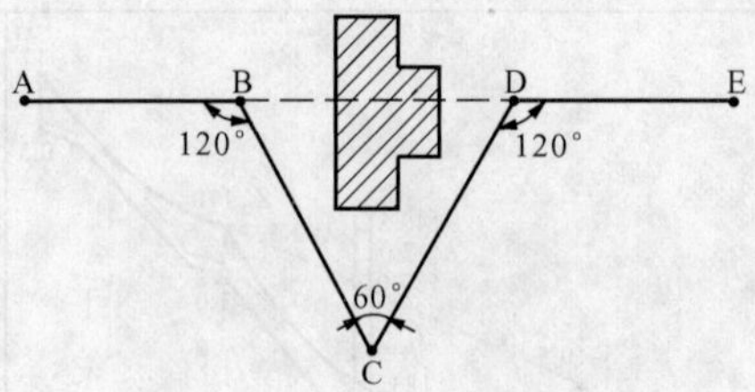

图 9-28 三角形绕障法

测点位误差 BC 满足每百米视距不超过 0.06m 的要求，则取 BC 的中点 D 作为方向点，TD 即为 AT 的延伸线，否则应重新测定。

当遇有障碍物时，则用三角形法或四边形法间接定出直线方向（图 9-28 所示为三角形绕障法）。采用这种方法测定直线时，折点的角度应采用“方向法一测回”测角法施测，且上下半测回所得角度之差不得大于 30″，三角形或矩形的边长应用钢皮尺来回两次丈量，两次丈量相对误差应不大于 1/2000，且边长以不小于 200m 为宜。

2）数据测量。输电线路转角度必须采用“方向法一测回”测角法进行测量，其上下测回所得角度之差不得大于 1′。

平距和高程测量一般采用视距法，同向正倒镜两次观测，两次测距较差小于 1/200，两次高差之差小于表 9-20 所列数值时，取其两次测量的平均值以消除经纬仪误差，为保证测量成果的准确性，应采用对向观测进行校验。

表 9-20 两次高差之差（每百米平距）

垂直角（°）	2	4	6	8	10	12	14	16	18	20
高度之差（cm）	2	4	6	8	10	12	14	16	18	20

（2）平断面测量。输电线路平断面图是线路设计排定杆位的主要依据，所以，凡对排定杆位有影响的地形地貌均需进行测量，并反映到平断面图中，平断面的测量的主要内容如下。

1）线路纵断面测量。线路纵断面的测量，是沿线路中心线测量地形起伏变化点的高程和平距，并据此绘制线路纵断面图。当边导线处地形显著高出线路中心线的地形，影响边导线对地距离时，则应同时测量边线纵断面。一般边导线处的地面高出中心线地面 0.5m 及以上时，均应测量边线纵断面。

纵断面测量采用视距法测定平距和高程。断面点的选择应视地形情况，以能够控制并能反映出对排杆定位具有控制意义的纵断面为原则，对于排杆定位不起作用的断面点，如山沟底部等可以舍去不测，从而即不影响断面图的质量又加快测量进度，同时减轻测量劳动强度。

断面点宜就近桩位施测，不得越站观测。测量视距长度一般不超过 300m，如超过时应采用正倒镜两次观测或增加测站施测。正倒镜两次观测时，其平距两次测量相对误差不应大于 1/200，垂直角较差不应大于±1′，结果取中值。

2）横断面测量。当线路从山坡上通过时，且地形坡度超过 1∶4 时，应测量地形横断面，以便考虑导线风偏后对斜坡地面的距离。同理，当导线一侧有高坎、突出岩石时，亦应测量横断面。

当线路接近房屋建筑、特殊管道、防护林带、高大树木等障碍物时，应测量平行接近的长度、障碍物的高度及接近距离，以便考虑导线风偏后与障碍物的接近距离。

3）交叉跨越测量。当输电线路与河流、电力线、电信线、铁路、公路及其他地下、地上建筑物交叉时，都必须进行交叉跨越测量。交叉跨越测量的内容包括被交叉跨越物所在位置、高度、跨越长度及交叉角。

当输电线路与河流交叉时，除测量河流的宽度外，还要调查正常水位、最高通航水位、最高洪水位及船桅高度，以便考虑各种水位时导线与水面及船桅顶的安全距离。

4）塔基断面测量。立杆塔位置的地面有坡度时，应施测塔基断面，以便确定施工基面。施工基面是计算杆塔基础埋深及杆塔定位高度的起始基面。施工基面应按以下原则确定：

a. 在基础上应保证有足够的土壤，以满足基础受上拔力或倾斜覆力作用时的稳定要求。

b. 如图 9-29（a）所示，受上拔力作用的基础边缘，可取土壤上拔角 α 并向外侧作倾斜线与天然地面相交于 b 点，过 b 点的水平面即称该基础的施工基面。

c. 对于受倾覆力作用的基础，则应取土壤的计算抗剪较角 β 代替上拔角 α，并用上述受上拔力作用的基础确定施工基面的方法确定该基础的施工基面，如图 9-29（b）所示。

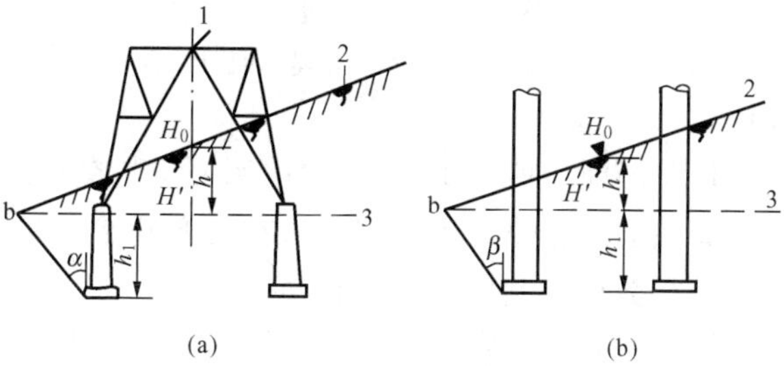

图 9-29 有坡度时基础的施工基面

（a）受上拔力作用的基础；（b）受倾覆力作用的基础

1—杆塔中心；2—天然地面；3—施工基面；h—施工基面降低值

当矩形铁塔所处地面只有横线路方向存在坡度，或门型钢筋混凝土杆的两根杆位地面有坡度时，可以只测横线路方向的塔基断面，按上述原则如图 9-29 所示确定施工基面，当矩形铁塔的四个独立基础所处地形有不同坡度时，应沿对角线施测塔基断面，杆塔施工基面受位于山下侧坡度最大一侧的那只塔脚基础控制。杆塔的定位高度和基础的埋深均应从施工基面起算。

5）平面测量。线路中心两侧平面的测量一般结合纵断面测量进行，如线路跨越或接近河流、房屋、电力线、电信线、铁路、公路等的相对位置在纵断面测量中已确定。另外，对排杆定位有影响的地形、地物，如河沟、水塘、山丘、道路等也应详细测量其相对位置。有些特殊地段，如线路两端进出变电所地段、拥挤地段、大跨越地段，还需另外单独测其平面图，以便确定线路走向和杆位布置。

2. 平断面图的绘制和识读

绘制纵断面图的比例尺为：当线路通过平地或起伏不大的丘陵地时，横向（水平距离）用 1∶5000，纵向（高差）用 1∶200，若高差很大时，纵向也可用 1∶500。断面图中左边表示出纵向坐标，横行坐标在里程栏中表示，该栏中数字一般以百米为单位，如图 9-25 所示。在断面图绘制时，总是先根据定线测量数据（平距和高程）标出方向桩。然后在方向桩之间，根据断面测量数据标上各断面点。再结合现场实际地形，依次连接各断面点，即得断面图。在此需要特别注意，在标方向桩时不应以桩间距离确定方向桩位置，而应以桩位累积距离从横向坐标上确定桩的位置，以免产生积累误差。断面图中，中心线用点划线，如图 9-25 中 36 号杆前后，虚线表示右边线断面。

在断面图中还反映出交叉跨越物的位置和高程，如图 9-25 所示，$C_6 \sim C_{10}$ 为被交叉跨越编号，紧跟数字为交叉跨越点地面高程，尔后注明被交叉跨越物名称，如 C_7 处被交叉跨越物为 6kV 电力线、C_9 处被交叉跨越物为铁路等。同时在断面图的相应位置表示出了被交差跨越物及交叉跨越点高程。跨越河流时，在断面上表示出了常年洪水位、历年最高洪水位、最高桅杆高等数据。

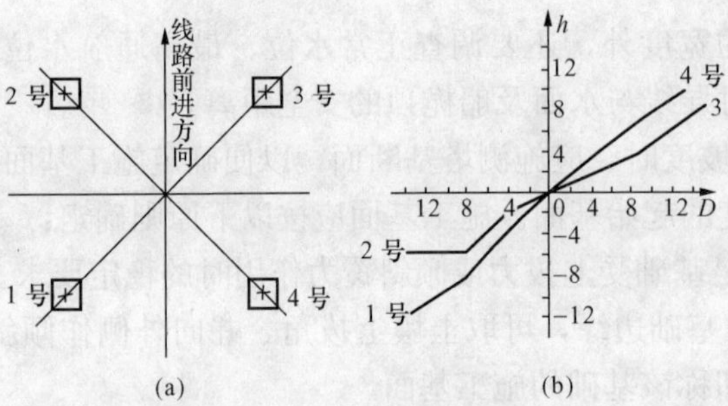

图 9-30 塔基断面图

(a) 塔脚编号；(b) 塔基断面图

一条线路较长，平断面图需要分页时，一般从杆位处分页，以便查阅。如图 9-25 所示为 32 号～37 号杆塔的平断面图，上一页到 32 号杆塔为止，下一页从 37 号杆塔开始。

横断面图一般以 1∶500 的比例尺直接绘制在平断面的上方（或下方）空白处，并将所画方向统一为面向线路前进方向，左边横断面画在 h 轴的左边，反之画在 h 轴右边，如图 9-30 中所示为右边横断面。

塔基断面一般以 1∶500 的比例尺绘制在相应杆塔位附近的空白处。对于矩形铁塔，四只塔脚按面向线路前进方向，从左后方开始顺时针编号，如图 9-30（a）所示。按塔基断面测量所得数据绘制塔基断面图如图 9-30（b）所示。图 9-30 中 D 轴为水平距离，h 轴为高差，原点 0 对应于塔位中心桩。绘图时，1 号、2 号塔脚断面画在 h 轴左边，3 号、4 号塔脚断面画在 h 轴右边。

沿线路中心线两侧的平面图，横向比例尺应与纵断面图相同，宽度方向（垂直线路方向）比例尺可取 1∶2000。平面图中对河流、房屋、电力线、通信线、铁路、公路等应注明级别，对电力线、通信线及铁路，尚需注明交叉角。

交叉角的绘制方法如图 9-31 所示。首先测出测站 A 至交叉跨越点 B 的平距 D，然后司尺人员沿被交叉跨越线任意移动一段距离，在 C 点立尺，司仪测出测站 A 至 C 的平距 D'，并测出 AB 与 AC 的水平夹角 β。然后绘图人员即可根据所得数据和图示关系作出被交叉跨越线 BC 并从图中量取交叉角 θ。在作图时需注意 C 点方向必须与实际移动方向相符，否则，虽然交叉角 θ 相同，但被交叉跨越线的走向将与实际不符。

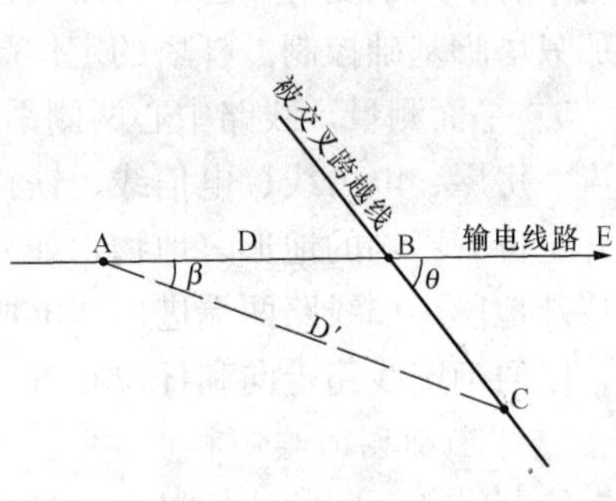

图 9-31 交叉角的测绘

平面图中对河沟、水塘、山丘等对定位有影响的地形地物，可结合断面图和现场情况及地形图进行绘制，而对排杆定位没有影响的地形不必绘出。

平面图中，线路转角处暂为直线，只用箭头表示线路转向（左转或右转）并注明转角度数。如图 9-25 右端第 32 号杆塔为一转角杆塔，在平面图中标出左转 15°12′。

三、输电线路杆塔的定位

杆塔定位工作就是用定位模板在终勘测量时绘制的平断面图上，结合现场实际地形排定杆塔的位置，同时确定所用杆型。杆塔位置选排得是否适当，直接影响线路建设的经济合理性和安全可靠性。

1. 杆塔的定位高度

杆塔定位的主要要求是使导线上任意一点在任何正常运行情况下都能保证有足够的对地和其他被交叉跨越物的安全距离。设某档距及两侧杆塔高度已定，画出最下层导线在最大弧

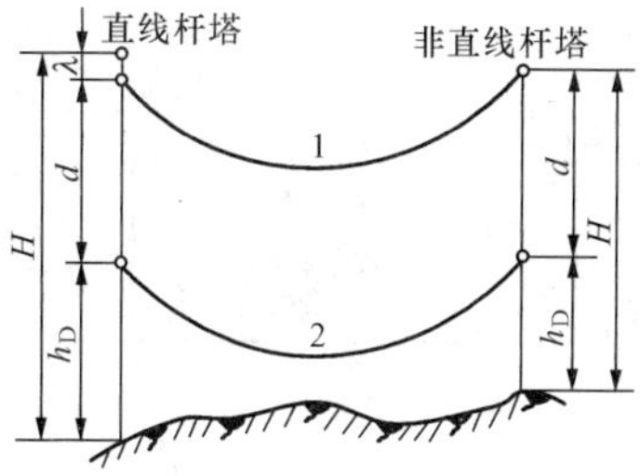

图 9-32　杆塔的定位高度

垂时的悬挂曲线如图 9-32 中曲线 1 所示，显然，此时要检查导线对地距离是否满足安全距离要求，就需逐点检查，既麻烦又容易漏检。为此，我们假想将导线两端悬挂点在杆塔上下移一段对地安全距离 d 后，画出导线的悬挂曲线 2，显而易见，此时只要曲线 2 不与地面线相交，则实际导线悬挂曲线处处满足对地安全距离的要求。于是，我们称曲线 2 为导线的对地安全线，导线悬挂点下移后与杆塔施工基面间的高差值称为杆塔的定位高度（简称定位高），用 h_D 表示。定位高度 h_D 按下述方法确定。

非直线杆塔　$$h_D = H - d - \delta \tag{9-46}$$

直线杆塔　$$h_D = H - d - \lambda - \delta \tag{9-47}$$

式中　h_D——杆塔的定位高度，m；

H——杆塔呼称高，m；

d——对地安全距离，m；

λ——悬垂绝缘子串长，m；

δ——考虑各种误差而采取的裕度，m。

2. 定位模板

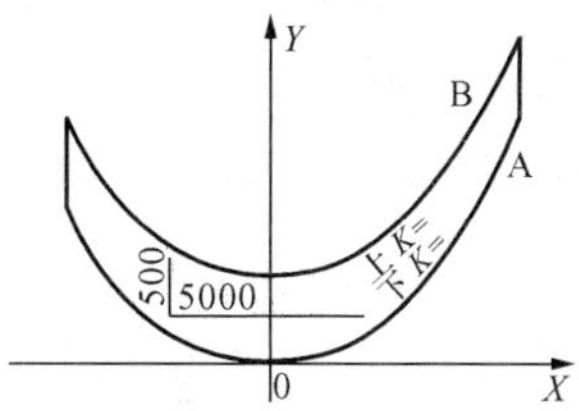

图 9-33　定位模板

最大垂直弧垂气象条件时的导线悬挂曲线按纵断面图相同的纵、横比例尺缩小，然后刻在有机玻璃板上所得的模板，称为定位模板，如图 9-33 所示。定位模板的制作方法如下：

（1）判定线路所经过地区最大垂直弧垂气象条件（定位气象条件），判定方法见本章第九节。

（2）给定代表档距 l_r，从导线机械特性曲线中查取定位气象条件时的应力 σ_0 及垂直比载 g。

（3）由式（9-21）得

$$y = \frac{g}{2\sigma_0}x^2 = Kx^2 \tag{9-48}$$

式中　g——定位气象条件时的垂直比载，N/（m·mm²）；

σ_0——定位气象条件时对应于代表档距 l_r 时的导线应力，MPa；

K——常数。

由式（9-48）可知，只要给定一组 x 值，即可求得对应的一组 y 值，然后按与纵断面图相同的比例尺，在绘图纸上建立直角坐标系，绘出导线悬挂曲线即为定位模板曲线，如图 9-33 中的曲线 A。

（4）将定位模板曲线刻在有机玻璃板上，并刻上纵、横丝，最低点，纵横比例，K 值，即得定位模板。为节省材料和便于携带，一般一块模板的上下刻制两条不同 K 值的曲线，模板形式如图 9-33 所示。

在实际工程中，一方面在定位之前杆塔的位置和档距尚未确定，因此还不知道每一个耐张段的代表档距，制作定位模板的 K 值也就不能确定；另一方面，杆塔的定位必须应用定位模板。为解决这一矛盾，总是事先制作多个不同 K 值的定位模板带到现场以供选用。

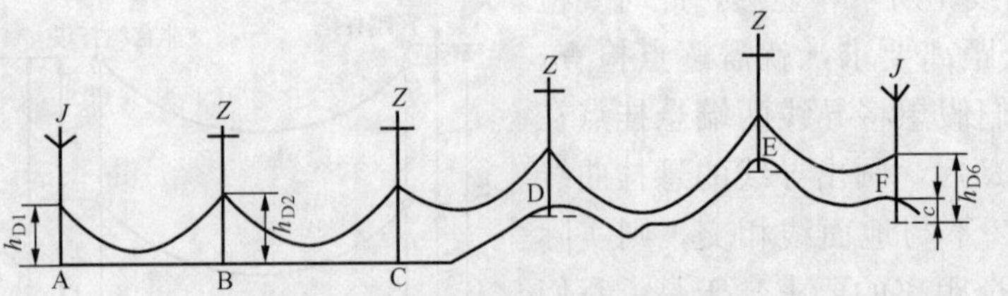

图 9-34　排杆定位

c—施工基面降低值

3. 杆塔定位方法

杆塔定位就是排定杆塔位置，选定所需杆型，具体步骤如下。

（1）在平断面图上分析待定位的耐张段的地形，将必须设立杆塔的地点，如山头地形较高的地点、交叉跨越附近、转角点等初步标在图上。然后在这些杆位点之间，根据使用杆塔可能施放的档距并考虑档距分布，初步选定杆塔位并标在图上，如图 9-34 所示，A 点为已排定的 1 号转角塔，F 点为待定杆型的转角点，A、F 之间为一耐张段，根据地形首先确定 D、E 两点必须设立直线杆塔，然后 A 与 D 之间初定 B、C 两点设立两基直线杆塔。再对各杆位点初步确定所需杆型，并将各杆型的定位高度 h_{D1}，h_{D2}，h_{D3}，…画在断面图上。

（2）根据初步选定的杆塔位，初算代表档距 l_r 和所需模板 K 值，初选定位模板。

（3）自转角杆位 A 开始，将定位模板平放在断面图上，使所选的模板曲线经过相邻两杆塔的定位高度 a 和 b 点，模板上的纵横丝分别与断面图上的纵横轴平行，如模板曲线与地面最接近点裕度合适（裕度值见表 9-21），则认为所定之杆位点及杆型基本满足要求，如图 9-35 所示。若导线对地距离裕度不合适（太大或太小）或不满足对地距离要求（即模板曲线与地面线相割），则需调整杆位、杆高或改换杆型直至满足要求为止。以此类推，逐档确定其他杆塔位和杆塔型，直至定完整个耐张段以至全线。

表 9-21　导线对地距离的裕度　(m)

档　距	<200	200～350	350～600	600～800	800～1000
裕　度	0.3～0.5	0.5～0.7	0.7～0.9	0.9～1.2	1.2～1.4

（4）求出该耐张段的代表档距 l_r，确定 K 值并与使用该模板的 K 值相比较，如果两者相近（$-0.2\times10^{-5}\leqslant\Delta K\leqslant 0.8\times10^{-5}$），则认为该耐张段所定杆位合适，否则应更换与该耐张段所需 K 值相接近的定位模板，重新校验导线对地距离是否满足要求。这样，反复定位就可基本确定出一个耐张段的杆位和杆型。

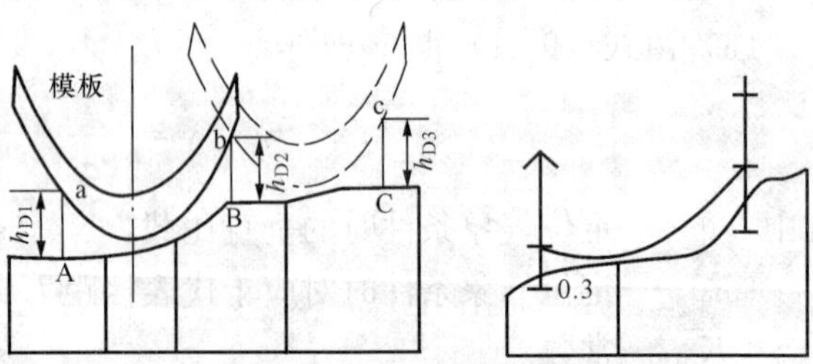

图 9-35　模板定位操作

（5）杆位、杆型排定后，在断面图杆型头部标注杆塔号、杆型代号和杆高（铁塔一般标呼称高），在断面图下部说明栏的相应栏目中填写塔位标高、塔位里程、档距、耐张段长度和代表档距。

各种杆塔型式在图上所采用的代号见表 9-22。

表 9-22　不用杆塔型式的代号

杆塔型式	直线杆	转角杆	耐张杆	换位杆	终端杆
代　号	Z	J	N	H	DJ 或 DN

注　终端杆带转角时代号 DJ，否则与耐张杆相似代号为 DN。

4. 杆塔定位的注意事项

（1）档距布置应尽量均匀，并最大限度地利用杆塔的设计档距，避免相邻档距大小悬殊。

（2）孤立档，尤其是档距较小的孤立档，易使杆塔的受力情况变坏，且施工安装困难、检修不便，应尽量避免。

（3）杆位应尽可能避开洼地、泥塘、水库、冲沟、断层等水文地质条件不良的处所；带拉线的杆塔应注意拉线的位置，保证拉线基础的稳固；山地还应避免因顺坡而使拉线过长。

（4）当杆塔立于山坡时，应注意边坡对施工基面的影响，定位高度应从施工基面起算，需注意立于山坡上的单柱直线杆塔也有施工基面降低的问题，只是降低值比双杆小一些而已。施工基面在断面图上以一横线表示，并注明降低值，如图 9-34 所示。

（5）当杆塔立于陡坡时，应注意基础受冲刷情况，必要时应采取措施或砌护坡。

（6）在平原地区，杆塔位应尽量靠近田埂，以便运行检修人员登杆作业。

（7）非直线杆塔的布置应结合紧线施工中锚塔和操作塔布置考虑，以便施工机具的运输和导线的施放。

（8）杆塔位的确定，须注意施工的排杆、焊接、立杆、临时拉线等有足够的位置。在平原地区，杆位要与地下电力电缆、电信电缆、管道等保持一定的距离。

（9）排杆定位时，模板必须平放在断面图上，模板的纵横丝与断面图的坐标轴应保持平行一致。

四、杆塔的定位校验

一个耐张段的杆位、杆型的最终确定，还需要通过必要的电气和机械强度方面的校验。比如，一种杆型设计所允许承受的荷载及允许施放的最大档距以杆塔允许使用档距，即水平档距、垂直档距和最大允许使用档距来体现。所以，当一基杆塔前后两侧档距确定后，应马上进行杆塔使用档距的校验，若其中任一个实际值超过允许值，都需以调整杆位或改选杆型的方法使其满足要求。只有通过校验，导线、避雷线、绝缘子串、杆塔的电气和机械强度均符合要求后，一个耐张段的杆位和杆型才完全确定。预先制作一些常用的图表和校验曲线，可以提高定位和安装曲线的效率。电气方面需要进行导线对地面及交叉跨越校验、导线风偏校验和悬垂绝缘子串摇摆角校验。

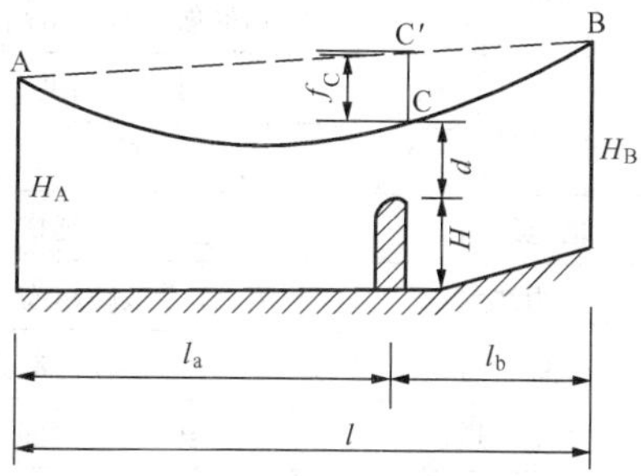

图 9-36　交叉跨越距离校验

1. 导线对地面及交叉跨越的校验

导线对地面及交叉跨越的校验，可采用定位模板校验，也可采用公式计算校验。公式计算的校验如图 9-36 所示，其计算方法如下。

（1）计算 C′点的高程为

$$H'_C=H_A+\left(\frac{H_B-H_A}{l}\right)l_a \tag{9-49}$$

（2）C′点处导线的弧垂 f_C 为

$$f_C=\frac{g}{2\sigma_0}l_al_b \tag{9-50}$$

（3）C点的高程为

$$H_C = H'_C - f_C \tag{9-51}$$

（4）交叉跨越距离为

$$d = H_C - H \tag{9-52}$$

上述各式中 H_A、H_B——导线悬挂点A、B的高程；

l_a、l_b——跨越点至两侧杆塔的水平距离；

g——导线最大弧垂时的自重比载；

σ_0——导线最大弧垂时的应力；

H——被跨越物的高程。

交叉跨越安全距离 d 见表9-23。

表9-23 导线与被交叉跨越物之间的最小垂直距离（m）

线路电压（kV）		35～110	154～220	300
铁路	至轨顶	7.5	8.5	9.5
	至承力索或接触线	3.0	4.0	5.0
电车道	至路面	16.0	11.0	12.0
	至承力索或接触线	3.0	4.0	5.0
公路	至路面	7.0	8.0	9.0
通航河道	至五年一遇洪水位	6.0	7.0	8.0
	至最高航行水位最高船桅顶	2.0	3.0	4.0
不通航河道	至百年一遇洪水位	3.0	4.0	5.0
	冬季至冰面	6.0	6.5	7.5
弱电线路	至被跨越物	3.0	4.0	5.0
电力线路	至被跨越物	3.0	4.0	5.0
特殊管道	至管道任何部分	4.0	5.0	6.0
索道	至索道任何部分	3.0	4.0	5.0
建筑物	至建筑物任何部分	35kV 4.0	6.0	7.0
建筑物	至建筑物任何部分	60～110kV 5.0		

2. 导线的风偏校验

在应用定位模板进行排杆定位的过程中，保证了导线对地垂直距离的要求，当导线通过山坡或接近房屋建筑时，还应保证在导线风偏时满足最小接近距离的要求，即需进行风偏限距校验。

（1）导线风偏时对边坡的限距校验。当导线从山坡或陡崖、高坎附近经过时，导线风偏后可能引起对地距离不能满足要求。此时，首先需在现场结合杆塔确定危险点，并测量危险点风偏校验横断面，然后以作图方法进行校验，其步骤如下：

1）确定校验导线两端悬点高程 H_A 和 H_B；

2）确定校验点导线假想悬点P的高程 H_F 和弧垂 f_P，如图9-37（a）所示。

$$H_P = H_A - \frac{H_A - H_B}{l} l_C + \lambda \tag{9-53}$$

$$f_P=\frac{g}{2\sigma_0}l_C(l-l_C) \qquad (9\text{-}54)$$

式中 λ——悬垂绝缘子串长，m；

σ_0——最大风偏时导线应力，MPa；

g——最大风偏时导线比载，N/（m·mm²）。

其他符号意义如图 9-37（a）所示。

3）作图校验方法如图 9-37（b）所示，在风偏校验横断面图的纵轴作出点 P，$PC=H_P-H_C$；过 P 点画一横担线，标出危险侧边导线位置 P_1，以 P_1 为圆心，$r=\lambda+f_P+d$ 为半径画弧，只要弧线不与横断面相交，则表示风偏时对地距离满足要求。如弧线与地面相割，则表示对地安全距离不够，应调整杆位、杆高，或把相割部分土方挖掉，如图 9-37（b）中阴影部分。

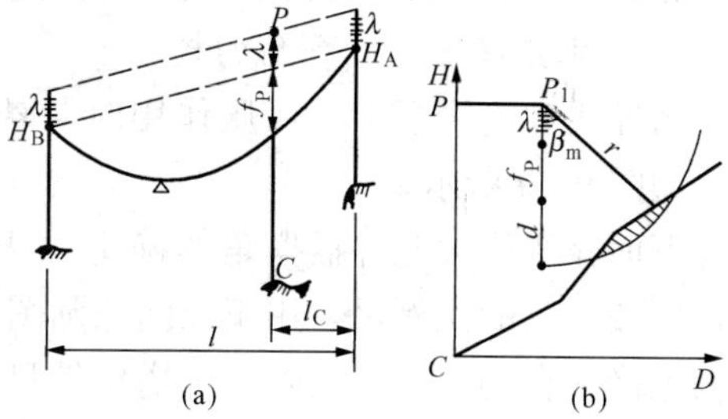

图 9-37 导线风偏后对地距离校验

（a）计算图；（b）校验图

表 9-24 导线与山坡、峭壁、岩石的最小净空距离 d

线路经过地区的性质	线路额定电压（kV）		
	35～110	154	220
步行可以到达的山坡（m）	5	5.5	5.5
步行不能到达的山坡，险峻的削壁（m）	3	3.5	4

在 r 计算式中，最小净空距离 d 分步行可达和不可达两种情况，其值见表 9-24。图 9-37（b）中导线风偏角 β_m 按式（9-55）计算

$$\beta_m=\tan^{-1}\frac{g_4}{g_1} \qquad (9\text{-}55)$$

式中 β_m——导线最大偏风角，（°）；

g_4——最大计算风偏时风压比载，N/(m·mm²)；

g_1——导线自重比载，N/（m·mm²）。

（2）导线风偏后对房屋建筑物的限距校验。导线与房屋建筑间的限距分三种情况，如图 9-38 所示。导线与被跨越建筑物在最大垂直弧垂时的间距 S_1 必须满足最小垂直距离的要求，其值见表 9-25；与接近线路的低层建筑物在最大计算风偏情况下的净空距离 S_2，要满足最小净空距离的要求；与接近线路的高层建筑或规划建筑在最大计算风偏情况下的水平距离 S_3，要满足最小水平距离的要求。最小净空距离和最小水平距离的数值见表 9-25。

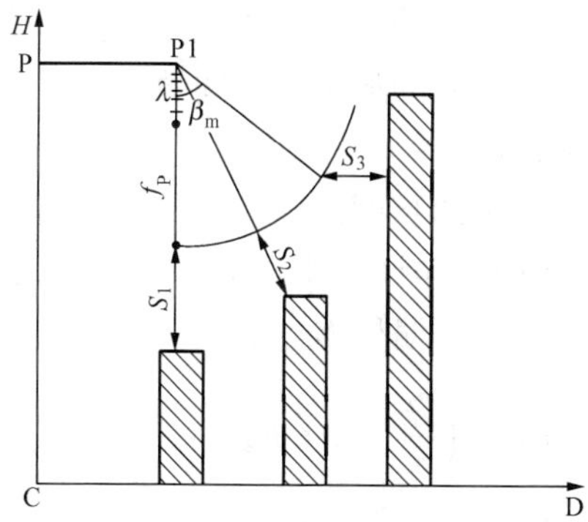

图 9-38 导线风偏后对房屋建筑的距离

表 9-25 边导线与建筑物之间的最小距离

线路电压（kV）	35	60～110	154～220	330
距离（m）	3.0	4.0	5.0	6.0

导线风偏对房屋建筑限距校验的作图方法与风偏对边坡的限距校验相同。

3. 悬垂绝缘子串摇摆角的校验

当导线和绝缘子串受风压作用时，悬垂绝缘子串将发生摇摆，其倾斜的角度称为摇摆角，如图 9-39 所示。

下面介绍最大允许摇摆角的确定方法。当已知直线杆塔的头部尺寸和绝缘子串的长度时，可按一定的比例尺，用正面间隙圆图来检查空气间隙。若要确定导线最大允许摇摆角，根据绝缘配合的原则，间隙与杆塔构件只能相切不得相交，有时还应流出间隙裕度 δ。在正常大风、内过电压、外过电压三种情况下的带电部分与杆塔构件的最小空气有不同的规定值，见表9-26。

表 9-26　带电部分与杆塔构件的最小间隙（m）

验算时的计算条件	线路电压（kV）								
	35	60	110 接地	110 不接地	154	220	330	500 海拔 500m 以下	500 海拔 500～1000m
运行电压	0.10	0.20	0.25	0.40	0.55	0.55	1.00	1.15	1.25
内过电压	0.25	0.50	0.70	0.80	1.10	1.45	2.20	2.50	2.70
外过电压	0.45	0.65	1.00		1.40	1.90	2.60	3.70	3.7 *

* 该栏数据对应于统计操作过电压倍数 $K_0=2.0$。

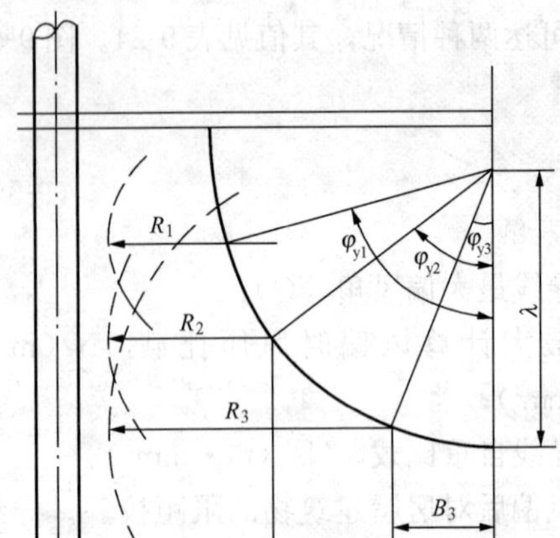

图 9-39　最大允许摇摆角

可根据表 9-26 用作图法求出不同情况下的最大允许摇摆角 φ_{y1}、φ_{y2}、φ_{y3}，如图 9-39 所示。

1）正常大风情况下最大允许摇摆角的确定。此时最大允许摇摆角应满足靠近横担的第一片绝缘子不得碰触横担的要求

$$\varphi_{y1}=\arccos\left(\frac{R_1+\delta}{\lambda}\right) \tag{9-56}$$

式中　R_1——正常大风时的最小空气间隙；

δ——间隙裕度；

λ——绝缘子串的长度。

2）内过电压下最大允许摇摆角的确定。此时应根据绝缘子串的最大水平偏移 B_2 来确定

$$B_2=l-\left(\frac{d}{2}+\delta+R_2\right)$$

则

$$\varphi_{y2}=\arcsin\frac{B_2}{\lambda} \tag{9-57}$$

式中　R_2——内过电压时的最小空气间隙；

d——电杆直径；

l——横担长度；

B_2——内过电压时最大水平偏移。

3）外过电压下最大允许摇摆角的确定

$$B_3 = l - \left(\frac{d}{2} + \delta + R_3\right)$$

则

$$\varphi_{y3} = \arcsin \frac{B_3}{\lambda} \tag{9-58}$$

式中　R_3——外过电压时的最小空气间隙；

B_3——外过电压时最大水平偏移。

【例 9-9】　如图 9-40 所示，某一直线杆，打四方拉线，试求外过电压时绝缘子串的最大允许摇摆角。

解：可按作图法求得，其作图步骤如下：

（1）拉线在杆塔平面的投影线 AE；

（2）A′E′线平行 AE，且平行线的间距为（$R_3+\delta$）；

（3）以悬垂绝缘子串悬挂点 O 为圆心，λ 为半径作圆弧与 A′E′相交于 F 点，连接 OF，则 OF 过 O 点与垂线的夹角 φ_{y3}，即为外过电压下绝缘子串的最大允许摇摆角。

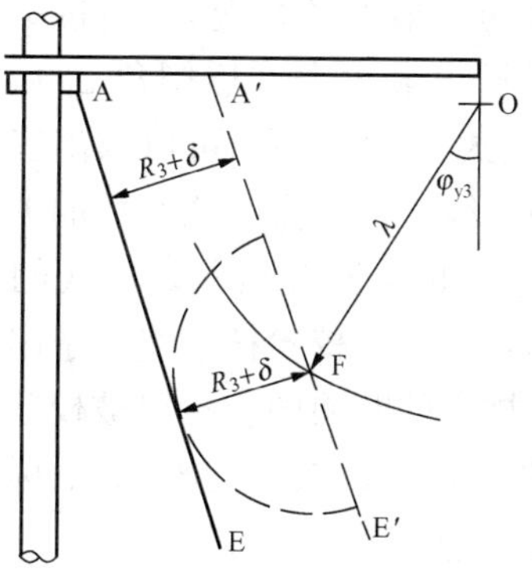

图 9-40　打四方拉线电杆绝缘子串的最大允许摇摆角

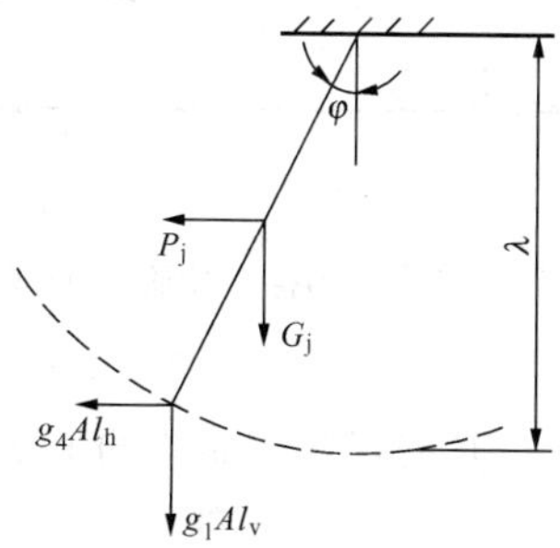

图 9-41　悬垂绝缘子串受力图

4. 摇摆角校验

绝缘子串受力图如图 9-41 所示。设绝缘子串的自重 G_j 和其风压 P_j 集中在绝缘子串中央 $\lambda/2$ 处。悬垂绝缘子串在横线路方向的风偏摇摆角用式（9-59）计算

$$\tan\varphi = \frac{P_j/2 + g_4Al_h}{G_j/2 + g_1Al_v} \tag{9-59}$$

式中　l_v——校验条件下的垂直档距；

l_h——校验条件下的水平档距；

A——导线的截面积；

g_1——导线的垂直比载；

g_4——导线的风压比载。

在选定杆塔后，根据塔头尺寸、绝缘子串长度和最小空气间隙及其他条件可以确定最大允许的摇摆角 φ_{y1}、φ_{y2}、φ_{y3}。其校验原则是：实际运行中产生的摇摆角应小于允许摇摆角，即

$$\varphi \leqslant \varphi_{yi} \tag{9-60}$$

式中　φ——实际摇摆角。

在工程设计中，杆塔及塔头的尺寸确定后往往采用摇摆临界曲线进行校验。令运行中的最大摇摆角等于最大允许摇摆角度 $\varphi=\varphi_{yi}$，代入式（9-59）得 m 状态下的垂直档距为

$$l_{vm}=\frac{1}{g_1A}\left(\frac{P_j+2g_4Al_h-G_j\tan\varphi_{yi}}{2\tan\varphi_{yi}}\right) \tag{9-61}$$

把 m 状态下的垂直档距，换算为定位模板 n 状态下的垂直档距，得

$$l_{vn}=\frac{\sigma_n}{g_nA\sigma_m}\left[\frac{P_j-G_j\tan\varphi_{yi}}{2\tan\varphi_{yi}}+\left(\frac{g_4A}{\tan_{yi}}+\frac{\sigma_mg_nA}{\sigma_n}-g_1A\right)l_h\right] \tag{9-62}$$

式中　g_n、σ_n——最大弧垂定位模板条件下的导线比载和应力；

g_1、σ_m——m 状态下校验条件下的导线比载和应力；

l_{vn}——定位条件下的垂直档距；

l_h——定位条件下的水平档距。

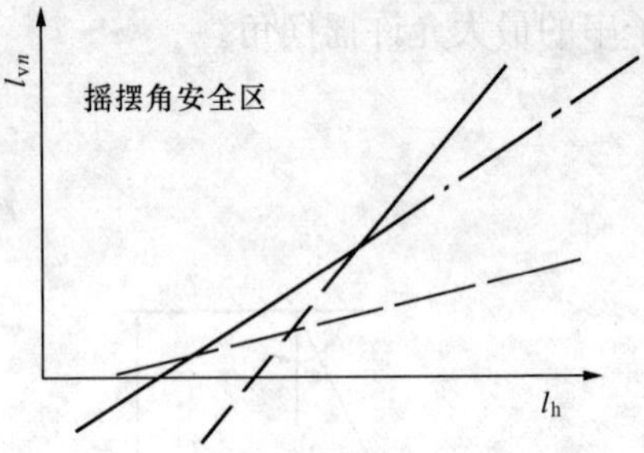

图 9-42　绝缘子串摇摆角临界曲线

式（9-62）即为定位条件下的绝缘子串摇摆角临界曲线计算式。

当已知运行电压（最大风情况）、内过电压、外过电压情况的绝缘子串最大允许摇摆角 φ_{yi} 后，将不同的 φ_{yi} 角和 l_n 代入式（9-62）就可以求出三条斜率不同、截距不同的直线。三条直线相交后的上包线叫做摇摆角临界曲线，如图 9-42 所示。曲线的上方为安全区，下方为非安全区，校验杆塔绝缘子串摇摆角的方法是：从杆塔排定的断面图上量出被校验杆塔的垂直档距 l_{vn} 和水平档距 l_h，然后把 l_{vn} 和 l_h 标在临界曲线图上，其交点落在曲线的上部则摇摆角合格，否则不合格。

小　　结

架空线包括导线和避雷线。架空线的型号、安全系数、气象条件、防振措施是架空线机械计算的设计条件。任何一个设计条件的改变，都会改变架空线的机械特性。要求掌握气象组合、设计应力等概念。

架空线均匀荷载机械计算的基本方程有悬链线方程、斜抛方程和平抛方程。要求会运用平抛方程对架空线的应力、弧垂和线长进行计算。

架空线的比载是架空线单位长度米和单位截面毫米平方时的受力。各种气象条件下的比载可用 $g_1\sim g_7$ 表示，比载可用于架空线受力的计算。要求掌握各种气象条件下比载的计算方法。

应力是架空线单位面积截面所受的力。架空线的应力，一般情况下均指架空线最低点的水平应力。最大使用应力是安全系数 $K>2.5$ 的架空线应力；最大允许应力是安全系数 $K=2.5$ 时的架空线应力。悬挂点应力通常大于水平应力，其应力增量和弧垂呈正比，规程规定不允许超过水平应力的 10%。

弧垂是两悬挂点连线至导线或避雷线的铅垂距离。一般情况下，均指档距中点的最大弧垂。弧垂和应力成反比，线长增量和应力的平方成反比。

状态方程的作用是在已知某一气象条件（t_m，g_m）的架空线应力 σ_m，通过状态方程可求出另一气象条件（t_n，g_n）时的架空线应力 σ_n，这就使架空线的机械特性成为可控制。如按事先制作好的安装曲线，其应力弧垂包含着设计条件，架空线的机械特性曲线可为线路提供各种技术数据，其本身也包含着设计条件。

风振动由稳定微风产生的气流旋涡引起，其危害是使架空线在线夹出口处长期反复拗折，造成断股断线。规程规定：在年平均气温条件下，当架空线应力大于瞬时破坏应力的25%时，不论档距大小，均应采取防振措施。最常见的防振措施是采用防振锤防振。

出现最大垂直弧垂的气象条件有最高气温和覆冰无风，可采用临界温度法或临界比载法加以判别。多数气象区最大垂直弧垂是在最高气温时出现，故多数采用临界比载法进行判别(判别时需先求出最高气温时的应力)。判定的最大垂直弧垂可用来选择定位校验模板。

档距内架空线应力的控制条件用有效临界档距判别。同一个档距内，导线和避雷线应力控制条件不会相同。因为它们的设计条件不同，机械特性不同，有效临界档距也就不会相同。

架空线路对路径选择的基本要求是在符合现行各种规定的前提下，尽量选取长度短、转角少且角度小、跨越少、拆迁少、交通运输和施工运行方便及地形地质条件好的方案。

采用最大垂直弧垂模板在纵断面图上排定杆位、确定杆型的工作，称作定位。定位后基本上既可确定出架空线路的档距、杆型、耐张段长度、水平档距和垂直档距，但还必须经过现场校对和定位校验之后才能最终被确定。

习 题

9-1 试确定全国Ⅱ级气象区在以下九种情况的气象组合及比载：①最高气温；②最低气温；③覆冰；④最大风速；⑤年平均气温；⑥大气过电压；⑦内部过电压；⑧安装；⑨事故（断线）。

9-2 试分析以下四种极限情况可能的气象组合及比载：①最大弧垂；②最小弧垂；③最大应力；④最小应力。

9-3 什么叫做架空线的比载？计算架空线的各种比载有何意义？试求全国Ⅰ级气象区、导线型号为LGJ-240/30时，对应避雷线的型号及架空线的比载。

9-4 什么叫做架空线的应力？一般所指的架空线应力和最大使用应力、最大允许应力有什么联系和区别？

9-5 什么叫做弧垂？弧垂、应力及线长之间的关系如何？

9-6 求解以下状态方程：

（1）$\sigma^3+2\sigma^2=8$；（2）$\sigma^3-2\sigma^2=8$；（3）$\sigma^3+\sigma^2=36$；（4）$\sigma^3-\sigma^2=36$；（5）$\sigma^3+10\sigma^2=2160$；（6）$\sigma^3-10\sigma^2=2160$。

9-7 悬挂点应力的大小与哪些因数有关？规程对悬挂点应力的大小有何规定？

9-8 导线振动是如何产生的？对导线有何危害？影响导线振动的因数有哪些？

9-9 最大垂直弧垂可能发生在哪几种气象条件？如何判别？

9-10 档距内架空线应力的控制条件如何判别？同一个档距内，导线和避雷线的控制条件是否一致？为什么？

9-11　架空线路对路径选择的基本要求有哪些？如何进行定位和定位校验？

9-12　有一悬点等高档距，档距 $l=360$m，导线自重比载 $g_1=34.038\times10^{-3}$N/（m·mm^2）。最高气温时，导线应力 $\sigma_0=67.3$MPa，试计算：

（1）档距中点弧垂；

（2）距杆塔 100m 处的弧垂；

（3）悬挂点应力；

（4）档距中导线的长度。

9-13　某耐张段各档档距分别为 250、260、280、300m，各档悬挂点高差均小于 10%，线路经过全国Ⅱ级气象区，导线采用 LGJ-150/25 型，防振锤防振。已知最低气温时应力为 125MPa。试求：

（1）最高气温时的导线应力；

（2）防振锤的型号、个数和安装距离。

9-14　已知导线为 LGJ-120/20，线路经过全国Ⅱ气象区。当代表档距在 100～500m 范围时，最高气温时最大应力为 71MPa，最小应力为 54MPa。试判别最大垂直弧垂的气象条件（提示：将 σ_{1max} 和 σ_{1min} 分别代入临界比载公式，再与冰重比载进行比较，确定全线最大垂直弧垂的气象条件）。

9-15　某 110kV 输电线路中有一档导线与房屋接近，如图 9-43 所示。已知风偏时导线应力为 $\sigma_0=100$MPa，比载为 $g_1=32.752\times10^{-3}$N/（m·mm^2），$g_2=60.032\times10^{-3}$N/（m·mm^2），边导线与线路中心线的距离为 2.6m。试求校验风偏时导线与房屋的接近距离能否满足要求？

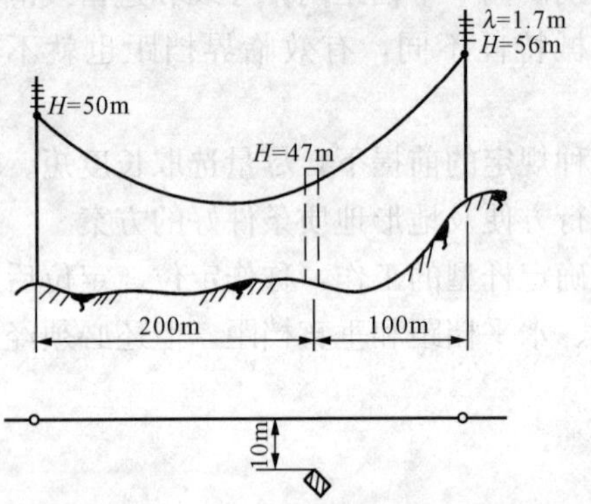

图 9-43　导线风偏校验

第十章

电力网络设计

电力网络是联系电源点和电力用户的重要环节，其优劣直接影响电力系统的安全、稳定运行。电力网络设计，是根据系统的基本条件（用电负荷的资料、设计年度电源情况、现有电网基础资料、系统现况图及未来的发展、送变电设备的落实等），进行电压等级确定、网络结构设计、受端系统与系统的联络、导线截面选择、中性点接地方式的确定等。电力网络的设计是电力系统设计的主要组成部分。

第一节 概 述

一、电网设计的一般内容

1. 电网设计的主要内容

电网设计的任务是根据设计期内的负荷需求及电源建设方案，确定相应的电网接线，以满足可靠、经济地输送电力的要求。电网设计内容如下：

（1）确定输电方式；

（2）选择电网电压；

（3）确定网络结构；

（4）确定变电所布局和规模。

由于现阶段及以后相当长一段时期内我国的输电方式仍以交流输电方式为主，所以本章主要讲述交流输电电网设计的有关问题。

电网设计的重点，往往是对主网网架本身或与其关系最为密切的部分进行设计。研究如何加强主网网架结构，是电网设计最重要的内容之一，也是设计成败与否的关键问题。

2. 电网设计的主要课题

电网设计往往是针对具体电网发展中，需要解决的问题确定具体内容。在我国目前的现实条件下，电网设计要解决的主要课题大致为以下几条：

（1）大型水、火电厂（群）及核电厂接入系统设计。这类电厂出线较多，距离也长，与电网连接的问题比较复杂，一般需要作专题研究。

（2）各大区电网或省级电网的受端主干电网设计。

（3）大区之间或省级电网之间联网设计。

（4）城市电网设计。

（5）大型工矿企业的供电网络设计。

二、电网设计应具备的条件

（1）设计年度用电负荷的电力、电量资料，其中包括总水平，分省、分区及分变电所的电力电量值及必要的负荷特性参数。

（2）设计年度电源（现有和新增）的情况，包括电厂位置（厂址）、装机容量、单机容量和机型等；对水电厂，除上述参数以外，还应有不同水文年发电量、保证出力、受阻容量、重复容量、调节特性等参数。

（3）现有电网（包括在建和已列入基建计划的线路和变电所）基础资料，其中包括电压等级、网络接线、线路长度、导线型号、变电所主变压器容量型式台数等主要规范资料。一般应具有包罗上述资料的系统现况图（地理接线及单线接线图）。对未来网络规划的发展，包括可能架设新线路的路径、长度以及变电所扩建和待建变电所所址资料应予掌握，以便能够组成足够数量的网络方案。

（4）送变电设备应落实，并具备必要的技术参数和经济指标。针对以上设计内容，还应搜集一些特定的已知条件，如进行联网设计时，应已知由联网效益研究所确定的交换功率数值等；进行城网设计时，应掌握城市发展规划、地区用电负荷密度等。

三、电网设计的基本原则

电网设计的基本原则是满足运行中的安全可靠性，近、远景发展的灵活适应性及供电的经济合理性的要求。

1. 可靠性

可靠性主要是指应当具有 DL/T 755—2001《电力系统安全稳定导则》所规定的抗干扰的能力，满足向用户安全供电的要求，防止发生灾难性的大面积停电。

目前我国已进入发展高电压、大机组、大电网的新阶段。大电网具有很多优越性，但大电网若发生恶性事故的连锁反应，波及范围大，造成的社会影响和经济损失大。因此对大电网的可靠性要求更高。总结我国几十年来电力系统发展趋势及存在的问题，为提高供电可靠性，应执行以下技术准则：

（1）加强受端系统建设；

（2）分层分区应用于发电厂接入系统的原则；

（3）按不同任务区别对待联络线的建设原则；

（4）按受端系统、发电厂送出、联络线等不同性质电网，分别提出不同的安全标准；

（5）简化和改造超高压以下各级电网（包括城网）的原则。

电网建设的经验表明，如果不从宏观上明确电网建设的基本原则，则在网络设计中虽然能通过各种手段进行优化，但常常由于计算前提条件不符合客观实际，导致优化结果失真，失去使用价值。

2. 灵活性

灵活性是指能适应电力系统的近、远景发展，便于过渡，尤其要注意到远景电源建设和负荷预测的各种可能变化；此外，还指能满足调度运行中可能发生的各种运用方式下潮流变化的要求。

3. 经济性

在满足上述要求的条件下，设计方案要节约电网建设费（包括钢材、水泥、木材和设备）和年运行费，使年计算费用达到最小。

这三项要求往往受到许多客观条件（如资源、财力、技术及技术装备等）的限制，在某些情况下，三者之间相互制约并会发生矛盾，因此必须进一步研究三个方面之间综合最优的问题。

四、电网设计的安全稳定标准

《电力系统安全稳定导则》及《电力系统技术导则》（试行）是按照我国国情制订的电网

可靠性标准。

《电力系统安全稳定导则》主要针对系统稳定、频率与电压稳定。对各种类型、各种单一或多重性故障，将安全稳定的标准分为三级，也可以说规定设立“三道防线”。

第一道防线。第一道防线针对常见的单一故障（例如线路发生瞬间单相接地），以及按目前条件能保持稳定运行的某些故障，要求发生这种故障后，电网能保持稳定和对负荷的正常供电。

第二道防线。第二道防线针对概率较低的单一故障，要求在发生故障后能保持电网稳定，但允许失部分负荷。在某些情况下，为了保持电网稳定，允许采取必要的稳定措施，包括短时中断某些负荷的供电。

第三道防线。第三道防线对大电网是最为重要的最后一道防线，它针对极端严重的单一故障（例如多处同时故障；一回线故障而另一回线越级跳闸或保护拒动、断路器拒动等）。此时电网能不能保持稳定（如都要保证稳定，必须大量增加建设投资），必须从最不利条件考虑，采取预防措施，尽可能使失稳的影响局限于事先估计的可控范围内，防止由于连锁反应成全网性崩溃的恶性事故。

《电力系统技术导则》把电力网络管理分为受端系统、电源接入系统与系统间联络线三部分，根据各部分的重要性及技术经济条件规定了不同的安全标准，这是与国外的显著不同点。

1. 受端系统的安全标准

受端系统是电力系统的核心，它的安全稳定是整个系统的基础与关键，因而对它有较高的安全要求。

（1）在正常运行情况下，受端系统内发生任何严重单一故障（包括线路及母线三相短路），即 $n-1$ 时，除了保持系统稳定和不得使其他任一元件超过负荷规定这两项要求外，还要求保持正常供电，并采取措施保持稳定，但允许损失部分负荷。对受端系统应按《电力系统技术导则》规定执行。

（2）在正常检修方式下，即受端系统内有任一线路或母线或变压器检修，而又发生重单一故障或失去任一元件时，允许采取措施，包括允许部分减负荷的切机、切负荷措施。当然，这必须按照可能的事故预想，做大量分析工作，确定所应采取的措施。此规定的目的是，即使出现这种概率不大的情况，也要保住受端系统，以便完全防止全系统的大停电事故。

2. 电源接入系统的安全标准

（1）对 220kV 及以下的线路和已基本建成的 500kV 网络，原则上执行 $n-1$ 原则，即在正常情况下突然失去一回线时，保持正常送电。

（2）在 500kV 电网建设初期，为了促进 500kV 电网的发展，只要送电容量不过大，采用单相重合闸作为安全措施，在加强受端系统的基础上，允许主力电厂初期先以 500V 单回线接入系统。

（3）对长距离重负荷的 500kV 接入系统的线路，为了取得较大的经济效益，可允许利用安全措施在一回线切除时，同时切除相适应的送端电源（对水电厂）或快速压送端电源输出功率（对火电厂），以保持其余线路的稳定运行。允许这样做的基础同样是加强受端系统。

当送端电源容量占全网容量的比例不大时，其电源接入系统的安全标准可比受端系统的低。这是从建立第三道防线，防止全系统性大停电事故的观点考虑的。实际上，受端系统内部线路一般距离短，尚易于加强，而电源接入系统的线路往往很长，建设一回线需要大量投资，稍为降低电源接入系统的安全标准，并采取一些技术上可行的措施加以弥补，具有重大的经济意义。

3. 系统间联络线的安全标准

系统间联络线的安全标准，应规定联络线路的不同任务区别对待。

（1）联络线故障中断时，各自系统要保持安全稳定，这对要求输送较大电力，并正常做经济功率交换的交流或直流联络线尤为重要。

（2）对于为相邻系统担负规定（按合同）事故支援任务的联络线，当两侧系统中任一侧失去大电源或发生严重单一故障时，该联络线应保持稳定运行，不应超过事故负荷规定。

（3）系统间如有两回（或两回以上）交流联络线，不宜构成弱联系的大环网，要考虑其中一回断开时，其余联络线应保持稳定运行并可传送规定的最大电力。

（4）对交直流混合的联络线，当直流联络线单极故障时，在不采取稳定措施条件下，应能保持交流系统稳定运行；当直流线路双极故障时，也应能保持交流系统稳定运行，但可采取适当的稳定措施。

我国系统的安全稳定标准与国外的相比有如下特点：

（1）针对稳定标准分三级，设立三道防线，重点强调第三道防线；

（2）保持三相短路时的系统稳定，主要靠加速故障切除时间等稳定措施，经济有效；

（3）对严重的多重化故障，如要保持稳定将需大量投资，因而允许局部失稳，但不仅要采取技术措施，而且要从电网结构上创造条件，以防止发展为全系统的大停电事故；

（4）电力网络分三部分，分别规定不同的安全稳定标准，主要是在考虑节约总体投资的条件下，加强受端系统。

第二节 电力网的电压等级选择

一、电力网电压选择的原则

输电电压及合理的电压系列的选择是一个涉及面很广的综合性问题，除考虑送电容量、距离、运行方式等多种因素外，还应根据动力资源的分布及工业布局等远景发展情况，进行全面的技术经济比较。

选定的电压等级应符合国家电压标准。根据我国工业发展速度快的特点，电压等级不宜过多，以减少变电重复容量，同一地区、同一电力网内，应尽可能简化电压等级。各级电压级差不宜太小。根据国内外经验，110kV 以下（或称电网配电电压等级），电压级差一般在 3 倍以上，110kV 及以上（或称电网输电电压等级），电压级差一般在 2 倍左右。

我国现有电网的电压等级的配置大致分为两类，即 110/220/500kV 及 110/330kV。220kV 以下电压等级的配置则为 10/63/220kV 及 10（6）/35/110/220kV 两种系列。

网络设计中不应选用非标准电压。某些地区由于历史原因，网内已存在的非标准电压应限制其发展，当具备条件时可逐步进行升压改造。利用原有线路升压是提高和解决送电容量的一项比较经济而有效的措施，如东北电网原有的 44、154kV 的线路分别已升压改造为 63、220kV 线路。

选定的电压等级要能满足近期过渡的可能性，同时也要能适应远景系统规划发展的需要，故在确定电压等级时应了解动力资源的分布与工业布局，考虑电力负荷增长、新建电厂容量等情况。

在确定电压系列时应考虑到与主系统及地区系统联网的可能性，故电压等级应服从于主系统及地区系统。如果照顾地区特点不可能采用同一种电压系列，应研究不同系统互联的可能措施。

如果是跨省电网之间的联络线，则应考虑适应大工业区与经济体系的要求，进一步建成一个统一的联合系统，最好采用单一的合理的电压系列。

大容量发电厂向系统送电，考虑出现高一级电压一回线还是低一级电压多回线向系统送电，与该电厂在系统中的重要性有关。

对于单回线供电系统，在输电电压确定后的一回线送电容量与电力系统总容量应保持合适的比例，以保证在事故情况下电力系统的安全。

是否发展新的高一级电压，应根据工程现实要求的可能性等因素综合考虑。

二、电力网电压等级选择

电网电压选择，应根据线路送电容量和送电距离，参考后面所讲述的电网结构设计方法，拟出几个包含有参选电压等级的网络结构方案，进行技术经济比较选定。下面一些数据及公式可供初选电压等级时参考。

美国 NEMA（美国电气设备制造商协会）的调查数据见表 10-1。

表 10-1　美国 NEMA（美国电气设备制造商协会）调查数据

输电电压（kV）	输送容量（MW）	输电电压（kV）	输送容量（MW）
115～161	100	750	1200
230	250	765	2500
345	600		

前苏联不同电压输电线路的使用范围见表 10-2。

表 10-2　前苏联不同电压输电线路的使用范围

输电电压（kV）	输送容量（MW）	传输距离（km）
330	250	500～1000
	500	200～500
500	500	500～1500
	1000	250～850
	1500	150～650
750	1000	900～1700
	1500	700～1400
	2000	500～1000

前苏联采用的式（10-1）经验公式可供参考

$$U_N = \frac{1000}{\sqrt{\frac{500}{L} + \frac{2500}{P}}} \tag{10-1}$$

式中　U_N——额定电压，kV；

P——送电容量，MW；

L——送电距离，km。

根据式（10-1）计算所得值，就近选择国家标准电压值。

我国各级电压输送能力可参考表 1-4。

从控制功率损失角度选择电压等级，电压等级与电力网的功率损耗有着密切关系。在一般情况下，即送电线路采用铝导线、电流密度 0.9A/mm^2、受端功率因数为 0.95 的条件下，

线路额定电压、输送距离与功率损耗之间可按式（10-2）计算

$$U_N = \frac{5L}{\Delta P\ (\%)} \tag{10-2}$$

式中 ΔP（%）——每千米功率损失的相对值；

U_N——额定电压，kV；

L——线路长度，km。

送电线路的功率损失正常不宜超过5%，由式（10-2）可求得各级电压（kV）合适的送电距离（km）。

第三节 网络结构设计一般方法

网络设计一般有常规设计方法和优化设计方法。虽然优化设计方法利用计算机手段，将技术、经济和优化方法综合为一体，确定最优电网结构，对提高电网设计质量和速度很有帮助，但由于其尚处于发展阶段，在工程上只能作为辅助手段。目前电网设计实际采用的是常规设计方法。

常规设计方法一般分为方案形成和方案检验两个阶段。

一、方案形成

方案形成阶段的任务是根据输电容量和输电距离，拟订几个可比的网络方案。目前，方案拟订还是由技术人员来完成，它很大程度上依赖于设计者的经验。

送电距离的确定，一般是在有关的地形图上量得长度，再乘以曲折系数1.1～1.15（这是个经验数字，各个地区可以根据地形复杂情况选用，或应用实际积累的数值）。作业时可参考同路径已运行的线路实际长度，或取送电线路可行性研究后的设计长度。

送电容量的确定，将一个待设计的电网分成若干个区域（行政区或供电区），在每个区域内根据其负荷与装机容量进行电力（或电量）平衡，观察各区内电力余缺，从而可以明确哪些地区盈余，哪些地区不足；哪些电厂属区域性电厂，哪些电厂属地区性电厂；电力是从哪里送给哪个地区的，即确定各地区间的送电容量。

待设计电网的送电距离和送电容量确定后，应用有关送电线路输电能力的数据、以往类似工程实例以及设计者的经验，拟出几个待选的网络连接方式。

由于现代电力网络的结构愈来愈复杂，所以设计时没有标准模式可套用，一般应根据其规划年份内的负荷分布、数量大小、用电特性及其供电距离等进行考虑，现代电力网的结构只能非常近似地加以描述和分类。

从可靠性角度分，电网接线基本上可分为无备用网络和有备用网络两大类。无备用网络又可分为单回路放射式和单回路链式，如图10-1所示；有备用网络又分为双回路放射式、双回路链式、环网和双回路与环网混合型等，如图10-2所示。

从电网结构繁简程度分，并从如何分析、控制稳定水平着眼，电网结构可分为简单结构和复杂结构两种。属于简单结构的电力系统，是分析机电暂态过程时可以归结为等值两机系统的电力系统。如果在分析电力系统机电暂态过程时不能归结为两机系统，则电力系统应该用3台或更多台等值发电机来表示，这就应属于复杂结构的电力系统了。

简单结构的电力系统宜分为以下几种类型，如图10-3所示。

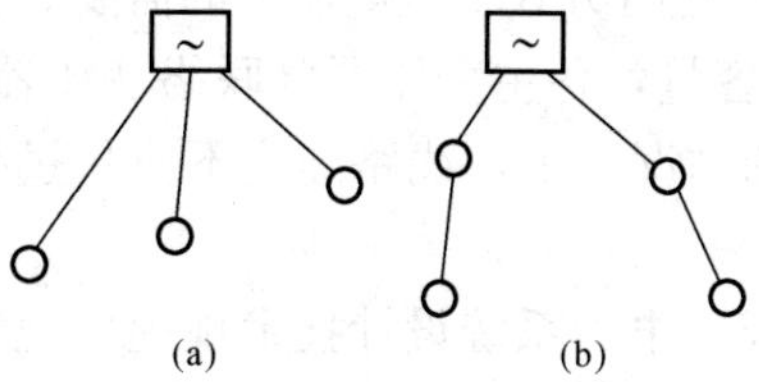

图 10-1　无备用网络

（a）单回路放射式；（b）单回路链式

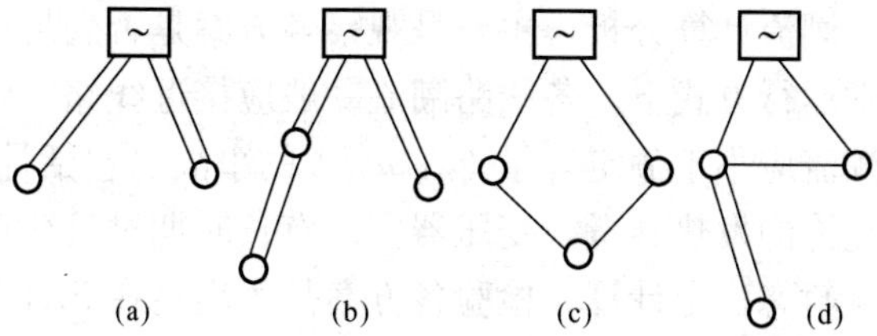

图 10-2　有备用网络

（a）双回路放射式；（b）双回路链式；

（c）环网；（d）双回路与环网混合型

复杂结构的电力系统可分为以下几种类型，如图 10-4 所示。

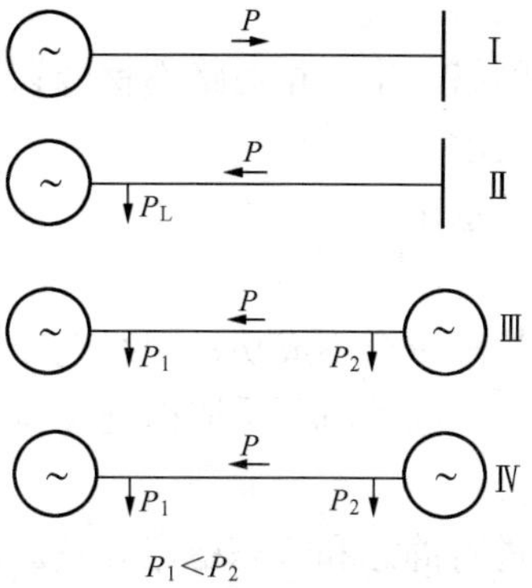

图 10-3　简单结构的电力系统

Ⅰ—与大容量联合电力系统相连的功率过剩的电力系统（或供电地区）；Ⅱ—从大容量联合电力系统获取功率的功率不足的电力系统（或供电地区）；Ⅲ—通过强联络线相连的两个容量相仿的电力系统；Ⅳ—通过弱联络线相连的两个电力系统

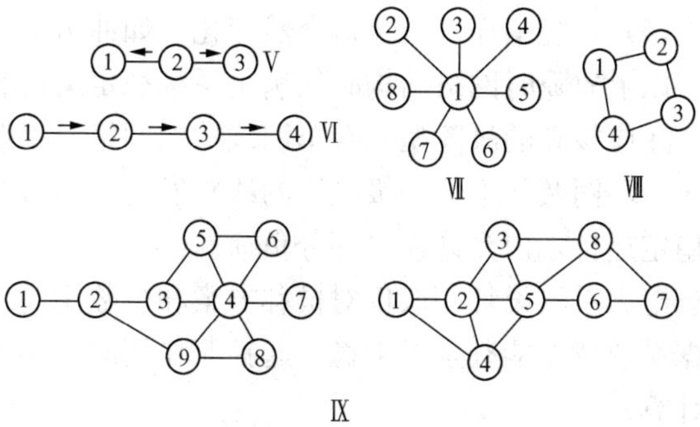

图 10-4　复杂结构的电力系统

Ⅴ—放射形三机系统；Ⅵ—链形系统；

Ⅶ—辐射形系统；Ⅷ—环形系统；

Ⅸ—多回路系统

在确定具体系统应属于哪种类型时，电力系统的运行方式、电力系统各个地区发电和负荷功率的比例关系，以及联络线输送能力和被联系电力系统的容量对比关系等因素起着重要作用。例如，同一个电力系统在不同运行方式下可能属于结构类型Ⅰ或Ⅱ，这取决于联合电力系统相连的联络线上功率潮流的方向。两个电力系统在正常运行方式下属于结构类型Ⅱ，在开断一回平行线后，就可能属于结构类型Ⅳ。

所建议的 9 种典型结构不是唯一可能的分类方案。

在设计电网方案时，可分为静态电网设计法和动态电网设计法。静态电网设计法只对未来一个水平年的电网接线方案进行研究，因而又称水平年规划法。动态电网设计法将设计期分为几个年度并考虑其过渡问题。

二、方案检验

方案检验阶段的任务是对已形成的方案进行技术经济比较，其中包括电力系统潮流、调相、调压计算，稳定电流、短路电流、工频过电压、潜供电流计算及技术经济比较等。

在进行网络方案检验的同时，还可以根据检验得到的信息，增加或修改原有的网络方案。

潮流计算分析，主要是观察各方案是否满足正常与事故运行方式下送电能力的需要。在正常运行方式下，各线路潮流一般应接近线路的经济输送容量，各主变压器（联络变压器）的潮流应小于额定容量。在 $n-1$ 的事故（包括计划检修的情况）下，线路潮流不应超过持续允许的发热容量，变压器应没有长时期过负荷现象。

暂态稳定计算，检验各方案是否满足在 SDJ 161—1985《电力系统设计技术规程》规定的关于电网结构设计的稳定标准下，电力系统能保持稳定的要求。这些标准主要有：

(1) 单回线输电网络中发生单相瞬时接地故障重合成功；

(2) 同级电压多回线和环网发生单相永久接地故障重合不成功及无故障断开不重合（对于水电厂的直接送出线，必要时采用切机措施）；

(3) 主干线路各侧变电所同级电压的相邻线路发生单相永久接地故障重合不成功及无故障断开不重合；

(4) 核电厂送出线出口及已形成回路网络结构的受端主干网络发生三相短路不重合；

(5) 任一台发电机（除占系统容量比例过大者外）跳闸或失磁；

(6) 系统中任一大负荷突然变化（如冲击负荷或大负荷突然退出）。

以上故障时网络结构必须满足系统稳定运行和正常供电。

还应核算的故障型式有单回线输电网络发生单相永久接地故障重合不成功；同级电压多回线，环网及网络低一级电压的线路发生三相短路不重合。发生该故障时可采取措施保持系统稳定运行，但允许损失部分负荷。

电力系统设计一般仅对推荐方案和少数主干网络比较方案进行静态和暂态稳定计算。若根据系统特点能判别哪类稳定起控制作用时，则可只进行这类稳定计算（必要时进行动态稳定计算）。

稳定计算应注意分析过渡年份接线及某些系统最小运行方式的稳定性。

当系统稳定水平较低时，应采取提高稳定的措施，如设置中间开关站，串联电容补偿、调相机、静止无功补偿器以及电气制动，送端切机；汽轮机快关和受端切负荷等。系统设计可根据电网具体情况初步分析并推荐一种或几种措施，为下阶段进行专题研究提供依据。

1. 短路电流计算

短路电流计算的主要目的是选择新增断路器的额定断流容量，提出今后发展新型断路器的额定断流容量，以及研究限制系统短路电流水平的措施（包括提高变压器中性点绝缘水平）。

系统设计应按远景水平年计算短路电流，选择新增断路器时应按设备投运后 10 年左右的系统发展容量进行计算，对现有断路器进行更换时还应按过渡年计算。

系统设计中应计算三相和单相短路电流，如单相短路电流大于三相时，更应研究电网的接地方式以及接地点的多少等。

当短路电流水平过大而需要大量更换现有断路器时，电力系统规划设计中，首先应研究限制短路电流的措施。

2. 调相、调压计算

无功补偿应满足系统各种正常及事故运行方式下电压水平的需要，达到经济运行的效果，原则上应使无功就地分层分区基本平衡。

无功补偿一般选用分组投切的电容器和电抗器，当系统稳定有特殊要求时，应研究装设调相机或静止无功补偿器。

经调相、调压计算，在系统各种运行方式下变电所母线的运行电压不符合电压质量标准时，应研究增加无功补偿设备满足电压质量标准，在增加无功补偿设备后电压波动幅度：仍不能满足要求时，可选用有载调压变压器。除上述情况外，有载调压变压器一般应装设在供、配电网络中。

自耦变压器需有载调压时，宜采用中压侧线端调压。

选择变压器的额定电压及其抽头时，应考虑系统远景发展潮流变化的需要。

3. 工频过电压

330～350kV 网络的工频过电压水平，线路断路器的变电所侧及线路侧应分别不超过最高相电压（有效值，kV）的 1.3 及 1.4 倍。采用氧化锌避雷器时，工频过电压水平可适当提高，线路侧过电压可提高到 1.5 倍。

工频过电压计算应以正常运行方式为基础，加上一重非正常运行方式及一重故障型式。

正常运行方式包括过渡年发电厂单机运行、网络解环运行等，非正常运行方式包括联络变压器退出运行、中间变电所的 1 台主变压器退出运行、故障时局部系统解列等。但单相变压器组有备用相时，可不考虑该变压器组退出运行。

故障型式可取线路一侧发生单相接地三相断开或仅发生无故障三相断开两种情况。

工频过电压计算中，发电机用恒定暂态电动势和暂态电抗，负荷用恒定阻抗。

4. 潜供电流计算

潜供电流的允许值取决于潜供电弧自灭时间的要求，潜供电流的自灭时间等于单相自动重合闸无电流间隙时间减去弧道去游离时间，单相自动重合闸无电流间隙时间要结合系统稳定计算决定，弧道去游离时间可取 0.1～0.15s，并考虑一定裕度。

计算潜供电流及恢复电压，应考虑系统暂态过程中两相运行期间系统摇摆情况，并以摇摆期间潜供电流最大值作为设计依据。

选用高压并联电抗器中性点接小电抗、快速单相接地开关或良导体架空地线作为限制潜供电流的措施，应根据系统特点结合其他方面的要求进行论证。

5. 经济比较

静态电网设计法只对未来一个水平年的电网接线进行经济比较，在进行费用比较时，可以不考虑资金的贴现；动态电网设计法进行费用比较时，要计及资金的时间价值。

上述技术经济比较是选择电网方案的重要因素，但不是唯一的决定因素。选择方案时，还应综合考虑的因素有：主干电网结构，厂内接线，运行灵活性，是否便于过渡，电源、负荷变化的适应性，对国民经济其他部门的影响，国家资源（如土地、劳力、矿藏等），国家物资、设备的平衡，环境保护和生态平衡，工程规模和措施是否与现有技术水平相适应，缩短建设工期和改善技术经济指标的可能性和必要性，建设条件和运行条件，对人民生活条件的影响，对远景发展的适应情况等。

综上可得网络结构设计的步骤如下：

（1）确定负荷水平及电源安排；

（2）进行电力电量平衡以明确输电线的送电容量及送电方向；

（3）核定送电距离；

（4）拟订电网方案；

（5）进行必要的电气计算；

（6）进行技术经济比较；

（7）综合分析，提出推荐方案。

第四节　受端系统与联络线设计

一、受端系统设计

受端系统是电力系统的一个组成部分，它是以集中负荷地区为中心，包括区内和近邻的电厂在内，用较密集的网络将枢纽变电所和这些电源连接在一起，以接受外部及远方电源输入的电力及电量。

电力系统规划、设计中，要加强和逐步扩大相邻主要负荷集中地区（包括电源）内部及其彼此间的网络连接，以最终形成坚强的受端。受端系统在各种正常与检修条件下，应满足如下要求：

（1）受端系统内发生任何严重单一故障（包括线路及母线三相短路）时，应能可靠地快速切除，以保持系统稳定；

（2）突然失去任一元件（线路或变压器）时，不得使其他元件超过事故过负荷的规定。

在正常运行方式下，应同时保持正常供电；在正常检修方式下，也要满足上述两要求，但允许采取必要的措施（如切机、切负荷等）。

为保持电力系统具有较高的稳定水平，应力求减少受端系统的电源阻抗，使受端系统主网的电压母线维持一定的短路容量水平，在振荡时该母线电压不过低；如受端系统缺少直接接入主网电压的地区主力电源，经技术经济论证对保证全系统稳定有较大效果时，装设适当容量的大型调相机组。

受端系统应有无功功率事故补偿能力，当大容量送电电源线路突然切去一回，或当区电厂最大容量的一台调相机组（发电机）突然切除时，应保持受端枢纽变电所高压母线事故后电压下降不超过正常值的5%～10%（设计时选用低值），以保证地区负荷不断电。特殊的系统情况下，可以连锁切负荷、压机组出力或切机。

受端系统中大城市负荷中心的枢纽变电所容量不宜过于集中。

（1）当任一变电所全停时，不致引起受电地区全停，同时应采取自动措施，确保重要负荷的安全供电。

（2）有利于简化低一级电压网络，实现分片供电。

加强受端系统应加强受端系统内部的最高一级电压的网络联系，并加强受端系统的电压支持，即创造条件在受端系统内建设直接接入最高一级电压网络的主力电厂。

满足上述要求的受端系统，一是能提供足够的短路容量（即具有小的受端阻抗）和够大惯性的接近相对无穷大系统；二是由于联系紧密，可以在各种暂态情况下使内部所有的同步电机成为保持同步运行的一个整体。对这样一个受端系统，只要每一个外部电源来的有功功率占整个系统总容量的比重不过大，当任何一个外部电源发生支路故障，受端系统都能把其余的外部电源拉在一起同步运行，形成一机对无穷大的格局。这是接近于持系统安全稳定的理想模式。即使这个故障的电源支路对系统失去同步或全部解列，都事先采取可行的措施予以处理，不会发展为全网性大停电事故。所以说受端系统是整个电力系统的核心，只要受端系统安全稳定，就可以保证全系统的安全稳定。

受端系统越强，越有能力接受外部远方大容量电厂送入的大量电力，也具有较高的灵活性，易于处理电源建设和负荷发展的不定因素给建设和运行带来的问题。

二、系统联络线设计

1. 联络线的效益

系统间联络线的传输能力，包括输电方式、电压等级及回路数，应结合电网的具体条件，按规划确定的性质和作用进行考虑。

系统间建设联络线要进行可行性研究，确定其性质与作用，并具体分析联网的技术经济效益，包括以下几条：

（1）可增大的电网总的供电能力；

（2）可减少的电源备用（装机容量）；

（3）可提高的可靠性指标；

（4）可得到的错峰效益与调峰效益；

（5）可提高的有功功率经济交换的效益，包括水火电综合利用等；

（6）建设联络线可节约连接两个地区电网的送变电及有关设施的投资和运行费用。

2. 联网的结构方式

（1）一点联网。系统与系统间只是在一点（同杆并架双回线）联网，运行中易于控制，事故时易于采取措施。

（2）环形联网。

（3）大环联网。

系统间有两回（或两回以上）交流联络线时，不宜构成弱联系的大环网，并要考虑其中一回断开时，其余联络线应保持稳定运行并可转送规定的最大电力。

对交、直流混合的联络线，当直流线路单极故障时，在不采取稳定措施的条件下，应能保持交流系统稳定运行。当直流线路双极故障时，也应能保持交流系统稳定运行，但可采取适当的措施。

对于要求输送较大电力，并在正常情况下做功率交换的交流或直流联络线，要考虑联络线路输送电力所占受电侧系统负荷的比重不宜过大，而与受电侧系统备用容量及有关措施相适应，同时在联络线故障中断时，要保持各自系统的安全稳定运行。

对于为相邻系统担负规定（按合同）事故支援任务的联络线，当两侧系统中任一侧系统失去大电源或发生严重单一故障时，该联络线应保持稳定运行，并不应超过事故负荷的规定。

3. 联络线的电压等级

联络线电压等级的选择，应按照所需要传输的电力电量、线路距离的长短等因素来确定，一般宜与主网最高一级电压相一致。如采用低压线路联网，不仅传输容量有限，而且联网效益也不易发挥。

4. 保持联络线负荷的稳定性

对于交流联络线，两侧系统的主要电厂都应配备自动发电控制装置，实现联络线功率的偏差自动控制，这样才能随时保持每一侧系统内的供需基本平衡，而不致当一侧系统的负荷发生波动时，通过联络线对另一侧自然地吸入或吸出过多的电力。这项措施应作为联网的必要条件。

5. 防止事故造成不良的连锁反应

对一侧系统来说，联络线是电源线，而对另一侧来说则是负荷线路。

通过联络线的最大功率，不应在任一侧系统中占较大比重。如系统备用容量为负荷的20%时，联络线的传输电力一般不应大于较小一侧系统容量的10%。这是考虑到为了当联络线突然断开时，不致对任何一侧系统带来严重的后果。

另外，由于联网，一侧系统的事故可以通过联络线而波及另一侧系统。如何防止因联网而扩大事故，也是规划、设计联网和实际运行中要解决的问题。因此，当两个系统通过联络线发生失步或任一侧系统事故造成电压崩溃或造成联络线过负荷时，都应有相应措施，防止由于连锁反应而扩大事故。若由联络线受电的一侧系统内失去电源而导致联络线跳闸时，则其后果比没有联络线时更为严重。

第五节　电力线路导线截面的选择

导线是电力线路的主要元件，它在线路总投资中所占比重较大。选择导线截面必须考虑技术和经济方面的要求。如果导线截面选择过大，则会增加线路的投资费用及有色金属消耗量；如果导线截面选择过小，则会增加电能损耗及电压损耗。因此，合理选择导线的截面，对提高电网技术的合理性和运行的经济性都具有重要意义。

一、选择导线截面的基本原则

1. 保证供电的安全性

保证电力线路安全运行主要有以下两个方面的要求。

（1）导线有足够的机械强度。架空线路的导线要承受各种机械负荷，如导线的自重、风压、覆冰等，这就要求导线截面不能太小，否则就难以保证应有的机械强度。为此，对各类架空线路都规定了按机械强度要求的最小允许截面。

对于跨越铁路、公路、通航河流、通信线路及居民区的架空线路等，规程规定其导线截面不得小于35mm^2；对于通过其他地区的各类架空线路的导线截面，按机械强度的要求，不得小于表10-3中所规定的数值。

表10-3　　导线最小允许截面（mm^2）或直径（nm）

导线种类		线路等级		
导线结构	导线材料	Ⅰ	Ⅱ	Ⅲ
单股线	铜	不使用	10	
	钢、铁	不使用	$\phi 3.5$	$\phi 3.2$
	铝及铝合金	不使用	不使用	
多股线	铜	16	10	6
	钢、铁	16	10	10
	铝及铝合金	25	16	16

注　35kV以上线路为Ⅰ类线路；1～35kV线路为Ⅱ类线路；1kV以下线路为Ⅲ类线路。

（2）导线长期通过负荷电流时的最高温度不超过规定的允许值。导线通过电流时会产生电能损耗，使导线温度升高，并与导线周围介质形成温差，于是导线向周围介质散发热量。

当导线向外界散发的热量等于同时间内自身产生的热量时，导线的发热与散热达到动态平衡，这时导线的温度不再升高而维持某一定值。通过导线的电流越大，这一定值温度也就越高。因此，导线在运行中的最高温度与通过其中的电流大小有关。

对于架空电力线路，若导线温度过高，会使导线接头连接处氧化加剧，从而增加了接触电阻，致使连接处的温度进一步上升，强烈发热的结果，可能使导线在连接处被烧断而造成事故；另外，导线温度过高，还会使架空线弧垂加大，从而使导线的对地距离或与被跨越物的安全距离不够而导致严重的后果。对于电缆线路和室内绝缘线路，若导线温度过高，则会使绝缘材料老化加快，严重的情况还会引起火灾。因此，必须规定导线在运行时的最高允许温度。对于铝线、铝合金导线及钢芯铝线，在正常运行情况下，导线最高温度不能超过70℃，事故情况下不能超过90℃。

根据导线允许的最高温度，用导线达到定值温度时发热与散热相等的热平衡方程式，可计算出导线长期允许通过的电流。热平衡方程式为

$$I^2R = K_S F(\theta_m - \theta_0)$$

于是

$$I = \sqrt{\frac{K_S F(\theta_m - \theta_0)}{R}} \tag{10-3}$$

式中 I——导线长期允许通过的最大电流，A；

R——导线在最高温度 θ_m 时的电阻，Ω；

K_S——散热系数，可通过试验求得，W/（cm^2·℃）；

F——导线的散热面积，cm^2；

θ_m——导线最高允许温度，℃；

θ_0——导线周围介质温度，℃。

为了方便使用，本书以 θ_m=70℃、θ_0=25℃为计算条件，对各种导线计算出的长期允许通过的最大电流列于附表 C-1 中。

需要指出，如果导线最高允许温度不是70℃、周围环境温度不是25℃时，表中列出的允许通过电流值应乘以相应的修正系数予以修正。修正系数可从附表 C-2 中查到。

2. 保证供电的电压质量

对没有特殊调压措施的地方电力网，为保证供电的电压质量，一般都规定了网络允许的电压损耗。导线截面的选择，必须满足允许电压损耗的要求。

3. 保证电力网的经济性

作为电力线路最主要元件的导线，其截面选择恰当与否将直接关系到电力网的经济性。

4. 电力线路在正常情况下不发生全面电晕

当电力线路运行电压超过电晕临界电压时，线路将产生电晕。电晕要消耗有功功率，且电晕放电还会干扰无线电通信。因此，在设计线路时，应避免架空线路在晴天出现全面电晕。

二、按经济电流密度选择导线截面

1. 经济电流密度

根据经济条件选择导线截面，有相互矛盾的两个方面：①从降低功率损耗及电能损耗的

角度出发，希望导线截面越大越好；②从减少线路初次投资和节约有色金属的角度出发，则希望导线截面越小越好。因此，在选择导线截面时，必须综合考虑各方面的因素，找出一个既满足技术要求，又在使用期限内综合费用最小，符合国家总的经济利益的导线截面，该截面称为经济截面。对应于经济截面的电流密度称为经济电流密度，用 J 表示。

经济电流密度受诸多因素的影响，如发电成本、售电价、导线价格等。因此，它随各个国家各时期的经济条件的不同而不同，我国现行的经济电流密度见表 10-4。

表 10-4　　导线和电缆的经济电流密度 J（A/mm^2）

线路类别	导线材料	年最大负荷利用小时（h）		
		3000 以下	3000～5000	5000 以上
架空线路	铝	1.65	1.15	0.90
	铜	3.00	2.25	1.75
电缆线路	铝	1.92	1.73	1.54
	铜	2.50	2.25	2.00

2. 用经济电流密度选择导线截面

（1）按最大负荷方式计算电网的潮流分布，求出各段线路正常时通过的最大负荷电流 I_{max} 及各段线路的最大负荷利用时间 T_{max}，根据导线选用材料查出经济电流密度 J，则可按式（10-4）求得导线的经济截面 S（mm^2）

$$S=\frac{I_{max}}{J} \tag{10-4}$$

式中　I_{max}——计算年限内通过导线的最大负荷电流，A；

J——经济电流密度，A/mm^2。

在计算导线通过的正常最大负荷电流时，电力负荷一般应考虑线路投运后 5～10 年的发展远景。因为电力负荷是逐年增长的，如果把计算年限选择得太短，则电力网在建成后不久，传输容量就可能超过计算值，造成以后长时间的不经济运行；相反，如果把计算年限选择得过长，则会增加电力网建设的初次投资，同样也使电网运行不经济。因此，计算年限一般按 5～10 年考虑。

（2）根据计算出的经济截面值选择最接近它的标准截面。当计算出的经济截面介于两标准截面之间时，标准截面一般应取较大值。

（3）用其他条件校验所选择的导线截面。对于 35kV 及以下电压等级的线路来说，需进行机械强度、发热及电压损耗的校验。所选导线的标准截面应大于机械强度要求的最小允许截面；导线可能通过的最大电流必须小于导线长期允许通过的最大电流；导线在运行时的实际电压损耗不大于配电线路所规定的允许电压损耗。

对于 110kV 及以上电压等级的线路来说，需进行机械强度、发热及电晕的校验。机械强度及发热的校验同上所述；电晕校验应满足的条件是：所选择的标准截面不小于相应线路不必验算电晕的最小导线截面。

三、按允许电压损耗选择导线截面

在城市配电网和农村电力网中，电力线路的导线截面一般按允许电压损耗来选择。这是因为：一方面在地方电力网中一般没有特殊的调压设备，只有依靠适当地选择导线截面来保证电力线路的电压损耗不超出允许值，从而保证各用户端的电压偏移在容许范围之内；另一方面地方电力网导线的电阻较大，也有可能通过选择适当的导线截面来降低电压损耗。

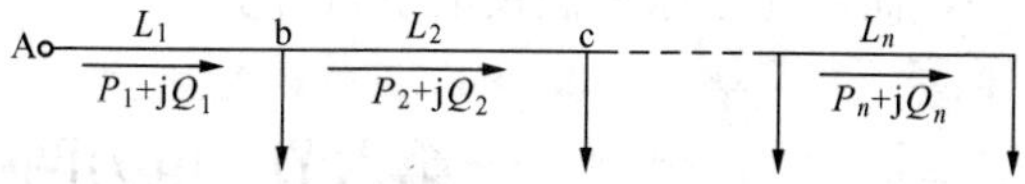

图 10-5　开式地方电力网

图 10-5 为一开式地方电力网线路，接有 n 个负荷，且各段导线的截面相同。

电力网总的电压损耗为

$$\Delta U=\frac{\sum_{i=1}^{n}(P_iR_i+Q_iX_i)}{U_N}=\frac{\sum_{i=1}^{n}P_iR_i}{U_N}+\frac{\sum_{i=1}^{n}Q_iX_i}{U_N}=\Delta U_R+\Delta U_X \tag{10-5}$$

$$\Delta U_R=\frac{\sum_{i=1}^{n}P_iR_i}{U_N}=\frac{\rho\sum_{i=1}^{n}P_iL_i}{SU_N} \tag{10-6}$$

$$\Delta U_X=\frac{\sum_{i=1}^{n}Q_iX_i}{U_N} \tag{10-7}$$

式中　P_i、Q_i——分别为各段线路中通过的有功、无功功率，kW、kvar；

U_N——线路的额定电压，kV；

R_i、X_i——分别为各段线路的电阻、电抗，Ω；

ΔU_R、ΔU_X——分别为线路电阻、电抗中的电压损耗，V；

L_i——各段线路的长度，km；

ρ——导线的电阻率，(Ω · mm^2) /km；

S——导线的截面，mm^2。

因导线截面的变化对导线单位长度电抗值的影响很小，对于由架空线路构成的地方电力网，线路单位长度的电抗值一般在 0.35～0.42Ω/km 之间。我们可以对某一电压等级的线路在此范围取一电抗值，然后用式（10-7）计算出线路电抗上的电压损耗 ΔU_X，再用式（10-8）求出电阻上的电压损耗

$$\Delta U_R=\Delta U_Y-\Delta U_X \tag{10-8}$$

式中　ΔU_Y——线路允许电压损耗，V。

由式（10-6）变换求出导线的截面 S

$$S=\frac{\rho\sum_{i=1}^{n}P_iL_i}{\Delta U_RU_N} \tag{10-9}$$

按式（10-9）计算出导线截面后，选择一个与之相近的标准截面，然后进行机械强度、发热条件、电压损耗进行校验。如果满足校验条件，则所选择的截面合适；如不满足，就将导线的截面选择大一级重新校验，直至满足以上各条件为止。

需要指出，在进行电压损耗校验时，要用选择的标准截面导线的实际阻抗计算线路电压

损耗，而不能用原来假设的电抗计算。

第六节 电力网中性点的接地方式

一、概述

电力网中性点的接地方式虽然涉及的问题比较多，如供电可靠性、设备绝缘水平、继电保护、通信干扰、系统稳定、断路器容量等，但根据国内外电力网发展经验，一般着重考虑供电可靠性与绝缘水平两方面的问题。

在电压等级较低（如 110kV 及以下）的电网，绝缘费用在总投资中所占的比重不大，降低绝缘水平的经济价值不甚显著，因而着重考虑供电可靠性的要求，一般采用中性点不接地的方式。但是，在电网线路长度比较长（如 35kV 架空线路超过 100km，电缆线路超过 2～3km；6、10kV 电缆线路分别超过 35、20km）时，电容电流也比较大，当电网发生单相电弧接地时，接地电弧不能自动熄灭，仍需跳闸，供电可靠性的优点也就不存在了。因此，规定当单相接地电流大于下列数值时，中性点应装设消弧线圈接地：

3～6kV 电网　　30A

10kV 电网　　20A

35～60kV 以上电网　　10A

当发电机（或调相机）直接连接在 3～20kV 电网，而且要求发电机（或调相机）带单相接地故障运行，单相接地电流大于 5A 时，也应装设消弧线圈。消弧线圈可装设在厂用变压器中性点上，也可装设在发电机（或调相机）中性点上。

在高压（如 110kV 及以上）电网，绝缘费用在设备总价中占有很大的比重，设备价格几乎和试验电压成正比，降低绝缘水平的经济效益很显著，因而着重考虑过电压和绝缘水平方面的问题，一般采用中性点直接接地方式。中性点直接接地，可以使系统内部过电压降低 20%～30%。变压器可做成分级绝缘（即所谓半绝缘），并采用避雷器做过电压保护。此时对于供电可靠性、通信干扰、系统稳定、断路器容量等问题，可采取其他措施加以改善，如增设架空避雷线、架设双回送电线、采用重合闸、减少中性点接地点等。

二、单相接地电容电流的计算

1. 架空线路的单相接地电容电流

$$I_C = (2.7 \sim 3.3)U_N l \times 10^{-3} \tag{10-10}$$

式中 U_N——线路的额定电压，kV；

l——线路的长度。

系数 2.7～3.3 的取值原则为：①对没有架空线的取 2.7；②对有架空线的取 3.3。

对于同杆双回线路，电容电流为单回路的 1.3～1.6 倍。

变电所增加的接地电容电流见表 10-5。

表 10-5　变电所增加的接地电容电流

电网额定电压（kV）	6	10	35	60	110
电容电流附加值（%）	18	16	13	12	10

2. 电缆线路的单相接地电容电流

$$I_C = 0.1 U_N l \tag{10-11}$$

式中 U_N——线路的额定电压，kV；

l——电缆的长度。

6～35kV 电缆线路单相接地时电容电流的单位值见表 10-6。

表 10-6 电缆线路单相接地电容电流

导线截面 (mm^2)	额定电压 (A/km)			导线截面 (mm^2)	额定电压 (A/km)		
	6	10	35		6	10	35
10	0.33	0.46	—	70	0.71	0.9	3.7
16	0.37	0.52	—	95	0.82	1.0	4.1
25	0.46	0.62	—	120	0.89	1.1	4.4
35	0.52	0.69	—	150	1.1	1.3	4.8
50	0.59	0.77	—	185	1.2	1.4	5.2

三、消弧线圈的选择

（1）安装消弧线圈的电力网，中性点位移电压在长期运行中应不超过相电压的 15%。

（2）35kV 及以下电压等级的电力网，故障点残余电流应尽量减小，一般不超过 10A。为了减少故障点残余电流，必要时可将电力网分区运行。110kV 及以上安装消弧线圈的电力网，脱谐度一般不大于 10%。

（3）消弧线圈一般采用过补偿方式。当消弧线圈容量不足时，允许在一定时间内欠补偿运行，但欠补偿度不应超过 10%。

（4）在选定电力网消弧线圈的容量时，应考虑 5 年左右的发展，并按过补偿进行设计。其容量 S_x（kVA）按式（10-12）进行计算

$$S_x = 1.35 I_K U_{ph} \tag{10-12}$$

式中 I_K——电力网的接地电流，A；

U_{ph}——电力网的相电压，kV。

（5）消弧线圈安装地点的选择：

1）要保证电力网在任何运行方式下，断开 1～2 条线路时，大部分电力网不至于失去补偿；

2）不应将多台消弧线圈集中安装在电力网的一处，并应尽量避免电力网中只装设一台消弧线圈；

3）消弧线圈宜装于星形—三角形接线变压器的中性点上，且消弧线圈的容量不应超过变压器容量的 50%。

四、中性点直接接地系统接地点的选择

在中性点直接接地系统中，不是所有变压器的中性点都接地，其接地台数及接地点应根据系统继电保护的要求，在继电保护设计中确定。在远景规划中可按以下原则确定：

（1）凡是自耦变压器，其中性点必须接地；

（2）凡中、低压有电源的变电所，包括升压和降压变电所，至少应有一台变压器接地；

（3）当同一母线上接有三台或更多台变压器时，可以考虑两台变压器接地；

（4）终端变电所一般不接地；

（5）系统任何短路点的综合零序阻抗不得大于综合正序阻抗的 3 倍。

习　题

10-1　电力网规划设计的主要内容是什么?

10-2　电力网设计应具备哪些条件?

10-3　电力网设计应满足哪些基本原则?

10-4　说明电力网电压选择应考虑的原则。

10-5　选择导线截面的基本原则有哪些？如何选择导线截面?

附录 A 电力网的常用参数

各种常用架空线的规格见附表 A-1，国产架空导线 LGJ 型铝绞线规格标准见附表 A-2，LJ、TJ 型架空线路的电阻及感抗见附表 A-3，LGJ 型架空线路导线的电阻及感抗见附表 A-4，LGJQ 与 LGJJ 型架空线路导线的电阻及感抗见附表 A-5，LGJ、LGJQ 与 LGJJ 型架空线路导线的容纳见附表 A-6，220～750kV 架空线路导线的电阻及感抗见附表 A-7，110～750kV 架空线路导线的电容及充电功率见附表 A-8，钢绞线的电阻及内电抗见附表 A-9，35kV 三相双绕组电力变压器技术数据见附表 A-10，110kV 三相双绕组电力变压器技术数据见附表 A-11，110kV 三相双绕组有载调压电力变压器技术数据见附表 A-12，110kV 三相双绕组电力变压器技术数据见附表 A-13，220kV 三相双绕组有载调压电力变压器技术数据见附表 A-14，110kV 三相三绕组电力变压器技术数据见附表 A-15，110kV 三相三绕组有载调压电力变压器技术数据见附表 A-16，220kV 三相三绕组有载调压电力变压器技术数据见附表 A-17，220kV 三相三绕组电力变压器技术数据见附表 A-18，220、330kV 三相自耦电力变压器技术数据见附表 A-19。

附表 A-1　　各种常用架空线的规格

标准截面 (mm^2)	导线型号																						
	LJ 型				LGJ 型					LGJQ 型					LGJJ 型					GJ 型			
	股数	计算外径 (mm)	计算截面 (mm^2)	单位质量 (kg/km)	股数 铝	股数 钢	计算外径 (mm)	计算截面 (mm^2)	单位质量 (kg/km)	股数 铝	股数 钢	计算外径 (mm)	计算截面 (mm^2)	单位质量 (kg/km)	股数 铝	股数 钢	计算外径 (mm)	计算截面 (mm^2)	单位质量 (kg/km)	股数	计算外径 (mm)	计算截面 (mm^2)	单位质量 (kg/km)
10	3	4.46	10.10	27.6	6	1	4.50	12.37	42.9														
16	7	5.10	15.89	43.5	6	1	5.40	17.81	61.7														
25	7	6.36	24.71	67.6	6	1	6.60	26.60	92.2											7	6.60	26.60	227.7
35	7	7.50	34.36	94.0	6	1	8.40	43.10	149.0								83.09	91.917		7	7.80	37.15	318.2
50	7	9.00	49.48	135.0	6	1	9.60	56.30	195.0								108.70	120.06		7	9.00	49.46	423.7
70	7	10.65	69.29	190.0	6	1	11.40	79.40	275.0								153.30	169.54		19	11.00	72.19	615.0
95	19	12.50	93.27	257.0	28	7	13.68	112.04	401.0								223.00	246.58		19	12.50	93.22	794.5
95	7	12.42	94.23	258.0	7	7	13.68	112.04	398.0											37	12.60	94.11	793.9
120	19	14.00	116.99	323.0	28	7	15.20	138.30	495.0											37	14.00	116.18	981.0
120					7	7	15.20	138.30	492.0														
150	19	15.76	148.07	408.0	28	7	16.72	167.40	598.0	24	7	16.44	161.40	537.0	30	7	17.50	181.60	677.0				
185	19	17.50	182.80	504.0	28	7	19.02	216.80	774.0	24	7	18.24	198.50	661.0	30	7	19.60	227.80	850.0				
240	19	19.90	236.38	652.0	28	7	21.28	271.10	969.0	24	7	21.88	285.60	951.0	30	7	22.40	297.60	1110.0				
300	37	22.40	297.57	822.0	28	19	25.20	377.20	1348.0	54	7	23.70	335.00	1116.0	30	19	25.68	389.60	1446.0				
300										24	7	23.72	335.70	1117.0									
400	37	25.90	397.83	1099.0	28	19	27.68	454.60	1626.0	54	7	27.36	446.60	1487.0	30	19	29.18	502.99	1868.0				
400										24	7	27.40	448.30	1491.0									
500	37	28.98	498.97	1376						54	19	30.16	538.50	1795.0									
600	61	31.95	503.78	1669						54	19	33.20	652.80	2175.0									
700										54	19	36.24	778.80	2592.0									

附表 A-2 **国产架空导线 LGJ 型铝绞线规格标准**

标准截面铝/钢（mm^2）	结构，根数/直径（根/mm）		计算截面（mm）			外径（mm）	20℃最大直流电阻（Ω/km）	计算拉断力（N）	弹性系数（实际值）（N/mm^2）	线膨胀系数（计算值）（1/℃）	单位长度质量（kg/km）	交货长度（m）
	铝	钢	铝	钢	总计							
10/2	6/1.50	1/1.50	10.60	1.77	12.37	4.50	2.706	4120	79 000	19.1	42.9	3000
16/3	6/1.85	6/1.85	16.13	2.69	18.82	5.55	1.779	6130	79 000	19.1	65.2	3000
25/4	6/2.32	1/2.32	25.36	4.23	29.59	6.96	1.131	9290	79 000	19.1	102.6	3000
35/6	6/2.72	1/2.72	34.86	5.81	40.67	8.16	0.823 0	12 630	79 000	19.1	141.0	3000
50/8	6/3.20	1/3.20	48.25	8.04	56.29	9.60	0.594 6	16 870	79 000	19.1	195.1	2000
50/30	12/2.32	7/2.32	50.73	29.59	80.32	11.60	0.569 2	42 620	105 000	15.3	372.0	3000
70/10	6/3.80	1/3.80	68.05	11.34	79.39	11.40	0.421 7	23 390	79 000	19.1	275.2	2000
70/40	12/2.72	7/2.72	69.73	40.67	110.40	13.60	0.414 1	58 300	105 000	15.3	511.3	2000
95/15	26/2.15	7/1.67	94.39	15.33	109.72	13.61	0.305 8	35 000	76 000	18.9	380.8	2000
95/20	7/4.16	7/1.85	95.14	18.82	113.96	13.87	0.301 9	37 200	76 000	18.5	408.9	2000
95/55	12/3.20	7/3.20	96.51	56.30	152.81	16.00	0.299 2	78 110	105 000	15.3	707.7	2000
120/7	18/2.90	1/2.90	118.89	6.61	125.50	14.50	0.242 2	27 570	66 000	21.2	379.0	2000
120/20	26/2.38	7/1.85	115.67	18.32	134.49	15.07	0.249 6	41 000	76 000	18.9	466.8	2000
120/25	7/4.72	7/2.10	122.48	24.25	146.73	15.74	0.234 5	47 880	76 000	18.5	526.6	2000
120/70	12/3.60	7/3.60	122.15	71.25	193.40	18.00	0.236 4	98 370	105 000	15.3	895.6	2000
150/8	18/3.20	1/3.20	144.76	8.04	152.80	16.00	0.198 9	32 860	66 000	21.2	461.4	2000
150/20	24/2.78	7/1.85	145.68	18.82	164.50	16.67	0.198 0	46 630	73 000	19.6	549.4	2000
150/25	26/2.70	7/2.10	148.86	24.25	173.11	17.10	0.193 9	54 110	76 000	18.9	601.0	2000
150/35	30/2.50	7/2.50	147.26	34.36	181.62	17.50	0.196 2	65 020	80 000	17.8	676.2	2000
185/10	18/3.60	1/3.20	183.22	10.18	193.40	18.00	0.157 2	40 880	66 000	21.2	584.0	2000
185/25	24/3.15	7/2.10	187.04	24.25	211.29	18.90	0.154 2	59 420	73 000	19.6	706.1	2000
185/30	26/2.98	7/2.32	181.34	29.59	210.93	18.88	0.159 2	64 320	76 000	18.9	732.6	2000
185/45	30/2.80	7/2.80	184.73	43.10	227.83	19.60	0.156 4	80 190	80 000	17.8	848.2	2000
210/10	18/3.80	1/3.80	204.14	11.34	215.48	19.00	0.141 1	45 140	66 000	21.2	650.7	2000
210/25	24/3.33	7/2.32	209.02	27.10	236.12	19.98	0.138 0	65 990	73 000	19.6	789.1	2000
210/35	26/3.22	7/2.50	211.73	34.36	246.09	20.38	0.136 3	74 250	76 000	18.9	853.9	2000
210/50	30/2.98	7/2.98	209.24	48.32	258.06	20.86	0.138 1	90 830	80 000	17.8	960.8	2000
240/30	24/3.60	7/2.40	244.29	31.67	275.96	21.60	0.118 1	75 620	73 000	19.6	622.2	2000
240/40	26/3.42	7/2.66	238.85	38.90	277.75	21.66	0.120 9	83 370	76 000	18.9	964.3	2000
240/55	30/3.20	7/3.20	241.27	56.30	297.57	22.40	0.119 8	102 100	80 000	17.8	1108	2000
300/15	42/3.00	7/1.67	296.88	15.33	312.21	23.01	0.097 24	68 060	61 000	21.4	939.8	2000
300/20	45/2.93	7/1.95	303.42	20.91	324.33	23.43	0.095 20	75 680	63 000	20.9	1002	2000
300/25	43/2.85	7/2.22	306.21	27.10	333.31	23.76	0.094 33	83 410	65 000	20.5	1058	2000
300/40	24/3.99	7/2.66	300.09	38.90	338.99	23.94	0.096 14	92 220	73 000	19.6	1133	2000

续表

标准截面铝/钢 (mm²)	结构，根数/直径(根/mm)		计算截面(mm)			外径(mm)	20℃最大直流电阻(Ω/km)	计算拉断力(N)	弹性系数(实际值)(N/mm²)	线膨胀系数(计算值)(1/℃)	单位长度质量(kg/km)	交货长度(m)
	铝	钢	铝	钢	总计							
300/50	26/3.83	7/2.98	299.54	48.82	348.36	24.26	0.096 36	103 400	76 000	18.9	1210	2000
300/70	30/3.60	7/3.60	305.36	71.25	376.61	25.20	0.094 63	128 000	80 000	17.8	1402	2000
400/20	42/3.51	7/1.95	406.40	20.91	427.31	26.91	0.071 04	88 850	61 000	21.4	1286	1500
400/25	45/3.33	7/2.22	391.91	27.10	419.01	26.64	0.073 70	95 940	63 000	20.9	1295	1500
400/35	48/3.22	7/2.50	390.88	34.36	425.24	26.82	0.073 89	103 900	65 000	20.5	1349	1500
400/50	54/3.07	7/3.07	399.73	51.82	451.55	27.63	0.072 23	123 400	69 000	19.3	1511	1500
400/65	26/4.22	7/3.44	398.94	65.06	464.00	28.00	0.072 36	135 200	76 000	18.9	1611	1500
400/95	30/4.16	19/2.50	407.75	93.27	501.02	29.14	0.070 87	171 300	78 000	18.0	1860	1500
500/35	45/3.75	7/2.50	497.01	34.36	531.37	30.00	0.058 12	119 500	63 000	20.9	1642	1500
500/45	48/3.60	7/2.80	488.58	43.10	531.68	30.00	0.059 12	128 100	65 000	20.5	1688	1500
500/65	54/3.44	7/3.44	501.88	65.06	566.94	30.96	0.057 60	154 000	69 000	19.3	1897	1500
630/45	45/4.20	7/2.80	623.45	43.10	666.55	33.60	0.046 33	148 700	63 000	20.9	2060	1200
630/55	48/4.12	7/3.20	639.92	56.30	696.22	34.32	0.045 14	164 400	65 000	20.5	2209	1200
630/80	54/3.87	19/2.32	635.19	80.32	715.51	34.82	0.045 51	192 900	67 000	19.4	2388	1200
800/55	45/4.80	7/3.20	814.30	56.30	870.68	38.40	0.035 47	191 500	63 000	20.9	2690	1000
800/70	45/4.63	7/3.60	808.15	71.25	879.40	38.58	0.035 74	207 000	65 000	20.5	2791	1000
800/100	54/4.33	19/2.60	795.17	100.88	896.05	38.98	0.036 35	241 100	67 000	19.4	2991	1000

注 保证计算拉断力为计算拉断力的95%。

附表 A-3　　LJ、TJ 型架空线路的电阻及感抗 (Ω/km)

铝导线型号	电阻(LJ)	几何均距 (m)										电阻(TJ)	铜导线型号
		0.6	0.8	1.0	1.25	1.5	2.0	2.5	3.0	3.5	4.0		
		感抗											
LJ-16	1.98	0.358	0.377	0.391	0.405	0.416	0.435	0.449	0.46			1.2	TJ-16
LJ-25	1.28	0.345	0.363	0.377	0.391	0.402	0.421	0.435	0.446			0.74	TJ-25
LJ-35	0.92	0.336	0.352	0.366	0.380	0.391	0.410	0.424	0.435	0.445	0.453	0.54	TJ-35
LJ-50	0.64	0.325	0.341	0.355	0.365	0.380	0.398	0.413	0.423	0.433	0.441	0.39	TJ-50
LJ-70	0.46	0.315	0.331	0.345	0.359	0.370	0.388	0.399	0.410	0.420	0.428	0.27	TJ-70
LJ-95	0.34	0.303	0.319	0.334	0.347	0.358	0.377	0.390	0.401	0.411	0.419	0.20	TJ-95
LJ-120	0.27	0.297	0.313	0.327	0.341	0.352	0.368	0.382	0.393	0.403	0.411	0.158	TJ-120
LJ-150	0.21	0.287	0.312	0.319	0.333	0.344	0.363	0.377	0.388	0.398	0.406	0.123	TJ-150

附表 A-4　　LGJ 型架空线路导线的电阻及感抗（Ω/km）

导线型号	电阻	几何均距（m）														
		1.0	1.5	2.0	2.5	3.0	3.5	4.0	4.5	5.0	5.5	6.0	6.5	7.0	7.5	8.0
		感抗														
LGJ-35	0.85	0.366	0.385	0.403	0.417	0.429	0.438	0.446								
LGJ-50	0.65	0.353	0.374	0.392	0.400	0.418	0.427	0.435								
LGJ-70	0.45	0.343	0.364	0.382	0.396	0.408	0.417	0.425	0.433	0.440	0.446					
LGJ-95	0.33	0.334	0.353	0.371	0.385	0.397	0.406	0.414	0.422	0.429	0.435	0.44	0.445			
LGJ-120	0.27	0.326	0.347	0.365	0.379	0.391	0.400	0.408	0.416	0.423	0.429	0.433	0.438			
LGJ-150	0.21	0.319	0.340	0.358	0.372	0.384	0.398	0.401	0.409	0.416	0.422	0.426	0.432			
LGJ-185	0.17				0.365	0.377	0.386	0.394	0.402	0.409	0.415	0.419	0.425			
LGJ-240	0.132				0.357	0.369	0.378	0.386	0.394	0.401	0.407	0.412	0.416	0.421	0.425	0.429
LGJ-300	0.107										0.399	0.405	0.410	0.414	0.418	0.422
LGJ-400	0.08										0.391	0.397	0.402	0.406	0.410	0.414

附表 A-5　　LGJQ 与 LGJJ 型架空线路导线的电阻及感抗（Ω/km）

导线型号	电　阻	几何均距（m）						
		5.0	5.5	6	6.5	7.0	7.5	8.0
		感抗						
LGJQ-300	0.108		0.401	0.406	0.411	0.416	0.420	0.424
LGJQ-400	0.08		0.391	0.397	0.402	0.406	0.410	0.414
LGJQ-500	0.065		0.384	0.390	0.395	0.400	0.404	0.408
LGJJ-185	0.17	0.406	0.412	0.417	0.422	0.426	0.433	0.437
LGJJ-240	0.131	0.397	0.403	0.409	0.414	0.419	0.424	0.428
LGJJ-300	0.106	0.390	0.396	0.402	0.407	0.411	0.417	0.421
LGJJ-400	0.079	0.381	0.387	0.393	0.398	0.402	0.408	0.412

附表 A-6　　LGJ、LGJQ 与 LGJJ 型架空线路导线的容纳（$\times 10^{-6}$S/km）

导线型号		几何均距（m）														
		1.5	2.0	2.5	3.0	3.5	4.0	4.5	5.0	5.5	6.0	6.5	7.0	7.5	8.0	8.5
		容纳														
LGJ	35	2.97	2.83	2.73	2.65	2.59	2.54									
	50	3.05	2.91	2.81	2.72	2.66	2.61									
	70	3.12	2.99	2.88	2.79	2.73	2.68	2.62	2.58	2.54						
	95	3.25	3.08	2.96	2.87	2.81	2.75	2.69	2.65	2.61						
	120	3.31	3.13	3.02	2.92	2.85	2.79	2.74	2.69	2.65						
	150	3.38	3.20	3.07	2.97	2.90	2.85	2.79	2.74	2.71						
	185			3.13	3.03	2.96	2.90	2.84	2.79	2.74						
	240			3.21	3.10	3.02	2.96	2.89	2.85	2.80	2.76					
	300									2.86	2.81	2.78	2.75	2.72		
	400									2.92	2.88	2.83	2.81	2.78		

续表

导线型号		几何均距（m）														
		1.5	2.0	2.5	3.0	3.5	4.0	4.5	5.0	5.5	6.0	6.5	7.0	7.5	8.0	8.5
		容纳														
LGJJ 或 LGJQ	120						2.8	2.75	2.70	2.66	2.63	2.60	2.57	2.54	2.51	2.49
	150						2.85	2.81	2.76	2.72	2.68	2.65	2.62	2.59	2.57	2.54
	185						2.91	2.86	2.80	2.76	2.73	2.70	2.66	2.63	2.60	2.58
	240						2.98	2.92	2.87	2.82	2.79	2.75	2.72	2.68	2.66	2.64
	300						3.04	2.97	2.91	2.87	2.84	2.80	2.76	2.73	2.70	2.68
	400						3.11	3.05	3.00	2.95	2.91	2.87	2.183	2.80	2.77	2.75
	500						3.14	3.08	3.01	2.96	2.92	2.88	2.84	2.81	2.79	2.76
	600						3.16	3.11	3.04	3.02	2.96	2.91	2.88	2.85	2.82	2.79

附表 A-7　220～750kV 架空线路导线的电阻及感抗（Ω/km）

导线型号	220kV				330kV（双分裂）		500kV（四分裂）	
	单导线		双分裂					
	电阻	电抗	电阻	电抗	电阻	电抗	电阻	电抗
LGJ-185	0.17	0.41	0.085	0.315				
LGJ-240	0.132	0.432	0.066	0.310				
LGJQ-300	0.107	0.427	0.054	0.308	0.054	0.321		
LGJQ-400	0.08	0.417	0.04	0.303	0.04	0.316	0.02	0.289
LGJQ-500	0.065	0.411	0.032 5	0.300	0.032 5	0.313	0.016 3	0.287
LGJQ-600	0.055	0.405	0.027 5	0.297	0.027 5	0.310	0.013 8	0.286
LGJQ-700	0.044	0.398	0.022	0.294	0.022	0.307	0.011	0.284

附表 A-7 注　计算条件如下：

电压（kV）	110	220	330	500
线间距离（m）	4	6.5	8	14
线分裂距离（cm）		40	40	40
导线排列方式		水平二分裂	水平二分裂	正四角四分裂

附表 A-8　110～750kV 架空线路导线的电容（μF/100km）及充电功率（MVA/100km）

导线型号	110kV		220kV				330kV（双分裂）		500kV（三分裂）		750（四分裂）	
			单导线		双分裂							
	电容	功率	电容	功率	电容	功率	电容	功率	电容	功率	电容	功率
LGJ-50	0.808	3.06										
LGJ-70	0.818	3.14										
LGJ-95	0.84	3.18										
LGJ-120	0.854	3.24										
LGJ-150	0.87	3.3										
LGJ-185	0.885	3.35			1.14	17.3						
LGJ-240	0.904	3.43	0.837	12.7	1.15	17.5	1.09	36.9				
LGJQ-300	0.913	3.48	0.848	12.9	1.16	17.7	1.10	37.3	1.18	94.4		
LGJQ-400	0.939	3.54	0.867	13.2	1.18	17.9	1.11	37.5	1.19	95.4	1.22	215
LGJQ-500			0.882	13.4	1.19	18.1	1.13	38.2	1.2	96.2	1.23	217
LGJQ-600			0.895	13.6	1.20	18.2	1.14	38.6	1.205	96.7	1.235	228
LGJQ-700			0.912	14.8	1.22	18.3	1.15	38.8	1.21	97.2	1.24	219

附表 A-9　　钢绞线的电阻及内电抗（Ω/km）

通过电流（A）	钢绞线型号及直径（mm）									
	GJ-25，d=5.6		GJ-35，d=7.8		GJ-50，d=9.2		GJ-70，d=11.5		GJ-95，d=12.6	
	电阻	电抗	电阻	电抗	电阻	电抗	电阻	电抗	电阻	电抗
1	5.25	0.54	3.66	0.32	2.75	0.23	1.70	0.16	1.55	0.08
2	5.27	0.55	3.66	0.35	2.75	0.24	1.70	0.17	1.55	0.08
3	5.28	0.56	3.67	0.36	2.75	0.25	1.70	0.17	1.55	0.08
4	5.30	0.59	3.69	0.37	2.75	0.25	1.70	0.18	1.55	0.08
5	5.32	0.63	3.70	0.40	2.75	0.26	1.70	0.18	1.55	0.08
6	5.35	0.67	3.71	0.42	2.75	0.27	1.70	0.19	1.55	0.08
7	5.37	0.70	3.73	0.45	2.75	0.27	1.70	0.19	1.55	0.08
8	5.40	0.77	3.75	0.48	2.76	0.28	1.70	0.20	1.55	0.08
9	5.45	0.84	3.77	0.51	2.77	0.29	1.70	0.20	1.55	0.08
10	5.50	0.93	3.80	0.55	2.78	0.30	1.70	0.21	1.55	0.08
15	5.97	1.33	4.02	0.75	2.80	0.35	1.70	0.23	1.55	0.08
20	6.70	1.63	4.40	1.04	2.85	0.42	1.72	0.25	1.55	0.09
25	6.97	1.91	4.89	1.32	2.95	0.49	1.74	0.27	1.55	0.09
30	7.10	2.01	5.21	1.56	3.10	0.59	1.77	0.30	1.56	0.09
35	7.10	2.06	5.36	1.64	3.25	0.69	1.79	0.33	1.56	0.09
40	7.02	2.00	5.35	1.69	3.40	0.80	1.83	0.37	1.57	0.10
45	6.92	2.08	5.30	1.71	3.52	0.91	1.83	0.41	1.57	0.11
50	6.85	2.07	5.25	1.72	3.61	1.00	1.93	0.40	1.58	0.11
60	6.70	2.00	5.13	1.70	3.99	1.10	2.07	0.55	1.58	0.13
70	6.60	1.90	5.00	1.64	3.73	1.14	2.21	0.65	1.61	0.15
80	6.30	1.79	4.89	1.57	3.70	1.15	2.27	0.70	1.63	0.17
90	6.40	1.73	4.78	1.50	3.68	1.14	2.29	0.72	1.67	0.20
100	6.32	1.67	4.71	1.43	3.65	1.13	2.33	0.73	1.71	0.22
125	—	—	4.60	1.29	3.58	1.04	2.33	0.73	1.83	0.31
150	—	—	4.47	1.27	3.50	0.95	2.38	0.73	1.87	0.34
175	—	—	—	—	3.45	0.94	2.23	0.71	1.89	0.35
200	—	—	—	—	—	—	2.19	0.69	1.88	0.35

附表 A-10　　35kV 三相双绕组电力变压器技术数据

型号	额定容量（kVA）	额定电压（kV）		损耗（kW）		短路电压（%）	空载电流（%）
		高压	低压	空载	短路		
SJL1-50/35	50	35	0.4	0.3	1.15	6.5	6.5
SJL1-100/35	100	35	0.4	0.43	2.5	6.5	4.0
SJL1-160/35	160	35	0.4	0.59	3.6	6.5	3.0
SJL1-160/35	160	35	10.5；6.3；3.15	0.65	3.8	6.5	3.0

续表

型号	额定容量 (kVA)	额定电压(kV)		损耗(kW)		短路电压 (%)	空载电流 (%)
		高压	低压	空载	短路		
SJL1-200/35	200	35	10.5；6.3；3.15	0.76	4.4	6.5	2.8
SJL1-250/35	250	35	10.5；6.3；3.15	0.9	5.1	6.5	2.6
SJL1-250/35	250	35	0.4	0.8	4.8	6.5	2.6
SJL1-315/35	315	35	10.5；6.3；3.15	1.05	6.1	6.5	2.4
SJL1-400/35	400	35	10.5；6.3；3.15	1.25	7.2	6.5	2.3
SJL1-400/35	400	35	0.4	1.1	6.9	6.5	2.3
SJL1-500/35	500	35	10.5；6.3；3.15	1.45	8.5	6.5	2.1
SJL1-630/35	630	35	10.5；6.3；3.15	1.7	9.9	6.5	2.0
SJL1-630/35	630	35	0.4	1.5	9.6	6.5	2.0
SJL1-800/35	800	35	10.5；6.3；3.15	1.9	12	6.5	1.7
SJL1-1000/35	1000	35	10.5；6.3；3.15	2.2	14	6.5	1.7
SJL1-1000/35	1000	35	0.4	2.2	14	6.5	1.7
SJL1-1250/35	1250	35	10.5；6.3；3.15	2.6	17	6.5	1.6
SJL1-1600/35	1600	35；38.5	10.5；6.3；3.15	3.05	20	6.5	1.5
SJL1-1600/35	1600	35	0.4	3.05	20	6.5	1.5
SJL1-2000/35	2000	35；38.5	10.5；6.3；3.15	3.6	24	6.5	1.4
SJL1-2000/35	2500	35；38.5	10.5；6.3；3.15	4.25	27.5	6.5	1.3
SJL1-3150/35	3150	35；38.5	10.5；6.3；3.15	5.0	33	7	1.2
SJL1-4000/35	4000	35；38.5	10.5；6.3；3.15	5.9	39	7	1.1
SJL1-5000/35	5000	35；38.5	10.5；6.3；3.15	6.9	45	7	1.1
SJL1-6300/35	6300	35；38.5	10.5；6.3；3.15	8.2	52	7.5	1.0
SJL1-7500/35	7500	35	10.5	9.6	57	7.5	0.9
SFL1-8000/35	8000	38.5；35	11；10.5；6.6 6.3；3.3；3.15	11	58	7.5	1.5
SFL1-10000/35	10 000	38.5；35	11；10.5；6.6 6.3；3.3；3.15	12	70	7.5	1.5
SFL1-15000/35	15 000	38.5；35	11；10.5；6.6 6.3；3.3；3.15	16.5	93	8	1.0
SFL1-20000/35	20 000	38.5；35	11；10.5；6.6 6.3；3.3；3.15	22	115	8	1.0
SFZL1-31500/35	31 500	38.5；35	11；10.5；6.6 6.3；3.3；3.15	30	180	8	0.7
SSPL1-8000/35	8000	35±3×2.5% 38.5±3×2.5%	11；10.5；6.6；6.3	11	60.6	7.5	1.25
SSPL1-10000/35	10 000	38.5	6.3	12	70	7.5	1.5

注 SJL—三相油浸自冷式铝线变压器；
SFL—三相油浸风冷式铝线变压器；
SSPL—三相强迫油循环水冷式相铝线变压器。

附表 A-11　　110kV 三相双绕组电力变压器技术数据

电力变压器型号	额定容量（kVA）	额定电压（kV）		损耗（kW）		短路电压（%）	空载电流（%）
		高压	低压	短路	空载		
SFL1-6300/110	6300	121±5% 110±5%	11；10.5 6.6；6.3	52	9.76	10.5	1.1
SFL1-8000/110	8000	121±5% 110±5%	11；10.5 6.6；6.3	62	11.6	10.5	1.1
SFL1-10000/110	10 000	121±2×2.5%	10.5；6.3	72	14	10.5	1.1
SFL1-16000/110	16 000	121±2×2.5%	10.5；6.3	110	18.5	10.5	0.9
SFL1-20000/110	20 000	121±2×2.5%	10.5；6.3	135	22	10.5	0.8
SFL1-31500/110	31 500	121+5%-2×2.5%	10.5；6.3	190	31.05	10.5	0.7
SFL1-40000/110	40 000	121±2×2.5%	10.5；6.3	200	42	10.5	0.7
SFPL1-50000/110	50 000	121±5%	10.5；6.3	250	8.6	10.5	0.75
SFPL1-63000/110	63 000	121±5%	10.5；6.3	296	60	10.5	0.8
SFPL1-90000/110	90 000	121±2×2.5%	10.5	440	75	10.5	0.7
SFPL1-120000/110	120 000	121±2×2.5%	10.5	520	100	10.5	0.65
SFPL1-20000/110	20 000	121±2×2.5%	6.3	135	22.1	10.5	0.8
SSPL-63000/110	63 000	121±2×2.5%	10.5	300	68	10.5	
SSPL-90000/110	90 000	121±2×2.5%	13.8	450	85	10.5	
SSPL-63000/110	63 000	121±2×2.5%	10.5	291.48	65.4	10.57	0.8
SSPL-120000/110	120 000	121±2×2.5%	13.8	588	120	10.4	0.57
SSPL-150000/110	150 000	121±2×2.5%	13.8	646.25	204.5	12.68	1.73
SFL-20000/110	20 000	121±2×2.5%	10.5；6.3	135	37	10.5	1.5
SFL-63000/110	63 000	121±2×2.5%	10.5；6.3	300	68	10.5	2.5
SFPL-90000/110	90 000	121±2×2.5%	10.5	448	164	10.74	0.67
SFPL-120000/110	120 000	121±2×2.5%	10.5	572	95.6	10.78	0.695
SFPL-120000/110	120 000	121±2×2.5%	10.5	590	175	10.5	2.5
SFL1-12500/110	$\frac{12\,500}{6250+6250}$	110±5%	3.3	99.8	16.4	9	0.93

附表 A-12　　110kV三相双绕组有载调压电力变压器技术数据

型　号	额定容量（kVA）	额定电压（kV）		空载电流（%）	空载损耗（kW）	短路损耗（kW）	短路电压（%）
		高　压	低　压				
SFZ7-20000/110	20 000	110±3×2.5% ±8×1.25%（121）	10.5	1.0	26	97	10.5
SFZ7-20000/110	20 000	110±8×1.25%	6.3，6.6， 10.5，11		30	104	10.5
SFZL7-20000/110	20 000	110±8×1.25%	6.3，6.6， 10.5，11		30	104	10.5
SFZ7-16000/110	16 000	121±8×1.25%	6.3	1.4	22.625	83.48	10.62
SFZL7-16000/110	16 000	110±8×1.25%	6.3，6.6， 10.5，11	1.2	25.3	86	10.5
SFZ7-16000/110	16 000	110±8×1.25%	6.3，6.6， 10.5，11	1.2	25.3	86	10.5
SFZ7-16000/110	16 000	110±8×1.25%	10.5	1.2	23	106	10.5
SFZ7-16000/110	16 000	110±8×1.25%	10，6.3		25.3	86	10.5
SFZ7-16000/110	16 000	110±8×1.25%	6.3，6.6， 10.5，11		25.3	86	10.5
SFZ7-12500/110	12 500	110±3×2.5% （121）	6.3，6.6， 10.5，11	1.0	17	69	10.5
FZ7-12500/110	12 500	110±8×1.25%	6.3，6.6， 10.5，11		21	70	10.5
SFZL7-10000/110	10 000	110±8×1.25%	6.3，6.6， 10.5，11	1.3	17.8	59	10.5
SFZ-10000/110TH	10 000	110	11		17.8	59	10.5
SFZ7-10000/110	10 000	110±8×1.25% （121）	6.3，6.6， 10.5，11	1.1	15	57	10.5
SFZL7-10000/110	10 000	110±8×1.25% （121）	6.3，6.6， 10.5，11	1.1	16	57	10.5
SFZ7-10000/110	10 000	110±8×1.25%	6.3，10.5		17.8	59	10.5
SZL7-8000/110	8000	110±8×1.25%	6.3，6.6， 10.5，11	1.4	15	50	10.5
SFZ7-8000/110	8000	110±8×1.25%	6.3，6.6， 10.5，11		15	50	10.5
SFZL7-8000/110	8000	110±8×1.25%	6.3，6.6， 10.5，11		15	50	10.5
SFZ7-6300/110	6300	110±8×1.25%	6.3，6.6， 10.5，11		12.5	41	10.5
SFZL7-6300/110	6300	110±8×1.25%	6.3，6.6， 10.5，11		12.5	41	10.5

附表 A-13　　220kV 三相双绕组电力变压器技术数据

电力变压器型号	额定容量（kVA）	额定电压（kV）		损耗（kW）		短路电压（%）	空载电流（%）
		高　压	低　压	短路	空载		
SFD-63000/220	63 000	$220^{+1}_{-3}\times2.5\%$	69	402.4	120	14.4	3
SFD-63000/220	63 000	220±2×2.5%	46	401	120	14.4	2.6
SSPL-63000/220	63 000	220±2×2.5%	10.5	404	93	14.45	2.41
SSPL-90000/220	90 000	220±2×2.5%	10.5	472.5	92	13.75	0.67
SSPL-120000/220	120 000	220±2×2.5%	10.5	1012	98.2	14.2	1.26
SSPL-120000/220	120 000	$220^{+1}_{-3}\times2.5\%$	38.5	932.5	98.2	14	1.26
SSPL-120000/220	120 000	242±2×2.5%	10.5	1012	98.2	14.2	1.26
SSPL-150000/220	150 000	242±2×2.5%	13.8	883	137	13.13	1.43
SSPL-150000/220	150 000	242±2×2.5%	10.5	894.5	137	13.13	1.43
SSPL-150000/220	150 000	236±2×2.5%	13.8	873	137	12.5	1.43
SSPL-180000/220	180 000	242±2×2.5%	15.75 13.8	892.8 904	175	12.22 12.55	0.427
SSPL-260000/220	260 000	242±2×2.5%	15.75	1460	232	14	0.963
SSP-360000/220	360 000	236±2×2.5%	18	1950	155	15	1.0
SFP3-180000/220	180 000	220±2×2.5%	69	688	170	13.2	1.2
SSP3-150000/220	150 000	242±2×2.5%	13.8	600	150	13.25	1.2
SFP3-150000/220	150 000	242±2×2.5%	13.8	600	160	13.4	1.0
SFP3-150000/220	150 000	242±2×2.5%	13.8	600	150	13.25	1.2
SSP7-150000/220	150 000	242±2×2.5%	13.8	428	124	13.3	0.32
SSP7-150000/220	150 000	242±2×2.5%	13.8	450	140	13	0.8
SFP3-120000/220	120 000	242±2×2.5%	13.8	443	123.5	13.8	0.9
SFP3-120000/220	120 000	202+3×2.5%−1	69	526.5	131.5	14.3	0.9
SFP7-120000/220	120 000	242±2×2.5%	10.5	385	118	13	0.9
SFP1-120000/220	120 000	236±2×2.5%	10.5	376	115	12	0.36
SSP7-120000/220	120 000	242±2×2.5%	10.5 15.75	385	118	14	0.9
SFP7-120000/220	120 000	242±2×2.5%	10.5 15.75	385	118	14	0.9
0SFP-100000/220	100 000	242±2×2.5%	13.8	380	100	13	0.6
SFP3-90000/220	90 000	220±2×2.5%	66	400	115	12.5	0.891
SSP3-75000/220TH	75 000	242±2×2.5%	10.5	342	79.6	13.85	1.3
SFP3-63000/220	63 000	220±2×2.5%	69	290	87	13.2	1.2
SFP3-63000/220	63 000	242±2×2.5%	6.3	290	80	14.5	0.78
SFP7-63000/220	63 000	220±2×2.5%	69	245	73	12.5	1.0
SFP7-50000/220	50 000	242±2×2.5%	13.8	210	61	12	1.0

续表

电力变压器型号	额定容量（kVA）	额定电压（kV）		损耗（kW）		短路电压（%）	空载电流（%）
		高　压	低　压	短路	空载		
SFP7-40000/220	40 000	220±2×2.5% (242)	6.3 6.6 10.5 11	175	52	12	1.1

注　SFD—三相油浸风冷强迫导向油循环变压器，其他型号同前。

附表 A-14　　220kV 三相双绕组有载调压电力变压器技术数据

型　　号	额定容量（kVA）	额定电压（kV）		空载电流（%）	空载损耗（kW）	负载损耗（kW）	阻抗电压（%）
		高　压	低　压				
SFPZ7-120000/220	120 000	220±8×1.25%	38.5	0.8	124	385	12～14
SFPZ4-120000/220	120 000	220±8×1.25%	69	1.1	135	490	13.7
SFPZ7-120000/220	120 000	220±8×1.25%	37.5	0.5	90	380	14
SFPZ4-90000/220	90 000	220±8×1.5%	69	0.8	102	369.9	13.5
SFPZ7-90000/220	90 000	220±8×1.5%	38.5	0.75	110	320	13.3
SFPZ-80000/220	80 000	220±8×1.46%	69	0.24	91	305	13.5
SFPZ4-63000/220	63 000	220±8×1.5%	66	0.9	78	270	13.4
SFPZ3-40000/220	40 000	220+6×2%−10	6.3	1.0	53.12	176.865	11.98
SFPZ7-40000/220	40 000	230±8×1.5%	6.3	0.37	33	230	20.6
SFPZ7-31500/220	31 500	230±8×1.5%	6.3	0.59	29	144	16
SFZL-20000/220	20 000	230±7×1.46%	6.3	1.3	42	106	10.6

附表 A-15　　110kV 三相三绕组电力变压器技术数据

电力变压器型号	额定容量（kVA）	额定电压（kV）			损　耗（kW）				短路电压（%）			空载电流（%）
					短　路			空载				
		高压	中压	低压	高中	高低	中低		高中	高低	中低	
SFSL1-6300/110	6300/6300/6300	121±2×2.5% 110±2×2.5%	38.5±2×2.5%	11； 10.5	62.9 62.3	62.6 62.0	50.7 50.7	12.5	17	10.5	6	1.4
		121±2×2.5% 110±2×2.5%		6.6； 6.3	66.2 65.6	60.2 59.6	51.6 51.6	12.5	10.5	17	6	1.4
SFSL1-8000/110	8000/4000/8000/8000/8000/4000	121±5% 110±5%	38.5±2×2.5%	11； 10.5	27 27	83 89	19 19	14.2	17.5	10.5	6.5	1.26
		121±5% 110±5%		6.6； 6.3	84	27	21	14.2	10.5	17.5	6.5	1.26
SFSL1-10000/110	10 000/10 000/10 000	121±2×2.5%	38.5±2×2.5%	10.5 6.3	91.0 89.6	89.0 88.7	69.3 69.7	17	17.01 10.5	10.5 17.0	6 6	1.5

续表

电力变压器型号	额定容量（kVA）	额定电压（kV）			损耗（kW）				短路电压（%）			空载电流（%）
					短路			空载				
		高压	中压	低压	高中	高低	中低		高中	高低	中低	
SFSL1-15000/110	15 000/15 000/15 000	121±2×2.5%	38.5±2×2.5%	10.5 6.3	120	120	95	22.7	17.01 10.5	10.5 17.0	6.0 6.0	1.3
SFSL1-20000/110	20 000/10 000/20 000	121±5%	38.5±5%	10.5 6.3	152.8	52	47	50.2	10.5	18	6.5	4.1
		121±2×2.5%	38.5±5%	10.5 6.3	52	148.2	47	50.2	18	10.5	6.5	4.1
SFSL1-20000/110	20 000/20 000/20 000	121±2×2.5%	38.5±5%	10.5 6.3	145	158	117	49.9	10.5	18	6.5	3.46
		121±2×2.5%	38.5±5%	10.5 6.3	154	154	119	49.9	18	10.5	6.5	3.46
SFSL1-25000/110	25 000/25 000/25 000	121±2×2.5%	38.5±5%	10.5 6.3	175	197	142	49.5	10.5	18	6.5	3.6
SFSL1-31500/110	31 500/31 500/31 500	121±2×2.5%	38.5±2×2.5%	10.5 6.3	229.1 215.4	212 231	181.6 184	37.2 37.2	18 10.5	10.5 18	6.5 6.5	0.8 0.8
SFSL1-40000/110	40 000/40 000/40 000	121±2×2.5%	38.5±2×2.5%	10.5 6.3	276 244	250 274.5	205.5 205.5	72 72	17.5 10.5	10.5 17.5	6.5 6.5	2.7 2.7
SFSL1-50000/110	50 000/50 000/50 000	121±2×2.5%	38.5±2×2.5%	6.3 6.3	302.2 350.6	350.9 318.3	251 252.9	62.2 62.2	10.5 18	18 10.5	6.5 6.5	1 1
SFSL1-50000/110	50 000/50 000/50 000	121±2×2.5%	38.5	6.3	350 300	300 350	255 255	59.2	17.5 10.5	10.7 17.5	6.5 6.5	0.8
SFSL1-63000/110	63 000/63 000/63 000	121±2×2.5%	38.5±5%	6.3 6.3	380 470	470 380	320 330	64.2 64.2	10.5 18.5	18.5 10.5	6.5 6.5	0.7 0.7
SFSL1-10000/110	10 000/10 000/10 000	121±2×2.5%	38.5±2×2.5%	6.3	87.95 88.75	90.05 86.55	67.9 67.7	21.4	17 10.5	10.5 17	6 6	1.5
SFSL1-15000/110	15 000/15 000/15 000	121±2×2.5%	38.5±2×2.5%	6.3	120	120	94	30.5	17 10.5	10.5 17	6 6	1.2

续表

电力变压器型号	额定容量（kVA）	额定电压（kV）			损　耗（kW）				短路电压（%）			空载电流（%）
					短　路			空载				
		高压	中压	低压	高中	高低	中低		高中	高低	中低	
SFSL1-20000/110	20 000/20 000/20 000	121±5×2.5%	38.5±2×2.5%	6.3 6.3	153 142.9	147.6 152.9	111.6 110.4	33.5	17 10.5	10.5 17	6 6	1.1
		121±2×2.5%	38.5±2×2.5%	6.3	155 150	150 155	112 112	34	17 10.5	10.5 17	6 6	1.2
SFSL1-25000/110	25 000/25 000/25 000	121±2×2.5%	38.5±2×2.5%	10.5 6.3	194	182	144	49.5	18	10.5	6.5	3.6
			10.5	6.3	219	224	172	42.9	10.5	18	6	2.99
SFSL1-31500/110 SSPSL1/31500/110	31 500/31 500/31 500	121±2×2.5%	38.5±2×2.5%	1.05 6.3	217 202	200.7 214	158.6 160	46.8	17 10.5	10.5 17	6 6	0.9
			38.5±2×2.5%	13.8	230	214	184	38.4	18	10.5	6.5	0.8
SSPSL1-45000/110	45 000/45 000/45 000	121±5%	69	6.3	160	185	115	80	12	23	9.5	3
SSPSL1-50000/110	50 000/50 000/50 000	121±5%	38.5±5%	10.5	350	318.3	251	89.6	18	10.5	6.5	2.82
SSPSL1-75000/110	75 000/75 000/75 000	121±5%	38.5±2×2.5%	10.5	580	510	450	76	18.5	10.5	6.5	0.8
SFSL-10000/110	10 000/10 000/10 000	121±5%	38.5±2×2.5%	10.5 6.3	91	91	70	22	18 10.5	10.5 18	6.5 6.5	3.3
SFSL-15000/110	15 000/15 000/15 000	121±5%	38.5±2×2.5%	10.5 6.3	120	120	95	27	17 10.5	10.5 17	6 6	4.0
SFSL-31500/110	31 500/31 500/31 500	121±5%	38.5±2×2.5%	10.5 6.3	235	235	115	49	18 10.5	10.5 18	6.5 6.5	2.5
SFSL-63000/110	63 000/63 000/63 000	121±5%	38.5±2×2.5%	10.5 6.3	410	410	266	84	18 10.5	10.5 18	6.5 6.5	2.5

注　SFSL—三相油浸风冷三绕组铝线变压器；

SFPSL—三相强迫油循环风冷三绕组铝线变压器；

SFSLQ—三相油浸风冷三绕组全绝缘变压器；

SSPSL—三相强迫循环水冷三绕组铝线变压器。

附表 A-16　　110kV 三相三绕组有载调压电力变压器技术数据

型　号	额定容量(kVA)	额定电压（kV）			空载电流（%）	空载损耗(kW)	短路损耗（kW）			短路电压（%）		
		高压	中压	低压			高一中	高一低	中一低	高一中	高一低	中一低
SFPSZ7-63000/110	63 000	115±8 ×1.25%	38.5 ±5%	6.3	1	84.7		300		10.5	18.5	6.5
SFSZ7-63000/110	63 000	110±8 ×1.25%	38.5±2 ×2.5%	6.3，6.6， 10.5，11	1.2	84.7		300		17～18 (10.5)	10.5 (17～18)	6.5
SFSZ-63000/110	63 000	110±8 ×1.25%	38.5 ±5%	11		77		300		10.5	15.5	6.5
SFPSZ7-63000/110	63 000	121+3 110−3 ×2.5%	38.5 35±5%	6.3，6.6， 10.5，11	0.8	67		270			10.5	
SSPSZ1-50000/110	50 000	121±3 ±2.5%	38.5 ±5%	13.8		64.74	24.679	23.601	188.13	17.89	10.49	6.262
SFSZ7-50000/110	50 000	110±8 ×1.25%	38.5±2 ×2.5%	6.3，6.6， 10.5，11	1.3	71.2		250		17～18 (10.5)	10.5 (17～18)	6.5
SFSZQ7-40000/110	40 000	110±8 ×1.25%	38.5 ±5%	10.5	1.1	60.2		210		10.5	17.5	6.5
SFSZL7-40000/110	40 000	110±8 ×1.25%	38.5±2 ×2.5%	6.3，6.6， 10.5，11	1.3	60.2		210		17～18 (10.5)	10.5 (17～18)	6.5
SFSZ7-40000/110	40 000	110±8 ×1.25%	38.5±2 ×2.5%	6.3，6.6， 10.5，11	1.3	60.2		210		17～18 (10.5)	10.5 (17～18)	6.5
SFSZL-40000/110	40 000	110±8 ×1.25%	38.5±2 ×2.5%	6.3，6.6， 10.5，11		60.2		210		10.5	17.5	6.5
SFSZ7-40000/110	40 000	121+4 110−4 ×2.5%	38.5 35 ±5%	6.3，6.6， 10.5，11	1.1	54		192			10.5	
SFSZ7-31500/110	31 500	110±8 ×1.25%	38.5±2 ×2.5%	11	1.09	50.3		175		10.5	17.5	6.5
SFSZQ7-31500/110	31 500	110±8 ×1.25%	38.5±2 ×2.5%	10.5	1.15	50.3		175		10.5	18	6.5
SFSZL1-31500/110	31 500	110±8 ×1.25%	38.5± ×5%	11	0.7	34.5	175	175	165	10.5	17～18	6.5
SFSZL7-31500/110	31 500	110±8 ×1125%	38.5±2 ×2.5%	6.3，6.6， 10.5，11	1.4	50.3		175		17～18 (10.5)	10.5 (17～18)	6.5
SFSZL-31500/110	31 500	110±8 ×1.25%	38.5±2 ×2.5%	11		50.3		175		10.5	17.5	6.5

续表

型　号	额定容量（kVA）	额定电压（kV）			空载电流（%）	空载损耗（kW）	短路损耗（kW）			短路电压（%）		
		高压	中压	低压			高一中	高一低	中一低	高一中	高一低	中一低
SFSZL7-31500/110	31 500	121±8 110±8 ×1.25%	38.5±2 35±2 ×2.5%	6.3，6.6 10.5，11	0.8	38		160			10.5	
SFSZL7-31500/110	31 500	121±3 110±3 ×2.5%	38.5±2 35±2 ×2.5%	6.3，6.6 10.5，11	1.1	46		160			10.5	
SFSZL7-20000/110	20 000	110±8 ×1.25%	38.5±2 ×2.5%	6.3，6.6， 10.5，11	1.5	35.8		125		17～18 （10.5）	10.5 （17～18）	6.5
SFSZ1-20000/110	20 000	121±3 ×2.5%	36.75 ±5%	10.5		31.25	131.7	138.65	99.68	10.74	17.88	6.21
SFSZ7-20000/110	20 000	110±8 ×1.25%	38.5±2 ×2.5%	6.3，6.6， 10.5，11	1.5	35.8		125		17～18 （10.5）	10.5 （17～18）	6.5
SFSZL-20000/110	20 000	110	38.5	6.3，6.6， 10.5，11		33		125		10.5	17.5	6.5
SFSZ7-20000/110	20 000	110±3 121±3 ×2.5%	38.5±2 35±2 ×2.5%	6.3，6.6， 10.5，11	0.9	26		121			10.5	
SFSZ7-16000/110	16 000	110±8 ×1.25%	38.5±2 ×2.5%	6.3，6.6， 10.5，11	1.5	30.3		106		17～18 （10.5）	10.5 （17～18）	6.5
SFSZ17-16000/110	16 000	110±8 ×1.25%	38.5±2 ×2.5%	6.3，6.6， 10.5，11	1.5	30.3		106		17～18 （10.5）	10.5 （17～18）	6.5
SFSZ7-16000/110GY	16 000	110±3 ×2.5%	38.5	11	1.03	25.03	99.12	106	78.35	10.78	18.02	6.25
SFSZ7-12500/110	12 500	110±8 ×1.25%	38.5±2 ×3.5%	6.3，6.6， 10.5，11		25.2		87		10.5	17～18	6.5
SFSZL7-10000/110	10 000	110±8 ×1.25%	38.5±2 ×2.5%	6.3，6.6， 10.5，11	1.6	21.3		74		17～18 （10.5）	10.5 （17～18）	6.5
SFSZL7-10000/110	10 000	110±8 121±8 ×1.25%	35±2 38.5±2 ×2.5%	6.3，6.6， 10.5，11	1.6	19		70			10.5	
SFSZ7-10000/110	10 000	110±8 ×1.25%	38.5±2 ×2.5%	6.3，6.6， 10.5，11		21.3		74		10.5	17～18	6.5
SFSZL7-8000/110	8000	110±8 ×1.25%	38.5±2 ×2.5%	6.3，6.6， 10.5，11	1.7	18		63		17～18 （10.5）	10.5 （17～18）	6.5
SFSZ7-8000/110	8000	110±8 ×1.25%	38.5±2 ×2.5%	6.3，6.6， 10.5，11		18		63		10.5	17～18	6.5

附表 A-17　　220kV 三相三绕组有载调压电力变压器技术数据

型号	额定容量（kVA）高压/中压/低压	额定电压（kV）			空载电流（%）	空载损耗（kW）	短路损耗（kW）			短路电压（%）		
		高压	中压	低压			高-中	高-低	中-低	高-中	高-低	中-低
SFPSZ4-180000/220	180 000	230±8×1.5%	121	13.8	0.846	175		785		14.7	25	8.7
SSPSZ7-180000/220	180 000/180 000/90 000	220±8×1.5%	115	37.5	0.38	165	700	206	137	13.1	21.5	7.2
0SSPSZ7-180000/220	180 000/180 000/60 000	242	121±4×2.5%	15.75	0.391	105	470	166	188	9.3	55.4	45.5
SFPSZ4-150000/220	150 000	220±8×1.5%	121	10.5	1.2	172		750		14	23.47	7.42
SFPSZ1-150000/220	150 000/150 000/75 000	220±8×1.5%	121	10.5	0.3	140	600	193	123	14.2	22.9	7.1
SFPSZ-150000/220	150 000/150 000/150 000	220±8×1.5%	121	11	0.68	177		230		14.5	24	7.5
SFPSZ4-120000/220	120 000/120 000/（60 000）120 000	220±8×1.5%	121	11 (10.5)	1.2	155		640		13 13.7	13.5 2.3	7.5 7.2
SFPSZ4-120000/220	120 000/120 000/8000	220±8×1.5%	69	10.5	0.85	155		500		14	23	7.3
SFPSZ4-120000/220	120 000/120 000/（60 000）120 000	220±8×1.5%	121	38.5	1.2	155		640		14	23	7.3
SFPSZ7-120000/220	120 000/120 000/60 000	220+10−6×1.5%	115±2×2.5%	11	0.3	79	630	192	156	13.7	39	30
SFPSZ1-120000/220	120 000	220+8−4×1.5%	121	38.5	0.29	133		473	25.8	14.7		8.3
SFPSZ7-120000/220	120 000/120 000/60 000	220±6×1.5%	118.25	10.5	0.48	132	359	121	84	12.1	21.6	8.4
SFPSZ7-120000/220	120 000/120 000/60 000	230±8×1.25%	121	10.5 11	0.7	140	440	131	135	13.5	22.4	7.4
SFPSZ7-120000/220	120 000/120 000/60 000	220±8×1.5%	121	10.5	0.7	140	440	143	117	13.5	22.4	7.4
SFPSZ7-120000/220	120 000/120 000/60 000	220±8×1.5%±8×1.25%	121	10.5 11	0.7	130	435	140	107	13.5	22.4	7.4

续表

型号	额定容量（kVA）高压/中压/低压	额定电压（kV）			空载电流（%）	空载损耗（kW）	短路损耗（kW）			短路电压（%）		
		高压	中压	低压			高-中	高-低	中-低	高-中	高-低	中-低
SFPSZ7-120000/220	120 000/120 000/120 000	220±8×1.5% 230±8×1.25%	121	38.5	0.9	144	422	429	328	13	21.2	7
SFPSZ7-120000/220	120 000/120 000/60 000	220±8×1.5%	118.25	10.5	0.8	148	384	144	113	11.8	21.6	8.1
SFPSZ7-120000/220	120 000/120 000/90 000	220±8×1.25%	121	11	1.1	148	440	305	215	12.9	21.2	7.3
SFPSZ7-120000/220	120 000	231±8×1.25%	38.5	10.5	0.5	139	402	408	368	23.1	12.7	9
SFPSZ7-120000/220	120 000/120 000/60 000	220±8×1.25%	38.5	11	0.7	140	440			13	21.4	7.2
SFPSZ7-120000/220	120 000/120 000/120 000	220±8×1.25%	121	11	0.9	144		180		14	23	7
SFPSZ7-120000/220	120 000	220±8×1.5%	121	10.5	0.8	124	465	241	266	14	22.6	7.4
SFPSZ4-90000/220	90 000/45 000/90 000	230±8×1.5%	115	37	0.9	99	168	430	120	23.1	14.3	7.4
SFPSZ4-90000/220	90 000/90 000/45 000	220±8×1.5%	69	10.5	0.65	96.57	420	150	103	13.84	22.47	7.14
SFPSZ7-90000/220	90 000	220±8×1.5%	121	10.5 11	0.5	110	424	466	319	13.4	21.3	7.2
OSFPSZ7-90000/220	90000/90 000/45 000	220±6×1.2%	121	38.5	0.18	46	240	203	196	7.7	14.3	9.8
SFPSZ7-90000/220	90 000/45 000/90 000	220±8×1.25%	38.5	63	0.38	112		393		21.3	7.3	13.3
SFPSZ-90000/220	90 000/90 000/90 000	220+7−9×1.25%	121	11	0.7	113		395		14.5	24	7.5
SFPSZ7-90000/220	90 000/ 90 000/45 000	220±8×1.25%	121	38.5	0.8	93	370	130	94	13.6	23.4	7.9
SFPSZ4-63000/220	63 000/ 63 000/31 500	230±8×1.25%	66	11	1.0	90	320	95	75	14	22.6	7.5
SFPSZ7-63000/220	63 000/63 000/31 500	230±8×1.5%	38.5	6.3	1.0	79	274			14.07	23.2	7.52
SFPSZ-63000/220	63 000/63 000/63 000	220±8×1.25%	121	38.5	0.8	88		280		14	24	7.5

附表 A-18　　220kV三相三绕组电力变压器技术数据

型　号	额定容量（kVA）	额定电压（kV）			损　耗（kV）				短路电压（%）			空载电流（%）
		高压	中压	低压	空载	短路			高—中	高—低	中—低	
						高—中	高—低	中—低				
SFPSL-31500/220	31 500	220	69	10.5	23	173.4	250	239.5	14.8	23	7.3	3.6
SFPSL-63000/220	63 000	220	121	38.5	125	470.5	440	314.2	23	14	7.6	2.7
SFPSL-90000/220	90 000	220	38.5	11	146.1	556.2	612	417	13.1	20.3	5.86	2.56
SFPSL-120000/220	120 000/120 000/120 000	220	121	10.5	123.1	1023	227	165	24.7	14.7	8.8	1
SWDS-90000/220	90 000	242	121	12.8	205.5	727.8	579.7	412	24.56	13.94	8.6	
SSPSL-150000/220	150 000	242	121	10.5	239	918.3	838.6	619.3	24.4	14.1	8.3	2.15
SSPSL-180000/220	1 800 000	236	121	13.8	254	1057	1173	712	14.2	24.1	8.1	2.16
SSPSL-50000/220	50 000	220	38.5	11	76.3	329.3	381.08	196.3	15.83	24.75	0.99	0.98
SSPSL-63000/220	63 000	220	121	11	94	377.1	460.04	252.06	15.15	25.8	8.77	1.25
SFPS-120000/220	120 000/80 000/120 000	220	121	38.5	131.5	466	691	268	25.7	14.9	8.86	0.85

附表 A-19　　220、330kV三相自耦电力变压器技术数据

型　号	额定容量（MVA）	额定电压（kV）			损　耗（kV）				短路电压（%）（已归算到高压额定容量）			空载电流（%）
		高压	中压	低压	空载	短路			高—中	高—低	中—低	
						高—中	高—低	中—低				
OSFPSL-90000/220	90/90/45	220±2×2.5%	121	11	77.7	323.7	315	253.5	9.76	36.62	24.24	0.5
OSFPSL-120000/220	120/120/60	220±4×2.5%	121	11	73.25	456	366	346	9.35	33.1	21.6	0.346
SSPSOL-300000/220	300/300/150	242±2×2.5%	121	13.8	224.7	1043	508.2	612.5	13.43	11.74	18.66	0.582
OSFPS-240000/330	240/240/40	330±2×1%	242	10.5	73.5	565.3	176.9	180.4	8.64	94.2	78.5	0.206
SSPSO-360000/330	360/360/72	$363^{+4.5}_{-5.5}\%$	242	11	207				7.5	77.5	66.7	0.351
OSFPSJ-90000/330	90/90/30	345	121±6×1.67%	11	97	339.4	93.92	78.4	9.65	25.74	14.25	0.483
OSFPS-150000/330	150/150/40	330±2×2.5%	121	11	145.4	569.5	83.95	106.4	9.9	24.3	13.9	0.627

附录B　电力电容器技术数据

YY 型电力电容器技术数据见附表 B-1，YL 型电力电容器见附表 B-2。

附表 B-1　　YY 型电力电容器技术数据

型　号	额定电压 (kV)	额定容量 (kvar)	额定电容 (μF)	型　号	额定电压 (kV)	额定容量 (kvar)	额定电容 (μF)
YY0. 23-5-3 YY0. 23-5-1	0. 23	5	300	YY10. 5-12-1	10. 5	12	0. 348
				YY30. 23-5-3 YY30. 23-5-1	0. 23	5	
YY0. 4-12-3 YY0. 4-12-1	0. 4	12	240	YY30. 4-14-1 YY30. 4-14-3	0. 4	14	
YY0. 525-12-3 YY0. 525-12-1	0. 525	12	140	YY30. 525-14-3 YY30. 525-14-1	0. 525	14	
YY0. 75-12-1	0. 75	12					
YY1. 05-12-1	1. 05	12	34. 8	YY33. 15-14-1	3. 15	14	
YY3. 15-12-1	3. 15	12	3. 852	YY36. 3-14-1	6. 3	14	
YY6. 3-12-1	6. 3	12	0. 9624	YY310. 5-14-1	10. 5	14	

注　1. 各种规格产品均有带“TH”的型号。

2. 额定电容为计算值。

3. 型号 YY 表示矿物油浸渍移相电容器，YY 为老产品，YY3 为新产品。

附表 B-2　　YL 型电力电容器

型　号	额定电压 (kV)	额定容量 (kvar)	额定电容 (μF)	型　号	额定电压 (kV)	额定容量 (kvar)	额定电容 (μF)
YL0. 4-20-3/1	0. 4	20	400	* YL6. 3-30-1	6. 3	30	
				* YL6. 3-75-1	6. 3	75	
YL0. 525-20-3/1	0. 525	20	232	* YL10. 5-75-1	10. 5	75	
				* YLD3. 15-31-1	3. 15	31	
YL1. 05-30-1	1. 05	30	87	YL30. 23-7. 5-3/1	0. 23	7. 5	
YL3. 15-30-1	3. 15	30	9. 63				
YL6. 3-30-1	6. 3	30	2. 46	YL30. 4-22-3/1	0. 4	22	
YL10. 5-30-1	10. 5	30	0. 87				
YL3. 15-40-1	3. 15	40	12. 67				
YL6. 3-40-1	6. 3	40	3. 208	YL30. 525-22-3	0. 525	22	
YL10. 5-40-1	10. 5	40	1. 16	YL33. 15-40-11	3. 15	40	
YL6. 3-60-1	6. 3	60	4. 812	YL36. 3-40-1	6. 3	40	
YL10. 5-60-1	10. 5	60	1. 74	YL310. 5-40-1	10. 5	40	

附录C 导线的允许载流量

裸铜、铝及钢芯铝线的允许载流量（按环境温度＋25℃，最高允许温度＋70℃，无日照）见附表C-1，温度校正系数 K_θ 值见附表C-2。

附表C-1 裸铜、铝及钢芯铝线的允许载流量

（按环境温度＋25℃，最高允许温度＋70℃，无日照）

铜绞线			铝绞线			钢芯铝绞线	
导线牌号（mm^2）	载流量（A）屋外	载流量（A）屋内	导线牌号（mm^2）	载流量（A）屋外	载流量（A）屋内	导线牌号（mm^2）	载流量（A）屋外
TJ-4	50	25	LJ-10	75	55	LGJ-35	175
TJ-6	70	35	LJ-16	105	80	LGJ-50	210
TJ-10	95	60	LJ-25	135	110	LGJ-70	265
TJ-16	130	100	LJ-35	170	135	LGJ-95	330
TJ-25	180	140	LJ-50	215	170	LGJ-120	380
TJ-35	220	175	LJ-70	265	215	LGJ-150	445
TJ-50	270	220	LJ-95	325	260	LGJ-185	510
TJ-60	315	250	LJ-120	375	310	LGJ-240	610
TJ-70	340	280	LJ-150	440	370	LGJ-300	690
TJ-95	415	340	LJ-185	500	425	LGJ-400	835
TJ-120	485	405	LJ-240	610		LGJQ-300	690
TJ-150	570	480	LJ-300	680		LGJQ-400	825
TJ-185	645	550	LJ-400	830		LGJQ-500	945
TJ-240	770	650	LJ-500	980		LGJQ-600	1050
TJ-300	890		LJ-625	1140		LGJJ-300	705
TJ-400	1085					LGJJ-400	850

注 本表数值均是按最高温度为70℃计算的。对铜线，当最高温度采用80℃时，则表中数值应乘以系数1.1；对于铝线和钢芯铝线，当最高温度采用90℃时，则表中数值应乘以系数1.2。

附表C-2 温度校正系数 K_θ 值

实际环境温度（℃）	−5	0	5	10	15	20	25	30	35	40	45	50
K_θ	1.29	1.24	1.20	1.15	1.11	1.05	1.00	0.94	0.88	0.81	0.74	0.67

注 当实际环境温度不是25℃时，附表C-1中的载流量应乘以表中的温度校正系数 K_θ 值。

附录D　气　象　区

全国典型气象区气象条件见附表D-1，全国线路设计气象条件汇编见附表D-2。

附表D-1　　　　全国典型气象区气象条件

典型气象区		Ⅰ	Ⅱ	Ⅲ	Ⅳ	Ⅴ	Ⅵ	Ⅶ	Ⅷ	Ⅸ
大气温度（℃）	最高	+40								
	最低	−5	−10	−10	−20	−10	−10	−40	−20	−20
	覆冰	—	−5							
	最大风	+10	+10	−5	−5	+10	−5	−5	−5	−5
	安装	0	0	−5	−10	−5	−10	−10	−10	−10
	外过电压	+15								
	内过电压、年平均气温	+20	+15	+15	+10	+15	+10	−5	+10	+10
风速（m/s）	最大风	35	30	25	25	30	25	30	30	30
	覆冰	10							15	
	安装	10								
	外过电压	15	10							
	内过电压	0.5×最大风速（不低于15m/s）								
覆冰厚度（mm）		0	5	5	5	10	10	10	15	20
冰的比重		0.9								

附表D-2　　　　全国线路设计气象条件汇编

气象分区		Ⅰ	Ⅱ	Ⅲ	Ⅳ	Ⅴ	Ⅵ	Ⅶ	Ⅷ	Ⅸ	Ⅹ	Ⅺ	Ⅻ	XIII	XIV	XV	XVI
大气温度（℃）	最高	40	40	40	40	40	40	40	40	40	40	40	40	40	40	40	40
	最低	−40	−40	−40	−40	−40	−40	−20	−20	−10	−20	−20	−20	−20	−20	−10	−10
	导线与避雷线覆冰	−5	−5	−5	−5	−5	−5	−5	−5	−5	−5	−5	−5	−5	−5	−5	−5
	最大风速	−5	−5	−5	−5	−5	−5	−5	−5	−5	−5	−5	−5	−5	−5	−5	−5
	按安装条件验算线路各部件	−15	−15	−15	−15	−15	−15	−10	−10	−5	−10	−10	−10	−10	−10	−5	−5
	按大气及内部过电压条件决定间距时	15	15	15	15	15	15	15	15	15	15	15	15	15	15	15	15
	事故情况	−30	−30	−30	−30	−30	−30	−5	−5	−5	−10	−10	−10	−10	−10	−5	−5
风速（m/s）	架空线正常运行　电线不覆冰	35	30	25	35	30	25	35	25	35	30	25	35	30	25	35	30
	架空线正常运行　电线覆冰	15	10	10	15	10	10	15	10	15	10	10	15	10	10	15	10
	按安装条件验算线路部件时（无冰）	10	10	10	10	10	10	10	10	10	10	10	10	10	10	10	10

续表

<table>
<tr><td colspan="3">气象分区</td><td>Ⅰ</td><td>Ⅱ</td><td>Ⅲ</td><td>Ⅳ</td><td>Ⅴ</td><td>Ⅵ</td><td>Ⅶ</td><td>Ⅷ</td><td>Ⅸ</td><td>Ⅹ</td><td>Ⅺ</td><td>Ⅻ</td><td>XⅢ</td><td>XⅣ</td><td>XⅤ</td><td>XⅥ</td></tr>
<tr><td rowspan="4">风速(m/s)</td><td colspan="2">大气温度最高和最低时</td><td>0</td><td>0</td><td>0</td><td>0</td><td>0</td><td>0</td><td>0</td><td>0</td><td>0</td><td>0</td><td>0</td><td>0</td><td>0</td><td>0</td><td>0</td><td>0</td></tr>
<tr><td rowspan="2">计算导线与杆塔构件的距离时（无冰）</td><td>大气过电压</td><td>15</td><td>10</td><td>10</td><td>15</td><td>10</td><td>10</td><td>15</td><td>10</td><td>15</td><td>10</td><td>10</td><td>15</td><td>10</td><td>10</td><td>15</td><td>10</td></tr>
<tr><td>内部过电压</td><td>21</td><td>18</td><td>15</td><td>21</td><td>18</td><td>15</td><td>21</td><td>15</td><td>21</td><td>18</td><td>15</td><td>21</td><td>18</td><td>15</td><td>21</td><td>15</td></tr>
<tr><td colspan="2">事故情况①</td><td>0</td><td>0</td><td>0</td><td>0</td><td>0</td><td>0</td><td>0</td><td>0</td><td>0</td><td>0</td><td>0</td><td>0</td><td>0</td><td>0</td><td>0</td><td>0</td></tr>
<tr><td colspan="3">覆冰厚度（mm）</td><td>5</td><td>5</td><td>5</td><td>10</td><td>10</td><td>10</td><td>15</td><td>15</td><td>15</td><td>5</td><td>5</td><td>5</td><td>10</td><td>10</td><td>15</td><td>15</td></tr>
<tr><td colspan="3">冰的比重</td><td colspan="16">0.9</td></tr>
</table>

注 1. 覆冰15mm地区，事故情况时应按有冰情况计算，其覆冰荷重各资料不统一，因这类气象区较少，建议考虑按100%覆冰。

2. 年平均气温，由于资料太少无法做出结论，附表D-3中数值仅作参考。

附表 D-3 各地区年平均气温参考值

地区	东北	华北	华中	西北	西南	华东
年平均气温参考值（℃）	−5～−10	10～20	20	0～10	15	15～20

附录E 有关的法定计量单位名称与符号

有关的法定计量单位名称与符号见附表E-1。

附表E-1 **有关的法定计量单位名称与符号**

量的名称	量的符号	单位名称	单位符号
长度	l，(L)	米	m
		千米（公里）	km
质量	m	千克	kg
时间	t	秒	s
		分	min
		时	h
面积	A，(S)	平方米	m^2
		平方厘米	cm^2
		平方毫米	mm^2
体积	V	立方米	m^3
角度	α，β，γ，θ，δ，φ等	弧度	rad
		度	(°)
角速度	ω	弧度·每秒	rad/s
		度每秒	(°)/s
转速	n	转每分	r/min
频率	f，(γ)	赫［兹］	Hz
功	W，(A)	焦［耳］	J
能［量］	E，(W)	瓦［特］小时	W·h
		千瓦［特］小时	kW·h
		兆瓦［特］小时	MW·h
有功功率	P	瓦［特］	W
		千瓦［特］	kW（$=10^3$W）
		兆瓦［特］	MW（$=10^6$W）
		吉瓦［特］	GW（$=10^9$W）
无功功率	Q	乏	var
		千乏	kvar
		兆乏	Mvar
视在功率	S	伏安	VA
		千伏安	kVA
		兆伏安	MVA
电位，电动势	V，φ	伏［特］	V

续表

量的名称	量的符号	单位名称	单位符号
电　压	U	千伏［特］	kV
电动势	E	伏特	V
电　流	I	安［培］	A
		千安［培］	kA
电流密度	J，(σ)	安［培］每平方米	A/m^2
		安［培］每平方毫米	A/mm^2
电　容	C	法［拉］	F
		微法［拉］	μF ($10^{-6}F$)
		皮［克］法［拉］	pF ($10^{-12}F$)
介电常数	ε	法［拉］每米	F/m
磁通［量］密度	B	特［斯拉］	T
		高斯	Gs，G
磁通［量］	Φ	韦［伯］	Wb
电　感	L	亨［利］	H
磁场强度	H	安［培］每米	A/m
磁导率	μ	亨［利］每米	H/m
电阻、电抗、阻抗	R，X，Z	欧［姆］	Ω
电阻率	ρ	欧［姆］米	Ω·m
导线材料电阻率	ρ	欧［姆］平方毫米每公里	$(\Omega \cdot mm^2)/km$
电导率	γ	西［门子］每米	S/m
电导、电纳、导纳	G，B，Y	西［门子］	S
摄氏温度	t	摄氏度	℃
电角加速度	a	弧度每二次方秒	rad/s^2
		度每二次方秒	$(°)/s^2$
机械角加速度	A	弧度每二次方秒	rad/s^2
		度每二次方秒	$(°)/s^2$
转动惯量	J	千克平方米	$kg \cdot m^2$
转　矩	M	牛顿·米	N·m

附录F　扩径导线及铝合金导线主要技术参数和长期允许载流量

附表 F-1　　扩径导线及铝合金导线主要技术参数和长期允许载流量

项目		截面 (mm^2)			外径 (mm)	拉断力 (N)	弹性系数 (N/mm^2)	线胀系数 (1/℃)	20℃直流电阻 (Ω/km)	导线长期允许载流量 (A)		单位重量 (kg/km)
		铝	钢	总截面						+70℃	+80℃	
扩径钢芯铝绞线	LGJK-300	310	72	373	27.4	143 000	86 500	18.1×10^{-6}	0.100	669	729	1420
	LGJK-630	630	150	780	48	206 000	71 000	18.1×10^{-6}	0.046 66	1247	1251	2985
	LGJK-800	800	150	950	49	215 000	67 000	18.1×10^{-6}	0.036 56	1422	1422	3467
	LGJK-1000	1000	150	1150	51	225 000	63 800	19.3×10^{-6}	0.029 48	1612	1603	3997
	LGJK-1250	1250	150	1400	52	235 000	60 800	19.9×10^{-6}	0.023 17	1833	1818	4712
铝钢扩径空芯导线	LGKK-600	587	49.5	636	51	152 000	73 000	19.9×10^{-6}	0.050 6	1230	1223	2690
	LGKK-900	906.4	84.83	991.23	49	209 000	59 900	20.4×10^{-6}	0.033 17	1493	1493	3620
	LGKK-1400	1387.8	106	1493.8	57	295 000	59 200	20.8×10^{-6}	0.021 63	1976	1934	5129
特轻型铝合金线	LGJQT-1400	1399.6	134.3	1533.9	51	336 000	57 300	20.4×10^{-6}	0.021 38	1892	1882	4962

注　1. 最高允许温度+70℃的载流量，是按基准环境温度+25℃、无风、无日照、辐射散热系数与吸热系数为0.9条件计算的。

2. 最高允许温度+80℃的载流量，是按基准环境温度+25℃、日照0.1W/cm^2、风速0.5m/s、海拔1000m及以下、辐射散热系数与吸热系数为0.9条件计算的。

参考文献

[1] 何仰赞，温增银，汪馥瑛，周勤慧编. 电力系统分析(上、下册). 武汉：华中理工大学出版社，1996

[2] 方富淇，关瑞彬，齐家寿合编. 电力系统分析. 北京：水利电力出版社，1990

[3] 陈珩编. 电力系统分析. 北京：水利电力出版社，1985

[4] 王新学主编. 电力网及电力系统. 北京：水利电力出版社，1992

[5] 于永源，杨绮雯编. 电力系统分析. 北京：中国电力出版社，2004

[6] 何仰赞，温增银编. 电力系统分析. 武汉：华中科技大学出版社，2002

[7] 黄静主编. 电力系统. 北京：中国电力出版社，2001

[8] 电力规划设计总院编. 电力系统设计手册. 北京：中国电力出版社，1995

[9] 李瑞祥编. 高压输电线路设计基础. 北京：水利电力出版社，1990

[10] 陈珩编. 电力系统稳态分析. 北京：水利电力出版社，1984

[11] 国家经贸委. 关于发布《电力系统安全稳定导则》的通知. 国经贸电力[2001]409 号